金枪鱼渔业科学研究丛书

中西太平洋金枪鱼延绳钓渔业渔情预报模型比较研究

宋利明　著

上海大学出版社

·上海·

内 容 提 要

本书基于海上调查获得的环境数据和渔业数据、卫星遥感获得的环境数据及渔业企业的生产统计数据对主要鱼种(大眼金枪鱼、黄鳍金枪鱼和长鳍金枪鱼)栖息地综合指数模型、渔情预报模型等进行了比较研究,得出最佳模型。

本书可供从事捕捞学、渔业资源学等研究的科研人员,渔业管理部门,海洋渔业科学与技术专业的本科生、研究生,以及从事金枪鱼延绳钓渔业生产的企业参考使用。

图书在版编目(CIP)数据

中西太平洋金枪鱼延绳钓渔业渔情预报模型比较研究/宋利明著.—上海:上海大学出版社,2021.6
(金枪鱼渔业科学研究丛书)
ISBN 978-7-5671-4239-8

Ⅰ.①中… Ⅱ.①宋… Ⅲ.①太平洋—公海渔场—钓鱼船—金枪鱼—渔情预报—数值预报模式—对比研究 Ⅳ.①S934.181

中国版本图书馆CIP数据核字(2021)第104270号

责任编辑 陈 露
封面设计 缪炎栩
技术编辑 金 鑫 钱宇坤

中西太平洋金枪鱼延绳钓渔业渔情预报模型比较研究
宋利明 著
上海大学出版社出版发行
(上海市上大路99号 邮政编码200444)
(http://www.shupress.cn 发行热线021-66135112)
出版人 戴骏豪
*
南京展望文化发展有限公司排版
江苏凤凰数码印务有限公司印刷 各地新华书店经销
开本787mm×1092mm 1/16 印张16 1/2 字数390千
2021年7月第1版 2021年7月第1次印刷
ISBN 978-7-5671-4239-8/S·1 定价 136.00元

本丛书得到下列项目的资助：

1. 2015~2016 年农业部远洋渔业资源调查和探捕项目(D8006150049)
2. 科技部 863 计划项目(2012AA092302)
3. 2012、2013 年农业部远洋渔业资源调查和探捕项目(D8006128005)
4. 2011 年上海市教育委员会科研创新项目(12ZZ168)
5. 2011 年高等学校博士学科点专项科研基金联合资助项目(20113104110004)
6. 2009、2010 年农业部公海渔业资源探捕项目(D8006090066)
7. 2007、2008 年农业部公海渔业资源探捕项目(D8006070054)
8. 科技部 863 计划项目(2007AA092202)
9. 2005、2006 年农业部公海渔业资源探捕项目(D8006050030)
10. 上海高校优秀青年教师后备人选项目(03YQHB125)
11. 2003 年农业部公海渔业资源探捕项目(D8006030039)
12. 科技部 863 计划项目(8181103)

丛书序一

我国的金枪鱼延绳钓渔业始于1988年(台湾地区始于20世纪初),当时将小型流刺网渔船或拖网渔船进行简单改造、获得许可后驶入中西太平洋岛国的专属经济区进行作业。改装船当时都用冰保鲜,冰鲜的渔获物空运到日本销售。超低温金枪鱼延绳钓渔业始于1993年7月,主要在公海作业,发展迅速,到2017年年底,中国的金枪鱼延绳钓渔业已拥有冰鲜渔船24艘、低温渔船337艘以及超低温渔船149艘。

丛书作者宋利明教授曾作为科技工作者,于1993年7月随中国水产有限公司所属的超低温金枪鱼延绳钓渔船"金丰1号"出海工作。首航出发港为西班牙的拉斯·帕尔马斯(Las Palmas)港,赴大西洋公海,开启了我国大陆在大西洋公海从事金枪鱼延绳钓渔业的先河(台湾地区始于20世纪60年代初),宋利明教授是该渔业的重要开拓者之一,其后续开展金枪鱼延绳钓渔业科学研究和技术推广25年,对该渔业的发展做出了重要的贡献。

捕捞技术涉及渔业资源与渔场、渔业生物学与鱼类行为能力、渔具与渔法等。通过对大西洋、太平洋和印度洋金枪鱼延绳钓渔场的多年调查和获取的数据,该丛书按水域、保藏方式和研究内容分为"公海超低温金枪鱼延绳钓渔船捕捞技术研究""印度洋冷海水金枪鱼延绳钓渔船捕捞技术研究""中西太平洋冷海水金枪鱼延绳钓渔船捕捞技术研究""中西太平洋低温金枪鱼延绳钓渔船捕捞技术研究""中西太平洋金枪鱼延绳钓渔业渔情预报模型比较研究""金枪鱼延绳钓钓钩力学性能及渔具捕捞效率研究""金枪鱼延绳钓渔具数值模拟研究""金枪鱼类年龄与生长和耳石微量元素含量研究"8个专题,全面反映了多学科的交汇和捕捞学学科的研究前沿。

宋利明教授长期深入生产第一线采集数据资料,进行现场调查。研究成果直接用于指导渔船的生产作业。该丛书是宋利明教授从事金枪鱼延绳钓渔业研究25年来辛勤劳动的成果,具有重要的实用价值,同时还是渔情预报和渔场分析的重要参考资料。该丛书的出版,将是我国远洋金枪鱼延绳钓渔业科学研究的重要里程碑。

周应祺

2018年10月2日

丛书序二

我国远洋金枪鱼延绳钓渔业经过30多年的历程，逐步发展壮大，现已成为当前我国远洋渔业的一大产业。金枪鱼延绳钓渔业是我国“十三五”渔业发展规划的重要内容之一，属于需稳定优化的渔业。

尽管我国的远洋金枪鱼延绳钓渔业取得了12万t左右的年产量，但金枪鱼类的分布与海洋环境之间的关系、渔情预报技术、渔具渔法等一些基础研究工作跟不上生产发展的要求，与日本、美国、欧盟等国家和地区有一定的差距。因此，有必要加强对金枪鱼延绳钓捕捞技术及其相关技术领域的研究工作，实现合理有效的生产，同时为金枪鱼类资源评估、渔情预报技术提供基础理论依据。

大眼金枪鱼、黄鳍金枪鱼和长鳍金枪鱼是我国金枪鱼延绳钓渔业的主要捕捞对象。本丛书围绕其生物学特性、渔场形成机制、渔情预报模型、渔获率与有关海洋环境的关系、提高目标鱼种渔获率与减少兼捕渔获物的方法、实测钓钩深度与理论深度的关系、延绳钓钓钩力学性能及渔具捕捞效率、延绳钓渔具数值模拟等展开调查研究，研究成果将直接服务于我国远洋金枪鱼延绳钓渔业，有益于促进远洋金枪鱼延绳钓渔业效益的整体提高、保障远洋金枪鱼延绳钓渔业的可持续发展。

本丛书在写作和海上调查期间得到了上海海洋大学捕捞学硕士研究生王家樵、姜文新、高攀峰、张禹、周际、李玉伟、庄涛、张智、吕凯凯、胡振新、曹道梅、武亚苹、惠明明、杨嘉樑、徐伟云、李杰、李冬静、刘海阳、陈浩、谢凯、赵海龙、沈智宾、周建坤、王晓勇、郑志辉，以及中国水产有限公司刘湛清总经理，广东广远渔业集团有限公司方健民总经理、黄富雄副总经理，深圳市联成远洋渔业有限公司周新东董事长，浙江大洋世家股份有限公司郑道昌副总经理和浙江丰汇远洋渔业有限公司朱义峰总经理等的大力支持。在此表示衷心的感谢！

宋利明

2018年9月28日

前　　言

经过30多年的发展,我国金枪鱼延绳钓渔业逐步发展壮大,以中西太平洋的大眼金枪鱼、黄鳍金枪鱼和长鳍金枪鱼为主要捕捞对象。为了适应中西太平洋渔业委员会的管理要求、提高经济效益、拓展作业渔场,我们对中西太平洋马绍尔群岛、库克群岛和吉尔伯特群岛海域展开了调查、研究。

本书根据2006年10月~2007年5月在马绍尔群岛海域的调查数据,2009年10月~12月和2010年11月~2011年1月在基里巴斯的吉尔伯特群岛海域的调查数据,2013年9月~12月在库克群岛海域的调查数据,2014年4月~6月库克群岛海域的渔业数据和船位监控系统数据,2016年1月~6月在马绍尔群岛海域的渔业数据和船位监控系统数据,结合卫星遥感获得的海洋环境数据,围绕我国中西太平洋金枪鱼延绳钓渔业主要捕捞对象的渔场形成机制、渔获率与相关海洋环境的关系等展开研究,对渔情预报模型进行了比较研究,以期提高渔情预报的精度,为提高作业渔船的经济效益提供技术支撑。

本书共6章,第一章为"马绍尔群岛海域大眼金枪鱼栖息地综合指数模型的比较",第二章为"马绍尔群岛海域黄鳍金枪鱼栖息地综合指数模型的比较",第三章为"吉尔伯特群岛海域黄鳍金枪鱼栖息地综合指数模型的比较",第四章为"基于调查数据的吉尔伯特群岛海域大眼金枪鱼栖息地综合指数模型的比较",第五章为"基于卫星遥感数据的库克群岛海域长鳍金枪鱼栖息地综合指数模型的比较",第六章为"基于海上调查数据的库克群岛海域长鳍金枪鱼栖息地综合指数模型的比较"。每章分内容分为引言,材料与方法,结果和讨论等部分。

本书在写作和海上调查期间得到了深圳市联成远洋渔业有限公司周新东董事长、深圳市华南渔业有限公司黄富雄董事长等的大力支持,并得到2011年上海市教育委员会科研创新项目(12ZZ168)、2011年高等学校博士学科点专项科研基金联合资助项目(20113104110004)以及农业农村部2009、2010和2013年探捕项目的资助,在此深表谢意!还要感谢"深联成719"和"华南渔716"全体船员,上海海洋大学捕捞学硕士研究生张禹、吕凯凯、胡振新、武亚苹、杨嘉樑、徐伟云、周建坤、谢凯、赵海龙、郑志辉等,感谢他们在海上调查和写作过程中给予我的大力帮助。

由于本书覆盖内容较多,作者的水平有限,可能会有疏漏,敬请各位读者批评指正。

作　者

2021年1月18日

目　录

第一章

马绍尔群岛海域大眼金枪鱼栖息地综合指数模型的比较

1 引　　言

大眼金枪鱼(*Thunnus obesus*)是金枪鱼延绳钓渔业最重要的捕捞种类之一,是太平洋马绍尔群岛海域延绳钓渔业主捕鱼种。研究大眼金枪鱼的栖息环境,掌握鱼群的分布及其与环境的关系,对马绍尔群岛海域大眼金枪鱼渔业资源的管理、保护、提高目标鱼种渔获率、减少兼捕渔获物具有重要意义,还可为大眼金枪鱼资源评估中单位捕捞努力量渔获量(catch per unit effort, CPUE)的标准化、渔情预报提供理论依据。

物种分布模型正成为物种保护计划、资源管理中运用的一个重要工具,通过模型的模拟能了解环境条件变化对物种在生物地理模式中的分布的影响[1,2],以及物种对这些环境因子不同的响应程度[3]。

现在运用的物种分布模型大多是基于物种对环境因子的平均响应程度或集中趋势响应程度的评估[4],虽然这些方法被广泛应用,提供了众多有价值的信息,但是它们没有考虑到物种与栖息环境间在生态学方面的联系[2,5~7]。这些模型中没有适当地对环境因子的限制性作用进行评估。对物种与栖息环境间关系的上界的估算,涉及生态学理论的一个中心原则:限制性因素法则,即最重要的限制性因素决定一物种的生长速度[8]。在运用基于生态系统的管理方法对栖息环境进行保护时,需要考虑环境因子对某一物种达到最大丰度的影响水平,因此需要根据物种潜在的(最大)丰度分布进行建模,而不是现实的(平均)丰度[9]。

分位数回归(quantile regression)模型是基于完备的统计学理论建立起来的[10~12],具有对限制性因素进行估计的作用[6,13],应用高分位数回归模型,能对理想环境条件下为物种提供的最大丰度进行估算,描述物种分布的潜在模式。Terrell 等[14]利用分位数回归模型对河流流域类种群与河流环境之间的关系进行了评价研究;Dunham 等[15]利用分位数回归模型对山鳟鱼(*Oncorhynchus clarki*)资源的时空分布进行了研究;Eastwood 等[16]利用分位数回归模型对英吉利海峡东部和北海南部水域的欧洲鳎(*Solea solea*)产卵活动与环境因子之间的关系进行了研究。Vinagre 等[17]利用栖息地适应性指数模型(habitat suitability index,HSI)对幼体鳎(*soles*),欧洲鳎(*Solea solea*)和塞内加尔鳎(*Solea senegalensis*)的栖息地适应性指数进行研究。

另外还有采用多元线性回归模型(multiple linear regression, MLR)[18]、广义线性模型[19~21](generalized linear model, GLM)、逻辑斯谛回归模型[22](logistic regression model, LRM)、人工神经网络(artificial neural network, ANN)[23,24]、广义相加模型[21](generalized additive model, GAM)和回归树模型[25,26](regression tree model, RTM)等研究鱼类的栖息环境。

1.1 国内外有关大眼金枪鱼栖息环境的研究

研究大眼金枪鱼的分布形式时,主要研究栖息环境的变化对其分布的影响,但是目前大多数的研究仅考虑单个环境因子对其分布的影响,而现实中是多因子共同产生影响。如果对影响金枪鱼类分布的主要因子以及它们所产生的综合影响有所了解,将有助于认识海洋环境与金枪鱼活动和分布的关系。

目前研究大眼金枪鱼栖息环境所用的数据中,采用的渔获率数据大多为1°×1°的多年的平均数据,环境数据为遥感数据或世界海洋图集(World Ocean Atlas 98, WOA98)海洋环境数据光盘中的多年的平均数据。很少用实测的环境数据来分析研究大眼金枪鱼的分布与环境的关系。对其垂直分布主要应用声学遥测(acoustic telemetry)[27]和档案标志(archival tags)[28]等方法进行研究。

Hanamoto[29]利用温度和溶解氧含量数据结合实测的钓钩深度数据和日本延绳钓渔业数据,对太平洋水域大眼金枪鱼渔获率与温跃层深度、最小溶解氧含量的关系进行了研究,还探讨了大眼金枪鱼钓获的水温范围。Dagor 等[30]通过超声波遥测技术获得了大眼金枪鱼一天中的垂直分布图,研究了大眼金枪鱼与声波散射层的关系。利用卫星遥感数据、世界海洋图集(WOA98),Lee 等[31]、Nishida[32]和 Marsac[33]研究了海洋环境因子对金枪鱼渔获率的影响。Bigelow 等[34]综合考虑各水层温度和溶解氧含量[海洋全球环流模型(Ocean Global Circulation Model, OGCM 数据)]的影响,应用栖息地模型,对太平洋大眼金枪鱼 CPUE 进行估算,分析其相对资源丰度,但其在考虑了海洋环境的综合影响时却未能考虑不同海洋环境对金枪鱼类分布的影响程度不同。Schaefer 等[35]利用档案标志对于东太平洋热带海域大眼金枪鱼的行为和栖息地选择进行了研究,得出 50%的大眼金枪鱼分布在温度为 13~14℃、水下 200~300 m 的水层,85%的大眼金枪鱼分布在温度为 13~16℃、水下 150~300 m 的水层。Musyl 等[36]利用海上调查得到的叶绿素 *a* 浓度和溶解氧含量数据及档案标志记录的夏威夷群岛附近与岛屿、浮标和海山依附的大眼金枪鱼的体温、水温和深度数据分析了大眼金枪鱼的垂直移动、最适叶绿素 *a* 浓度和溶解氧含量。

在印度洋,Mohri 和 Nishida[37]用实测的钓钩深度结合悬链线钓钩深度计算公式推算的深度来分析大眼金枪鱼栖息的最适水温。Nishida 等[38]分别用广义线性模型(GLM)和基于栖息地模型(habitat based model, HBM)与一般线性模型相结合的方法,结合渔具的作业深度和黄鳍金枪鱼的垂直分布,对印度洋黄鳍金枪鱼的 CPUE 进行标准化研究。冯波[39]研究了印度洋大眼金枪鱼延绳钓渔获率与环境因素的关系。宋利明和高攀峰[40]分析研究了马尔代夫海域延绳钓渔场大眼金枪鱼的钓获水层、温度和盐度。王家樵[41]利用分位数回归方法,结合栖息地适应性指数模型,对印度洋大眼金枪鱼的水平分布与温度、盐度、溶解氧含量和温跃层深度综合影响的关系进行了研究。冯波等[42]应用分位数回归方法对温度、温差、氧差与印度洋大眼金枪鱼延绳渔钓获率进行二次回归分析，找出最佳上界方程，以最佳上界方程拟合的数值来建立栖息地指数模型，并应用栖息地适应性指数模型对印度洋大眼金枪鱼分布模式进行研究，从而揭示印度洋大眼金枪鱼栖息地的分布模式。宋利明等[43]研究了印度洋热带公海温跃层与大眼金枪鱼渔获率的关系。

在大西洋，宋利明等[44]研究了大西洋中部大眼金枪鱼垂直分布与温度、盐度的关系。宋利明等[45]基于分位数回归对大西洋中部公海大眼金枪鱼栖息地综合指数进行了研究，对有关水层（60 m 为一层）及总渔获率与温度、盐度和相对流速等环境因素的关系并考虑其不同的影响权重及交互作用建立了数值模型，根据该模型计算大眼金枪鱼的栖息地综合指数。

在延绳钓支线上配备时间、温度、深度计，能够记录金枪鱼上钩的时间和深度。应用延绳钓渔获数据能估算捕获金枪鱼的最大深度和渔获物的垂直分布情况。与声学遥测或标志放流方法相比，此法能对上钩的不同大小的个体和种类，在不同环境条件下进行大量取样[46]，且得出的结果更接近生产实际。

1.2 CPUE 标准化研究

对商业性生产数据进行标准化最早是从对渔船努力量的标准化[47~50]开始的，主要是通过渔船的捕捞能力与标准船的捕捞努力量的效率比而对生产数据进行标准化，但是其未能很好地解决时空的交互效应，如月份、区域的交互影响等，对渔船努力量的标准化并不能很精确地估算标准的可捕率。当前用于渔业资源评估的对 CPUE 数据进行标准化的统计模型[51]有，广义线性模型[52]（generalized linear model, GLM）、广义相加模型[53,54]（general additive model, GAM）、人工神经网络[55]（artificial neural network, ANN）、回归树模型[56]（regression tree model, RTM）、与种群动力学模型相结合的标准化模型[57,58]（standardization model integrated with population dynamics model）、基于栖息地模型[34,59]（habitat based model, HBM）等。

CPUE 标准化模型中，广义线性模型是最常用的，广义线性模型为常规正态线性模型的直接推广。该模型通过解释各变量间的一个线性关系组合来表示 CPUE，变量可以是分类变量或连续变量。广义相加模型（GAM）为广义线性模型非参数化的扩展，是一种非线性模型，它引入了平滑函数代替参数，使数据中的非线性关系，如双峰和不对称现象，可以很容易被发现，因而比广义线性模型更灵活。Bigelow 等[53]应用广义相加模型对太平洋的旗鱼和大青鲨的 CPUE 进行标准化。人工神经网络与广义相加模型类似，为 CPUE 和解释变量间提供了更灵活的关系。回归树模型在概念上与人工神经网络类似。Watters 和 Deriso[56]应用回归树模型对东太平洋大眼金枪鱼 CPUE 进行标准化，并认为回归树模型适于鉴定并提取解释变量并发现它们之间的交互关系。用传统方法将 CPUE 数据引入资源评估模型需要 2 个步骤，第一步选用一种方法将 CPUE 标准化，第二步将基于 CPUE 的相对资源丰度指数应用到资源评估模型中。Maunder[57]提出这两个步骤通常不能完全将不确定性从一种分析传递到下一个,例如,大多数应用模型都假设个体的年相对丰度精度相同。Maunder[58]将CPUE标准化模型与种群动力学模型相结合,应用到资源评估模型中,研究发现结合的方法产生的置信区间变窄,并且包含的真值比采用两步过程方法时更多。Hinton和Nakano[59]提出一个综合的基于栖息地的标准化方法,Bigelow等[34]应用此方法建立了基于太平洋大眼金枪鱼和黄鳍金枪鱼CPUE的相对丰度指数。

1.3 主要研究内容

1）大眼金枪鱼各水层栖息地综合指数模型：根据2006年10月~2007年5月在马绍尔群岛海域测定的温度、盐度和溶解氧含量的垂直变化,考虑各水层(每40 m一水层)的平均温度、平均盐度、平均溶解氧含量和钓具漂流速度,及它们之间两两交互作用对大眼金枪鱼分布的影响,结合大眼金枪鱼的渔获率统计资料,应用分位数回归和广义线性模型两种方法,分别建立马绍尔群岛海域大眼金枪鱼各水层的栖息地综合指数(integrated habit index, IHI)模型(IHI_{QRij}、IHI_{GLMij}),并对两种模型得出的结果进行比较。

2）大眼金枪鱼整个水体栖息地综合指数模型：基于各水层渔获率为权重的环境因素值(温度、盐度、溶解氧含量)和延绳钓作业时钓具漂流速度等参数,应用分位数回归和广义线性模型两种方法,分别建立大眼金枪鱼整个水体的IHI模型($\overline{IHI}_{QR1}$、$\overline{IHI}_{GLM1}$);基于各水层的平均温度、平均盐度、平均溶解氧含量、钓具漂流速度、流向和温跃层相关参数(20℃等温线深度、温跃层上下界深度、温跃层上下界温度、强度、厚度、温差)等数据,应用分位数回归和广义线性模型两种方法,分别建立大眼金枪鱼整个水体IHI模型($\overline{IHI}_{QR2}$、$\overline{IHI}_{GLM2}$);将$\overline{IHI}_{QR1}$、$\overline{IHI}_{GLM1}$、$\overline{IHI}_{QR2}$、$\overline{IHI}_{GLM2}$进行比较,确定最佳模型。

3）模型验证：根据2006年10月~2007年5月在马绍尔群岛海域作业的中国金枪鱼延绳钓船队生产数据,应用广义线性模型对其CPUE进行标准化处理。最后应用该标准化CPUE数据,对IHI模型结果进行验证。

1.4 研究目的和意义

1.4.1 研究目的

1）基于多个环境影响因子,对大眼金枪鱼分布模型的建立方法进行探索。

2）通过建立马绍尔群岛海域大眼金枪鱼的栖息地综合指数模型,对其分布进行预测。

3）对大眼金枪鱼栖息地综合指数模型进行筛选、验证,确定最佳模型。

1.4.2 意义

通过建立大眼金枪鱼的栖息地综合指数模型,今后可根据实测的海洋环境数据来估算大眼金枪鱼各水层的栖息地综合指数IHI_{ij}和各水层综合的栖息地综合指数$\overline{IHI}$,提高大眼金枪鱼分布的预测精度,为研究金枪鱼类的行为特性、渔情预报、实际生产作业及渔业资源的养护和管理提供参考。

2　材料与方法

本章主要分析流程见图 1-2-1 所示。数据来源主要有调查船渔获率数据、调查期间获取的环境数据和在马绍尔群岛海域作业的中国船队渔获率数据,先将这些数据进行预处理,分析大眼金枪鱼的栖息环境,然后建立栖息地综合指数模型,绘制栖息指数分布图。

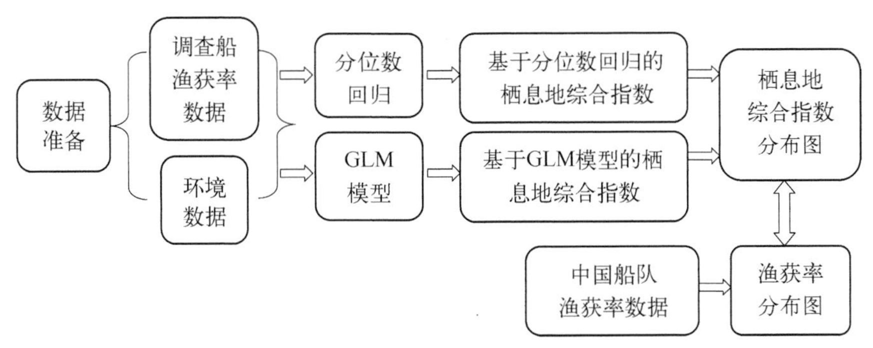

图 1-2-1　分析流程图

2.1　调查时间、调查海区

执行本次海上调查任务的渔船为大滚筒冰鲜金枪鱼延绳钓渔船"深联成 719"(图 1-2-2),主要的船舶参数如下:总长 32.28 m;型宽 5.70 m;型深 2.60 m;总吨 97.00 t;净吨 34.00 t;主机功率 220.00 kW。

图 1-2-2　"深联成 719"调查船

2006 年 10 月 27 日~2007 年 5 月 29 日,调查期间有效作业天数为 69 天,调查站点共 123 个(图 1-2-3)。

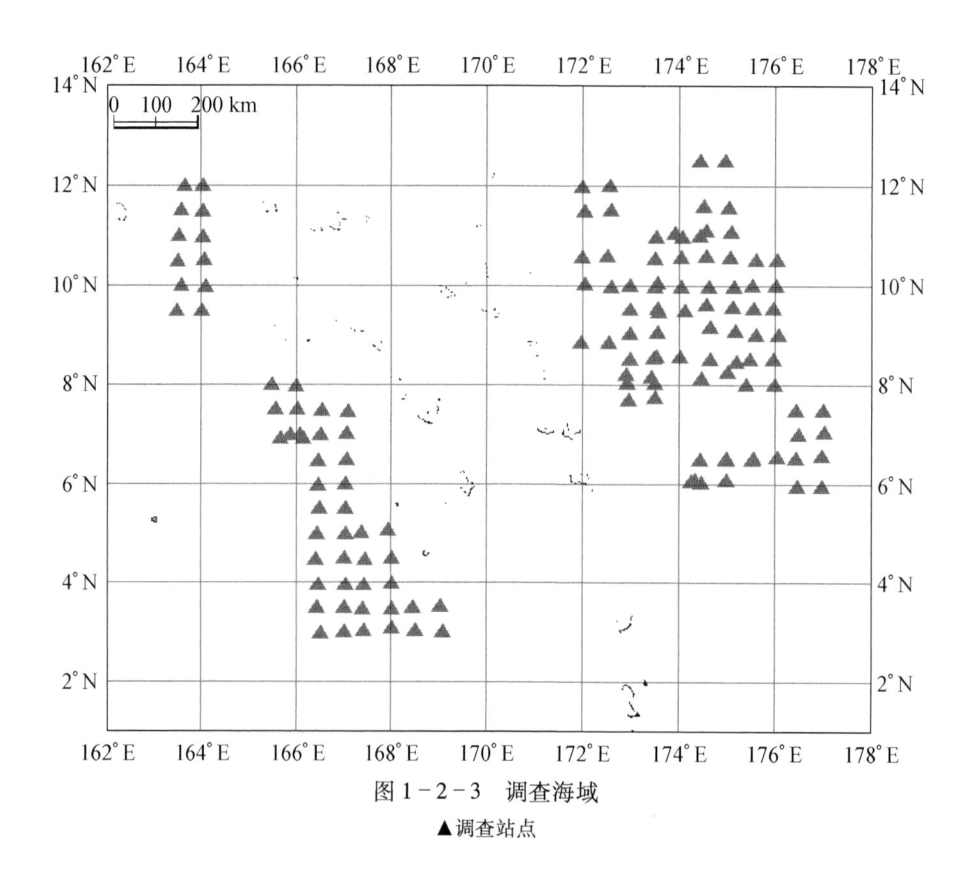

图 1－2－3　调查海域

▲调查站点

2.2　调查的渔具、渔法

调查期间，一般情况下，5 : 30～9 : 30 投绳，持续时间为 4 h 左右；16 : 00～22 : 00 起绳，持续时间为 6 h 左右；船长根据探捕调查站点位置决定当天投绳的位置。

船速为 8～9.5 节，出绳速度为 10～11.5 节，两浮子间的钩数为 25 枚，两钩间的时间间隔为 8 s。每天平均放钩 1 600 枚左右，其中原船用钓钩 1 000 枚，试验钩 400 枚，防海龟钩 200 枚。

投放试验钓具时，靠近浮子的第 1 枚钩空缺，第 2 枚钩换成 4 种不同重量的重锤，其他参数不变。船用渔具（即传统作业）和试验渔具（即试验作业）示意图见图 1－2－4。

2.3　调查仪器、调查方法及内容

采用加拿大 RBR 公司的 XR－620 多功能水质仪（图 1－2－5a）和 TDR－2050 型微型温度深度计（图 1－2－5b）获取调查海域的海洋环境数据。多功能水质仪（XR－620）对温度、电导率、溶解氧含量的测定量程分别为－5～35℃、0～2 mS/cm、0～150%，精度分别为 0.002℃、0.000 3 mS/cm、量程的 1%；微型温度深度计（TDR－2050）用于测定钓钩实际深度及该深度的水温，深度精度为测定量程（10～740 m ）的±0.05%，温度精度为±0.002℃。

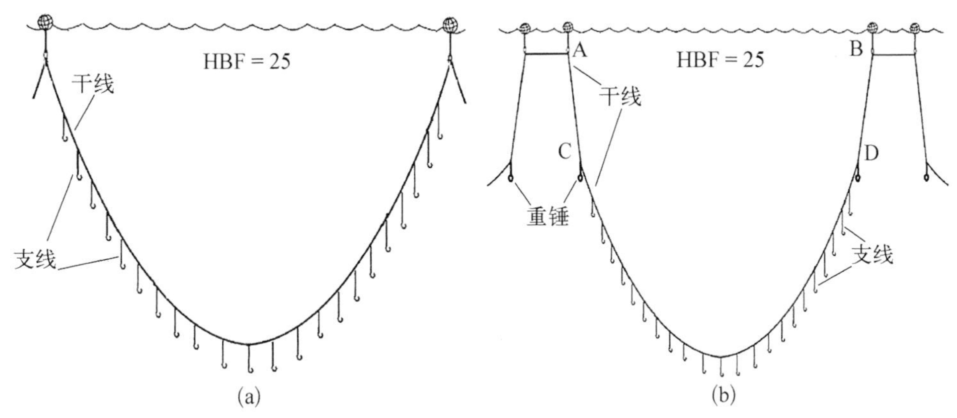

图 1-2-4　钓具结构及投放后在海水中的状态示意图

a：传统作业；b：试验作业。两浮子间钩数(HBF)为 25 枚

对设定的调查站点进行调查，记录每天的投绳位置、投绳开始时间、起绳开始时间、投钩数、投绳时的船速和出绳速度、两钩间的时间间隔、两浮子间的钩数、大眼金枪鱼的渔获尾数，抽样测定大眼金枪鱼的上钩钩号、上钩时的位置、用微型温度深度计(TDR-2050)测定部分钓钩在海水中的实际深度及其变化、用多功能水质仪(XR-620)测定调查站点的水下 0~450 m 的温度、盐度和溶解氧含量的垂直变化曲线。

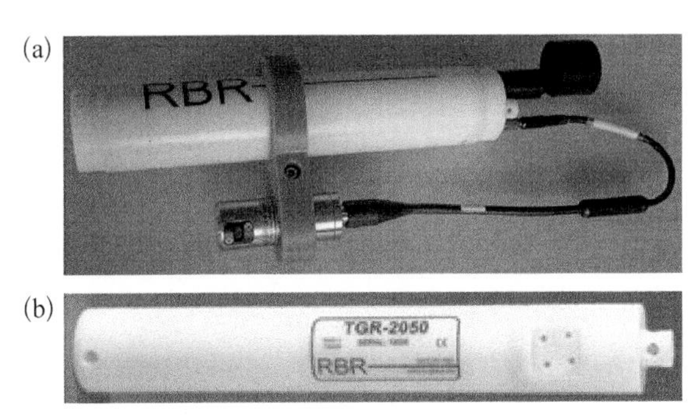

图 1-2-5　调查中使用的仪器

a：多功能水质仪；b：微型温度深度计

2.4　钓钩深度计算模型的建立

通过微型温度深度计(TDR-2050)测定部分钓钩在海水中的实际深度及其变化。当测定的钓钩深度达到稳定后，取其算术平均值作为该枚钓钩在水下的实际深度。

传统作业中，渔具的理论深度按照日本吉原有吉的理论钓钩深度计算公式(悬链线公式)[60]，得出各钩号的理论深度。即

$$D_y = h_a + h_b + l\left[\sqrt{1+\cot^2\varphi_0} - \sqrt{\left(1-\frac{2y}{n}\right)^2 + \cot^2\varphi_0}\right] \tag{1-2-1}$$

$$L = V_2 \times n \times t \tag{1-2-2}$$

$$l = \frac{V_1 \times n \times t}{2} \tag{1-2-3}$$

$$k = \frac{L}{2l} = \frac{V_2}{V_1} = \cot\varphi_0 sh^{-1}(\mathrm{tg}\,\varphi_0) \tag{1-2-4}$$

其中，D_y 为理论钓钩深度；h_a 为支线长；h_b 为浮子绳长；l 为干线弧长的一半；φ_0 为干线支承点上切线与水平面的交角，与 k 有关，作业中很难实测 φ_0，采用短缩率 k 来推出 φ_0；y 为 2 浮子之间自一侧计的钓钩编号序数，即钩号；n 为 2 浮子之间干线的分段数，即支线数加 1；L 为 2 浮子之间的海面上的距离；V_2 为船速；t 为投绳时前后 2 支线之间相隔的时间间隔；V_1 为投绳机出绳速度。

试验作业渔具的钓钩的理论深度要做相应的修正，具体方法如下：试验作业中，重锤的重量改变了干线在水中的形状（图 1-2-4b 所示），因此不能直接利用悬链线公式计算得出的每枚钓钩的实际深度，要对重锤产生的影响进行修正。

本次调查中，未应用微型温度深度计测定挂重锤处的干线垂度的实际数据，选取印度洋调查[61]中取得的相应重量下的实际深度的算术平均值作为该重量下挂重锤处干线的垂度，计作：d_w。假设整个调查期间相同重量的重锤的下沉垂度相同。结果得出，随着重锤重量的加大，重锤的下沉垂度（d_w）增加，2 kg、3 kg、4 kg、5 kg 的重锤下沉垂度分别为 54.0 m、59.7 m、65.0 m、67.7 m。

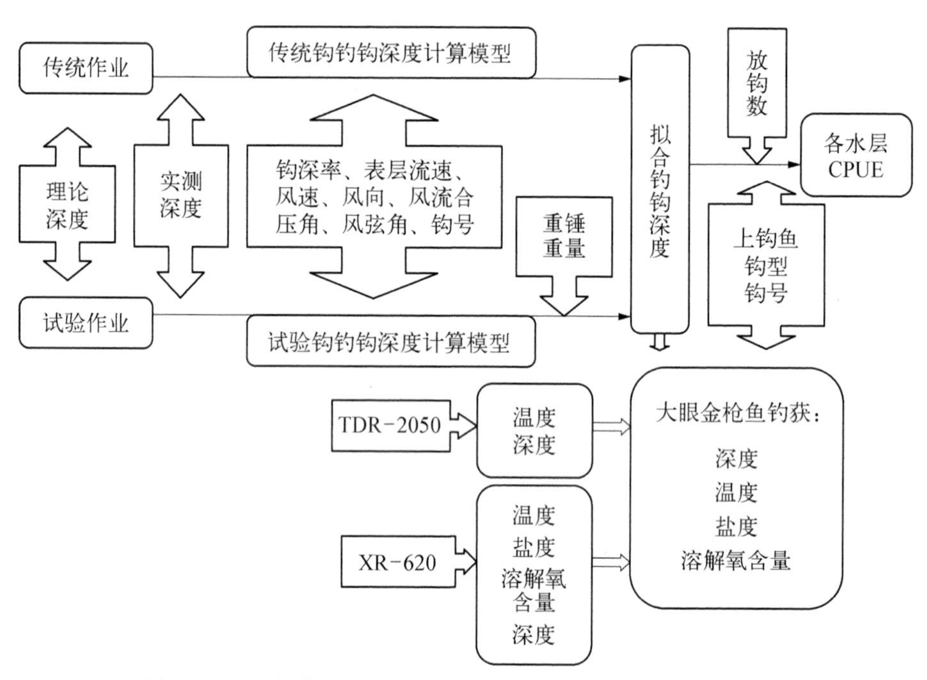

图 1-2-6 拟合钓钩深度计算、TDR、XR-620 数据处理流程图

本章中，把图 1-2-4b 中 C、D 两点之间的干线看作悬链线，从而得出每枚钓钩自挂重锤的干线处开始计算的垂度。假设 AC 和 BD 间干线均为直线，根据测到的该段干线在垂直方向上的分量，得出其水平分量。然后得出该段 CD 两点间的直线距离 L'，则钓钩深度计算公式可表达为

$$D'_y = h_a + h_b + d_w + l\left[\sqrt{1 + \cot^2 \varphi'_0} - \sqrt{\left(1 - \frac{2y}{m}\right)^2 + \cot^2 \varphi'_0}\right] \qquad (1-2-5)$$

$$L' = V_2(m + 4)t - 2\sqrt{(1.821V_1t)^2 - d_w^2} \qquad (1-2-6)$$

$$l = \frac{0.910\,4V_1 \times m \times t}{2} \tag{1-2-7}$$

$$k' = \frac{L'}{2l} = \cot\varphi_0' sh^{-1}(\mathrm{tg}\,\varphi_0') \tag{1-2-8}$$

其中,D_y' 表示试验作业时钓钩的深度;d_w 表示挂重锤处干线的垂度;L'表示重锤间的直线长度,m 为 2 重锤之间干线的分段数,即支线数加 1;φ_0' 为挂重锤处干线支承点上切线与水平面的交角,其他同式 1-2-1~式 1-2-4。

拟合钓钩深度计算模型的建立:应用 SPSS13.0 软件,采用多元回归分析方法,建立实测钓钩深度与理论钓钩深度和海洋环境因子的关系模型,其流程见图 1-2-6。

钓钩所能达到的深度主要受到钓具漂移速度(V_g)、风速(V_w)、风舷角(Q_W)、风流合压角(γ)等因素的影响,且钓钩的深度是在不断地变化的,在一定的范围内波动。对于试验钓具,由于增加了重锤,因此,把重锤在水中的重量(W)也作为一个因子进行回归。其中,钓具漂移速度是指钓具在风、水流的合力作用下,钓具在海中的对地漂移的速度;风速:为风速仪测得的风的速度;风舷角为风向与放钩航向之间的夹角;风流合压角是指钓具在海中的漂移方向与放钩航向之间的夹角。

利用 SPSS13.0 软件,采用多元回归分析方法,建立传统钩钩深率(P)与表层流速(V_g)、风速(V_w)、风舷角(Q_W)、风流合压角(γ)、钩号(y)的回归方程,其中,P 为传统钩的拟合钓钩深度(D_f)与传统钩理论钓钩深度(D_y)的比值。

假定其关系模型为

$$\ln(P) = a \times \ln(V_g) + b \times \ln(V_w) + c \times \ln(\sin Q_W) + d \times \ln(\sin\gamma) + e \times \ln(y) + \text{constant} \tag{1-2-9}$$

其中,constant 为常数项,其他符号同上。

$$P = \frac{D_f}{D_y} \tag{1-2-10}$$

利用 SPSS13.0 软件,采用多元回归分析方法,建立试验钩钩深率(P')与表层流速(V_g)、风速(V_w)、风向(C_w)、风流合压角(γ)、风舷角(Q_W)、钩号(y)、重锤重量(W)的回归方程。其中,P'为试验钩的拟合钓钩深度(D_f')与试验钩理论钓钩深度(D_y')的比值。

假定其关系模型为

$$\ln(P') = a \times \ln(V_g) + b \times \ln(V_w) + c \times \ln(\sin Q_W) + d \times \ln(\sin\gamma) + e \times \ln(y) + f \times \ln(W) + \text{constant} \tag{1-2-11}$$

$$P' = \frac{D_f'}{D_y'} \tag{1-2-12}$$

2.5 各水层大眼金枪鱼的渔获率

对各水层大眼金枪鱼的渔获率进行分析,具体方法如下:从 40 m 至 280 m,每 40 m 为一层,分6层。

各水层内的渔获尾数(N_j)为

$$N_j = \frac{N_{Sj}}{N_S} \times N \tag{1-2-13}$$

其中,N_{Sj}: 整个调查期间作业海域各水层内大眼金枪鱼的渔获尾数;N_S: 整个调查期间总取样尾数;N: 整个调查期间总渔获尾数。

各水层范围内的钩数(H_{Tj})为

$$H_{Tj} = \sum_{k=1}^{n}\left(\frac{H_{Sj}}{H_S} \times H\right) + \sum_{k=1}^{m}\left(\frac{H'_{Sj}}{H'_S} \times H'\right) \tag{1-2-14}$$

其中,H_{Sj}: 整个调查期间各水层内船用钩钩数;H_S: 每天船用钩总取样钩数;H: 每天船用钩的总放钩数;H'_{Sj}: 整个调查期间各水层内试验钩钩数;H'_S: 每天试验钩总取样钩数;H': 每天试验钩的总放钩数;k 为作业天数(船用钩为 n 天,试验钩为 m 天);

再计算大眼金枪鱼各水层的渔获率($CPUE_j$)为

$$CPUE_j = \frac{N_j}{H_{Tj}} \tag{1-2-15}$$

应用分层聚类分析方法,以各水层大眼金枪鱼的钓获尾数、各水层内钩数和各水层大眼金枪鱼的渔获率作为变量、各水层为观测量,对各水层进行聚类,寻找与大眼金枪鱼的钓获尾数和渔获率关系密切的水层。

2.6 温跃层参数计算

温跃层强度最低标准:$|\Delta T/\Delta Z| = 0.05$℃/m。对温度求垂向梯度,将垂向梯度值大于或等于上述最低指标值的水层定为跃层,其上下端点所在深度作为跃层上界深度和下界深度[62]。

温跃层参数计算流程如图1-2-7所示。

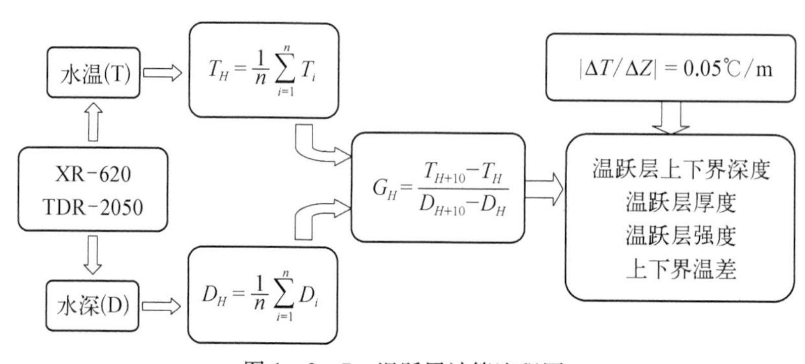

图1-2-7 温跃层计算流程图

对2种仪器获取的温度深度数据资料,分别计算(10±5) m,(20±5) m,(30±5) m,…,(400±5) m内对应的温度、深度平均值作为 $H=10$ m,20 m,30 m,…,400 m处的标准温度 T_H 和标准深度 D_H 为

$$T_H = \frac{1}{n}\sum_{i=1}^{n} T_i \tag{1-2-16}$$

$$D_H = \frac{1}{n}\sum_{i=1}^{n} D_i \tag{1-2-17}$$

其中,T_i、D_i 分别为标准深度为 D_H(H±5 m)时测得的 n 组对应的温度和深度。

然后计算出两相邻标准水层间的温度梯度值为

$$G_H = \frac{T_{H+10} - T_H}{D_{H+10} - D_H} \tag{1-2-18}$$

其中,G_H 为标准深度为 D_H 和 D_{H+10} 的两相邻标准水层间的温度梯度值。

最后根据温跃层强度标准,确定温跃层的上界和下界深度。

2.7　基于分位数回归的大眼金枪鱼栖息地综合指数模型

2.7.1　分位数回归

分位数回归模型最早由 Koenker 和 Basset[63]提出,传统的相关和回归统计理论采用的是最小平方差的概念,而分位数回归模型采用最小绝对偏差的概念。θ-回归分位数定义为

$$\min\left[\sum_{(y_i \geqslant x_i'\beta)} \theta \mid y_i - x_i'\beta \mid + \sum_{(y_i \leqslant x_i'\beta)} (1-\theta) \mid y_i - x_i'\beta \mid\right] \tag{1-2-19}$$

一般也写为

$$\min_{\beta \in Rk} \sum_i \rho\theta(y_i - x_i'\beta) \tag{1-2-20}$$

其中,$\rho\theta(\varepsilon)$ 称为"检验函数",定义为

$$\rho\theta(\varepsilon) = \begin{cases} \theta\varepsilon & \varepsilon \geqslant 0 \\ (\theta-1)\varepsilon & \varepsilon \leqslant 0 \end{cases} \tag{1-2-21}$$

在此模型下,给定 x 的 θ 条件分位数即为

$$Qy(\theta/x) = x'\beta,\ \theta \in (0,\ 1) \tag{1-2-22}$$

在不同的 θ 下,可以得到不同的分位数,随着 θ 在[0,1]区间的变化,可以得到整个 y 在 x 处的条件分布的轨迹。

本章采用 Blossom 统计学软件[64]进行分位数回归。

基于分位数回归的不同水层栖息地综合指数(IHI_{QRij})中考虑的自变量包括温度、盐度和溶解氧含量以及这3个自变量之间交互作用所产生的变量,共6个变量。基于分位数回归

的整个水体栖息地综合指数（$\overline{IHI}_{QR1}$）中除上述 3 个自变量外，还将钓具漂流速度考虑在内，及这 4 个自变量之间交互作用所产生的变量，共 10 个变量。同时选择 10 个分位数，即 0.50~0.95（每隔 0.05 为 1 个）模型计算，用 Wilcoxon 符号秩检验来计算 P 值的大小。当参数检验值 $P>0.05$ 时，在模型中剔除该变量，一直循环计算，直到所入选的所有自变量的 P 值均小于或等于 0.05，从而得到最佳的模型方程，具体数据处理过程见流程图 1－2－8。

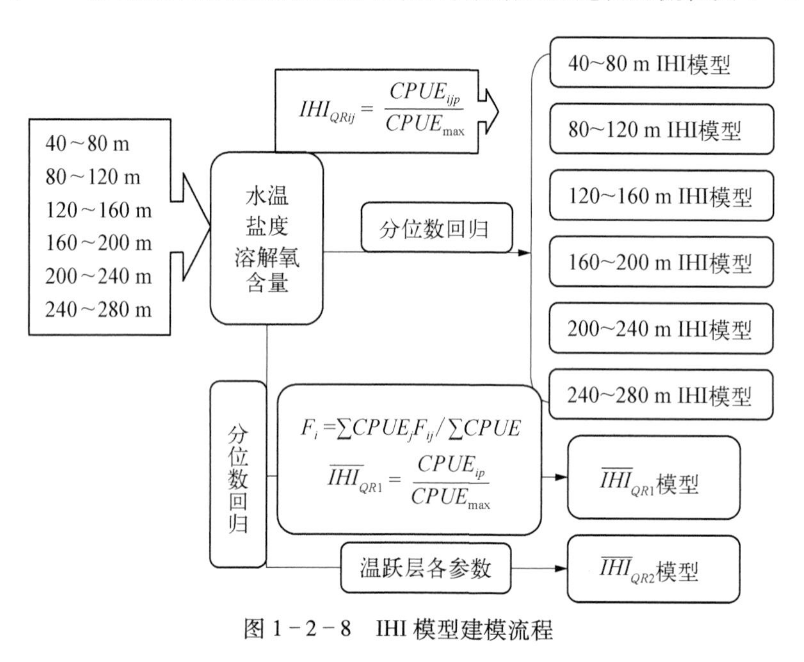

图 1－2－8　IHI 模型建模流程

2.7.2　基于各水层渔获率为权重的环境因子值的计算

环境因子值包括温度、盐度、溶解氧含量，计算公式为

$$F_i = \sum CPUE_jF_{ij}/\sum CPUE_j \tag{1-2-23}$$

其中，F_i 为第 i 次作业所处的环境因子值（T_i、S_i、DO_i），$CPUE_j$ 表示第 j 个水层的大眼金枪鱼的渔获率，F_{ij}表示第 i 次作业环境参数（T_j、S_j、DO_j）在第 j 个水层（40~80 m、80~120 m、120~160 m、160~200 m、200~240 m 和 240~280 m）的值（为 XR－620 测得的该水层内的算术平均值）。

2.7.3　基于分位数回归的不同水层栖息地综合指数（IHI_{QRij}）

根据每天不同水层的渔获率 $CPUE_{ij}$与该水层内温度 T_{ij}、盐度 S_{ij}和溶解氧含量 DO_{ij}的最佳模型方程，利用自变量的值来修正因变量 $CPUE_{ij}$的值，称为潜在渔获率，记作 $CPUE_{QRijp}$，利用 $CPUE_{QRijp}$计算各自 IHI_{QRij}指数。

应用分位数回归得出的每天不同水层渔获率（$CPUE_{ij}$）与不同水层温度 T_{ij}、盐度 S_{ij}和溶解氧含量 DO_{ij}之间的最佳原始模拟方程的一般形式为

$$CPUE_{QRijp} = C_j + a_jT_{ij} + b_jS_{ij} + c_jDO_{ij} + d_jTS_{ij} + e_jTDO_{ij} + f_jSDO_{ij} \tag{1-2-24}$$

模型中考虑的自变量参数包括温度 T_{ij}、盐度 S_{ij} 和溶解氧含量 DO_{ij} 以及这三个变量及其交互作用所产生的变量。其中,参数 TS 是指温度和盐度之间的交互作用;TDO 指温度和溶解氧含量之间的交互作用;SDO 是指盐度和溶解氧含量之间的交互作用。

$$IHI_{QRij} = \frac{CPUE_{QRijp}}{CPUE_{QR\max}} \tag{1-2-25}$$

其中,$CPUE_{QR\max}$ 指所有水层的 $CPUE_{QRijp}$ 和整个水体的 $CPUE_{QRip1}$ 中的最大值。

2.7.4　基于分位数回归的 $\overline{IHI}_{QR}$ 指数

基于分位数回归的整个水体栖息地综合指数($\overline{IHI}_{QR}$)计算采用两种方法,$\overline{IHI}_{QR1}$ 和 $\overline{IHI}_{QR2}$,两种方法选用的环境因子参数不同。

方法 1: $\overline{IHI}_{QR1}$ 指数

大眼金枪鱼总渔获率($CPUE_i$)与对应站点的平均温度 T_i、盐度 S_i 和溶解氧含量 DO_i 和钓具漂流速度 V_i 建立最佳模型方程,环境因素值 T_i、S_i 和 DO_i 基于各水层渔获率为权重计算得出。用自变量的值来修正因变量 $CPUE_{QRip1}$ 的值,最后用 $CPUE_{QRip1}$ 计算 $\overline{IHI}_{QR1}$ 指数。

每天的总渔获率($CPUE_i$)与温度 T_i、盐度 S_i、钓具漂流速度 V_i 和溶解氧含量 DO_i 之间的初始最佳分位数回归模拟方程的一般形式为

$$\begin{aligned} CPUE_{QRip1} = {} & C + aT_i + bS_i + cDO_i + mV_i + dTS_i + eTDO_i \\ & + fSDO_i + nTV_i + oSV_i + pDOV_i \end{aligned} \tag{1-2-26}$$

模型中考虑的自变量参数包括温度 T_i、盐度 S_i、钓具漂流速度 V_i 和溶解氧含量 DO_i 以及这 4 个变量及其交互作用所产生的变量。其中,参数 TS 是指温度和盐度之间的交互作用;TDO 指温度和溶解氧含量之间的交互作用;SDO 是指盐度和溶解氧含量之间的交互作用;参数 TV 是指温度和钓具漂流速度之间的交互作用;SV 是指盐度和钓具漂流速度之间的交互作用;DOV 是指溶解氧含量和钓具漂流速度之间的交互作用。

最后,$\overline{IHI}_{QR1}$ 指数计算公式如下:

$$\overline{IHI}_{QR1} = \frac{CPUE_{QRip1}}{CPUE_{QR\max}} \tag{1-2-27}$$

方法 2: $\overline{IHI}_{QR2}$ 指数

大眼金枪鱼总渔获率($CPUE_i$)与对应站点的钓具漂流速度(V_i)、钓具漂流方向(DIR_i)、20℃等温线深度(D_{20i})、温跃层上界深度(D_{upperi})、温跃层下界深度(D_{loweri})、温跃层上界温度(T_{upperi})、温跃层下界温度(T_{loweri})、温跃层强度($I_{thermoi}$)、温跃层厚度($TH_{thermoi}$)、温跃层温差($DIF_{thermoi}$)、各水层平均温度 T_i($T_{0\sim40}$、$T_{40\sim80}$、$T_{80\sim120}$、$T_{120\sim160}$、$T_{160\sim200}$、$T_{200\sim240}$、$T_{240\sim280}$)、盐度 S_i($S_{0\sim40}$、$S_{40\sim80}$、$S_{80\sim120}$、$S_{120\sim160}$、$S_{160\sim200}$、$S_{200\sim240}$、$S_{240\sim280}$)和溶解氧含量 DO_i($DO_{0\sim40}$、$DO_{40\sim80}$、$DO_{80\sim120}$、$DO_{120\sim160}$、$DO_{160\sim200}$、$DO_{200\sim240}$、$DO_{240\sim280}$),共 31 个变量,建立最佳模型方程,用自变量的值来修正因变量 $CPUE_{QRip2}$ 的值,最后用 $CPUE_{QRip2}$ 计算 $\overline{IHI}_{QR2}$ 指数。

初始最佳分位数回归方程的一般形式为

$$CPUE_{QRip2} = C + C_1V_i + C_2DIR_i + C_3D_{20i} + C_4D_{upperi} + C_5D_{loweri} + C_6T_{upperi} + C_7T_{loweri} + C_8I_{thermoi} + C_9TH_{thermoi} + C_{10}DIF_{thermoi} + C_{11}T_{0\sim40i} + C_{12}T_{40\sim80i} + C_{13}T_{80\sim120i} + C_{14}T_{120\sim160i} + C_{15}T_{160\sim200i} + C_{16}T_{200\sim240i} + C_{17}T_{240\sim280i} + C_{18}S_{0\sim40i} + C_{19}S_{40\sim80i} + C_{20}S_{80\sim120i} + C_{21}S_{120\sim160i} + C_{22}S_{160\sim200i} + C_{23}S_{200\sim240i} + C_{24}S_{240\sim280i} + C_{25}DO_{0\sim40i} + C_{26}DO_{40\sim80i} + C_{27}DO_{80\sim120i} + C_{28}DO_{120\sim160i} + C_{29}DO_{160\sim200i} + C_{30}DO_{200\sim240i} + C_{31}DO_{240\sim280i} \tag{1-2-28}$$

其中，C_1，C_2，…，C_{31}，为各项系数；

$\overline{IHI}_{QR2}$指数计算公式如下：

$$\overline{IHI}_{QR2} = \frac{CPUE_{QRip2}}{CPUE_{QRip2\max}} \tag{1-2-29}$$

其中，$CPUE_{QRip2\max}$指 $CPUE_{QRip2}$中的最大值。

2.8 基于广义线性模型的大眼金枪鱼栖息地综合指数模型

广义线性模型（GLM）偏重研究 CPUE 与影响 CPUE 各因子的效应间的线性相关性。在 GLM 中，假设反应变量（因变量）和解释变量（自变量）之间的关系是线性的，其表达式为

$$g(u_i) = X_i^T\beta + \varepsilon \tag{1-2-30}$$

其中，g 是不单调的连续函数，X_i 为自变量构造的设计矩阵，β 为回归参数向量，ε 为正态独立随机误差向量，并设定其均值 $E(\varepsilon)=0$。

$$u_i = E(Y_i) \tag{1-2-31}$$

其中，Y_i 为因变量的观察值向量。

应用 GLM 对调查船在整个调查期间各水层内大眼金枪鱼的 CPUE 以及总 CPUE 进行建模，找出影响各水层 CPUE 和总 CPUE 的相关因子，以及相关因子与 CPUE 间的关系。GLM 建模流程见图 1－2－9 所示。

2.8.1 不同水层大眼金枪鱼渔获率的 GLM 模型

为便于与分位数回归模型进行比较，不同水层大眼金枪鱼 CPUE 的 GLM 模型中所用环境因子参数与分位数回归模型中所用环境因子参数相同。模型中考虑的自变量包括温度、盐度和溶解氧含量以及这 3 个自变量之间交互作用所产生的变量，共 6 个变量。采用的初始 GLM 模型是

$$\ln(CPUE_j + \text{constant}) = \text{intercept} + T_j + S_j + DO_j + T_jS_j + T_jDO_j + S_jDO_j + error \tag{1-2-32}$$

$error \sim N(0, \sigma^2)$，ln：自然对数；constant：常数，一般取名义 CPUE 总平均数的 10%，本章根据不同水层分别取值，取各水层名义 CPUE 总平均数的 10%；intercept：截距（名义

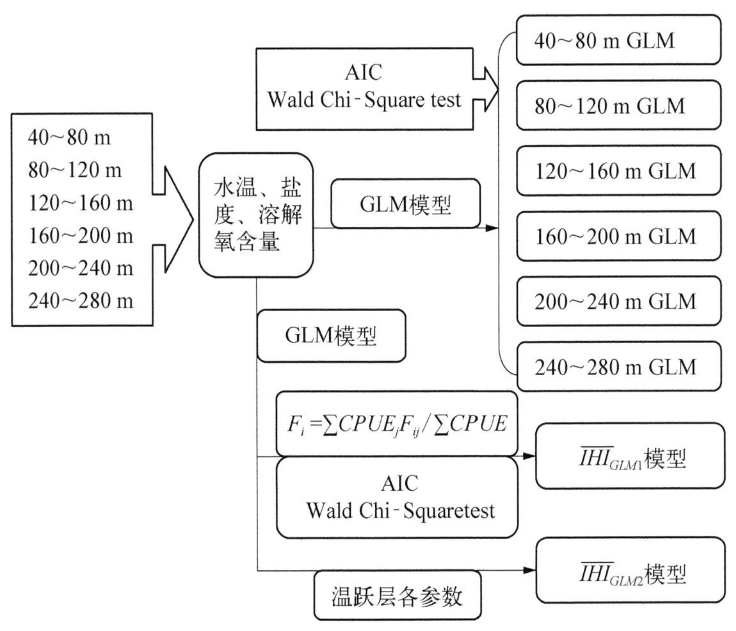

图 1-2-9　GLM 建模流程图

CPUE 总平均数）;T_j: 温度效应;S_j: 盐度效应;DO_j: 溶解氧含量效应;T_jS_j: 温度与盐度的交互效应;T_jDO_j: 温度与溶解氧含量的交互效应;S_jDO_j: 盐度与溶解氧含量的交互效应;j: 不同水层,包括 40~80 m、80~120 m、120~160 m、160~200 m、200~240 m 和 240~280 m 共 6 个水层。

2.8.2　大眼金枪鱼总渔获率的 GLM 模型

（1）GLM 模型 1

为方便与分位数回归模型进行比较,大眼金枪鱼总 CPUE 的 GLM 模型中除温度 T、盐度 S 和溶解氧含量 DO 这 3 个变量外,还将钓具漂流速度考虑在内,及这 4 个变量之间交互作用所产生的交互变量,共 10 个变量,环境因素值 T、S 和 DO_i 基于各水层渔获率为权重计算得出。采用的初始 GLM 模型为

$$\ln(CPUE + \text{constant}) = \text{intercept} + T + S + DO + V + TS + TDO + TV + SDO + SV + DOV + error \quad (1-2-33)$$

$error \sim N(0,\ \sigma^2)$, constant: 常数,一般取名义 CPUE 总平均数的 10%,本章取 0.5; intercept: 截距（名义 CPUE 总平均数）;T: 温度效应;S: 盐度效应;DO: 溶解氧含量效应;V: 钓具漂流速度效应;TS: 温度与盐度的交互效应;TDO: 温度与溶解氧含量的交互效应;TV: 温度与钓具漂流速度的交互效应;SDO: 盐度与溶解氧含量的交互效应;SV: 盐度与钓具漂流速度的交互效应;DOV: 溶解氧含量与钓具漂流速度的交互效应。

（2）GLM 模型 2

为方便与分位数回归模型进行比较,模型中共有 34 个变量,其中包含$\overline{IHI}_{QR2}$模型中的 31 个变量,另有月份、经度和纬度 3 个分类变量。采用的初始 GLM 模型是

$$\begin{aligned}\ln(CPUE' + \text{constant}) = \ & \text{intercept} + V' + M' + LON' + LAT' + DIR + D_{20} + D_{upper} + D_{lower} \\ & + T_{upper} + T_{lower} + I_{thermo} + TH_{thermo} + DIF_{thermo} + T_{0\sim40} + T_{40\sim80} + T_{80\sim120} \\ & + T_{120\sim160} + T_{160\sim200} + T_{200\sim240} + T_{240\sim280} + S_{0\sim40} + S_{40\sim80} + S_{80\sim120} \\ & + S_{120\sim160} + S_{160\sim200} + S_{200\sim240} + S_{240\sim280} + DO_{0\sim40} + DO_{40\sim80} + DO_{80\sim120} \\ & + DO_{120\sim160} + DO_{160\sim200} + DO_{200\sim240} + DO_{240\sim280} + error \end{aligned} \quad (1-2-34)$$

$error \sim N(0, \sigma^2)$, ln：自然对数；constant：常数，一般取名义 CPUE 总平均数的 10%，本章取值 0.5；intercept：截距（名义 CPUE 总平均数）；V'：钓具漂流速度效应；M'：第 j 月的资源效应；LON'：经度效应；LAT'：纬度效应；DIR：流向效应；D_{20}：20℃等温线深度效应；D_{upper}：温跃层上界深度效应；D_{lower}：温跃层下界深度效应；T_{upper}：温跃层上界温度效应；T_{lower}：温跃层下界温度效应；I_{thermo}：温跃层强度效应；TH_{thermo}：温跃层厚度效应；DIF_{thermo}：温跃层温差效应；$T_{0\sim40}$、$T_{40\sim80}$、$T_{80\sim120}$、$T_{120\sim160}$、$T_{160\sim200}$、$T_{200\sim240}$、$T_{240\sim280}$：各水层平均水温效应；$S_{0\sim40}$、$S_{40\sim80}$、$S_{80\sim120}$、$S_{120\sim160}$、$S_{160\sim200}$、$S_{200\sim240}$、$S_{240\sim280}$：各水层平均盐度效应；$DO_{0\sim40}$、$DO_{40\sim80}$、$DO_{80\sim120}$、$DO_{120\sim160}$、$DO_{160\sim200}$、$DO_{200\sim240}$、$DO_{240\sim280}$：各水层平均溶解氧含量效应；$error$：误差项。

2.8.3 GLM 模型的选择

模型的拟合优度（goodness of fit）检验主要参考 AIC 值（Akaike's information criterion），回归模型中筛选自变量的方法采用 Wald Chi-Square test 法。最终选取的 GLM 模型中 AIC 值越小，说明模型拟合效果越好，并且最终模型中的自变量在用 Wald Chi-Square test 法检验时均须具有显著性（$P<0.05$）。应用 GLM 模型，分别得出大眼金枪鱼各个水层的 CPUE 与相关的环境因子关系公式，以及总 CPUE 与相关的环境因子关系公式。

2.8.4 基于 GLM 模型的大眼金枪鱼栖息地综合指数

不同水层 IHI_{GLMij} 指数计算公式：

$$IHI_{GLMij} = \frac{CPUE_{GLMijp}}{CPUE_{GLM\max}} \quad (1-2-35)$$

基于 GLM 的 $\overline{IHI}_{GLM}$ 指数计算采用两种方法，$\overline{IHI}_{GLM1}$ 和 $\overline{IHI}_{GLM2}$，这两种方法分别采用的是 GLM 模型 1 和 GLM 模型 2 的计算结果。

$\overline{IHI}_{GLM1}$ 指数计算公式如下：

$$\overline{IHI}_{GLM1} = \frac{CPUE_{GLMip1}}{CPUE_{GLM\max}} \quad (1-2-36)$$

$CPUE_{GLM\max}$ 指 $CPUE_{GLMijp}$ 和 $CPUE_{GLMip1}$ 中的最大值。

$\overline{IHI}_{GLM2}$ 指数计算公式如下：

$$\overline{IHI}_{GLM2} = \frac{CPUE_{GLMip2}}{CPUE_{GLMip2\max}} \quad (1-2-37)$$

$CPUE_{GLMip2\max}$ 指 $CPUE_{GLMip2}$ 中的最大值。

2.9 IHI 分布显示

本章利用 Marine Explorer 4.0 绘制大眼金枪鱼 IHI 指数等值线分布图。

2.10 IHI 指数与大眼金枪鱼渔获率关系分析

对各水层 IHI_{QRij}、$\overline{IHI}_{QR1}$、$\overline{IHI}_{QR2}$ 和大眼金枪鱼总名义 CPUE 之间进行 Pearson 相关分析；对各水层 IHI_{QRij}、$\overline{IHI}_{QR1}$ 进行偏相关分析；对各水层 IHI_{QRij}、$\overline{IHI}_{QR1}$ 和各水层大眼金枪鱼 CPUE 之间进行 Pearson 相关分析；各水层 IHI_{GLMij}、$\overline{IHI}_{GLM2}$ 和对应水层的大眼金枪鱼 CPUE 之间进行 Pearson 相关分析。

2.11 大眼金枪鱼栖息地综合指数模型验证

2.11.1 中国金枪鱼延绳钓船队生产数据标准化

商业性生产数据来源于在马绍尔群岛海域作业的中国金枪鱼延绳钓船队的生产数据，包括日期、船只、经纬度、产量、作业次数等，时间分辨率为天，空间分辨率为 0.5°×0.5°。应用的统计软件是 SPSS15.0。

CPUE 标准化模型结构：

应用 GLM 对大眼金枪鱼的 CPUE 进行标准化，采用的初始 GLM 模型为

$$\begin{aligned}\ln(CPUE + \text{constant}) = \text{intercept} + B_i + M_j + LON_k + LAT_l + (B \times M)_{ij} \\ + (B \times LON)_{ik} + (B \times LAT)_{il} + (M \times LON)_{jk} \\ + (M \times LAT)_{jl} + (LON \times LAT)_{kl} + (error)_{ijkl}\end{aligned} \quad (1-2-38)$$

$(error)_{ijkl} \sim N(0, \sigma^2)$，其中：ln：自然对数；constant：常数，一般取名义 CPUE 总平均数的 10%，本章取值 0.5；intercept：截距（名义 CPUE 总平均数）；B_i：作业船只效应；M_j：第 j 月的资源效应；LON_k：经度效应；LAT_l：纬度效应；$(B\times M)_{ij}$：船与月份的交互效应；$(B\times LON)_{ik}$：船与经度的交互效应；$(B\times LAT)_{il}$：船与纬度的交互效应；$(M\times LON)_{jk}$：月份与经度的交互效应；$(M\times LAT)_{jl}$：月份与纬度的交互效应；$(LON\times LAT)_{kl}$：经度与纬度的交互效应；$(error)_{ijkl}$：误差项。

最后应用适合度检验和正态性检验，对标准化 CPUE 结果进行检验。

2.11.2 IHI 指数模型验证

根据 2006~2007 年在马绍尔群岛海域作业的中国金枪鱼延绳钓船队的商业生产数据，包括日期、经纬度、产量、作业次数等，时间分辨率为天，空间分辨率为 0.5°×0.5°，绘制马绍尔群岛海域金枪鱼延绳钓捕捞努力量、名义 CPUE 和标准化 CPUE 分布图，并把标准化 CPUE 分布图与 IHI 指数模型得出的 IHI 等值线分布图进行叠图、比较。

3 结 果

3.1 钓钩深度计算模型

3.1.1 传统作业计算模型

经过 SPSS 逐步回归分析后得到的传统钩钩深率(P)模型为

$$P = V_g^{-0.218} \times y^{-0.107} \times V_w^{-0.251} \times 10^{-0.113} \quad (1-3-1)$$

根据式 1-2-10,传统钩的拟合钓钩深度计算公式为

$$D_f = (V_g^{-0.218} \times y^{-0.107} \times V_w^{-0.251} \times 10^{-0.113}) \times D_y \quad (1-3-2)$$

相关系数为 $R=0.72$(137 组)。

3.1.2 试验作业计算模型

经过 SPSS 逐步回归分析后得到的试验钩拟合钩深率(P')计算公式为

$$P' = V_g^{-0.196} \times y^{-0.135} \times V_w^{-0.208} \times 10^{-0.110} \quad (1-3-3)$$

根据式 1-2-12,试验钩拟合钓钩深度的计算公式为

$$D'_f = (V_g^{-0.196} \times y^{-0.135} \times V_w^{-0.208} \times 10^{-0.110}) \times D'_y \quad (1-3-4)$$

相关系数为 $R = 0.64$(413 组)。

3.2 各水层大眼金枪鱼渔获率和渔获尾数

根据记录钩号的大眼金枪鱼(共 304 尾)、调查期间所有捕获的大眼金枪鱼(共 318 尾),分析各水层内大眼金枪鱼的渔获率(图 1-3-1)和渔获尾数。具体数据见表 1-3-1。

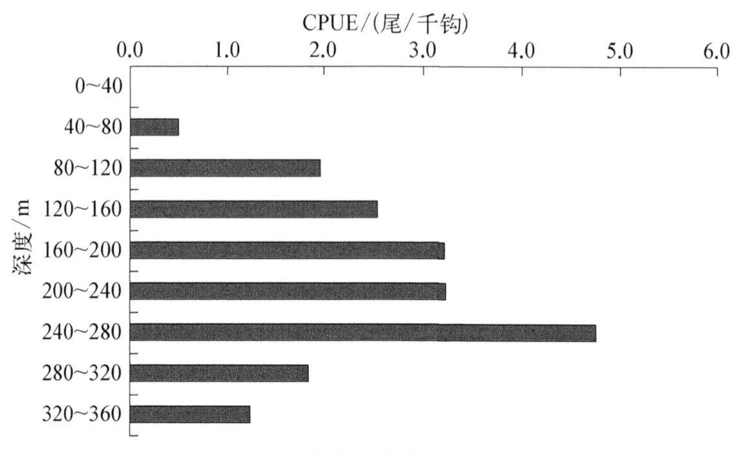

图 1-3-1 各水层大眼金枪鱼渔获率

表 1-3-1　各水层大眼金枪鱼渔获率、渔获尾数和钩数

水层	N_{Sj}	N_S	N	N_j	H_{Sj}	H_S	H	H'_{Sj}	H'_S	H'	H_{Tj}	$CPUE_j$
0~40	0	304	318	0	0	80 274	80 274	0	16 731	26 745	0	0
40~80	4	304	318	4	8 063	80 274	80 274	0	16 731	26 745	8 063	0.5
80~120	27	304	318	28	12 318	80 274	80 274	351	16 731	26 745	12 879	1.96
120~160	51	304	318	53	15 162	80 274	80 274	2 453	16 731	26 745	19 083	2.55
160~200	81	304	318	85	18 860	80 274	80 274	3 555	16 731	26 745	24 542	3.23
200~240	74	304	318	77	15 407	80 274	80 274	4 452	16 731	26 745	22 523	3.24
240~280	58	304	318	61	7 835	80 274	80 274	3 666	16 731	26 745	13 696	4.76
280~320	8	304	318	8	2 362	80 274	80 274	1 719	16 731	26 745	5 109	1.86
320~360	1	304	318	1	266	80 274	80 274	536	16 731	26 745	1 122	1.25
360~400	0	304	318	0	0	80 274	80 274	0	16 731	26 745	0	0
400~440	0	304	318	0	0	80 274	80 274	0	16 731	26 745	0	0

由图 1-3-1 得,240~280 m 水层大眼金枪鱼 CPUE 较高(4.76 尾/千钩),向较浅层和较深水层,CPUE 逐步递减。由图 1-3-2 得：160~200 m 水层大眼金枪鱼钓获尾数(81 尾)最多,其次为 200~240 m、240~280 m 水层,钓获尾数分别为 74 尾和 58 尾。

各水层钓获尾数、各水层钩数和各水层 CPUE 分层聚类分析(图 1-3-3)发现：240~

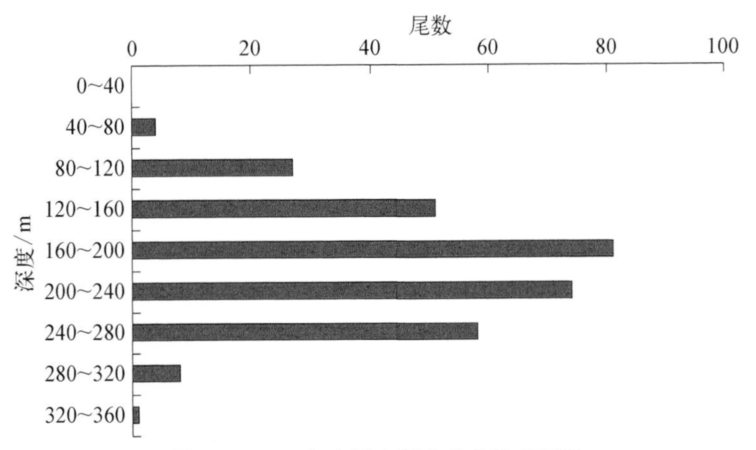

图 1-3-2　各水层大眼金枪鱼渔获尾数

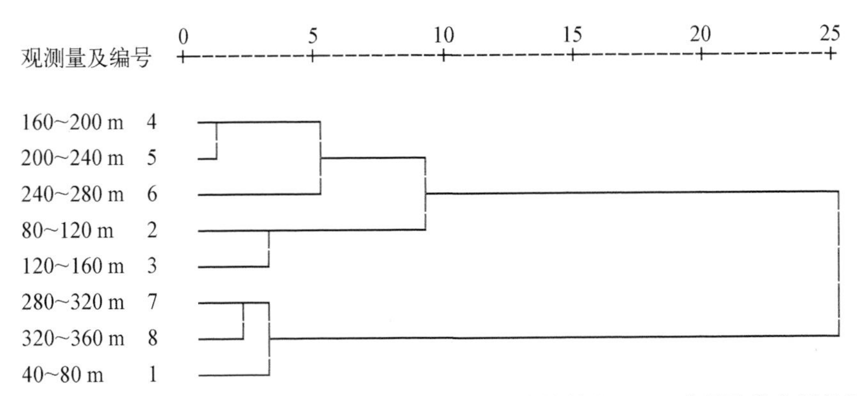

图 1-3-3　各水层与大眼金枪鱼渔获尾数、各水层内钩数和 CPUE 分层聚类分析结果
聚类方法：离差平方和法(Ward's method),距离采用欧氏距离

280 m 水层与钓获尾数和 CPUE 关系最密切，160~280 m 水层与钓获尾数和 CPUE 关系较密切。

3.3 基于分位数回归的不同水层 IHI_{QRij} 指数

应用高分位数回归方法，对最佳初始方程中的各变量逐步筛选，最终得出不同水层的回归方程，具体水层的参数见表 1－3－2。

对于 40~80 m 和 160~200 m 两个水层，模型中仅包含盐度变量，与大眼金枪鱼 CPUE 分别表现为负相关和正相关，Q=0.95 和 Q=0.75 时的分位数模型分别是解释 CPUE 与盐度变量之间关系的最佳模型。

对于 80~120 m，模型中包含温度和溶解氧含量，共 2 个变量，其中温度与大眼金枪鱼的 CPUE 表现为正相关，溶解氧含量表现为负相关，Q=0.80 时的分位数回归模型是解释 CPUE 与 2 个变量之间关系的最佳模型。

对于 120~160 m，每个变量的 P 值均大于 0.05，不能得出 CPUE 与环境变量的关系模型。

表 1－3－2 应用高分位数模型对大眼金枪鱼与温度、盐度、溶解氧含量之间进行最佳模拟方程的参数估计和 P 值检验

水层	分位数 Q	C_j	a_j	b_j	c_j	d_j	e_j	f_j
40~80 m	0.95	130.13		−3.62 (P=0.027)				
80~120 m	0.80	−18.16	2.54 (P=0.032)		−8.05 (P=0.025)			
120~160 m	/	/	/	/	/	/	/	/
160~200 m	0.75	−1 452.97		42.28 (P=0.035)				
200~240 m	0.85	−41.99	5.32 (P=0.012)					
240~280 m	0.85	244.35	−20.03 (P=0.046)					

对于 200~240 m 和 240~280 m 两个水层，模型中仅包含温度变量，与大眼金枪鱼的 CPUE 分别表现为正相关和负相关，Q=0.85 时的分位数回归模型是解释 CPUE 与温度变量之间关系的最佳模型。

5 个水层内的大眼金枪鱼 IHI_{QRij} 指数分布分别如图 1－3－4 所示。不同水层 IHI_{QRij} 指数分布有差异，但总体上在调查海域的西南部（3°N~8°N、166°E~170°E）IHI_{QRij} 指数较高；170°E~178°E、0°~8°N 附近 IHI_{QRij} 指数较低。随水层加深，IHI_{QRij} 指数平均值逐渐增加。

从 40~80 m 水层 IHI_{QR} 指数分布图（图 1－3－3a）看，以 6°30′N、167°30′E 为中心的附近海域 IHI 指数较高（高于 0.10）。

从 80~120 m 水层 IHI_{QR} 指数分布图（图 1－3－4b）看，3°N~6°N、166°E~170°E 海域内 IHI_{QR} 指数较高（高于 0.30）。

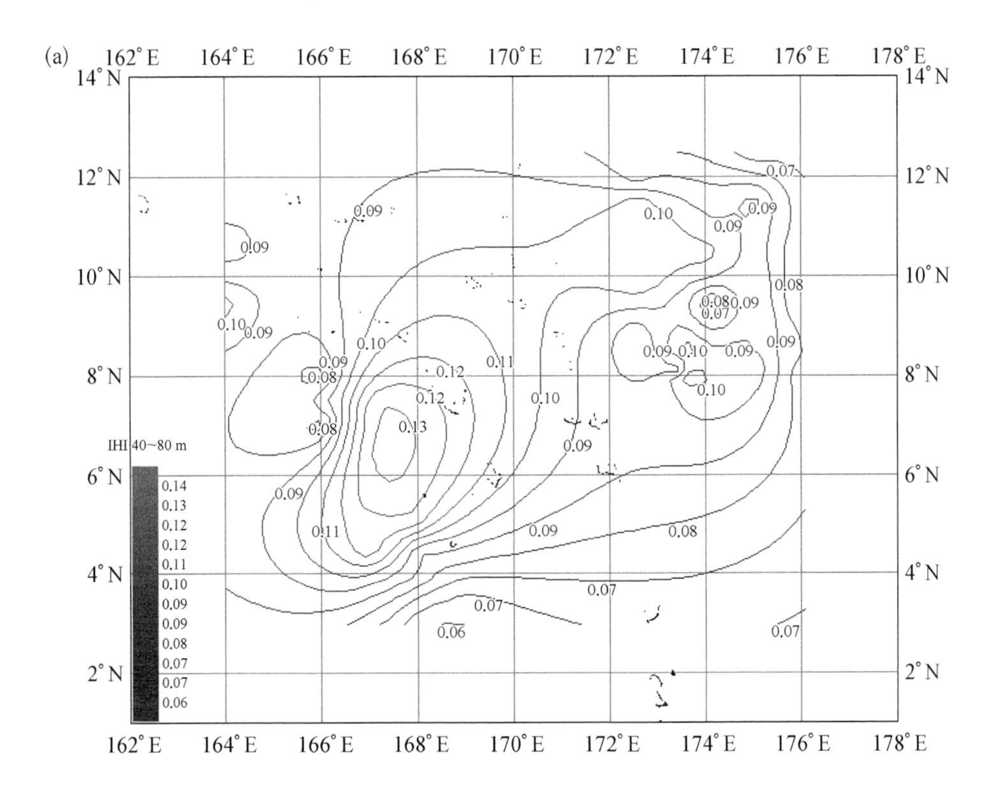
(a)
162° E
164° E
166° E
168° E
170° E
172° E
174° E
176° E
178° E
14° N
12° N
10° N
8° N
6° N
4° N
2° N
IHI 40~80 m
0.14
0.13
0.12
0.12
0.11
0.10
0.09
0.09
0.08
0.07
0.07
0.06

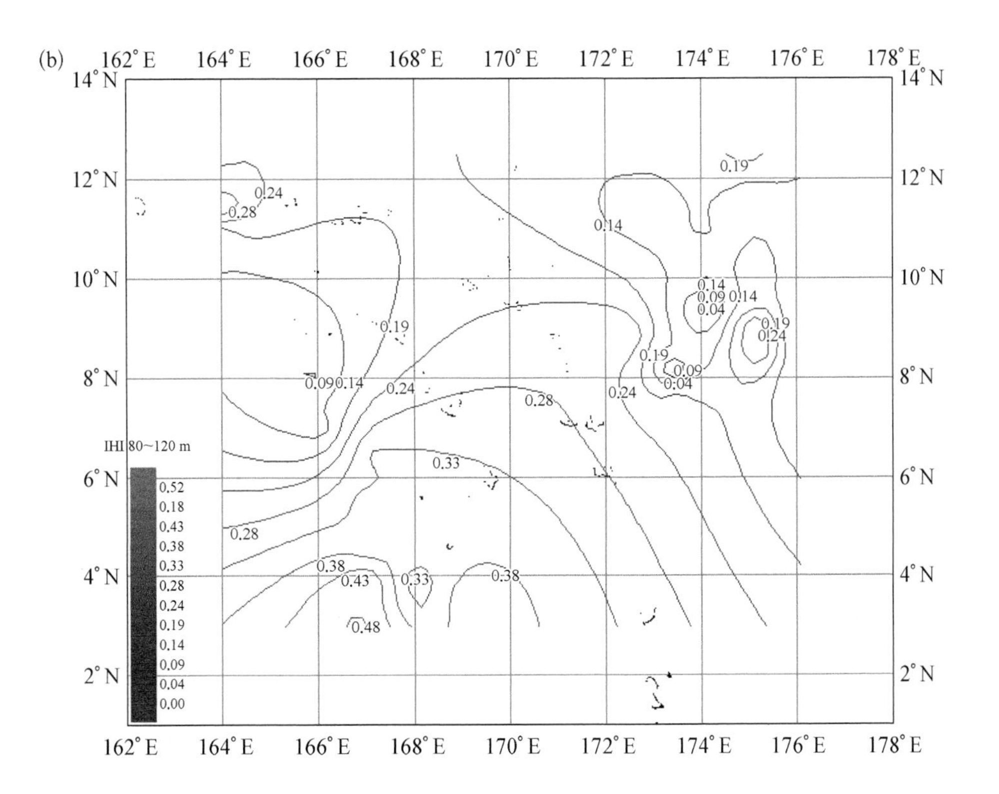
(b)
162° E
164° E
166° E
168° E
170° E
172° E
174° E
176° E
178° E
14° N
12° N
10° N
8° N
6° N
4° N
2° N
IHI 80~120 m
0.52
0.18
0.43
0.38
0.33
0.28
0.24
0.19
0.14
0.09
0.04
0.00

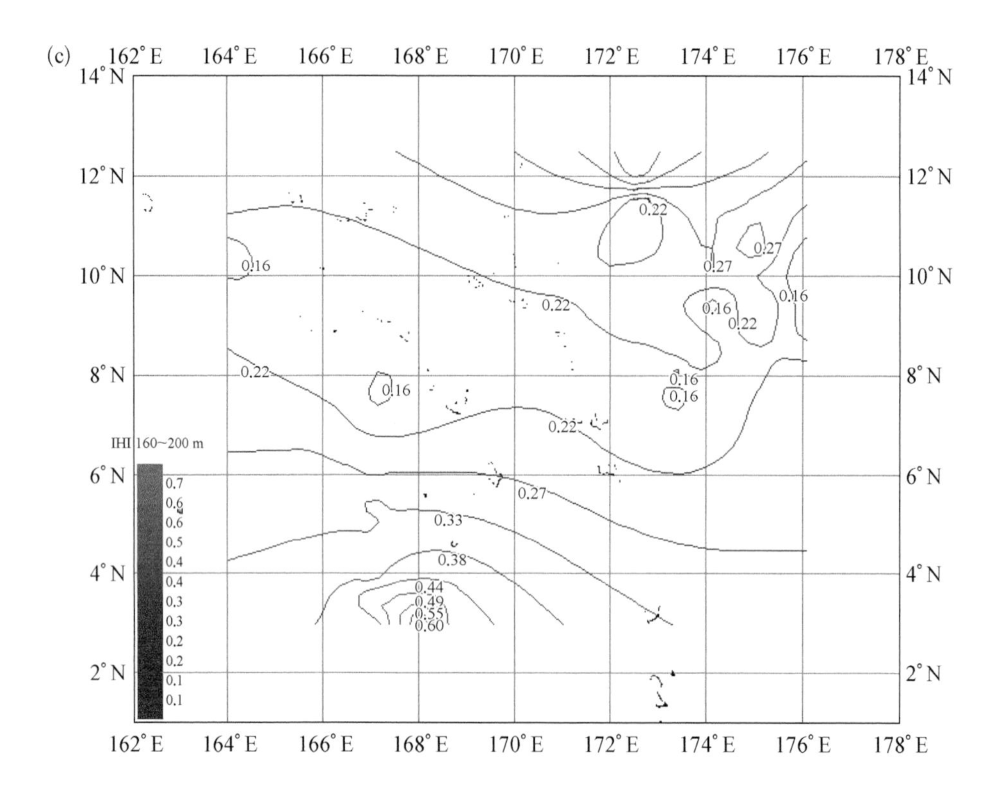
(c)
162° E
164° E
166° E
168° E
170° E
172° E
174° E
176° E
178° E
14° N
12° N
10° N
8° N
6° N
4° N
2° N
IHI 160~200 m
0.7
0.6
0.6
0.5
0.4
0.4
0.3
0.3
0.2
0.2
0.1
0.1
0.22
0.27
0.27
0.16
0.16
0.16
0.22
0.22
0.22
0.16
0.16
0.16
0.22
0.27
0.33
0.38
0.44
0.49
0.55
0.60

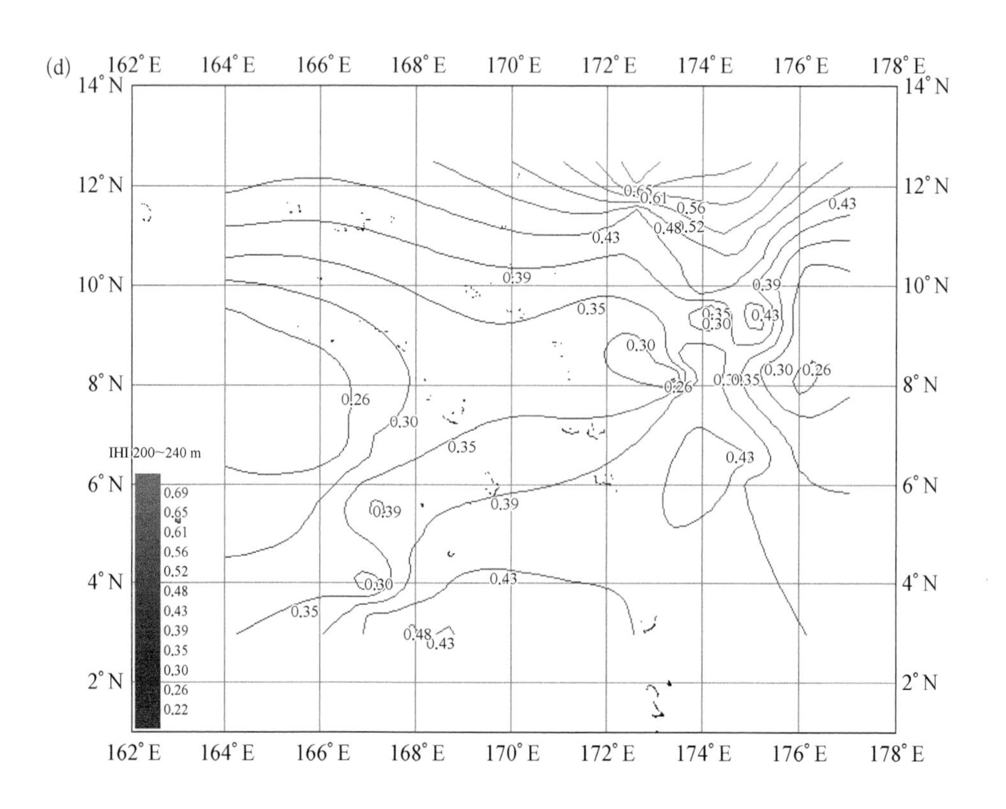
(d)
162° E
164° E
166° E
168° E
170° E
172° E
174° E
176° E
178° E
14° N
12° N
10° N
8° N
6° N
4° N
2° N
IHI 200~240 m
0.69
0.65
0.61
0.56
0.52
0.48
0.43
0.39
0.35
0.30
0.26
0.22
0.65
0.61
0.56
0.43
0.48
0.52
0.43
0.39
0.39
0.35
0.35
0.30
0.43
0.30
0.26
0.35
0.30
0.26
0.26
0.30
0.35
0.43
0.39
0.39
0.30
0.43
0.35
0.48
0.43

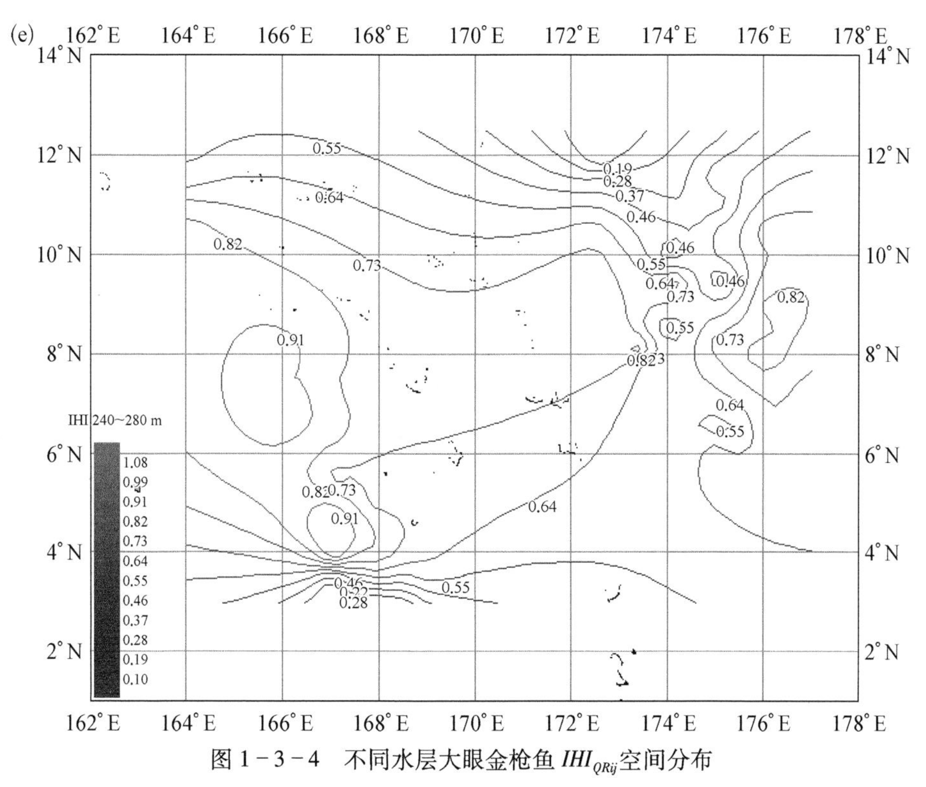

图 1-3-4 不同水层大眼金枪鱼 IHI_{QRij}空间分布

a：40~80 m；b：80~120 m；c：160~200 m；d：200~240 m；e：240~280 m

从 160~200 m 和 200~240 m 两个水层 IHI_{QR}指数分布图（图 1-3-4c、d）看，分别以 3°N、168°E 和 12°30′N、172°30′E 为中心附近海域 IHI_{QR}指数较高（高于 0.40）。

从 240~280 m 水层 IHI_{QR}指数分布图（图 1-3-4e）看，IHI_{QR}平均指数比其他水层高，4°N~10°N、168°E 以西海域 IHI 指数较高（高于 0.70）。

3.4 基于分位数回归的$\overline{IHI}_{QR1}$和$\overline{IHI}_{QR2}$指数

（1）对方法 1，应用高分位数回归方法，对最佳初始方程中的各变量逐步筛选，最终得出整个水体的最佳上界分位数回归方程为

$$CPUE_{QRip1} = 109.32 - 2.92S_i - 233.08V_i + 6.66SV_i (Q = 0.90) \quad (1-3-5)$$

从马绍尔群岛海域大眼金枪鱼 $\overline{IHI}_{QR1}$空间分布（图 1-3-5）分析，总体上$\overline{IHI}_{QR1}$指数值较低，最大值为 0.19。以 3 个点为中心的海区内$\overline{IHI}_{QR1}$指数最低，这三个点的位置分别为：4°N，168°E；11°N，172°30′E；8°N，173°30′E。以这 3 个点为中心向外扩展，$\overline{IHI}_{QR1}$指数逐渐增加。从 4°N、168°E 至 4°30′N、167°E $\overline{IHI}_{QR1}$指数从最低 0.02 增加至最高 0.19。4°N~11°N、167°E 以西海域$\overline{IHI}_{QR1}$指数较高（高于 0.13）。

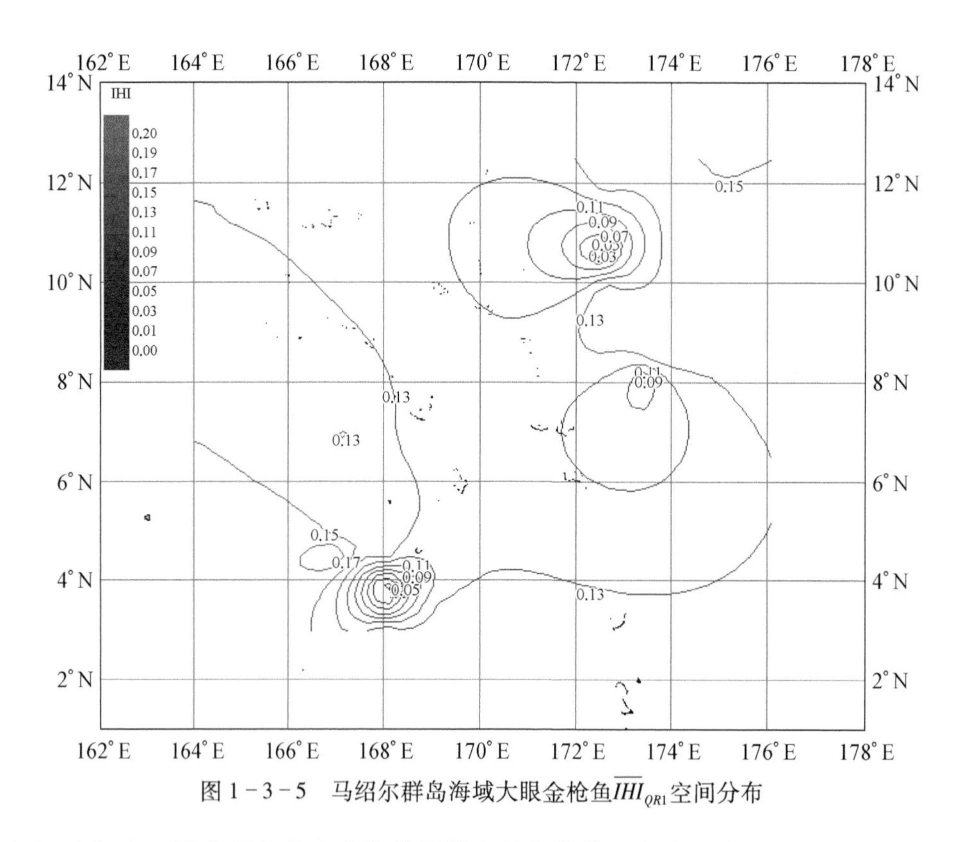

图 1-3-5　马绍尔群岛海域大眼金枪鱼$\overline{IHI}_{QR1}$空间分布

（2）对方法 2，最终得出整个水体的最佳上界分位数回归方程为

$$CPUE_{QRip2} = 13.92 - 181.26T_{upperi} + 179.02T_{loweri} + 180.58DIF_{thermoi} - 6.70S_{40\sim80i} + 7.54S_{240\sim280i} \quad (1-3-6)$$

从马绍尔群岛海域大眼金枪鱼 $\overline{IHI}_{QR2}$ 空间分布（图 1-3-6）分析，4°N~8°N、166°E~169°E 范围内$\overline{IHI}_{QR2}$指数值较高。

3.5　基于 GLM 的大眼金枪鱼栖息地综合指数

根据 GLM 模型的选择标准，最终模型的 AIC 要最小，且模型中各自变量在用 Wald Chi-Square test 法检验时均须具有显著性（$P<0.05$），本章采用向后剔除法（backward selection），自变量先全部选入方程，每次剔除一个不满足上述检验标准的自变量，直到不能剔除为止，最终的模型为最佳 GLM 模型。

对各水层大眼金枪鱼 CPUE 的 GLM 模型分别进行选择，最终模型为

40~80 m 水层：$CPUE_{40\sim80} = \exp(10.78+10.81\times S)-0.2$　　(1-3-7)

AIC = 147.1

160~200 m 水层：$CPUE_{160\sim200} = \exp(8.06+5\times DO)-1.0$　　(1-3-8)

AIC = 178.0

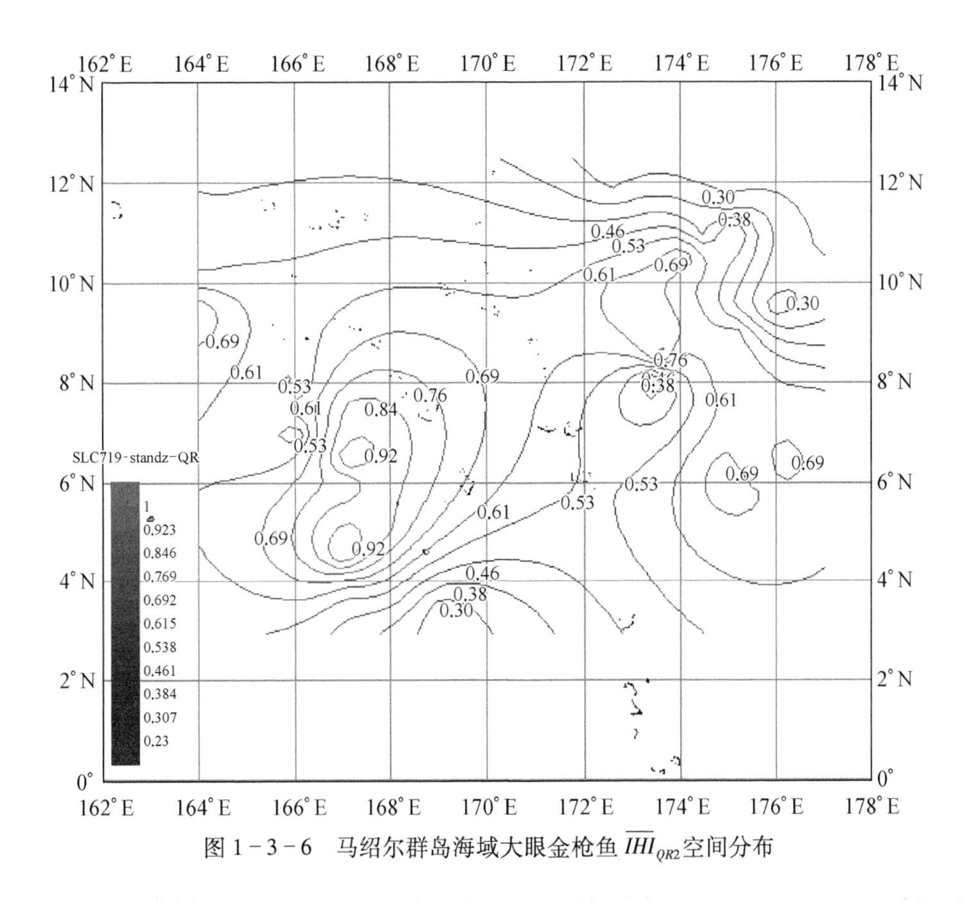

图 1-3-6 马绍尔群岛海域大眼金枪鱼 $\overline{IHI}_{QR2}$ 空间分布

200~240 m 水层：$CPUE_{200\sim240}=\exp(4.76+10.99\times T)-1.0$ （1-3-9）

AIC=157.5

其他 3 个水层各自变量在用 Wald Chi-Square test 检验时均无显著性($P>0.05$)，故未得出结果。

3 个不同水层 IHI_{GLM} 指数分布见图 1-3-7 所示，总体上随水层深度增加，IHI_{GLM} 指数平均值增加。

从 40~80 m 水层 IHI_{GLM} 指数分布图(图 1-3-7a)来看，该水层指数值总体较低，5°~8°N、167°~169°E 附近海域 IHI_{GLM} 指数相对较高。

从 160~200 m 水层 IHI_{GLM} 指数分布图(图 1-3-7b)来看，10°N 以北、171°~175°E 附近海域 IHI_{GLM} 指数相对较高。

从 200~240 m 水层 IHI_{GLM} 指数分布图(图 1-3-7c)来看，11°N 以北、171°~175°E 附近海域 IHI_{GLM} 指数较高。

各水层 IHI_{GLM} 指数分布与对应水层的 IHI_{QR} 指数分布比较分析发现，同一水层指数分布比较相近，但 IHI_{QR} 指数值比 IHI_{GLM} 指数值相对要高。

大眼金枪鱼总 CPUE 的 GLM 模型($\overline{IHI}_{GLM1}$)中各自变量在用 Wald Chi-Square test 法检验时均无显著性($P>0.05$)，未能得出 GLM 模型结果。

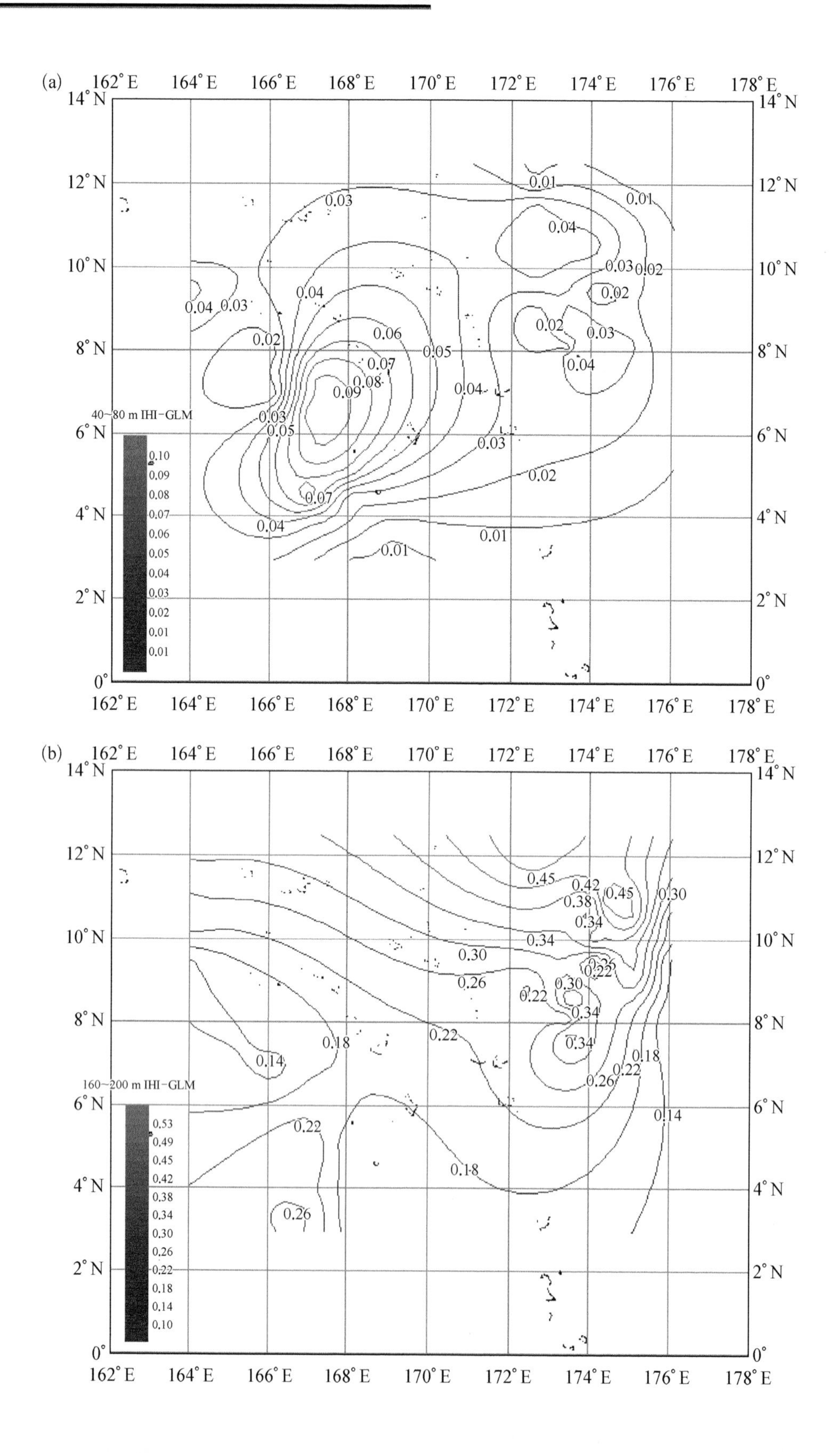
(a)
162° E
164° E
166° E
168° E
170° E
172° E
174° E
176° E
178° E
14° N
12° N
10° N
8° N
6° N
4° N
2° N
0°
40~80 m IHI-GLM
0.10
0.09
0.08
0.07
0.06
0.05
0.04
0.03
0.02
0.01
0.01
(b)
160~200 m IHI-GLM
0.53
0.49
0.45
0.42
0.38
0.34
0.30
0.26
0.22
0.18
0.14
0.10

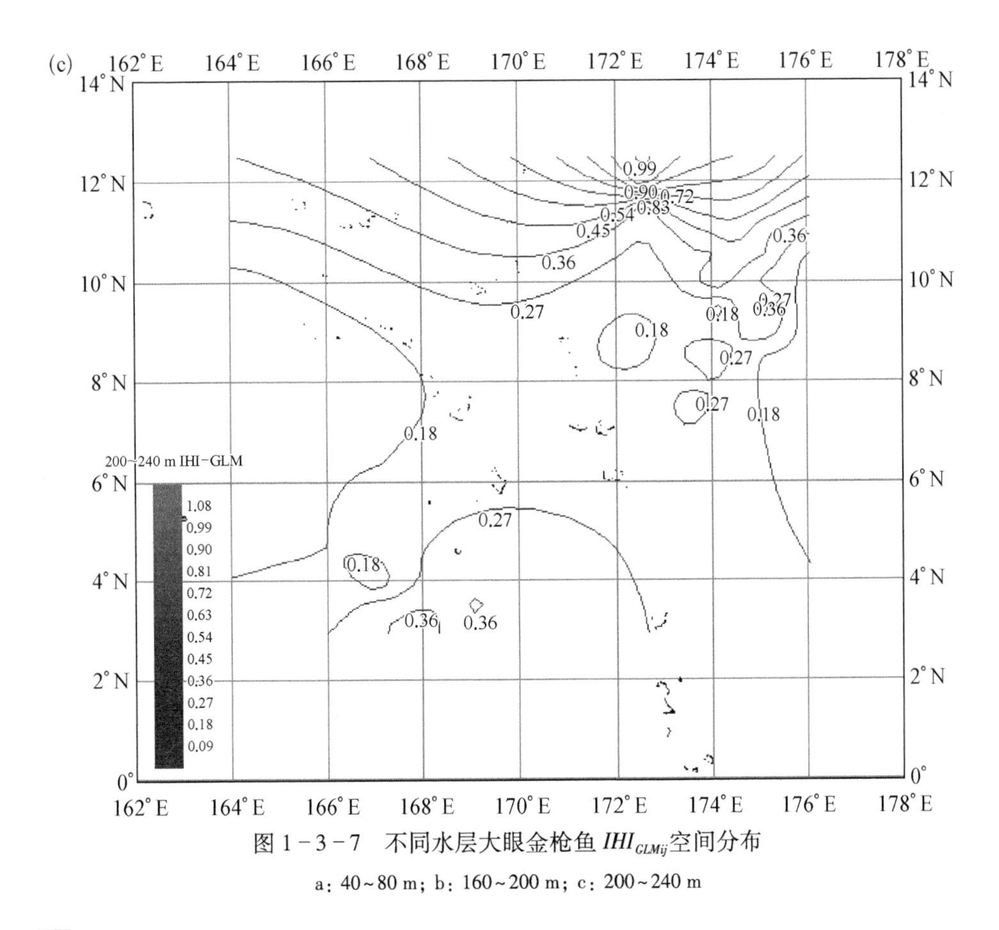

图 1-3-7 不同水层大眼金枪鱼 IHI_{GLMij} 空间分布

a：40~80 m；b：160~200 m；c：200~240 m

$\overline{IHI}_{GLM2}$ 模型最终结果(基于 Wald Chi-squared test)为

$$\begin{aligned}\ln(CPUE'+c) = & \text{intercept} + V' + M' + LON' + LAT' + I_{thermo} + T_{0\sim40} + T_{40\sim80} \\ & + T_{160\sim200} + T_{200\sim240} + T_{240\sim280} + S_{160\sim200} + S_{200\sim240} + S_{240\sim280} \\ & + DO_{0\sim40} + DO_{80\sim120} + DO_{120\sim160} + DO_{160\sim200} \qquad (1-3-10)\end{aligned}$$

M'：1~5、10、11、12，共 8 个月；LON'：164°E~169°E，172°E~177°E 共 12 类；LAT'：2°N~12°N，共 11 类；其他参数均为连续变量。

从马绍尔群岛海域大眼金枪鱼 $\overline{IHI}_{GLM2}$ 空间分布(图 1-3-8)来看，4°N~8°N、167°E~169°E 范围内 $\overline{IHI}_{GLM2}$ 指数值较高。与 $\overline{IHI}_{QR2}$ 指数比较发现，二者的指数分布比较相近，$\overline{IHI}_{QR2}$ 指数值总体比 $\overline{IHI}_{GLM2}$ 指数值高。

3.6 IHI 指数与 CPUE 的关系

各水层 IHI_{QRij}、$\overline{IHI}_{QR1}$ 和大眼金枪鱼总 CPUE 之间 Pearson 相关分析(表 1-3-3)发现：40~80 m 的 IHI 与大眼金枪鱼总 CPUE 之间 Pearson 相关系数最高(0.52，$P<0.001$)，其次为 80~120 m 的 IHI(0.29，$P=0.03$)，二者分别在 $P=0.01$ 和 $P=0.05$ 时有显著性，其他水层 IHI 与大眼金枪鱼总 CPUE 之间无显著相关性。

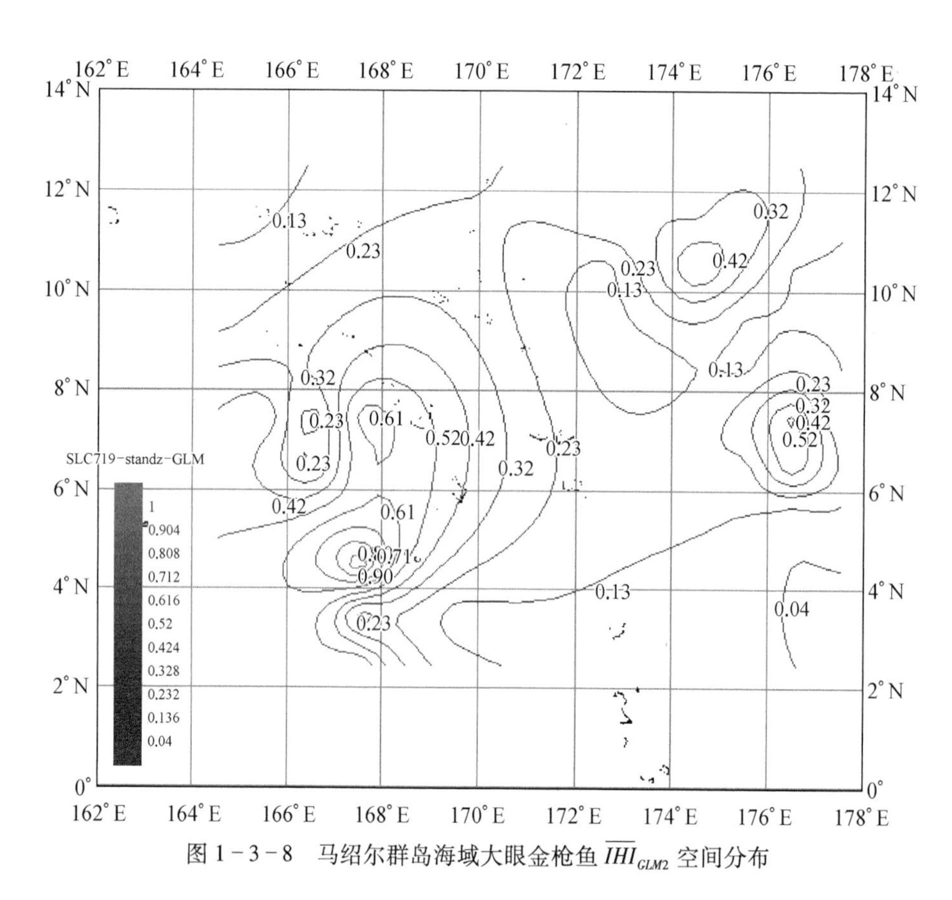

图 1-3-8 马绍尔群岛海域大眼金枪鱼 $\overline{IHI}_{GLM2}$ 空间分布

表 1-3-3 各水层 IHI_{QRij}、$\overline{IHI}_{QR1}$ 和大眼金枪鱼总 CPUE 之间 Pearson 相关分析

		IHI_{QR} 80~120	IHI_{QR} 160~200	IHI_{QR} 200~240	IHI_{QR} 240~280	$\overline{IHI}_{QR1}$	$CPUE$ _BET
IHI_{QR} 40~80	Pearson 相关 系数(双尾)	0.17 0.21	-0.20 0.13	-0.08 0.56	0.27(*) 0.04	0.10 0.45	0.52(**) <0.01
IHI_{QR} 80~120	Pearson 相关 系数(双尾)		0.65(**) <0.01	0.20 0.13	-0.15 0.27	-0.03 0.82	0.29(*) 0.03
IHI_{QR} 160~200	Pearson 相关 系数(双尾)			0.54(**) <0.01	-0.51(**) <0.01	-0.14 0.31	0.14 0.29
IHI_{QR} 200~240	Pearson 相关 系数(双尾)				-0.85(**) <0.01	-0.02 0.91	0.04 0.72
IHI_{QR} 240~280	Pearson 相关 系数(双尾)					-0.01 0.93	0.01 0.93
$\overline{IHI}_{QR1}$	Pearson 相关 系数(双尾)						0.22 0.11

注：** 表示在 0.01 标准水平下(双尾检验)关系显著；
  * 表示在 0.05 标准水平下(双尾检验)关系显著。

80~120 m 与 160~200 m 的 IHI 之间显著相关（Pearson 相关系数为 0.65，$P<0.001$），160~200 m、200~240 m 和 240~280 m 三个水层，在 $P=0.01$ 时两两显著相关。

160~200 m 与 200~240 m 的 IHI 之间正相关（0.54），240~280 m 与 160~200 m 和 200~240 m 的 IHI 之间 Pearson 相关系数均为负（分别为-0.51 和-0.85），即负相关。

认为各水层 IHI 变量值均受到大眼金枪鱼总 CPUE 的影响，对各水层 IHI_{QRij} 和 $\overline{IHI}_{QR1}$ 之间应用偏相关分析（表 1-3-4），结果发现分别在 $P=0.01$ 和 $P=0.05$ 显著性水平下，两两 IHI 变量值的显著性与 Pearson 相关分析结果基本一致。

表 1-3-4　各水层 IHI_{QRij}、$\overline{IHI}_{QR1}$ 偏相关分析

		IHI_{QR} 80~120	IHI_{QR} 160~200	IHI_{QR} 200~240	IHI_{QR} 240~280	$\overline{IHI}_{QR1}$
IHI_{QR} 40~80	Pearson 相关系数（双尾）	0.02 0.87	-0.33（**） 0.01	-0.12 0.38	0.31（*） 0.02	-0.01 0.93
IHI_{QR} 80~120	Pearson 相关系数（双尾）		0.65（**） <0.01	0.20 0.15	-0.16 0.24	-0.10 0.47
IHI_{QR} 160~200	Pearson 相关系数（双尾）			0.53（**） <0.01	-0.51（**） 0.00	-0.18 0.20
IHI_{QR} 200~240	Pearson 相关系数（双尾）				-0.85（**） <0.01	-0.03 0.85
IHI_{QR} 240~280	Pearson 相关系数（双尾）					-0.02 0.91

注：** 表示在 0.01 标准水平下（双尾检验）关系显著；
* 表示在 0.05 标准水平下（双尾检验）关系显著。

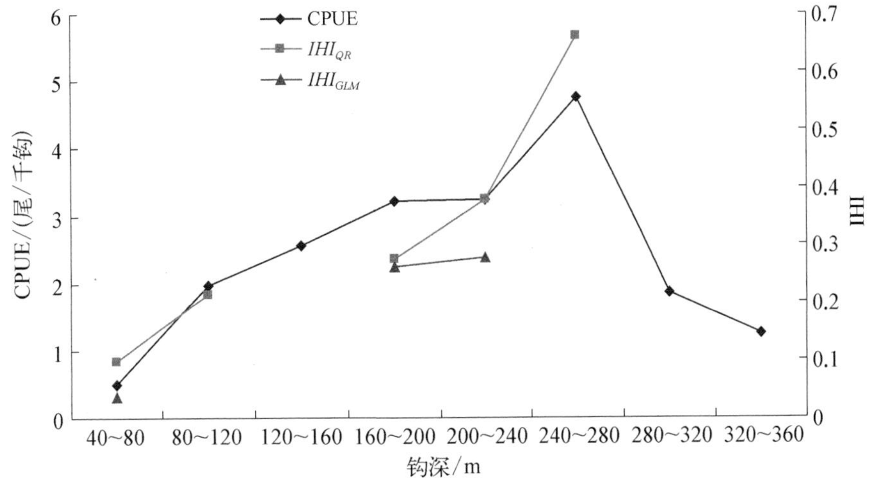

图 1-3-9　大眼金枪鱼各水层 CPUE 与 IHI_{QRij} 和 IHI_{GLMij} 指数关系图

从大眼金枪鱼各水层 CPUE 与 IHI_{QRij}和 IHI_{GLMij}指数关系图(图 1－3－9)可得出：从 40～80 m 水层至 240～280 m 水层，随深度增加，各水层 CPUE 也增加，IHI_{QRij}指数也增加，CPUE 和 IHI_{QRij}指数均在 240～280 m 水层达到最高。IHI_{QRij}和 IHI_{GLMij}指数比较发现：同一水层 IHI_{QRij}指数值比 IHI_{GLMij}指数值高。

对各水层 IHI_{QRij}、$\overline{IHI}_{QR1}$和各水层大眼金枪鱼 CPUE 之间进行 Pearson 相关分析，结果见表 1－3－5 所示。

表 1－3－5 各水层 IHI_{QRij}、$\overline{IHI}_{QR1}$和各水层大眼金枪鱼 CPUE 之间 Pearson 相关分析

		IHI_{QR} 40～80	IHI_{QR} 80～120	IHI_{QR} 160～200	IHI_{QR} 200～240	IHI_{QR} 240～280	$\overline{IHI}_{QR1}$	$\overline{IHI}_{QR2}$
CPUE (40～80)	Pearson 相关	0.430(**)	0.245	0.108	0.008	0.017	0.285	
	系数(双尾)	0.002	0.087	0.457	0.954	0.899	0.052	
CPUE (80～120)	Pearson 相关	0.398(**)	0.277(*)	0.150	0.053	−0.065	0.189	
	系数(双尾)	0.002	0.037	0.265	0.671	0.602	0.171	
CPUE (160～200)	Pearson 相关	0.489(**)	0.300(*)	0.160	0.081	−0.057	0.226	
	系数(双尾)	<0.001	0.025	0.238	0.523	0.652	0.104	
CPUE (200～240)	Pearson 相关	0.275(*)	0.218	0.253	0.270(*)	−0.213	0.129	
	系数(双尾)	0.044	0.112	0.065	0.034	0.096	0.366	
CPUE (240～280)	Pearson 相关	0.480(**)	0.269	0.091	−0.119	0.234	−0.054	
	系数(双尾)	0.004	0.118	0.605	0.478	0.157	0.760	
*CPUE*_BET	Pearson 相关	0.552(**)	0.276(*)	0.137	0.087	−0.023	0.222	0.515(**)
	系数(双尾)	<0.001	0.043	0.322	0.532	0.867	0.107	<0.001

注：** 表示在 0.01 标准水平下(双尾检验)关系显著；
* 表示在 0.05 标准水平下(双尾检验)关系显著。

各水层 IHI_{QRij}和各水层大眼金枪鱼 CPUE 之间 Pearson 相关分析结果可得：40～80 m 水层 IHI_{QR}与各水层 CPUE 的相关性均显著；40～80 m 水层 IHI_{QR}与 80～120 m 和 160～200 m 两个水层 CPUE 的相关性极显著；200～240 m 水层 IHI_{QR}与 CPUE 的相关性显著，其他水层均无显著性。40～80 m 水层 IHI_{QR}与各水层 CPUE 和总 CPUE 的相关性最强。

$\overline{IHI}_{QR1}$与各水层大眼金枪鱼 CPUE 和大眼金枪鱼总 CPUE 之间 Pearson 相关分析发现，均无显著相关性；$\overline{IHI}_{QR2}$与大眼金枪鱼总 CPUE 之间显著相关($P<0.001$)。

各水层 IHI_{GLMij}、$\overline{IHI}_{GLM2}$和对应水层的大眼金枪鱼 CPUE 之间 Pearson 相关分析，结果见表 1－3－6 所示。40～80 m 和 200～240 m 两水层 IHI_{GLM}与对应水层的大眼金枪鱼 CPUE 有显著相关性($P<0.001$)；160～200 m 水层 IHI_{GLM}与对应水层的大眼金枪鱼 CPUE 无显著相关性($P>0.05$)；$\overline{IHI}_{GLM2}$与大眼金枪鱼总 CPUE 有显著相关性($P<0.001$)，并且 Pearson 相关系数较高，为 0.960。

表 1-3-6 各水层 IHI_{GLMij}、$\overline{IHI}_{GLM2}$和大眼金枪鱼 CPUE 之间 Pearson 相关分析

		IHI_{GLM} 40~80	IHI_{GLM} 160~200	IHI_{GLM} 200~240	$\overline{IHI}_{GLM2}$
CPUE (40~80)	Pearson 相关系数 (双尾)	0.483(**) <0.001			
CPUE (160~200)	Pearson 相关系数 (双尾)		0.113 0.405		
CPUE (200~240)	Pearson 相关系数 (双尾)			0.448(**) 0.001	
*CPUE*_BET	Pearson 相关系数 (双尾)				0.960(**) <0.001

注：** 表示在 0.01 标准水平下(双尾检验)关系显著；
* 表示在 0.05 标准水平下(双尾检验)关系显著。

3.7 IHI 模型验证

从马绍尔群岛海域金枪鱼延绳钓捕捞努力量分布图(图 1-3-10)可得，西南海域，166°E~173°E、2°N~7°N 内中国金枪鱼延绳钓船队的捕捞努力量明显高于其他海区，

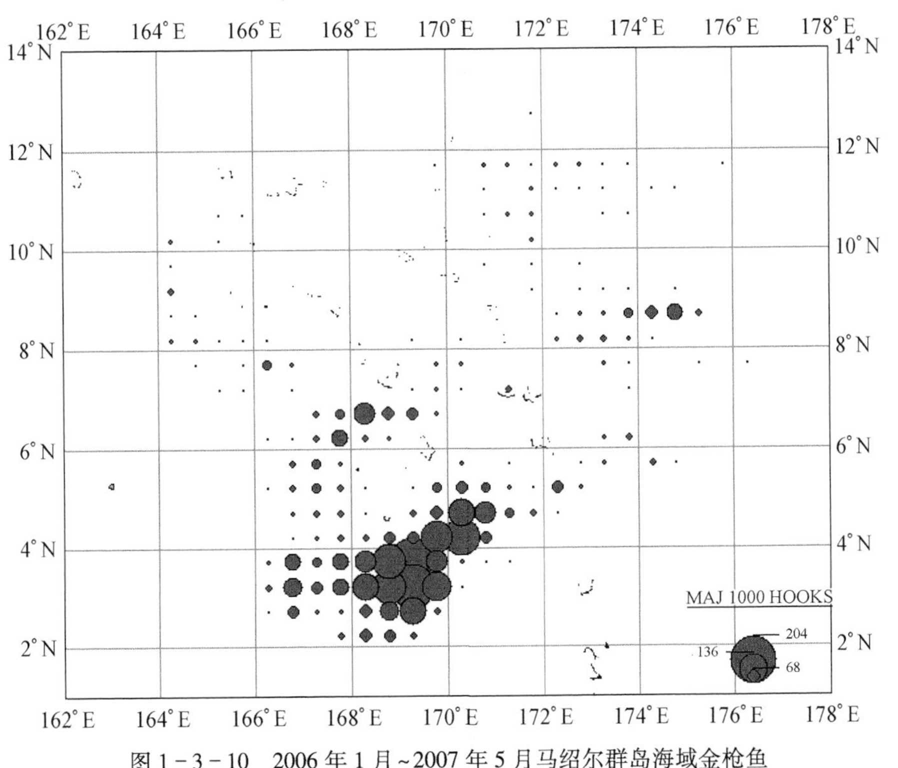

图 1-3-10 2006 年 1 月~2007 年 5 月马绍尔群岛海域金枪鱼延绳钓捕捞努力量(单位：千钩)分布

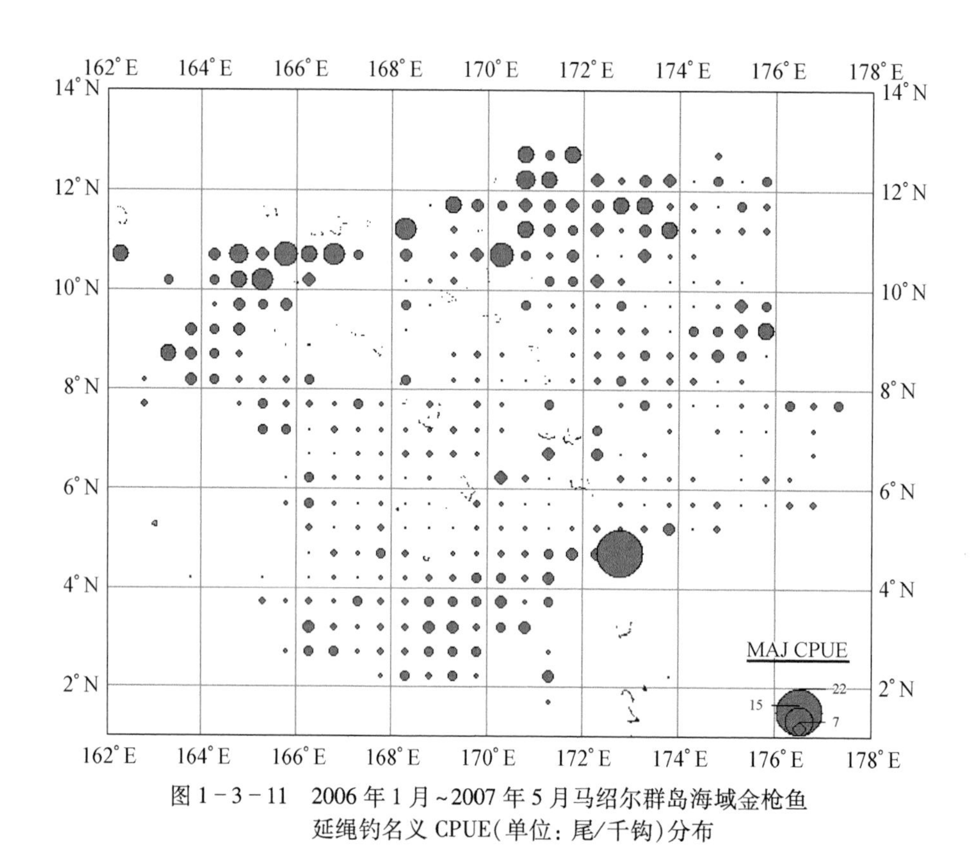

图 1－3－11　2006 年 1 月～2007 年 5 月马绍尔群岛海域金枪鱼延绳钓名义 CPUE(单位: 尾/千钩)分布

从马绍尔群岛海域金枪鱼延绳钓名义 CPUE 分布图(图 1－3－11)看,该海域内 CPUE 也较高。

从马绍尔群岛海域中国金枪鱼延绳钓船队名义 CPUE 分布图(图 1－3－11)可得,163°E～167°E、8°N～11°N 的海域范围内与 168°E～174°E、10°N～13°N 的海域范围内 CPUE 较高,但此海域内捕捞努力量相对较低。

3.7.1　商业性延绳钓船队的 CPUE 标准化模型选择

最终 GLM 模型(基于 Wald Chi-squared test)为

$$\ln(CPUE + \text{constant}) = \text{intercept} + B_i + M_j + LON_k + LAT_l + (B \times M)_{ij} + (B \times LAT)_{il} + (M \times LON)_{jk} + (M \times LAT)_{jl} + (LON \times LAT)_{kl} \quad (1-3-11)$$

i(船 B): 按照船的吨位、主机功率、采用钓具等因素综合考虑,将船的种类分为 CW、SLC、YY,共 3 类;j(月份 M): 1～12,共 12 个月;k(经度 LON): 164°E～177°E,共 14 类;l(纬度 LAT): ;0°～13°N,共 14 类。

对商业性延绳钓船队生产数据 CPUE 标准化模型结果检验发现,最终各变量均对 CPUE 有显著性影响($P<0.05$),标准 Pearson 参数符合正态分布。

3.7.2 不同水层大眼金枪鱼 IHI 与商业性延绳钓船队的标准化 CPUE 关系

从马绍尔群岛海域中国金枪鱼延绳钓船队标准化 CPUE(单位: 尾/千钩)分布图(图 1-3-12)可得,163°E~167°E、8°N~11°N 的海域范围内,168°E~174°E、10°N~13°N 的海域范围内 CPUE 较高,与马绍尔群岛海域中国金枪鱼延绳钓船队名义 CPUE 分布一致,但标准化 CPUE 值比名义 CPUE 值相对偏低。西南海域标准化 CPUE 分布较均匀。

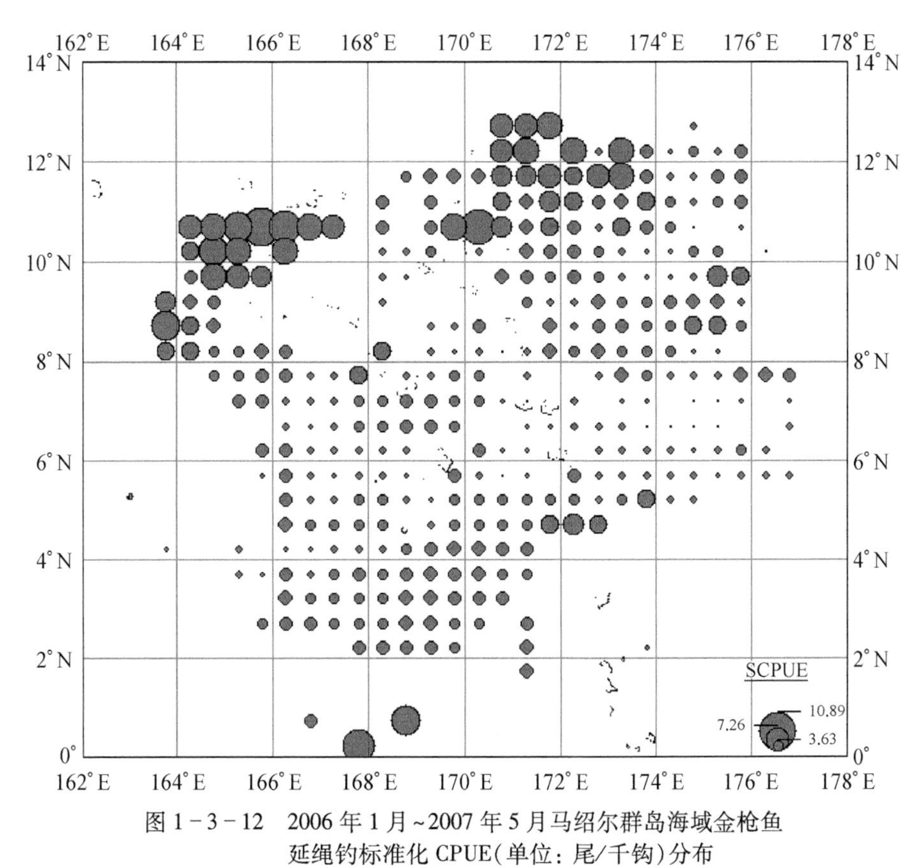

图 1-3-12 2006 年 1 月~2007 年 5 月马绍尔群岛海域金枪鱼延绳钓标准化 CPUE(单位: 尾/千钩)分布

从不同水层大眼金枪鱼 IHI_{QRij}空间分布与标准化后的 CPUE 分布(图 1-3-13)可得,200~240 m、240~280 m 的 IHI_{QRij}分布与标准化后的 CPUE 分布比较接近。从 $\overline{IHI}_{QR1}$ 空间分布与标准化后的 CPUE 分布(图 1-3-14)可得,以 165°E、10°N 为中心的附近海域和以 171°E、11°N 为中心的附近海域 CPUE 较高,这两个海域 $\overline{IHI}_{QR1}$ 值较高,在 0.13~0.19,以 169°E、3°N 为中心的附近海域,CPUE 分布较均匀,在 5 尾/千钩左右,此海域内捕捞努力量最高,且比较集中,$\overline{IHI}_{QR1}$ 值在 0.11 以上。

从不同水层大眼金枪鱼 IHI_{GLMij}空间分布与标准化后的 CPUE 分布(图 1-3-16)可得,200~240 m 的 IHI_{GLMij}空间分布与标准化后的 CPUE 分布比较接近。

从马绍尔群岛海域大眼金枪鱼 $\overline{IHI}_{QR2}$ 和 $\overline{IHI}_{GLM2}$ 空间分布与标准化 CPUE 分布(图 1-3-15、图 1-3-17)比较可得: 西南海域: 4°N~8°N、166°E~169°E 范围内$\overline{IHI}_{QR2}$指数值较高,4°N~8°N、167°E~169°E 范围内 $\overline{IHI}_{GLM2}$ 指数值较高,此海域内中国金枪鱼

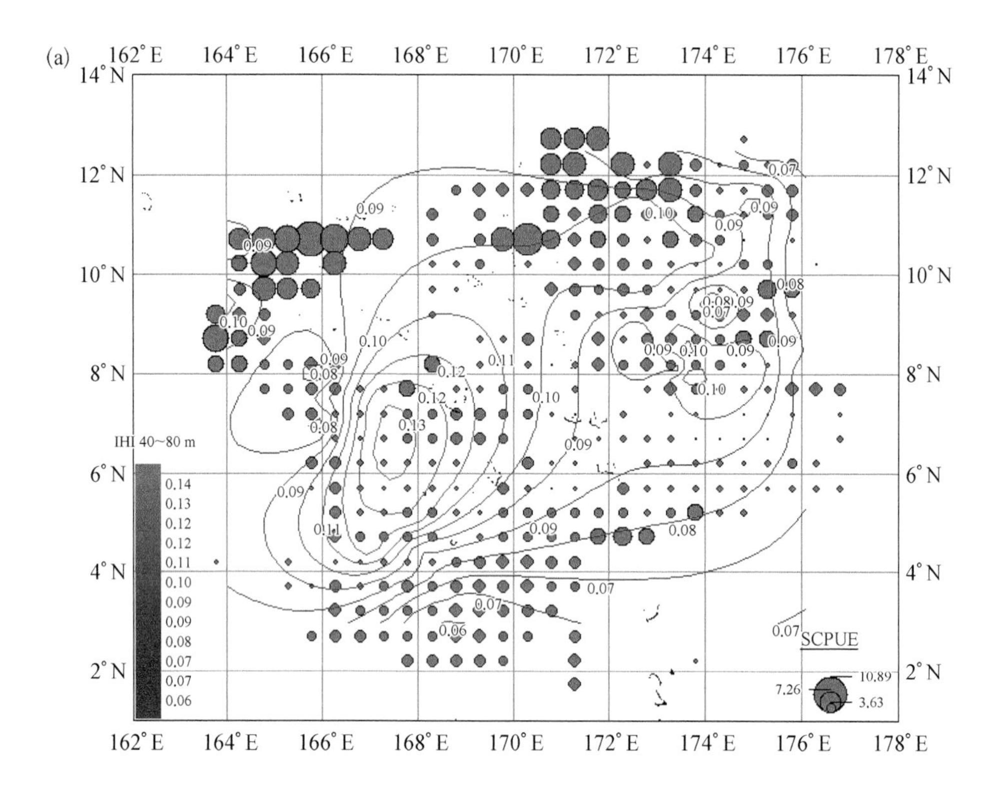
(a)
162° E
164° E
166° E
168° E
170° E
172° E
174° E
176° E
178° E
14° N
12° N
10° N
8° N
6° N
4° N
2° N
IHI 40~80 m
0.14
0.13
0.12
0.12
0.11
0.10
0.09
0.09
0.08
0.07
0.07
0.06
SCPUE
10.89
7.26
3.63

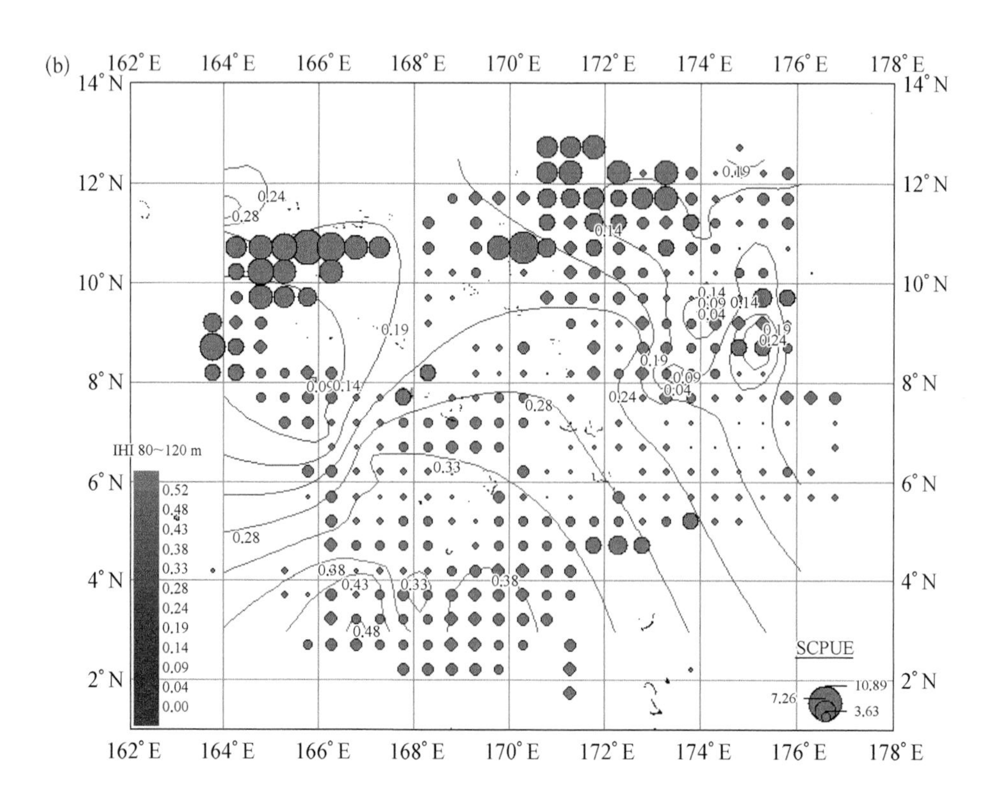
(b)
162° E
164° E
166° E
168° E
170° E
172° E
174° E
176° E
178° E
14° N
12° N
10° N
8° N
6° N
4° N
2° N
IHI 80~120 m
0.52
0.48
0.43
0.38
0.33
0.28
0.24
0.19
0.14
0.09
0.04
0.00
SCPUE
10.89
7.26
3.63

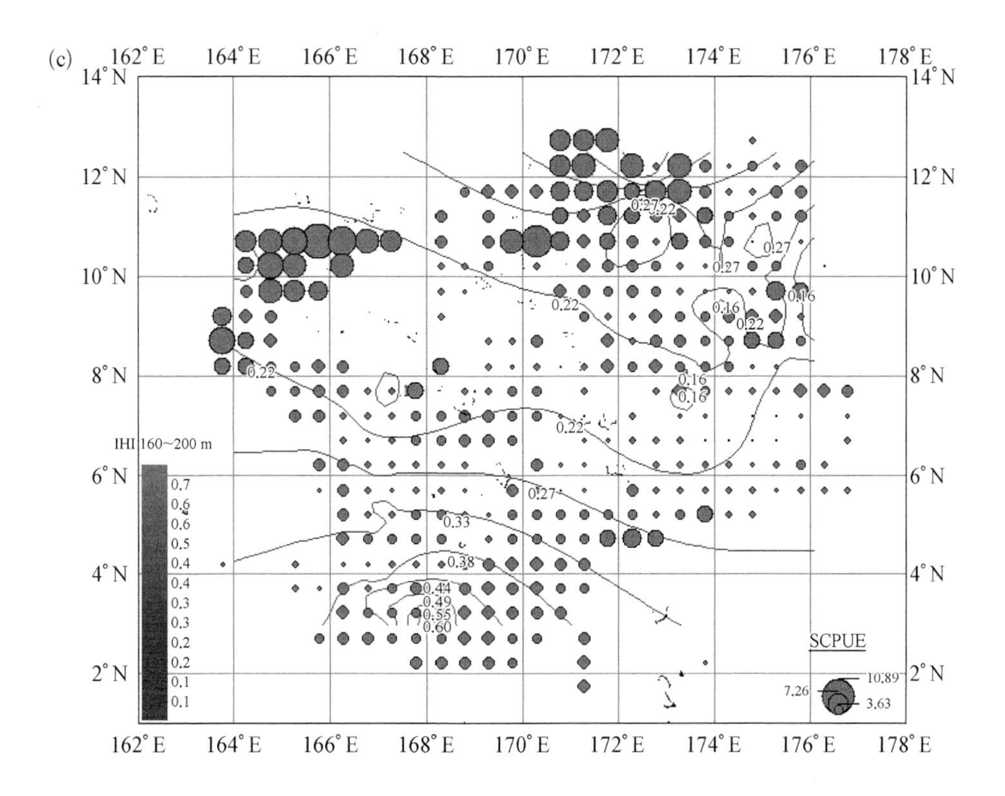
(c)
162° E
164° E
166° E
168° E
170° E
172° E
174° E
176° E
178° E
14° N
12° N
10° N
8° N
6° N
4° N
2° N
IHI 160~200 m
0.7
0.6
0.6
0.5
0.4
0.4
0.3
0.3
0.2
0.2
0.1
0.1
0.27
0.22
0.27
0.27
0.22
0.16
0.16
0.22
0.22
0.16
0.16
0.22
0.27
0.33
0.38
0.44
0.49
0.55
0.60
SCPUE
10.89
7.26
3.63

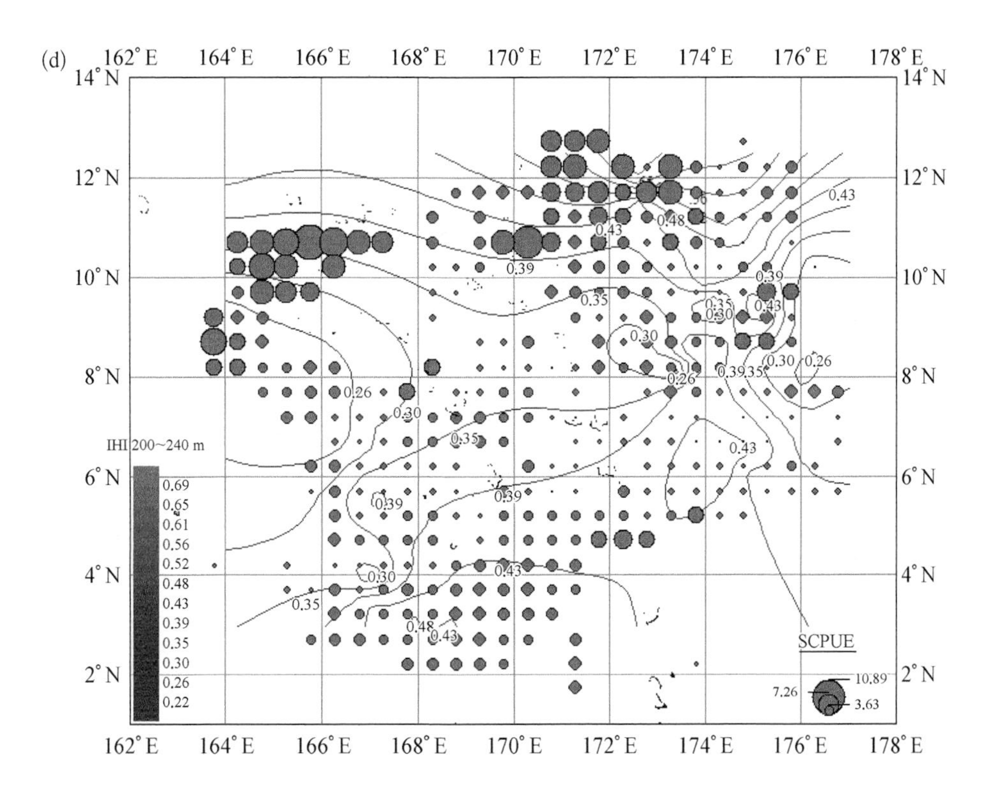
(d)
162° E
164° E
166° E
168° E
170° E
172° E
174° E
176° E
178° E
14° N
12° N
10° N
8° N
6° N
4° N
2° N
IHI 200~240 m
0.69
0.65
0.61
0.56
0.52
0.48
0.43
0.39
0.35
0.30
0.26
0.22
0.43
0.43
0.48
0.39
0.39
0.35
0.35
0.43
0.30
0.30
0.26
0.39
0.35
0.30
0.26
0.26
0.30
0.35
0.43
0.39
0.39
0.30
0.43
0.35
0.48
0.43
SCPUE
10.89
7.26
3.63

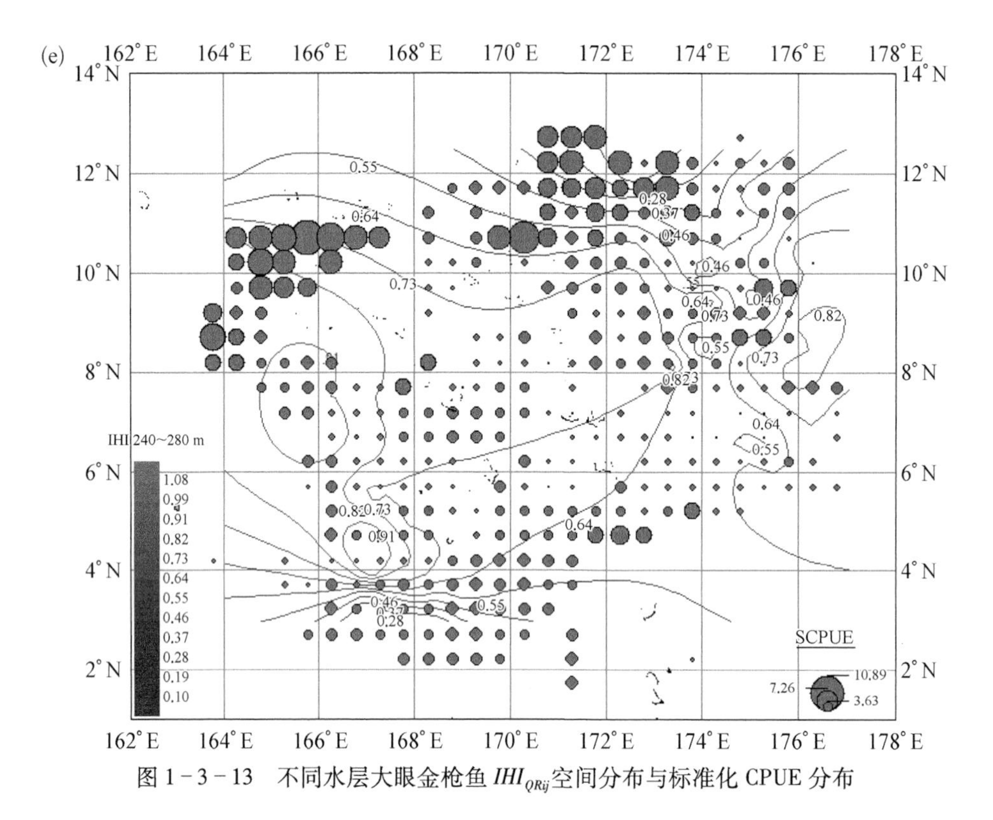

图 1-3-13 不同水层大眼金枪鱼 IHI_{QRij} 空间分布与标准化 CPUE 分布

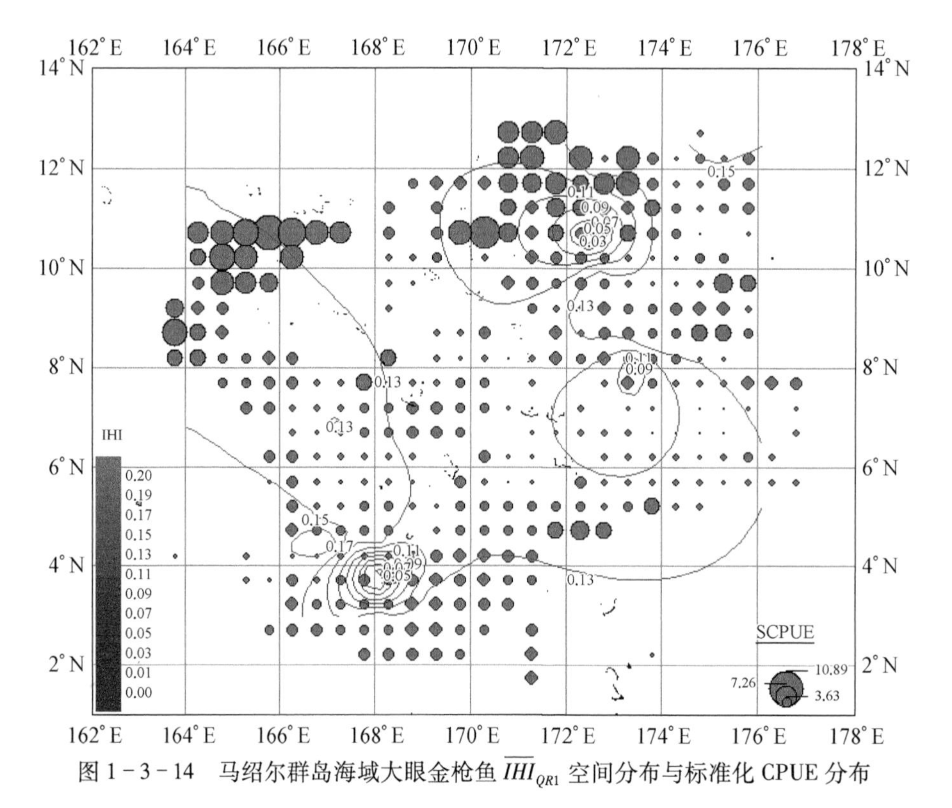

图 1-3-14 马绍尔群岛海域大眼金枪鱼 $\overline{IHI}_{QR1}$ 空间分布与标准化 CPUE 分布

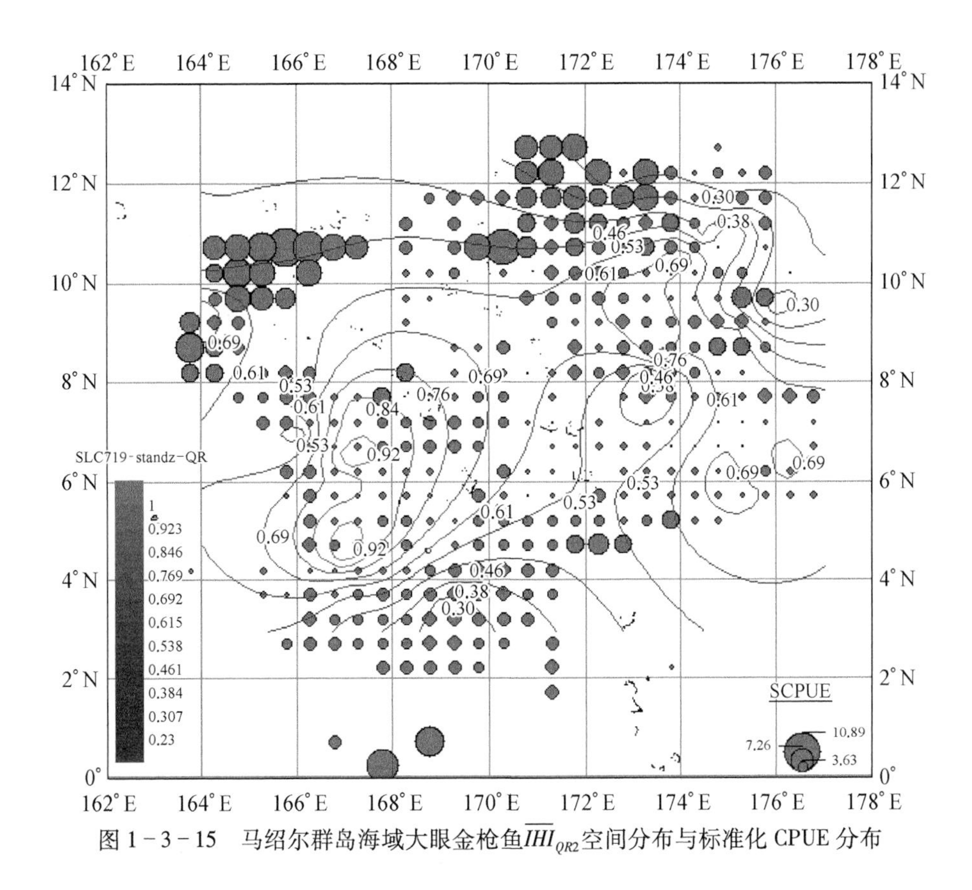

图 1-3-15　马绍尔群岛海域大眼金枪鱼$\overline{IHI}_{QR2}$空间分布与标准化 CPUE 分布

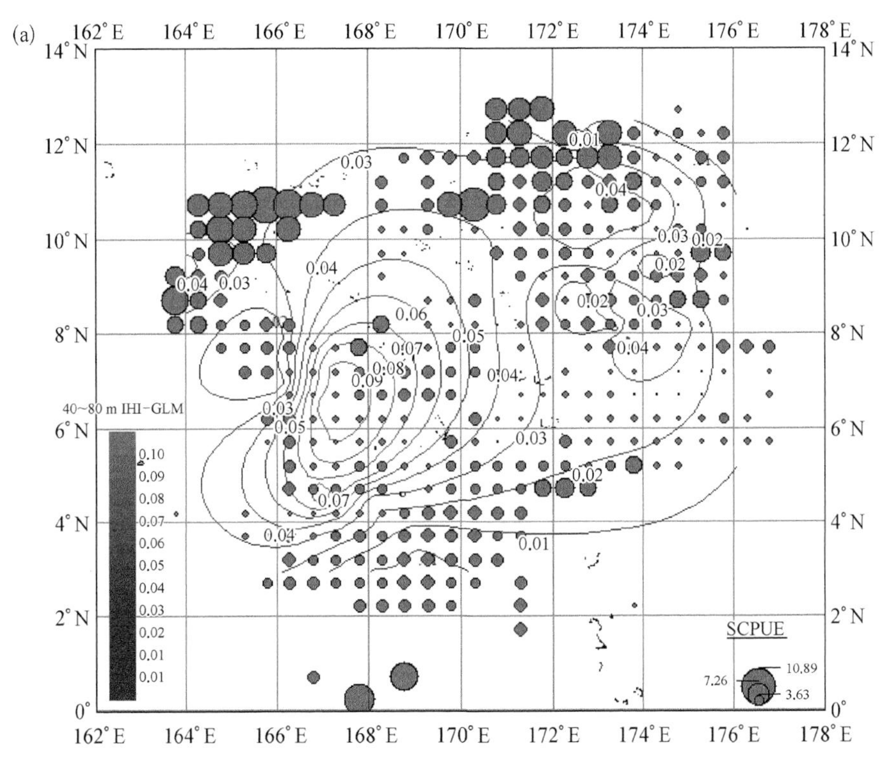

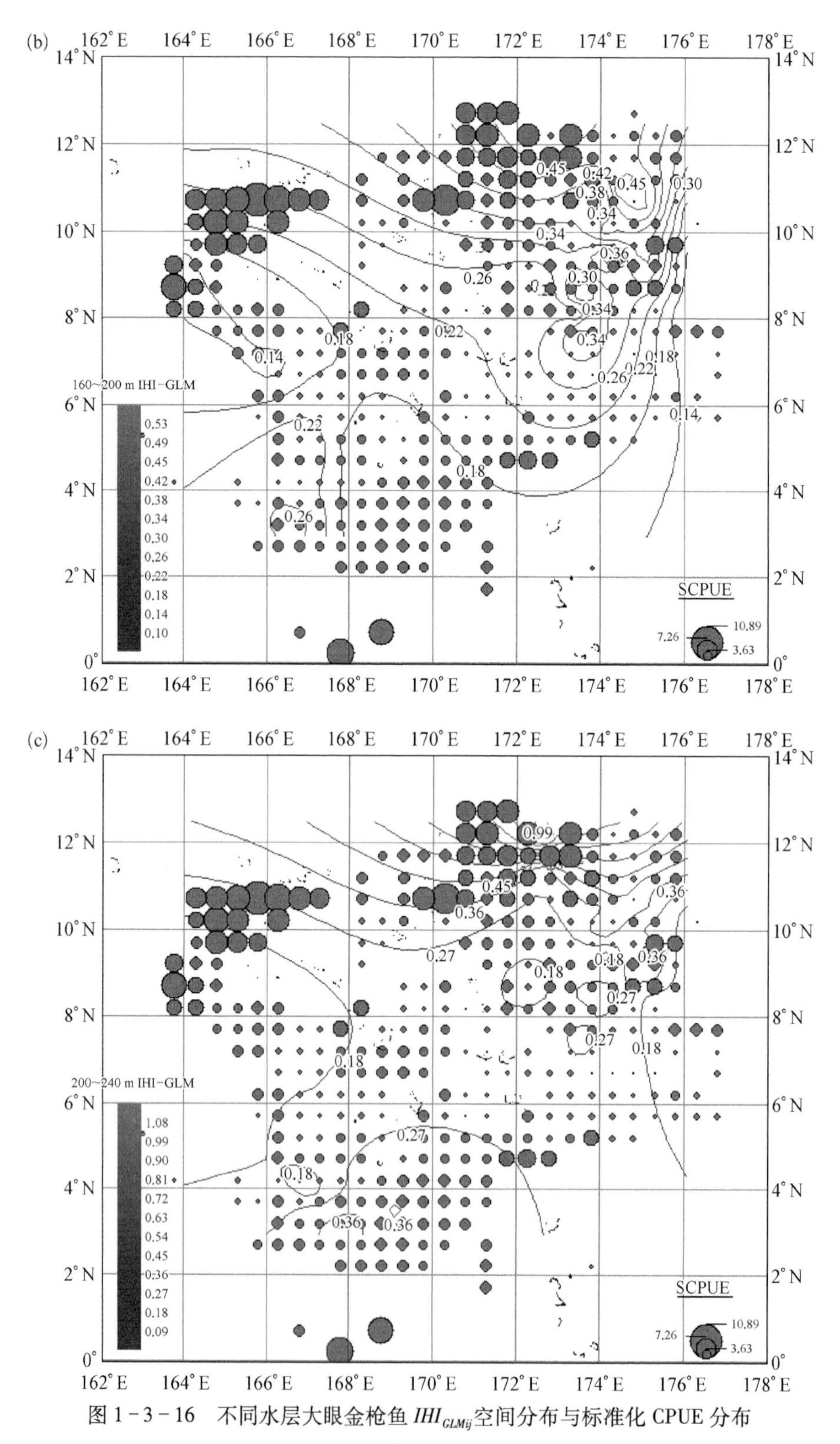

图 1-3-16　不同水层大眼金枪鱼 IHI_{GLMij}空间分布与标准化 CPUE 分布

a：40~80 m；b：160~200 m；c：200~240 m

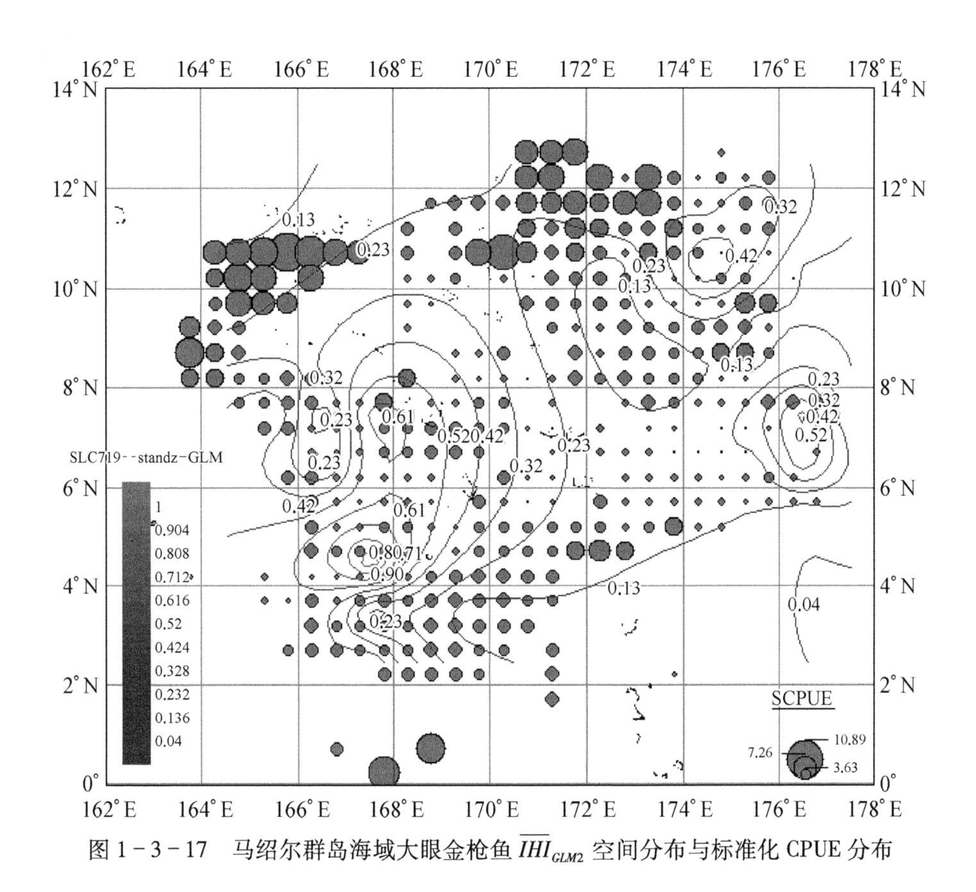

图 1-3-17　马绍尔群岛海域大眼金枪鱼 $\overline{IHI}_{GLM2}$ 空间分布与标准化 CPUE 分布

延绳钓船队的捕捞努力量(单位：千钩)明显高于其他海区，该海域内 CPUE 也较高，此海域内大眼金枪鱼的产量较高。另外在 $\overline{IHI}_{QR2}$ 指数较高的 165°E、9°N 的西北附近海域，标准化 CPUE 值也较高。

4 讨　论

4.1 影响大眼金枪鱼分布的环境因子

许多环境因子对大洋性鱼类的垂直分布有重要影响，但温度、溶解氧含量和饵料是关键因子[65]。

在本章建立 $\overline{IHI}_{QR2}$ 指数模型过程中，从大眼金枪鱼总 CPUE 与相关的环境因子之间的最佳上界分位数回归方程发现，温跃层上下界的温度、温跃层上下界温差、40~80 m 和 240~280 m 的平均盐度共 5 个环境因子与大眼金枪鱼总 CPUE 有关，由此认为：温跃层与大眼金枪鱼的分布关系较密切，温跃层对大眼金枪鱼的垂直分布有一定限制作用，温跃层上下界的温度、温差变化，将影响大眼金枪鱼的分布。40~80 m 和 240~280 m 分别处在盐跃层的上界和下界附近，它们的平均盐度近似于盐跃层上界和盐跃层下界的盐度，可推测大眼金枪鱼的分布还与盐跃层的变化相关，而盐跃层的变化，浮游生物和营养盐的分布也随之变化。

另外,大眼金枪鱼的栖息环境与大眼金枪鱼被延绳钓钓获的环境之间可能不相同,通过延绳钓钓获时大眼金枪鱼所处的环境推测大眼金枪鱼的栖息环境,可能产生一定误差。Bach 等[65]对大眼金枪鱼声学遥测(acoustic telemetry)研究发现: 在应用超声波对大眼金枪鱼进行跟踪期间,在最大温度梯度和最大溶解氧含量梯度以下出现的频率较高,这与延绳钓钓获的大眼金枪鱼所处环境有一定差别,应用超声波跟踪的大眼金枪鱼比延绳钓钓获的大眼金枪鱼所在水层的范围要窄。

本章所用数据为延绳钓海上调查作业过程中获取的 304 尾大眼金枪鱼钓获时的水深、水温、盐度和溶解氧含量数据。在统计时,未考虑到大眼金枪鱼在不同时间栖息环境变化,只能得到钓获时的环境信息,实际情况是大眼金枪鱼在白天和夜间栖息环境是不同的。

4.2 不同水层 IHI_{QRij}、IHI_{GLMij} 指数

本章根据分位数回归模型得出 40~80 m、80~120 m、160~200 m、200~240 m、240~280 m 的 IHI_{QRij} 指数模型,但是无法得出 120~160 m 的模型;应用 GLM 模型得出 40~80 m、160~200 m、200~240 m 的 IHI_{GLMij} 指数模型,但是无法得出 80~120 m、120~160 m、240~280 m 的模型。可能的原因有以下几点: ① 该水层内的渔获率与温度、盐度和溶解氧含量之间不存在相关性;② 其他的未知因素影响该水层的渔获率,比如浮游生物、叶绿素 a 浓度等;③ 数据的偶然性所致(数据量较少)。分位数回归模型和 GLM 模型两种方法分别计算各水层的 IHI_{ij} 指数,两种方法分别得出 5 个水层和 3 个水层的 IHI_{ij} 模型,并且两种方法得出的模型中环境因子参数不完全相同,这可能与模型的原理不同有关,分位数回归模型是取高分位数下的最佳模型,推测各个水层内的潜在相对资源密度,而 GLM 模型得出的最佳模型是对现实的相对资源密度的估算。

各水层 IHI_{QRij} 和 IHI_{GLMij} 与对应水层的大眼金枪鱼的 CPUE 比较结果发现,与对应水层的大眼金枪鱼的 CPUE 有显著相关性的分别有 3 个水层和 2 个水层。分位数回归模型和 GLM 模型中均有不存在显著相关性的水层,可能与本章所用数据有限有关,不能真实反映各个水层的实际情况,通过现有结果不能确定哪一种方法更有效。从对潜在相对资源密度的估算角度考虑,利用分位数回归模型得出的结果更具有实际意义,因为它能估算不同水层潜在的相对资源密度。

各水层的 IHI_{ij} 指数存在差异,本章认为与大眼金枪鱼的垂直分布、不同水层下大眼金枪鱼的栖息环境不同有关。Dagorn 等[30]通过超声波遥测技术获得大眼金枪鱼一天中的垂直分布数据。结果显示,大眼金枪鱼白天最深潜至 400~500 m 的水深,夜间游到 0~100 m 的水深。另外,延绳钓实际作业中,浸泡在水中的钓具白天为多,夜间较少,因此,上钩的鱼中较深水层的为多。从各水层 IHI_{QRij} 指数结果看,随水层加深,IHI_{QRij} 指数平均值逐渐增加,说明从 40~80 m 至 240~280 m 水层,水层越深,大眼金枪鱼的 CPUE 越高,从而从一个方面论证了应用分位数回归得出的各水层的 IHI_{QRij} 指数具有一定的准确度。不同水层下大眼金枪鱼的栖息环境不同,大眼金枪鱼不同水层下所处的环境因子(温度、盐度、溶解氧含量、饵料分布等)有差异。240~280 m 水层与上层水层(160~200 m 和 200~240 m)的环境因子差别较大,所以造成 IHI_{QRij} 的分布差异较大。

Bigelow 等[34]综合考虑各水层温度和溶解氧含量（应用海洋全球环流模型数据）的影响，应用栖息地模型（habitat based model，HBM），对太平洋大眼金枪鱼有效捕捞努力量进行估算、分析其相对资源丰度，模型中考虑到不同水层的钓钩数量，计算不同水层的有效捕捞努力量，本章用分位数回归模型，计算出大眼金枪鱼在各水层的潜在资源密度，再推算得出各水层大眼金枪鱼的 IHI_{QRij}指数；应用 GLM 模型，计算出大眼金枪鱼在各个水层的实际资源密度，再推算得出各水层大眼金枪鱼的 $IHI_{GLM\,ij}$指数。

4.3　$\overline{IHI}_{QR}$和 $\overline{IHI}_{GLM}$指数

从 IHI 模型结果看，IHI 指数模型具有一定的准确度，建立的 IHI 模型可用于分析大洋性鱼类的时空分布，但该模型中考虑到的环境因子有限，仅有温度、盐度、溶解氧含量和钓具漂流速度等，并不能完整描述栖息地指数。例如，虽然在以 165°E、10°N 为中心的附近海域和以 171°E、11°N 为中心的附近海域 CPUE 较高，这两个海域 $\overline{IHI}_{QR1}$值较高，在 0.65～0.75。以 3 个点（4°N、168°E，11°N、172°30′E，8°N、175°30′E）为中心的海域 $\overline{IHI}_{QR1}$指数最低，这 3 个区域标准化 CPUE 值也较低，但是 $\overline{IHI}_{QR1}$值较高的海域，标准化后的 CPUE 不一定高，这可能与调查期间调查站点较少有关，未能对整个马绍尔群岛海域内进行完整调查，导致部分地区的 $\overline{IHI}$值不能得到真实反映。

200～240 m 和 240～280 m 的 IHI_{QRij}分布与 $\overline{IHI}_{QR1}$分布比较接近，各水层钓获尾数和大眼金枪鱼 CPUE 分层聚类分析发现：240 m～280 m 水层与钓获尾数和 CPUE 关系最密切，160 m～280 m 水层与钓获尾数和 CPUE 关系较密切。因此，240～280 m 的 IHI_{ij}分布可以基本反映该海域大眼金枪鱼的分布状况，今后研究该海域的大眼金枪鱼分布时，可把 240～280 m 的大眼金枪鱼 IHI_{ij}指数粗略地作为该海域大眼金枪鱼的 $\overline{IHI}$指数。

本章应用 GLM 模型得到 40～80 m、160～200 m 和 200～240 m 共 3 个水层的 IHI_{GLMij}指数，但大眼金枪鱼总 CPUE 的 GLM 模型中各自变量在用 Wald Chi-Square test 检验时均无显著性（$P>0.05$），未得到 $\overline{IHI}_{GLM1}$ 指数，可能与采用的环境因子值的计算方法有关。本章中，$\overline{IHI}_{QR1}$和 $\overline{IHI}_{GLM1}$指数计算过程中的环境因素值，是基于各水层渔获率为权重计算得出的，与 Bigelow 等[34]采用的有效捕捞努力量计算方法有相似之处。$\overline{IHI}_{GLM1}$指数模型中，基于各水层渔获率为权重的环境因素值，可能与大眼金枪鱼总 CPUE 无显著相关性。虽然用分位数回归方法得到了 $\overline{IHI}_{QR1}$指数，其环境因素值的计算是基于各水层渔获率为权重，但通过 Pearson 相关分析发现，$\overline{IHI}_{QR1}$与大眼金枪鱼总 CPUE 之间无显著相关性；用分位数回归方法得到 $\overline{IHI}_{QR2}$指数，采用的是 31 个环境因子变量，通过 Pearson 相关分析发现，$\overline{IHI}_{QR2}$指数与大眼金枪鱼总 CPUE 之间有显著相关性（$P<0.001$）；用 GLM 模型得到 $\overline{IHI}_{GLM2}$指数，其环境变量与 $\overline{IHI}_{QR2}$指数计算采用的环境变量相同，通过 Pearson 相关分析发现，$\overline{IHI}_{GLM2}$指数与大眼金枪鱼总 CPUE 之间存在显著相关性（$P<0.001$）。

$\overline{IHI}_{QR1}$、$\overline{IHI}_{QR2}$和 $\overline{IHI}_{GLM2}$分别与大眼金枪鱼的总 CPUE 比较结果发现，$\overline{IHI}_{QR1}$与大眼金枪鱼的总 CPUE 无显著相关性，$\overline{IHI}_{QR2}$和 $\overline{IHI}_{GLM2}$均存在显著相关性，但 $\overline{IHI}_{GLM2}$相关系数（0.960）较高。

$\overline{IHI}_{QR2}$与 $\overline{IHI}_{QR1}$空间分布相比，存在一定差异，二者的指数值相差较大，是因为采用的分母取值不同，$\overline{IHI}_{QR1}$计算时，分母采用的是所有水层的 $CPUE_{QRijp}$ 和整个水层的 $CPUE_{QRip1}$ 中的最大值；$\overline{IHI}_{QR2}$计算时，分母采用的是 $CPUE_{QRip2}$中的最大值。

$\overline{IHI}_{GLM2}$模型与大眼金枪鱼的总 CPUE 的相关性高于 $\overline{IHI}_{QR2}$，可能与 GLM 模型的原理有关，该模型是对现实的相对资源密度的计算与修正，所以与实测的总 CPUE 相关性较高；而分位数回归模型，由于采用高分位数下的模型，是对潜在(最大)相对资源密度的估算，所以与实测的总 CPUE 相关性相对较低。

虽然 $\overline{IHI}_{GLM2}$模型与大眼金枪鱼的总 CPUE 的相关性高于 $\overline{IHI}_{QR2}$，但因为基于高分位数回归模型得到的预测值是对潜在相对资源丰度的估算，而基于 GLM 模型得到的预测值是对现实的相对资源丰度的估算，二者的统计原理不同。

4.4 GLM 模型与分位数回归模型的比较

从两个模型原理来看，GLM 模型是基于物种对环境因子的平均响应程度或集中趋势响应程度的评估[4]，根据生态学理论的一个中心原则——限制性因素法则，即最重要的限制性因素决定一物种的生长速度[8]，GLM 模型中没有适当地对环境因子的限制性作用进行评估[9]。而高分位数回归模型具有对限制性效果进行估计的作用[6,13]，能对理想环境条件下为物种提供的最大丰度进行估算，描述物种分布的潜在模式。

本章分别应用 GLM 模型和分位数回归模型分析与大眼金枪鱼各水层 CPUE 和总 CPUE 相关的因子，并找出它们之间的相关关系，为便于比较，两模型中所用参数相同。

基于分位数回归的 IHI_{QRij}得出与大眼金枪鱼各水层 CPUE 相关的因子为：40~80 m 水层的平均盐度、80~120 m 水层的平均水温和溶解氧含量、160~200 m 水层的平均盐度、200~240 m 水层的平均水温、240~280 m 水层的平均水温，与大眼金枪鱼总 CPUE 相关的因子为钓具漂流速度和盐度；基于 GLM 模型的 IHI_{GLMij}指数得出与大眼金枪鱼各水层 CPUE 相关的因子为：40~80 m 水层的平均盐度、160~200 m 水层的平均溶解氧含量、200~240 m 水层的平均水温，与大眼金枪鱼总 CPUE 显著相关的因子未找到。

两种模型对比发现，分位数回归模型得出了 5 个水层的模型，而 GLM 模型只得出了 3 个水层的模型；两模型中相同的因子为 40~80 m 水层的平均盐度和 200~240 m 水层的平均水温。GLM 模型和分位数回归模型用相同数据分析，得到的结果有所不同，可能与两模型本身的原理有关，GLM 是多元线性回归的推广，主要是假设反应变量(因变量)和解释变量(自变量)之间的关系是线性的，偏重研究 CPUE 与影响 CPUE 各因子的效应间的线性相关性，原数据中物种出现的次数(即样本数)越多，GLM 的结果就越精确，但当物种为稀有种或观测较少时，GLM 结果的可信度较差[66]。本章所用原数据为调查船在调查期间获取的大眼金枪鱼 CPUE 与相关环境因子的数据，样本数较少，只有 69 天的数据，运用 GLM 模型时所得的结果可能无很高的可信度。分位数回归模型中采用的是最小绝对偏差的概念，而传统的相关和回归统计理论采用的是最小平方差的概念[63]，分位数回归可以模拟出任何分位数的回归模型，特别是上界分位数的回归模型，从而可以更好地了解变量之间的关系。综上分析，分位数回归模型拟合效果较好。

基于 GLM 的 $\overline{IHI}_{GLM2}$指数模型对“深联成 719”调查船整个调查期间钓获的大眼金枪鱼

的总 CPUE 与环境因素间的关系进行分析，本章考虑到钓具漂流速度，月份，经纬度，流向，20℃等温线深度，温跃层上下界深度，温跃层上下界温度，温跃层强度，温跃层厚度，温差，每 40 m 水层的温度、盐度、溶解氧含量效应等 34 个环境因素。之所以将 34 个参数效应考虑到模型中，是为了将这些因子与通过基于分位数回归的栖息地指数模型（$\overline{IHI}_{QR2}$）得出的与大眼金枪鱼 CPUE 相关的因子进行比较，找出其中的相似点与差异。

根据基于分位数回归的 $\overline{IHI}_{QR2}$ 指数模型得出的结果，与大眼金枪鱼总 CPUE 相关的因子为：温跃层上下界温度，温跃层上下界温差，40～80 m、240～280 m 的平均盐度；根据基于 GLM 的 $\overline{IHI}_{GLM2}$ 指数模型得出的结果，与大眼金枪鱼总 CPUE 相关的因子为：钓具漂流速度，月份，经纬度，温跃层强度，0～40 m、40～80 m、160～200 m、200～240 m、240～280 m 的平均水温，160～200 m、200～240 m、240～280 m 的平均盐度，0～40 m、80～120 m、120～160 m、160～200 m 的平均溶解氧含量。

通过比较发现，共同的因子只有 240～280 m 的平均盐度，并且分位数回归的 $\overline{IHI}_{QR2}$ 指数模型中相关因子个数比基于 GLM 的 $\overline{IHI}_{GLM2}$ 指数模型中的相关因子个数少，可能与两模型的原理不同有关，应用高分位数回归方法更适合寻找关键性因子。

4.5　标准化 CPUE 数据

本章用 GLM 模型对在马绍尔群岛海域作业的中国船队的生产数据进行标准化，参数包括日期、船只、经纬度、产量、作业次数等，并考虑到各参数间的交互效应，对马绍尔群岛海域大眼金枪鱼的相对资源丰度进行评估，标准化过程中用的参数较少，未能获取表层水温等数据。对 CPUE 标准化，获取越多年份的数据、数据越全面，就越能真实反映大眼金枪鱼的相对资源丰度，本章所用数据是 2006 年 1 月至 2007 年 5 月，在马绍尔群岛海域作业的中国金枪鱼延绳钓船队的生产数据。

4.6　不足与展望

本章的延绳钓钓钩深度计算模型用的是逐步回归的方法，建立理论钓钩深度与实测的平均钓钩深度之间的数学关系模型。用日本吉原有吉的理论钓钩深度计算公式推算出每次作业时各钩号的理论深度是现阶段最常用的计算方法，拟合钓钩深度模型计算的准确性，直接关系到各水层的水温、盐度和溶解氧含量的结果，因此模型计算应不断进行完善，提高拟合钓钩深度的准确性。

由于大眼金枪鱼是高度洄游种类，栖息地适应性海域是指大眼金枪鱼可能出现的海域，所以指数的大小仅仅能表示潜在的出现可能性大小，还不能非常准确地反映大眼金枪鱼的分布情况，得出的预测模型是初步的模型，还需要用大量的实际生产数据进行校准和验证。利用分位数回归得出的模型为一些数值之间的关系，而其真正的生物学的意义还有待进一步的研究探讨。

本章结果是由 69 次作业数据所得，作业海域在时间及空间上都缺乏连续性，仅考虑了渔获率与 4 个海洋环境因子及其交互作用之间的关系，而其他海洋环境因素和生态要素，如浮游生物、叶绿素 a 浓度和食物网等对鱼类分布和活动的影响也很重要,这些要素都可能影响结果的准确性。在分析 IHI_{ij}时,由于缺乏各水层的海流数据,所以本章未分析各水层的海流对大眼金枪鱼栖息环境的影响。应用本章建立的模型,利用海上实测的环境数据,结合海洋遥感数据,可绘制大眼金枪鱼实时栖息地综合指数分布图,进行渔情预报。

本章着重分析大眼金枪鱼的垂直分布,对大眼金枪鱼在马绍尔群岛海域的水平分布,仅通过调查获得的 CPUE 数据、环境数据及中国延绳钓船队的生产数据进行分析,若调查站点分布更广、更密集,预测大眼金枪鱼水平分布的准确度将得到提高,栖息地指数分布将更准确。

另外,利用生产数据来进行预测也可能存在一定的局限性,主要表现在渔场的覆盖范围、钓具的投放深度和数据的同步性的限制。因此,建议进一步收集其他海洋环境数据或进行大量的标志放流对大眼金枪鱼的分布情况展开更全面的研究。

本章得出的结果仅限于调查的马绍尔群岛海域,对其他海域结果有待验证。因为不同海域的温跃层深度、厚度和强度及其他海洋环境条件存在差异,影响大眼金枪鱼垂直分布和行为特性的因素也较复杂。调查时间和调查海域有限,收集的数据也有限,今后应收集更广海域的调查数据,同时累积一年或几年在同一海域的调查数据进行分析,则结果更有可信度。

5 小　　结

2006 年 10 月~2007 年 5 月,在马绍尔群岛海域进行金枪鱼延绳钓渔业调查,本章对此次调查获取的数据进行了分析、研究。

对大眼金枪鱼在马绍尔群岛海域的潜在资源丰度进行预测时,建议采用基于分位数回归的大眼金枪鱼栖息地综合指数模型$\overline{IHI}_{QR2}$;对现实的资源丰度进行研究时,建议采用基于 GLM 模型建立的 $\overline{IHI}_{GLM2}$ 指数模型;建立各个水层的大眼金枪鱼栖息地综合指数模型时,建议采用分位数回归的方法。

应用本章建立的模型,利用海上实测的环境数据,结合海洋遥感数据,可绘制大眼金枪鱼实时栖息地综合指数分布图,进行渔情预报。

可应用本研究方法,预测延绳钓捕获的其他大洋性鱼类(如黄鳍金枪鱼、箭鱼及鲨鱼类等)的空间分布。

参考文献

[1] Guisan A, Thuiller W. Predicting species distribution: offering more than simple habitat models[J]. Ecology Letters, 2005(8): 993~1009.

[2] Austin MP. Species distribution models and ecological theory: A critical assessment and some possible new approaches[J]. Ecological Modelling, 2007(200): 1~19.

[3] Austin MP. Spatial prediction of species distribution: an interface between ecological theory and statistical modelling[J]. Ecological Modelling, 2002(157): 101~118.

[4] Oksanen J, Minchin PR. Continuum theory revisited: what shape are species responses along ecological gradients? [J]. Ecological Modelling, 2002(157): 119~129.

[5] Huston MA. Critical issues for improving predictions[M]//JM Scott, PJ Heglund, ML Morrison, et al. Predicting Species Occurrences: Issues of Accuracy and Scale. Washington: Island Press, 2002: 7~21.

[6] Cade BS, Noon BR. A gentle introduction to quantile regression for ecologists[J]. Frontiers in Ecology and the Environment, 2003(1): 412~420.

[7] Eastwood PD, Meaden GJ. Introducing greater ecological realism to fish habitat models[R]//Nishida T, Kailola PJ & Hollingworth CE. GIS/Spatial Analyses in Fishery and Aquatic Sciences (Vol 2) Fishery-Aquatic GIS Research Group, Saitama, Japan, 2004: 181~198.

[8] Hiddink J G, Kaiser MJ. Implications of Liebig's law of the minimum for the use of ecological indicators based on abundance[J]. Ecography, 2005(28): 264~271.

[9] Sandrine V, Corinne SM, Eastwood PD, et al.Modelling Species Distributions Using Regression Quantiles[J]. Journal of Applied Ecology, 2008(45): 204~217.

[10] Koenker R, Bassett G. Regression quantiles[J]. Econometrica, 1978(46): 33~50.

[11] Yu K, Lu Z, Stander J. Quantile regression: applications and current research areas[J]. The Statistician, 2003(52): 331~350.

[12] Koenker R. Quantile regression. Economic Society Monographs[M]. Cambridge: Cambridge University Press, 2005.

[13] Cade BS, Terrell JW, Schroeder RL. Estimating effects of limiting factors with regression quantiles[J]. Ecology, 1999(80): 311~323.

[14] Terrell JW, Cade BS, Carpenter J, et al. Modeling stream fish habitat limitation from wedge-shaped patterns of variation in standing stock[J]. Trans Am Fish Soc, 1996(125): 104~117.

[15] Dunham JB, Cade BS, Terrell JW. Influence of spatial and temporal variation on fish-habitat relationships defined by regression quantile[J]. Trans Am Fish Soc, 2002(131): 86~98.

[16] Eastwood PD, Geoff JM, Carpentier A, et al.Estimating limits to the spatial extent and suitability of sole (*Solea solea*) nursery grounds in the Dover Strait[J]. Journal of Sea Research, 2003(50): 151~165.

[17] Vinagre C, et al. Habitat suitability index models for the juvenile soles, *Solea solea* and *Solea senegalensis*, in the Tagus estuary: Defining variables for species management[J]. Fisheries Research, 2006(82): 140~149.

[18] Yu SL, Lee TW. Habitat preference of the stream fish, *Sinogastromyzon puliensis* (Homalopteridae) [J]. Zoological Studies, 2002, 41(2): 183~187.

[19] Mellin C, Andréfouët S, Ponton D. Spatial predictability of juvenile fish species richness and abundance in a coral reef environment[J]. Coral Reefs, 2007(26): 895~907.

[20] Early R, Anderson B, Thomas CD. Using habitat distribution models to evaluate large-scale landscape priorities for spatially dynamic species[J]. Journal of Applied Ecology, 2008(45): 228~238.

[21] Guisan Ae, Thomas C. Edwards J, et al. Generalized linear and generalized additive models in studies of species distributions: setting the scene[J]. Ecological Modelling, 2002 (157): 89~100.

[22] Wheeler AP, Allen MS. Habitat and Diet Partitioning between Shoal Bass and Largemouth Bass in the Chipola River, Florida[J]. Transactions of the American Fisheries Society, 132: 438~449, 20.

[23] Shinji F, Kazuaki H, Mori M. Fuzzy neural network model for habitat prediction and HEP for habitat quality estimation focusing on Japanese medaka (*Oryzias latipes*) in agricultural canals[J]. Paddy Water Environ, 2006 (4): 119~124.

[24] Olden JD, Jackson DA. Fish-Habitat Relationships in Lakes: Gaining Predictive and Explanatory Insight by Using Artificial Neural Networks[J]. Transactions of the American Fisheries Society, 2001(130): 878~897.

[25] Pittman SJ, Christensen JD, Caldow C, et al. Predictive mapping of fish species richness across shallow-water seascapes in the Caribbean[J]. Ecological Modeling, 2007(49): 20~21.

[26] Connor O, Raymond J, Wagner, et al. A Test of a Regression-Tree Model of species distribution[J]. The Auk, 2004, 121(2): 604~609.

[27] Brill RW, Block BA, Boggs CH, et al. Horizontal movements and depth distribution of large adult yellowfin tuna (*Thunnus albacares*) near the Hawaiian Islands, recorded using ultrasonic telemetry: implications for the physiological ecology of

pelagic fishes[J]. Marine Biology, 1999(133): 395~408.

[28] Schaefer K M, Fuller D W. Movements, behavior, and habitat selection of bigeye tuna (*Thunnus obesus*) in the eastern equatorial Pacific, ascertained through archival tags[J]. Fish Bull, 2002(100): 765~788.

[29] Hanamoto E.Effect of oceanographic environment on bigeye tuna distribution[J]. Bull Jap Soc Fish Oceanogr, 1987,51(3): 203~216.

[30] Dagorn L, Bach P, Josse E. Movement patterns of large bigeye tuna (*Thunnus obesus*) in the open ocean, determined using ultrasonic telemetry[J]. Marine Biology, 2000,136: 361~371.

[31] Lee PF, Chen IC, Tseng WN.Distribution patterns of three dominant tuna species in the Indian Ocean[C]. San Diego, CA: 19th International ERSI Users Conference, 1999.

[32] Nishida T. Factors affecting distribution of adult yellowfin tuna (*Thunnus albacares*) and its reproductive ecology in the Indian Ocean based on Japanese tuna longline fisheries and survey information[R]. IOTC Proceedings, 2001, 4: 336~389.

[33] Marsac F. Changes in depth of yellowfin tuna habitat in the Indian Ocean: an historical perspective 1955-2001[R]. IOTC Proceedings, 2002, 5: 450~458.

[34] Bigelow KA, Hampton J, Miyabe N. Application of a habitat-based model to estimate effective longline fishing effort and relative abundance of Pacific bigeye tuna (*Thunnus obesus*)[J]. Fish Oceanogr, 2002, 11(3): 143~155.

[35] Schaefer KM, Fuller DW. Movements, behavior, and habitat selection of bigeye tuna (*Thunnus obesus*) in the eastern equatorial Pacific, ascertained through archival tags[J]. Fish Bull, 2002,100: 765~788.

[36] Pelagic Fisheries Research Program (PFRP). Oceanography's role in bigeye tuna aggregation and vulnerability[R]. 1999, 4(3): 1~3.

[37] Mohri M, Nishida T. Distribution of bigeye tuna and its relationship to the environmental conditions in the Indian Ocean based on the Japanese longline fisheries information[R]. IOTC Proceedings, 1999, 2: 221~230.

[38] Nishida T, Bigelow K A, Mohri M, et al. Comparative study on Japanese tuna longline CPUE standardization of yellowfin tuna (*Thunnus albacares*) in the Indian Ocean based on two methods: general linear model(GLM) and habitat-based model (HBM)/GLM combined (1958-2001)[R]. IOTC Proceedings, 2003, 6: 48~69.

[39] 冯波.印度洋大眼金枪鱼延绳钓钓获率与环境因素关系的初步研究[D].上海：上海水产大学,2003.

[40] 宋利明,高攀峰.马尔代夫海域延绳钓渔场大眼金枪鱼的钓获水层、水温和盐度[J].水产学报,2006,30(3): 335~340.

[41] 王家樵.基于分位数回归的印度洋大眼金枪鱼栖息地适应性指数模型研究[D].上海：上海水产大学,2006.

[42] 冯波,陈新军,许柳雄.应用栖息地指数对印度洋大眼金枪鱼分布模式研究[J].水产学报,2007,31(6): 805~812.

[43] 宋利明,张禹,周应祺.印度洋公海温跃层与黄鳍金枪鱼和大眼金枪鱼渔获的关系[J].水产学报,2008,32(3): 369~378.

[44] 宋利明,陈新军,许柳雄.大西洋中部大眼金枪鱼垂直分布与温度、盐度的关系[J].中国水产科学,2004,11(6): 561~566.

[45] 宋利明,高攀峰,周应祺,等.基于分位数回归的大西洋中部公海大眼金枪鱼(*Thunnus obesus*)栖息地综合指数[J].水产学报,2007,31(6): 798~804.

[46] Saito S. On the depth of capture of bigeye tuna by further improved vertical long-line in the tropical Pacific. Bull Jpn Soc Sci Fish, 1975, 41: 831~841.

[47] Gulland JA. Manual of methods for fish stock assessment[R]. (FAO) Man.Fish,Sci, 1969,4: 154.

[48] Beverton RJH, Holt SJ . On the Dynamics of Exploited Fish Populations[J]. Fishery Investigations London, 1957, 2(19): 533.

[49] Robson, DS. Estimation of the relative fishing power of individual ships[J]. Res Bull ICNAF, 1966 (3): 5~14.

[50] Honma M. Estimation of overall effective fishing intensity of tuna longline fishery-Yellowfin tuna in the Atlantic Ocean as an example of seasonally fluctuating stocks[J]. Bull Far Seas Fish Res Lab, 1974, 10: 63~86.

[51] Hinton MG, Maunder MN. Methods for standardizing CPUE and how to select among them[R]. Collective Volume of

Scientific Papers ICCAT, 2003, 56: 169~177.

[52] Allen R,Punsly R. Catch rates as indices of abundance of yellowfin tuna, *Thunnus albacares*, in the eastern Pacific Ocean [J]. Bull Inter-Amer Trop Tuna Comm, 1984, 18(4) 301: 379.

[53] Bigelow KA, Boggs CH, He X. Environmental effects on swordfish and blue shark catch rates in the, US North Pacific longline fishery[J]. Fish Oceanogr, 1999, 8(3): 178~198.

[54] Wise B, Bugg A, Shono H,et al. Standardization of Japanese lingline catch rates for yellowfin tuna in the Indian Ocean using GAM analyses[R]. IOTC-WPTT-2002-11, 2002, 1~15.

[55] Warner B, Misra M. Understanding neural networks as statistical tools[J]. Amer Stat, 1996, 50(4): 284~293.

[56] Watters G, Deriso R.Catch per unit of effort of bigeye tuna: a new analysis with regression trees and simulated annealing [J]. Bull Inter-Amer Trop Tuna Comm, 2000, 21(8): 527~571.

[57] Maunder MN. Integrated Tagging and Catch-at-Age Analysis (ITCAAN)[R]//Kruse GH, Bez N, Booth A, et al. Spatial Processes and Management of Fish Populations. Alaska Sea Grant College Program Report No. AK-SG-01-02, University of Alaska Fairbanks, 2001a: 123~146.

[58] Maunder MN. A general framework for integrating the standardization of catchper-unit-of-effort into stock assessment models [J]. Can J Fish Aquat Sci, 2001b, 58: 795~803.

[59] Hinton MG, Nakano H. Standardizing catch and effort statistics using physiological, ecological, or behavioral constraints and environmental data, with an application to blue marlin (*Makaira nigricans*) catch and effort data from Japanese longline fisheries in the Pacific[J]. Bull Inter-Amer Trop Tuna Comm, 1996, 21(4): 169~200.

[60] 斉藤昭二.マグロの遊泳層と延縄漁法[M].東京: 成山堂書屋,1992: 9~10.

[61] 高攀峰.印度洋金枪鱼延绳钓捕捞效率研究[D].上海: 上海水产大学,2007.

[62] 国家技术监督局.海洋调查规范海洋调查资料处理国家标准: GB/T 12763.7-1991[S]. 1992.1.1.

[63] Koenler R, Bassett G. Regression quartiles[J]. Econometrica, 1978, 50: 43~61.

[64] Watters G, Deriso R. Catch per unit of effort of bigeye tuna: a new analysis with regression trees and simulated annealing [J]. Bull Inter-Amer Trop Tuna Comm, 2000, 21(8): 527~571.

[65] Bach P, Dagorn L, Bertrand A, et al. Acoustic telemetry versus monitored longline fishing for studying the vertical distribution of pelagic fish: bigeye tuna (*Thunnus obesus*) in French Polynesia[J]. Fisheries Research, 2003, 60: 281~292.

[66] 朱源,康慕谊.排序和广义线性模型与广义可加模型在植物种与环境关系研究中的应用[J].生态学杂志,2005,24(7): 807~811.

第二章

马绍尔群岛海域黄鳍金枪鱼栖息地综合指数模型的比较

1 引　　言

金枪鱼渔业是我国重要的远洋渔业，马绍尔群岛海域是我国小型金枪鱼延绳钓捕捞作业的主要海域之一，而黄鳍金枪鱼(*Thunnus albacares*)为马绍尔群岛海域延绳钓渔业的重要捕捞对象，研究黄鳍金枪鱼在该海域的开发和利用是我国远洋渔业研究的重要内容。随着全球渔业管理组织对金枪鱼类配额的严格控制，太平洋岛国关于金枪鱼类捕捞的管理也愈加严格，加上燃油价格和劳动力成本的不断提高，如何提高延绳钓渔业的捕捞效率，减少中心渔场寻找时间的消耗，一直以来就是渔业相关部门和企业最关心的。因此，研究马绍尔群岛海域黄鳍金枪鱼渔场的分布特点及栖息地与海洋环境因子的关系，运用多种方法建立渔情预报模型，而后对模型的预报效果进行比较分析、得出最佳模型是十分重要的。

1.1 研究背景

黄鳍金枪鱼是一种大洋暖水性名贵上层鱼类[1]，属金枪鱼类中产量较高的一种，广泛分布在世界的热带和亚热带水域。马绍尔群岛位于中西太平洋，与周边多数不发达的岛国一样，其丰富的金枪鱼渔业资源已成为该国重要的经济来源。马绍尔群岛海域是我国小型金枪鱼延绳钓渔船重要的作业渔场之一。2015 年作业的延绳钓渔船中，中国小型金枪鱼延绳钓渔船为 28 艘(包括台湾地区 2 艘)、密克罗尼西亚的为 14 艘、日本为 8 艘，共 50 艘。2015 年国外延绳钓渔船的总产量为 4 097 t，其中大眼金枪鱼为 2 286 t，黄鳍金枪鱼为 1 380 t；中国延绳钓渔船的总产量为 2 155 t，其中大眼金枪鱼为 1 200 t，黄鳍金枪鱼为 740 t；密克罗尼西亚延绳钓渔船的总产量为 1 666 t，其中大眼金枪鱼为 953 t，黄鳍金枪鱼为 529 t[2]。

1.2 金枪鱼渔业渔情预报技术研究现状

随着遥感技术的日益成熟，遥感数据的易得性、成本低、范围广、周期长、分辨率高等优点愈加凸显，因此在金枪鱼渔情预报研究中得到大量应用，主要的研究鱼种是经济价值比较高、资源量比较丰富的几种金枪鱼和类金枪鱼：大眼金枪鱼(*Thunnus obesus*)、黄鳍金枪鱼、长鳍金枪鱼(*Thunnus alalunga*)和鲣(*Katsuwonus pelamis*)等。

1.2.1 影响金枪鱼分布的主要环境因子

影响金枪鱼时空分布的环境因子很多,现在研究金枪鱼与栖息地分布的关系中,纳入考虑的环境因子主要有:海表面高度、海表面高度异常、海表面高度距平、海表面温度、温度异常、温跃层、初级生产力、溶解氧含量和三维海流等。Mohri[3]研究得出赤道海域的黄鳍金枪鱼在水深80~120 m、温度13~24℃内渔获率最高,这与Song[4]研究得出的11~15℃差别很大。Schaefer[5]认为黄鳍金枪鱼有着独特的栖息特点,会经常下潜到150~250 m水层范围,但是每次在该范围潜伏的时间很短。

Cayré[6]指出温度梯度和溶解氧含量是对黄鳍金枪鱼垂直运动影响最大的两个因子。Romena[7]得出黄鳍金枪鱼的时空分布与盐度的关系相关性非常低,建议不将其纳入建模过程中。

陈雪冬等[8]将海面水温和海面水温梯度作为主要因素,对两个环境因子的数据和渔场出现频次进行关系拟合,得出预测预报精度高、预报效果理想的金枪鱼渔场分布预报模型,将大眼金枪鱼渔场单位捕捞努力量(CPUE)与海表面温度根据地理统计单元进行匹配并做相关性分析,认为匹配良好、相关性很高,这样得出的大眼金枪鱼栖息地最适温度区间范围也同样具有科学性和说服力,CPUE与海表水温梯度之间的统计关系也拟合良好,即:海表水温、海表水温梯度、初级生产力、海面高度与大眼金枪鱼渔场CPUE都有一定的相关关系,这些因子对大眼金枪鱼的时空分布都有影响,在建立金枪鱼预报模型的过程中,这些因子都应纳入考虑。

黄鳍金枪鱼的分布取决于很多环境因子,譬如表层水温、深层水温、海表面高度、溶解氧含量和叶绿素 *a* 浓度,甚至20℃等温线、温跃层、厄尔尼诺和拉尼娜全球气候都对黄鳍金枪鱼的资源分布有很大的影响,但是由于模型方法的限制,或者由于数据的不够全面,只有少数模型可以对多因子或者多因子的交互项进行研究,目前关于黄鳍金枪鱼栖息地和环境因子的研究一般还是采用单因子分析。赵海龙[9]等认为黄鳍金枪鱼的环境偏好:海表面温度(sea surface temperature, SST)为24~29℃,海面高度(sea surface height, SSH)为0.3~0.7 m。Zagaglia[10]等认为热带大西洋黄鳍金枪鱼的分布和CPUE只与温跃层深度有正相关性,而海面水温、叶绿素 *a* 浓度和海面高度异常等表层的一些环境因子的影响很小。而Lan[11]等认为次表层水温对金枪鱼CPUE有着决定性的影响,并因此推断次表层水温越高,温跃层也就越深,CPUE也就越高。宋利明等[12]调查得出黄鳍金枪鱼栖息水层在温跃层下界深度以上。Yokawa[13]指出大西洋黄鳍金枪鱼的捕获表层水温范围是在7~9℃以内。

1.2.2 预报模型研究现状

目前用于研究金枪鱼栖息地指数的模型很多,常用的有一般线性模型[14](general linear mode, LM),广义线性模型[15~17](generalized linear model, GLM),广义相加模型[18,19](generalized additive model, GAM),栖息地适应性指数(habitat suitability index, HSI)模型[20~22]和栖息地综合指数(integrated habitat index, IHI),也有支持向量机、模糊分类器、随机森林和灰色系统等方法。

Song等[23]对印度洋热带公海海域黄鳍金枪鱼的渔获率与深度、温度、盐度、叶绿素 *a* 浓度、溶解氧含量和温跃层等环境因子的关系进行了研究,得出黄鳍金枪鱼的垂直分布特点是黄鳍金枪鱼均分布在印度洋公海温跃层内,而盐度、温度和其他环境因子对黄鳍金枪鱼的垂直分布影响很小。Song 等[24]将水层垂直划分为几个梯段,通过统计各梯段渔获物和钓钩的数量得出渔获率,并将该梯段的环境因子值进行拟合、做相关性分析,最后得出影响印度洋公海海域大眼金枪鱼渔获率的关键因子是溶解氧含量,而温度、盐度、叶绿素 *a* 浓度等因素并无显著相关性。Song 等[25]开发了大眼金枪鱼空间分布模型,将水层分为八个梯段,结合环境变量(水温、盐度、叶绿素 *a* 浓度和溶解氧含量)应用分位数回归方法建立 IHI 模型,结果表明,加权平均温度、叶绿素 *a* 浓度和溶解氧含量的影响较为显著。GLM 在渔情预报方面的应用开始于 Gavaris[26]的产量和努力量数据标准化,但其本质仍属于分类解释变量,直到 Kimura[27]加入了连续变量,这样就拓宽了 GLM 在渔业模型预报方面的研究,后又经国内外一些学者的改进和丰富,该方法在渔情预报模型方面的应用日趋成熟。例如,郑波[28]利用 GLM 分析了东海鲐鱼渔场和环境因子的关系,宋利明等[29]应用广义相加模型得出黄鳍金枪鱼主要栖息水层是水下 40~120 m,并且利用悬链线公式计算钓钩深度,得出影响大西洋中部黄鳍金枪鱼垂直分布的主要因子是深度、温度和盐度。Li 等[30]将自然水体划分为六个水层,对帕劳附近海域大眼金枪鱼的空间分布和环境因子的关系进行了研究,结合 CPUE 与环境变量用分位数回归方法建模,结果得到 IHI 模型在预测大眼金枪鱼分布时有较好的效果,并且指出温度、溶解氧含量这两个因子是影响大眼金枪鱼垂直分布的主要因子。

对于模型的建立和矫正,并不是自变量越多,越能提高预报精度,甚至有时候过多的自变量因子反而会干扰主要因子的影响作用、降低预报精度[31]。另外,在很多预报模型的建立和校正工作中,还应该充分考虑到通过变换自变量和选择不同的平滑函数来完善模型,提高预报精度。Block[32]使用声学遥测检查黄鳍金枪鱼在美国加州海岸线北部区域的小规模运动模式,并将温度、溶解氧含量、海流等环境因子分别用来确定运动之间的关系。对三尾黄鳍金枪鱼进行了标志放流,通过鱼体上的感应器、定位发射器和后台的信号接收器以观察和模拟重现黄鳍金枪鱼在温跃层内的垂直移动与环境指数变化的关系。

Brill 等[33]认为造成不同的金枪鱼种类栖息水层差别明显的原因是不同金枪鱼的生理构造不同,也即金枪鱼器官性质和对环境变化的反应导致了其栖息地的偏好和迁移规律,譬如黄鳍金枪鱼的栖息水层要比大眼金枪鱼的浅,如果某一时间二者暂时同处在较深水层,由于生理器官构造上的本质差异,黄鳍金枪鱼对该水层的温度或压力感到不适,心脏等器官的反应就会迫使黄鳍金枪鱼上浮,直至达到某一水层的环境因子与黄鳍金枪鱼的生理构造相适宜。那么这个水层或环境因子区间就是黄鳍金枪鱼所偏好的栖息地。

宋利明等[34]运用分位数回归方法建立的大西洋海域大眼金枪鱼的栖息地综合指数预报模型,采用多个分位数运算,对各环境因子及其交互项进行逐个筛选淘汰,最后得到最佳拟合方程,并得到了温度、盐度及其交互作用项的相对权重,即单个环境因子对模型的重要性和影响作用大小。冯波等[35]二次回归分析了温度和溶解氧含量等一些环境因子与大眼金枪鱼渔获率的关系,得到各环境因子的适应性指数拟合方程,然后将各拟合方程关联得到最后的栖息地指数模型。尽管宋利明等[34]和冯波等[35]都是利用分位数回归来建立栖息地指数与环境因子间的最佳拟合方程,但过程和处理方法还是有很大区别的,前者直接建立拟合各因子与渔获率的关系,而后者则是分别将各个环境因子与渔获率进行关联分析,然后用几何平均算法将各因子的影响程度大小纳入考虑赋予权重建立得到综合指数模型。陈新军等[36]运用印度洋大眼金枪鱼商业渔获数据和卫星环境数据分别建立温度、盐度、溶解氧含量和温跃层深度等各因子的栖息地适应性指数模型，再分别运用连乘法、最小值法、算术平均法、几何平均法关联建模，将几种模型的预报结果与实际结果进行拟合度分析，最后得到最小值法建立的栖息地综合指数模型效果最为理想。冯波等[37]用分位数回归法建立了中上水层的加权平均水温、温差、氧差与其交互变量与渔获率的最佳关系式，从而得出栖息地适应性指数，再比对了各月份的 HSI 分布差异。王家樵等[38]用线性回归模型得到了钓获率和温跃层深度等各环境要素的大眼金枪鱼适应性指数，再参考加权几何平均求得综合栖息地适应性指数模型，并将大眼金枪鱼的栖息地分布进行了地理信息叠加，检验其与环境因子高值的重合度情况，最后得出了各个海域对于大眼金枪鱼生存的适宜程度。冯永玖等[39]为尽量缩小预测渔场概率和实际渔场概率的误差值提出了栖息地适应性指数建模的优化方案，其核心是在建立长鳍金枪鱼栖息地指数模型过程中，用函数对适宜度进行表征并加入了遗传算法建立环境因子和渔场概率存在的关系模型。袁红春等[40]充分利用印度洋大眼金枪鱼渔场的静态知识，将渔场作模糊分类定义渔场的真假，并将渔场的迁移和变化作为一种动态连续的知识对待，再挖掘整理动静态知识建立经验库，以此来建立模型预报渔场的空间、时间分布状况。Glaser[41]等运用广义线性模型研究得到黄鳍金枪鱼资源分布与环境数据拟合程度高达 61%。叶豪泰等[42]运用鲣渔获量和环境因子的关系得到鲣 CPUE 加权累加的分布函数，其间为了减小误差去除非集中捕获的影响，反应渔场集中出现而加大了 CPUE 高值区域的权重。陈雪忠等[43]利用统计学方法设置阈值将长鳍金枪鱼的 CPUE 分为高、中、低三类分别训练模型，结果出现三类样本的 AUC(area under ROC curve)均高于 0.74，得到了预报精度较高的印度洋长鳍金枪鱼预报模型。周为峰等[44]利用贝叶斯分析，根据渔场历史出现的位置和频次得出印度洋大眼金枪鱼渔场概率预报分布图，其准确率达到 65.96%。崔雪森等[45]先将海面水温、叶绿素 *a* 浓度、表温梯度强度和叶绿素 *a* 浓度梯度等海洋环境因子进行独立成分分析，再利用 Cohen's Kappa 系数法加权运算得出先验概率及后验概率，最后建立柔鱼渔场贝叶斯分析预报模型，精度达到 69.9%。樊伟等[46]利用海洋表层水温遥感数据和太平洋共同体秘书处(SPC)的大眼金枪鱼渔获数据建立了预报精度为 70%的基于贝叶斯分析的预报模型。冯波等[47]用分位数回归方法，找出了大眼金枪鱼渔获率和温度、盐度等海洋环境因子的最佳拟合公式。宋利明等[34]利用分位数回归方法得出各水层、温度、盐度范围等环境因子与总渔获率的关系，并分别赋予权重建立了数值模型。杨嘉樑等[48]采用类似的方法(美国 Blossom 分析软件)，并利用多功能水质仪和海流计得到海上实测的数据对库克群岛海域长鳍金枪鱼栖息地环境综合指数进行了研究。沈晓倩等[49]利用模糊聚类法和改进后的宽度共同训练的径向基神经网络得出多个输出项，再进行最小拟合残差得出最优的栖息地指数预测模型。汪金涛等[50]建立了基于神经网络的北太平洋柔鱼渔场预报模型，得出预报效果不佳。后又通过加入自变量相关、环境因子灵敏度分析等多种方法对反向传播神经网络模型进行了完善，对东南太平洋茎柔鱼渔场进行预报，取得了比较好的效果[51]。毛江美等[52]在建立南太平洋长鳍金枪鱼预报模型中对于输入层的因子选择非常慎重，根据经验变换输入因子，搭配了六种方案，分别建立 BP(back propagation)神经网络，并对拟合残差进行比较分析选择最佳模型。

1.3 有关模型介绍

本章拟应用贝叶斯分析(Bayesian analysis, BA)、分位数回归模型(QRM)、人工神经网络(ANN)三种方法将环境数据和渔获率进行相关性分析,分别建立马绍尔群岛海域的黄鳍金枪鱼渔情预报模型,并通过多种分析方法评价三种模型的优劣,确定最佳模型。

贝叶斯分析是运用贝叶斯统计方法对曾经发生并且有可能会再次发生的事件(但是需要满足一定条件或者条件达到某一阈值时)进行的一种发生概率的预测。它的科学之处在于利用模型和数据信息对相关因子进行权重赋值的同时还充分利用了先验信息,这也是它相对于其他一般模型的优势,并且对于时间的"真""假"发生概率阈值、误差指数等具有一套科学的统计理论作为支撑。大量研究表明,贝叶斯分析比普通的回归预测具有更高的预报精度[53]。

分位数回归模型本来是为金融统计分析而设计的数值模型,应用在渔业渔情预报的研究中同样得到了很好的预报效果。其原理是利用计算机的高速运算能力,设置多组分位数,得到多组分位数估计方程,方程的表达便是预测 CPUE 与各环境因子的数值关系,常数项、误差项和各环境因子的参数值都是通过绝对偏差总和的最小值原则进行估值运算得出的[54]。分位数回归模型因为集合了最小二乘回归法和自由分布等优点,所以非常擅长对参数的估计,反映在渔情预报模型上便是分位数回归方法非常适合描述鱼种对环境因子变化的响应程度[55]。另外,分位数可以自由梯段设置从而得到多个不同的参数估算结果,这就解决了误差不符合正态分布或限制因子因局部性而得不到充分运算的情况,且结果对各变量响应程度的精确度也会随之提高,特别是在高分位数下得出的结果[56]。

人工神经网络处理方法是一种模仿人脑决策的计算机处理方法,它能快速连续地处理单元之间的反应和刺激[57],由输入层、隐含层、输出层组成,并且能够自动将关联性大的单元建立连接并自我决策逐级递减或递增替换参数进而减小误差,达到最优关系式[58]。如果进行数理统计分析对一系列复杂的相关因子求解,就要用到很多函数的试错改正,还要对每个因子的参数增减以求得最优解,工作量非常大,用人工神经网络方法就可解决这一问题。

1.4 主要研究内容

1) 将每天黄鳍金枪鱼的渔获尾数划分到0.25°×0.25°的格网范围内,再根据每天的船位监控系统(vessel monitoring system, VMS)数据等得到每天每格网的总钓钩数,算出每天每个地理单元的黄鳍金枪鱼的名义 CPUE(尾/千钩)。

2) 将某天某格网的黄鳍金枪鱼的名义 CPUE 与当天该格网的海洋环境数据进行匹配,作为一个建模数据导入数据库,使用分位数回归模型和人工神经网络这两种模型方法分别建立黄鳍金枪鱼名义 CPUE 与海洋环境因子的关系模型,使用贝叶斯分析方法运用经过地理单元叠加后的数据建立模型对每个地理单元渔场出现的概率进行预报。

3) 将贝叶斯分析的实际渔场存在概率和预测渔场存在概率、分位数回归模型和人工神经网络预测的 CPUE 分别用于空间叠加，比较计算黄鳍金枪鱼的栖息地综合指数，以此来比较、评价模型的预报能力。

4）为保证均匀覆盖研究海域，又随机选取 110 个站点作为验证数据，使用 Pearson 相关系数、Wilcoxon 符号秩检验、有效性系数 EF 值和理论分析等方法将验证数据代入三种模型，分别比较预测渔场存在概率和实际渔场存在概率，预测名义 CPUE 和实际名义 CPUE 的相关性，并以此为依据比对三种模型的栖息地综合指数的预测能力。

5）对三种模型的预报能力、适用范围和优缺点进行讨论，确定相对最佳模型。

1.5 研究目的和意义

马绍尔群岛海域是世界最重要的金枪鱼渔场之一，无论是为了减小企业的渔捞作业成本还是提高经济效益，或者出于研究金枪鱼类行为，对该海域的黄鳍金枪鱼的栖息环境进行研究无疑是必要的，得出的渔获率（名义 CPUE）与环境因子的关系，也可以为其他海域或者其他鱼种的栖息地研究提供参考。

1）找出马绍尔群岛海域影响黄鳍金枪鱼栖息地的关键环境因子。

2）对基于三种方法建立的黄鳍金枪鱼渔情预报模型进行验证和比较，比较其适用范围和各自的优缺点，得出最佳预报模型。

3）精确确定渔场，减少成本，增加产量，为企业增产和该海域乃至世界范围内黄鳍金枪鱼的资源评估和开发利用提供参考[59]。

1.6 本章技术路线

本章技术流程见图 2－1－1。

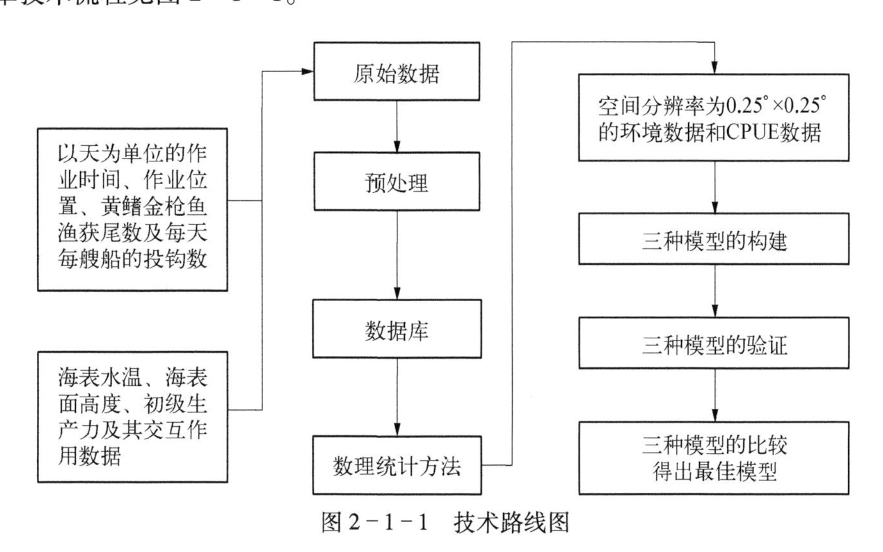

图 2－1－1 技术路线图

首先对从企业获得的渔捞数据和 VMS（船位监控系统）数据进行初步的筛选和对应，对来自日本国际气象海洋株式会社的海洋环境等值图进行插值得到环境因子数据。然后运用各种数理统计方法将渔获数据进行预处理，即将每天的渔获尾数和钓钩总数分布到设定的地理单元里，得到每天每个格网的名义 CPUE（单位：尾/千钩），将 ArcGIS 插值得到的每天每个地理格网的环境因子值按照日期和地理单元进行一一对应得到数据库，也即每天每格网的名义 CPUE 和对应的各环境因子便是一个建模单位数据。将部分数据作为验证数据，再将建模数据进行微调分别运用，建立或导入三种模型，完成预报模型的建立和验证。最终便是模型的综合评价和分析，得出最佳模型。

2 材料和方法

2.1 数据来源

2.1.1 数据类型

本章使用的渔获数据来自深圳市联成远洋渔业有限公司，取 2016 年 1 月到 6 月的渔捞数据和 VMS 数据，在该时间段中，公司作业的船只数和作业海域有很大的迁移和改变，在研究海域内的作业船只最少 7 艘，最多 17 艘，甚至一艘船一天的投绳路线中只有部分的钓钩和渔获是在研究海域内的，但是在数理统计分析的过程中都将这些问题进行了科学的筛选和处理，该公司的渔船尺度大致相同，船舶参数为：总长 32.28 m；型宽 5.70 m；型深 2.60 m；总吨 97.00 t；净吨 34.00 t；渔船主机功率 400 kW。

海洋环境数据都是海洋表层环境数据，由深圳市联成远洋渔业有限公司购买后授权使用，均来自日本国际气象海洋株式会社，由于点数据的获取方式是对等值线进行插值然后按照精度要求插入地理格网对数据进行提取，对数据的选择和使用是有限制的，最终确定所选环境数据为海表水温、海表面高度和初级生产力。渔获数据主要来自船位监控系统（图 2－2－1），包含的数据有：渔获种类、渔获日期（时间精确到分钟）、渔获位置（经纬度精确到 0.000 1°）、该渔获所属的作业船只、船只当天作业的钓钩数等，对 VMS 数据进行大量的数理统计、筛选和分析，并经过渔船渔捞日志矫正，就得到了建立或验证模型用的数据库。

编号	渔船	日期	钓钩数	鱼	数量	经度	纬度	备注	激活
1	CFA19	2016-3-24 23:49:59	0	BE	1	164.92151	8.79161		Y
2	CFA25	2016-3-24 23:29:25	2400	YF	1	162.401083	7.373023		Y
3	CFA22	2016-3-24 23:27:10	2400	BM	1	157.704743	9.492173		Y
4	SLC722	2016-3-24 23:22:00	0	BM	1	173.30812	8.551943		Y
5	CFA22	2016-3-24 23:21:22	2400	BE	1	157.697773	9.491843		Y
6	SLC722	2016-3-24 23:21:22	0	BE	1	173.30709	8.551793		Y
7	CFA22	2016-3-24 23:19:43	2400	OTH	1	157.695783	9.491753		Y
8	CFA25	2016-3-24 23:13:54	2400	OTH	1	162.375293	7.373873		Y

图 2－2－1 船位监控系统（VMS）中的渔获数据

2.1.2 时间与海域范围

本章的研究海域为马绍尔群岛附近海域（0°～10°N、145°E～165°E）。用于模型构建的数据为 2016 年 1 月 1 日至 2016 年 6 月 30 日期间的数据，一共 1 441 个格网数据，另外 110

个格网数据用于模型验证(具体站点分配见图 2－2－2)

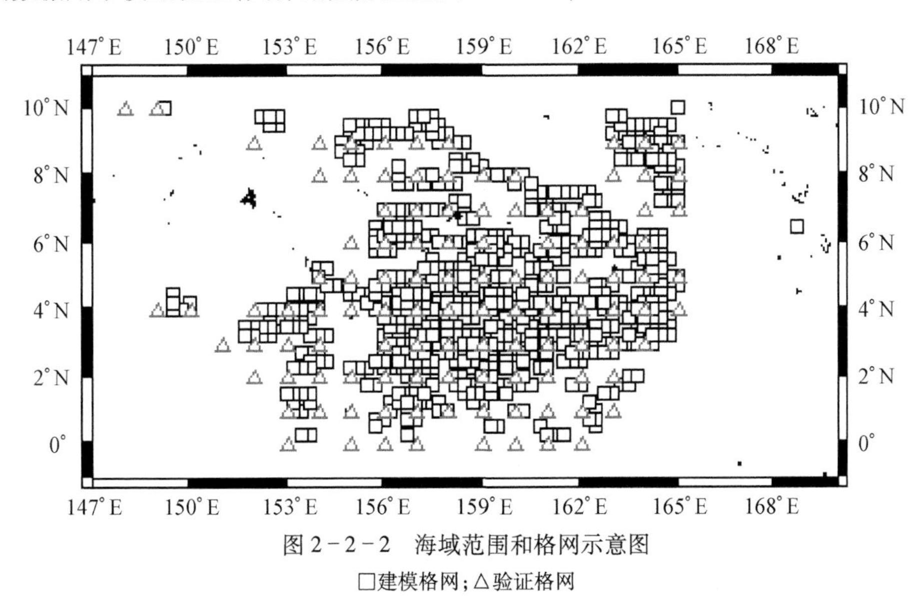

图 2－2－2 海域范围和格网示意图

□建模格网;△验证格网

2.1.3 渔具与渔法

本章的渔获数据为延绳钓渔业数据,渔具参数为：浮子直径是 360 mm;浮子绳长 25 m;干线直径为 4.2 mm;支线第一段为硬质聚丙烯,直径 3.5 mm,长 1.5 m 左右,第二段为 180#单丝,直径为 1.8 mm,长 17 m,第三段为 150#单丝,直径为 1.5 mm,长 2 m;第一段与第二段用 H 型转环连接,第二段与第三段由小型八字转环连接,钓钩采用圆型钓钩(14/0),支线总长 21 m。

调查期间,一般情况下,投绳时间为 4 : 30~10 : 30;起绳时间为 15 : 30~次日凌晨 2 : 30;船速一般为 7.5~8.2 节,出绳速度一般为 5.5 m/ s,两浮子间的钓钩数固定为 28 枚,两钓钩间的时间间隔约为 6 s。每天投放钓钩总数为 3 800~4 400 枚。由于渔场分布不均等偶然因素和每个船长的经验不同,严格来说渔获不能完全反映出黄鳍金枪鱼的渔场情况,并且每艘船的捕捞能力是有差异的,但是本研究中假定每艘船的捕捞能力相同,渔获对渔场的反映是直接相关的。

2.2 数据处理方法

2.2.1 名义 CPUE 的算法

每天单位格网的实测 CPUE 的算法是该天该格网内黄鳍金枪鱼的渔获尾数比该天该格网内的钓钩总数。海洋环境数据需要把等值线图导入 ArcGIS,运用克里金法,插入 0.25°×0.25° 的格网,以格网中心点作为该格网的平均值,渔获统计数据需要经过与环境因子匹配才能和环境因子建立关系模型,将渔获数据即渔获尾数采样至 0.25°×0.25°的经纬度格网中,然后再统计出当天在每个格网中的钓钩数。渔船的投绳轨迹是通过 VMS 中渔获位置推算得出的，根据渔获的多少和均匀度（单天单船跨越格网三个为界限，以三个为界是因为深圳市联成远洋渔业有限公司的渔船投绳轨迹所跨越的格网一般都在三个以上，低于三个的一般是因为渔获过少、渔获过于集中，或者是投绳轨迹有部分在研究海域范围外）分为理想数据（渔获尾数较多、分布比较均匀的数据）和非理想数据（渔获尾数较少、分布不太均匀的数据）。理想数据通过计算得出研究范围内每天每格网的渔船数目，并分别计算每艘船每天的投钩数和跨越格网数，从而得出每船每天每个格网的钓钩数和渔获尾数，再得出每天每个格网内的钓钩总数和渔获总尾数。非理想数据的格网和天数通过渔船航向、航行时间和航速计算出渔船的投绳轨迹，推算出渔船经过的总格网数，从而得出每天每个格网内的钓钩总数和渔获总尾数，最后得出该天、该格网中黄鳍金枪鱼的 CPUE。CPUE 可作为渔业资源密度的重要评价指标[43]，因此可把 CPUE 作为中心渔场的量化指标之一[44]。实测 CPUE 计算公式为

$$CPUE_{ij} = \frac{N_{Fij}}{N_{Eij}} \times 1\,000 \tag{2-2-1}$$

其中，$CPUE_{ij}$ 为经纬度是(i, j)处的名义 CPUE；N_{Fij} 为点(i, j)分别向上、下、左、右扩展 0.125°，即以该点为中心的 0.25°×0.25°的空间格网内的黄鳍金枪鱼的渔获尾数；N_{Eij} 为某天(i, j)格网内所有渔船的总钓钩数，N_{Fij}、N_{Eij} 的计算公式如下：

$$N_{Fij} = N_{Fa} + N_{Fb} + N_{Fc} \cdots \tag{2-2-2}$$

$$N_{Eij} = \frac{N_{Ea}}{na} + \frac{N_{Eb}}{nb} + \frac{N_{Ec}}{nc} \cdots \tag{2-2-3}$$

其中，N_{Fa}、N_{Fb}、N_{Fc}… 分别为 a、b、c…渔船在(i, j)区域的渔获尾数，na、nb、nc…分别为 a、b、c…渔船的投绳轨迹经过的格网数，N_{Ea}、N_{Eb}、N_{Ec}分别为 a、b、c…渔船当天投放的钓钩数量。

2.2.2 海洋环境因子的提取

海洋环境因子值的计算需要将等值线图导入 ArcGIS 软件，经过矫正和描图赋值然后采用克里金法加入 0.25°×0.25°的空间格网，这样就求得每一个点即每个空间格网的环境数据。以 2016 年 1 月 12 日海面水温数据为例（图 2－2－3），插值得出海面水温区域分布图（图 2－2－4），再插入 0.25°×0.25°的空间格网即得到精确度为 0.25°×0.25°的海面水温数据（图 2－2－5）。

图 2－2－5 即为 2016 年 1 月 12 日海面水温进行插值计算后加入的空间格网，黑点为 0.25°×0.25°的空间格网的中心点，格网也就是以黑点为中心、0.25°为边长的地理格网，取格网内环境数据的平均值也即该中心点的温度作为该网格的温度，海表面高度和初级生产力的插值计算、提取点数据的过程和方法与此相同。

初级生产力数据的提取方法与海面水温和海表面高度的方法是一样的，都是通过空间插值得到空间分布数据然后插入格网提取点数据，不过要先对其进行矢量化赋值，如图 2－2－6，空白的区域表示初级生产力比较低，本研究将这样的格网赋值一个单位，格网内有“×”标记的代表初级生产力比较高的区域，记为 1.5 个单位。

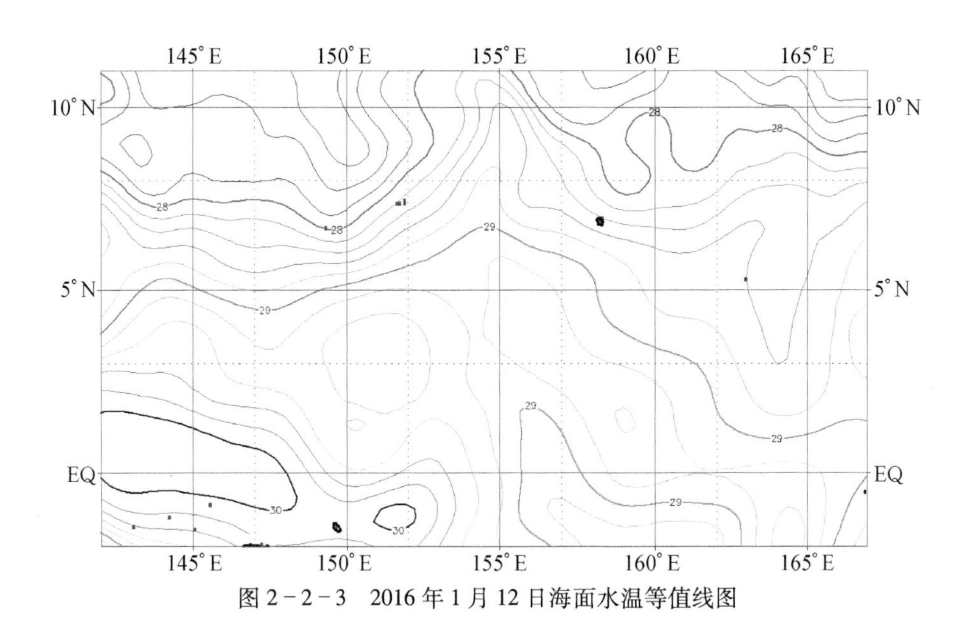

图 2-2-3　2016 年 1 月 12 日海面水温等值线图

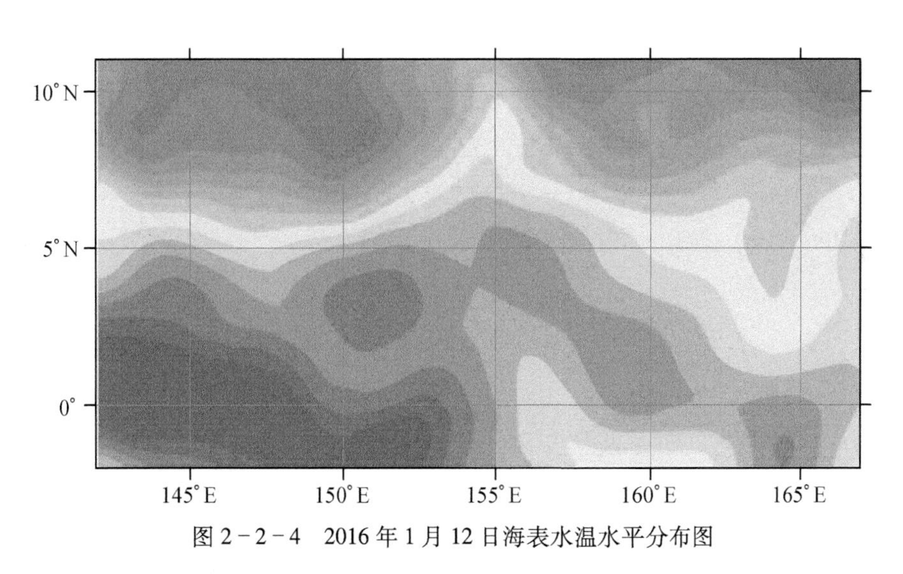

图 2-2-4　2016 年 1 月 12 日海表水温水平分布图

2.2.3　基于贝叶斯分析的黄鳍金枪鱼 CPUE 预测模型

2.2.3.1　方法

贝叶斯分析的优势和特点就是充分考虑了先验概率和制约发生条件的条件概率，贝叶斯后验概率（即预测概率）的表达式为

$$P(h_0/e) = \frac{P(e/h_0) \times P(h_0)}{\sum_{i=0}^{1} P(e/h_i) \times P(h_i)} \tag{2-2-4}$$

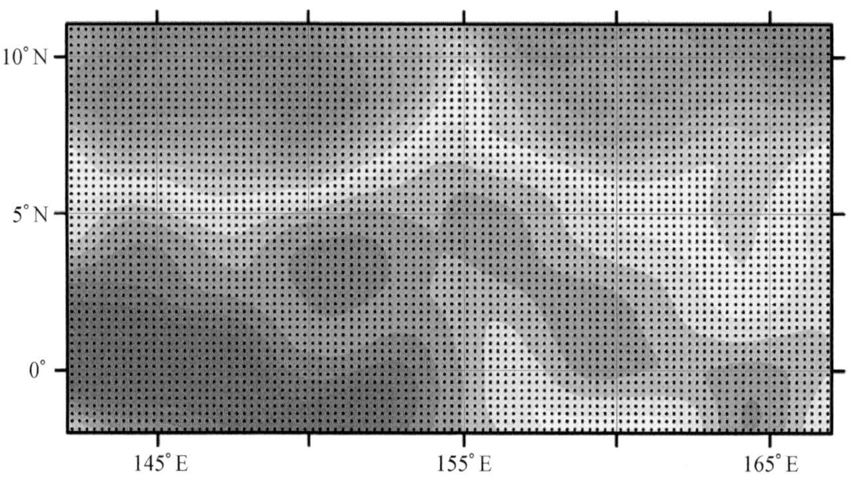

图 2-2-5 2016 年 1 月 12 日 *SST* 的插值结果

黑点为 0.25°×0.25°的空间格网的中心点

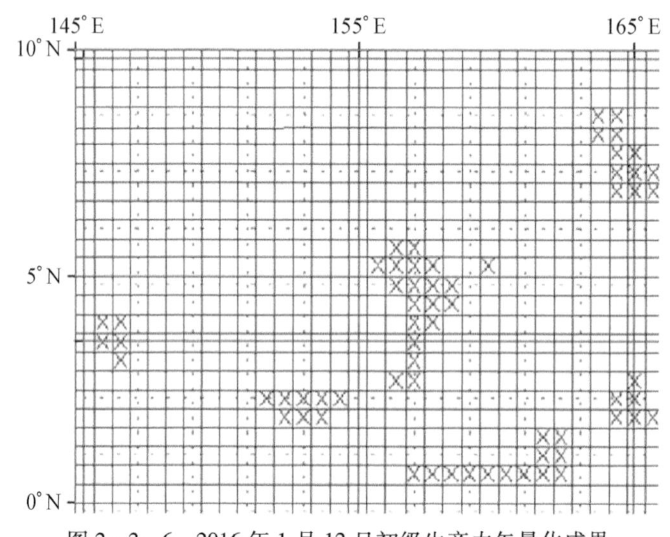

图 2-2-6 2016 年 1 月 12 日初级生产力矢量化成果

其中，h_0 是某格网区域黄鳍金枪鱼渔场为“真”的情况；h_i 是某格网区域黄鳍金枪鱼渔场为“非真”的情况，渔场为“假”，即为该格网区域内不存在黄鳍金枪鱼渔场的情况；$P(e/h_0)$ 代表条件概率，即在给定的制约条件（环境因子）时，渔场为“真”的发生概率；$P(h_0)$ 是先验概率，不考虑给定条件（环境因子）的制约，历史事件发生的频次而计算得出的经验值；$P(h_0/e)$ 为后验概率，也即该格网区域内渔场为“真”的预报概率，是基于先验事件的发生频次和给定的制约条件下渔场为“真”发生的概率。

贝叶斯分析就是在历史渔场出现频次的经验和制约条件的共同作用下，得出格网内渔场可能存在的概率，即后验概率、预报概率。由公式（2-2-4）可知，欲求得其预报概率，需要先分别计算得出渔场为“真”的先验概率、条件概率和渔场为“非真”的先验概率和条件概率，贝叶斯预测概率的计算过程如图 2-2-7 所示。渔场“真”与“非真”两种情况的概率计算方法是一样的，这里以渔场为“真”的情况说明。

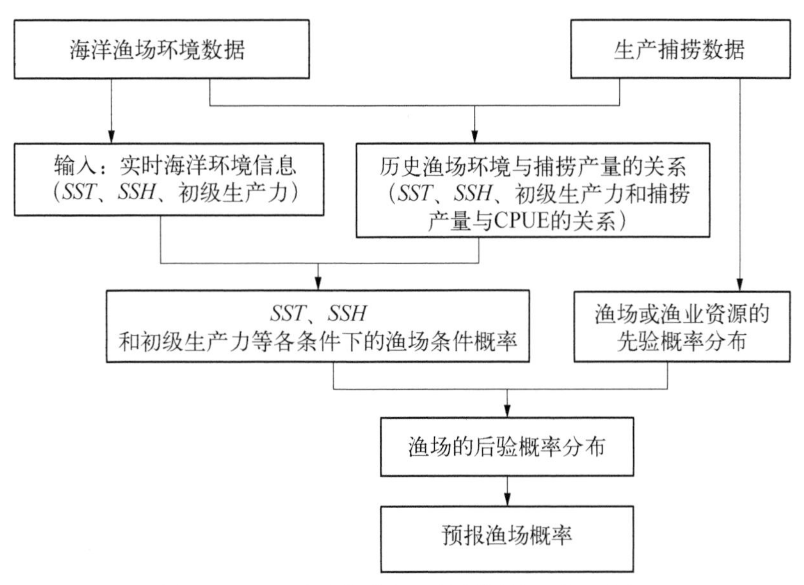

图 2-2-7　贝叶斯分析渔情预报模型建立流程

2.2.3.2　先验概率计算

先验即历史发生过的，求某个格网区域的先验概率，主要取决于区域累计 CPUE，该格网区域历史出现渔场为“真”的频次，如果出现频次较高，先验概率就会越高，出现频次的计算就要对渔场为“真”进行定义，本章采用阈值定义方法，当某格网的名义 CPUE 大于某一个阈值，就认定该区域是“真”渔场，小于该阈值则定义为“非真”渔场，频次的统计即是该区域历史出现“真”渔场的次数比上历史统计总次数。

$$P_1 = \frac{Y_i}{Y_{\min} + Y_{\max}} \times 100\% \qquad (2-2-5)$$

式中，Y_i 为某 i 渔区的累计 CPUE，$Y_{\min}$ 为所有计算渔区中的最小的累计 CPUE，$Y_{\max}$ 为所有计算渔区中的最大的累计 CPUE。

对于 2016 年上半年的建模站点，定义渔区的渔场“真”“假”的阈值大小和权重决定了误差指数的大小。而保证误差指数最小，阈值和权重的关系成线性变化，这条线成为最优值线，本章在该线上的取点，取的是权重 30，阈值为 6.503 尾/千钩，CPUE 大于 6.503 尾/千钩的渔区记为渔场渔区（即渔场为“真”），CPUE 小于 6.503 尾/千钩的渔区记为非渔场渔区（即渔场为“假”）。

$$P_2 = \frac{N_i}{N_{total}} \times 100\% \qquad (2-2-6)$$

式中，N_i 为某格网区域为“真”渔场的次数，N_{total} 为该格网区域渔区渔场的统计次数，综上先验概率 P_p 的公式可以表示为

$$P_p = P_1 \times (1 - a) + P_2 \times a \qquad (2-2-7)$$

式中，a 为 P_2 的权重，$(1-a)$ 为 P_1 的权重。

2.2.3.3 条件概率计算

贝叶斯条件概率就是环境因子对渔场存在影响的体现，将各环境因子进行梯段划分，如果渔场为“真”的情况下，某一环境因子的某一区间梯段出现的频率高，模型认定该区间与渔场为“真”有着很大的联系，那么在预报过程中体现出来的就是环境因子越趋近该区间，则该区域渔场为“真”发生的概率就大，即条件概率就是某区域环境因子（包括海表面温度、海表面高度、初级生产力）达到某一条件的可能性。

温度经常作为研究渔场的重要指标，对温度和捕捞产量建立关系做相关分析也是研究渔场的最常用方法之一。现在以2016年1～6月海面水温为例，将海表面温度范围进行梯段划分后，统计得出渔场为“真”的情况下每个温度梯段出现的概率（图2－2－8）。

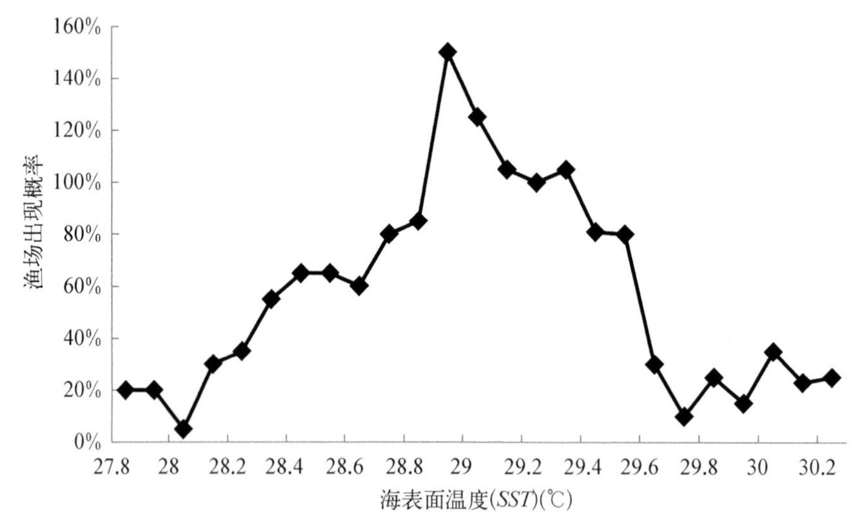

图2－2－8 2016年1～6月黄鳍金枪鱼渔场为“真”的温度分布频率

$$P(e/h_0) = M_0/N_0 \times 100\% \tag{2-2-8}$$

$$P(e/h_1) = M_1/N_1 \times 100\% \tag{2-2-9}$$

式中，N_0 和 N_1 分别是渔场为“真”和“非真”的格网区域个数，M_0 和 M_1 分别是在某环境因子梯段在渔场为“真”和“非真”情况下出现的次数。

2.2.3.4 渔场预报概率

在获取格网区域的条件概率和先验概率分布的基础上，采用贝叶斯分析原理［公式（2－2－4）］，便可计算得到每个渔区的后验预报概率，也就是渔场形成的预测概率。除了 *SST* 外也应该考虑其他环境因子对渔场时空分布的影响，多个因子同时作用，应用 SPSS 分析软件对各主因子进行权重分析，根据不同环境因子在渔场形成中的重要程度，在因子变量解释贡献率（total variance explained）中，看各个主因子的方差贡献率（initial eigenvalues of variance），然后进行归一化处理，得出海表面温度、海表面高度和初级生产力的权重分别为：

44.27%、36.85%、18.88%，采用加权方法就可得到综合的渔场预报概率。

2.2.4　基于分位数回归模型的黄鳍金枪鱼 CPUE 预测模型

分位数回归模型的统计回归过程是基于最小绝对偏差值，与贝叶斯分析相比，原理不同，而且环境因子除了海表水温、海表面高度和初级生产力以外，还将这三个因子两两相关的交互项纳入。分位数回归模型是借助计算机的高速运算能力，按照梯段设置多个分位数逐级代入进行统计回归运算得到回归方程，然后把假设检验的 P 值大小作为环境因子及其交互项的必要性评价标准，多次筛选淘汰去掉非相关因子得到最佳分位数回归拟合方程。本章分位数回归运算选用的是 Blossom 统计软件，最后得到的分位数回归预报模型表达式为

$$CPUE_{QRMij} = \text{constant}_{ij} + a_{ij}.T_{ij} + b_{ij}.H_{ij} + c_{ij}.C_{ij} + d_{ij}.TH_{ij} + e_{ij}.TC_{ij} + f_{ij}.CH_{ij} + \varepsilon_{ij} \quad (2-2-10)$$

式中，constant_{ij}为常数项，TH 为海表面温度和海表面高度的交互作用项，其数学意义是数值相乘，另外两个交互项同样；a_{ij}，b_{ij}，c_{ij}，…，f_{ij} 分别是各个环境因子的相关参数，ε_{ij}为误差项。

本章分位数的取值区间为(0,1)，本章选用的分位数间隔是 0.1，共 11 个分位数，两端极值分别取 0.01 和 0.99。先假设所有环境因子和交互项都与黄鳍金枪鱼 CPUE 相关，将建模数据导入 Blossom 软件，系统将把 11 个分位数逐级代入进行回归运算得到 11 个回归方程，然后把根据 Wilcoxon 符号秩检验的 P 值大小作为每个环境因子及其交互项的必要性评价标准，多次筛选淘汰去掉非相关因子得到所有环境因子的 P 值都小于 0.05 即显著相关，并尽可能选取分位数 0.6~0.9 的分位数方程作为最佳结果，得到的最佳分位数回归拟合方程也即得到了黄鳍金枪鱼 CPUE 分位数回归预报模型。

2.2.5　基于人工神经网络的黄鳍金枪鱼 CPUE 预测模型

2.2.5.1　建模方法

本章建立的基于人工神经网络的黄鳍金枪鱼预报模型的算法是误差反向传播，其原理是使用正向存储，误差的反向传播自我学习和修正后得到事件之间的最佳关联[60,61]。这种关联可以用三个集合或者层来说明，分为输入层、隐含层和输出层，输入层经过隐含层后到达输出层，可以设置多个隐含层，但是输入层不能直接映射到输出层。在模型自我学习过程中，神经元之间的刺激或者层与层之间的传递和反馈，分为正向传播和反向传播，正向传播将按照顺序从输入层经隐含层到达输出层，反向传播将作为误差返回上层隐含层或者输入层，并把这种误差分摊到上层各个因子上，进入下一个传导刺激中，但原理永远是正向信号传导和误差反向传播。就这样设置误差指数或者运算次数，在计算机的高速运算能力帮助下，人工神经网络模型借助误差反向传播原理最终得到各环境因子和 CPUE 最为合理的关系。

2.2.5.2　模型解释方法

1）神经网络解释图

本文为了表达更为清晰，故忽略了影响小的部分结构，使用 6∶6∶1 的模型结构来说

明，其神经网络解释图（neural interpretation diagram，NID）如图2－2－9所示。在图2－2－9中，输入层，隐含层和输出层神经元之间的连接权重是不同的，正和负，显示出复杂的非线性关系。输入神经元（节点1、2、3、4、5、6、7）连接的正、负的权重也不同，表示范围内的输入变量和输出变量（节点15）没有定性关系；节点1、3和4中的权重越大，表明模型上的输入变量 *Lat*、*SST* 和 *SSTA* 具有较大的贡献率。

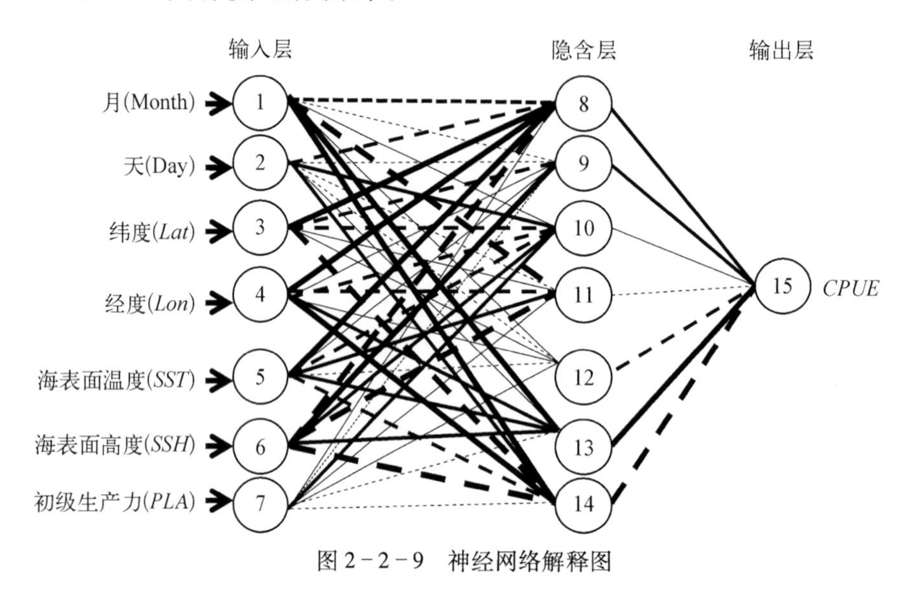

图2－2－9　神经网络解释图

DPS（data processing system）软件人工神经网络运算的设定参数为：隐含层神经元也即环境因子取7个，学习速率为0.1，动量参数0.5；网络训练的终止参数设定为：最大训练次数为1 000，最大误差给定为0.001。

2）模型解释

在神经网络解释图中，输入层到隐含层再到输出层的神经元传导用直线表示，直线的粗细表示刺激信号的强弱，即环境因子的贡献率的大小；直线的实虚表示信号传导的正负，也即环境因子对结果的正向传导、反向误差传播。同时，将各输入层变量到隐含层的所有权重求平方和之比作为输入变量和隐含层的权重，这种解释模型的方法为自变量相关方法[62]。

2.3　模型检验方法

2.3.1　黄鳍金枪鱼栖息地综合指数计算

将经过处理的渔获数据和海洋环境数据分别导入三种模型，便可得到马绍尔群岛海域黄鳍金枪鱼渔场存在概率和预测CPUE，分别为：PRO_{BAij}、$CPUE_{QRMij}$、$CPUE_{ANNij}$，然后分别计算得出三种模型的黄鳍金枪鱼栖息地综合指数：IHI_{BAij}、IHI_{QRMij}、IHI_{ANNij}。本章设定栖息地指数值为0~1，黄鳍金枪鱼不同海域的栖息地综合指数计算公式如下：

$$IHI_{BAij} = \frac{Probably_{BAij}}{Probably_{BA\max}} \tag{2-2-11}$$

$$IHI_{QRMij} = \frac{CPUE_{QRMij}}{CPUE_{QRM\max}} \qquad (2-2-12)$$

$$IHI_{ANNij} = \frac{CPUE_{ANNij}}{CPUE_{ANN\max}} \qquad (2-2-13)$$

式 2-2-11 中，$Probably_{BA\max}$ 是 $Probably_{BAij}$ 中的最大值；式 2-2-12 和式 2-2-13 中，$CPUE_{QRM\max}$是 $CPUE_{QRMij}$中的最大值；$CPUE_{ANN\max}$是 $CPUE_{ANNij}$中的最大值。

分别将三种模型得到的黄鳍金枪鱼栖息地综合指数 IHI_{BAij}、IHI_{QRMij}、IHI_{ANNij}在 Marine Explorer 4.0 软件绘制成区域等值线分布图，并分别与实测渔场存在概率和 CPUE 进行叠加。

2.3.2 预测模型的评价及验证

2.3.2.1 Wilcoxon 符号秩检验和 Pearson 相关系数

本章采用中心点匹配法，将渔获数据和环境因子在 0.25°×0.25°的地理格网上进行对应关联，将栖息地综合指数和实测 CPUE 的 Pearson 相关系数作为评价模型预测能力的指标。

在 MATLAB 软件中，首先对所有的原始数据进行 0~1 的赋值，然后使用神经网络工具箱的拟合工具将 2016 年 1~6 月的 1 461 个样本随机抽取 110 个站点数据作为验证数据分别对三个模型的预测能力进行验证，110 个站点是在保证区域覆盖的前提下随机取点获得的，将这些站点也即经纬度对应的各环境因子值导入三个模型便可得到预测 CPUE，与实测 CPUE 进行比对，将 Wilcoxon 符号秩检验的结果做显著性分析来判定模型的预测能力，同样使用 Marine Explorer 4.0 软件绘制两者的叠加图。

2.3.2.2 有效性系数 EF 值计算

采用 Nash Sutcliffe[63] 有效性系数 EF 值计算方法，对预测值 $CPUE_{EBP}$与实际值 $CPUE_A$ 的一致性程度进行检验。

3 结　　果

3.1 黄鳍金枪鱼实测 CPUE

本章的数据为 2016 年 1~6 月深圳市联成远洋渔业有限公司的 17 艘作业渔船 174 天的数据，黄鳍金枪鱼的渔获尾数为 9 508 尾，总钓钩数为 169.7 万枚，渔获尾数与格网数见表 2-3-1。

表 2-3-1　2016 年 1~6 月整个海域内黄鳍金枪鱼渔获尾数、总钓钩数和 CPUE 平均值

范围	渔获尾数/尾	总钓钩数/千枚	CPUE 平均值/(尾/千钩)
0°~10°N 145°E~165°E	9 508	1 697	5.602 829

3.2 基于贝叶斯分析的渔场概率预测模型

根据统计学原理贝叶斯分析模型的误差指数分布与规定的 CPUE 阈值 x 和权重 a(见式 2-2-7)有很大的关系,为将误差指数控制在最小,如图 2-3-1,权重和阈值的取值当满足在一条直线上时,误差指数最小,这条线上的点为最优点。

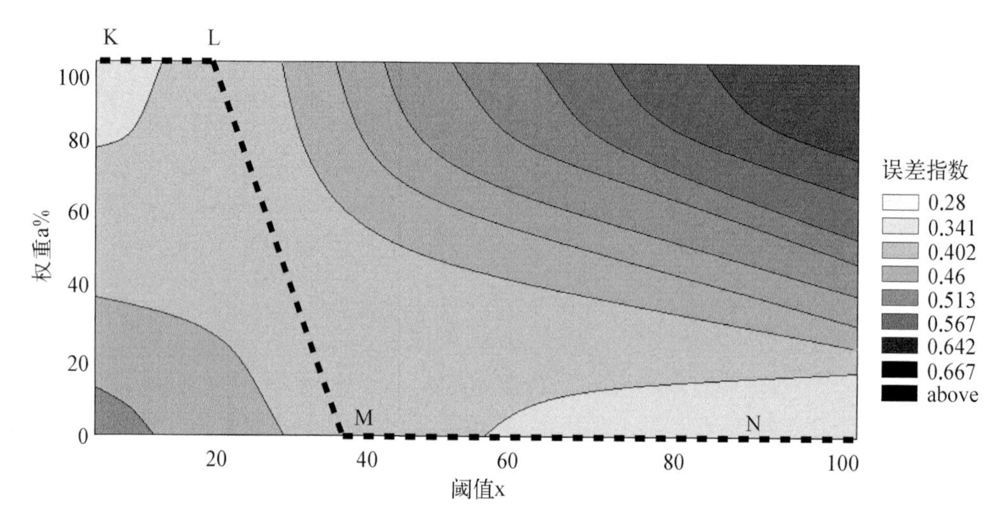

图 2-3-1 2016 年 1 月黄鳍金枪鱼渔场概率回报结果的误差指数分布

折线 KLMN 为 a 的最优点取值

以 2016 年 1 月黄鳍金枪鱼的误差分布为例,试验表明,对于"非"渔场情况下使用最优点或非最优点得到的回报结果无明显差异,如图 2-3-2;而对于"真"渔场在 KLMN 折线上取得的最优点的回报结果要明显优于非最优点,如图 2-3-3,具体的回报结果见表 2-3-2。

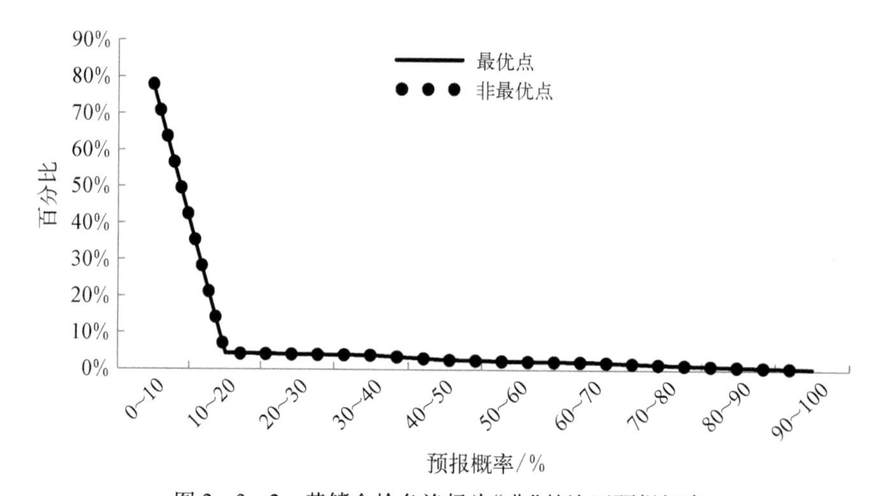

图 2-3-2 黄鳍金枪鱼渔场为"非"的渔区预报概率

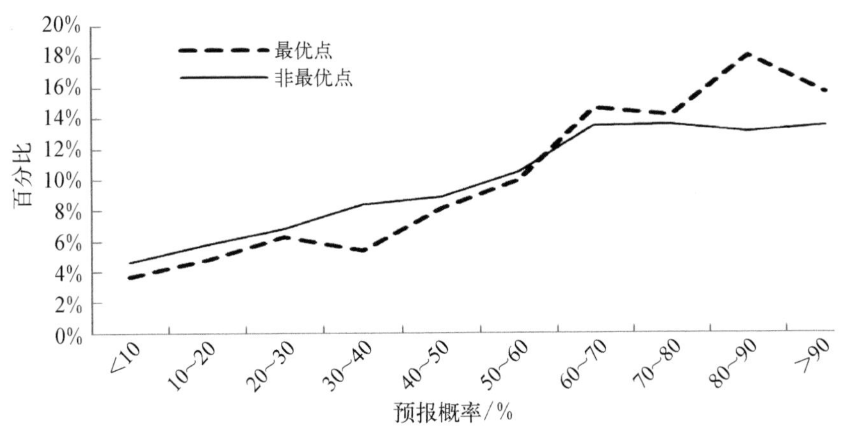

图 2-3-3 黄鳍金枪鱼渔场为"真"的渔区预报概率

表 2-3-2 黄鳍金枪鱼渔场回报结果

概率范围%	预报结果			
	渔场		非渔场	
	渔区个数	比例	渔区个数	比例
<10	352	3.70%	7 397.224	77.80%
10~20	456	4.80%	418.352	4.40%
20~30	599	6.30%	389.828	4.10%
30~40	513	5.40%	370.812	3.90%
40~50	770	8.10%	256.716	2.70%
50~60	951	10.00%	218.684	2.30%
60~70	1 398	14.70%	199.668	2.10%
70~80	1 255	13.20%	133.112	1.40%
80~90	1 721	18.10%	85.572	0.90%
>90	1 493	15.70%	38.032	0.40%

根据图 2-3-4,在研究海域范围内,黄鳍金枪鱼渔场为"真"概率较高的海域主要分布在 0°~4°00′N、150°00′E~165°00′E 区域。同时,基于贝叶斯分析建立的黄鳍金枪鱼渔场概率预报模型,除了在高值区域的重合度不高外,其他海域与实际渔场概率重合度都比较高。

通过贝叶斯分析对研究海域格网内黄鳍金枪鱼的先验概率和与相关环境因子值运算得出的条件概率,得出黄鳍金枪鱼渔场存在的概率预测模型,并与实际渔场存在的先验概率进行检验,得出两组数据 P=0.684 794,差异不显著(图 2-3-5)。

基于贝叶斯分析的黄鳍金枪鱼渔区为"真"的概率预报模型构建完成,将所得的预测渔场概率与实际渔场概率做叠加图,见图 2-3-4。

将贝叶斯分析得到的预报值与实际值进行拟合得到图 2-3-6,其他统计学结果是:相对误差的最大值、最小值分别为 539.8%、0.04%,绝对误差的最大值、最小值分别为 104.3%、-121.9%,绝对平均误差为-15.8%。回归分析得到 EF 有效性指数为 0.852,具有较好的一致性。

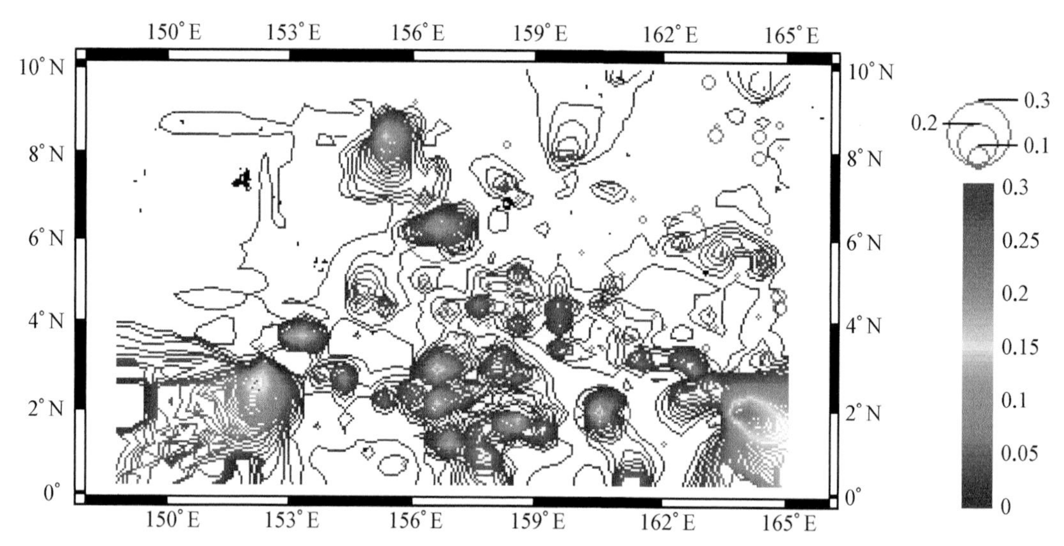

图 2-3-4 基于贝叶斯分析的黄鳍金枪鱼实际渔场概率(圆圈)和预测渔场概率(等值线)叠加图

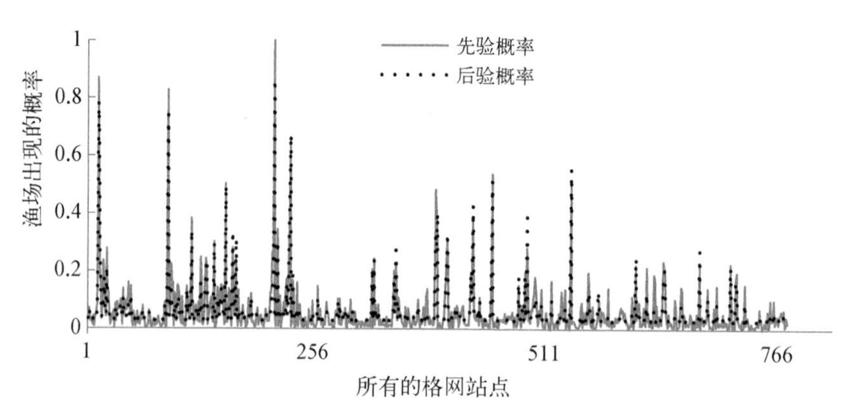

图 2-3-5 研究海域内所有格网的先验概率和后验概率

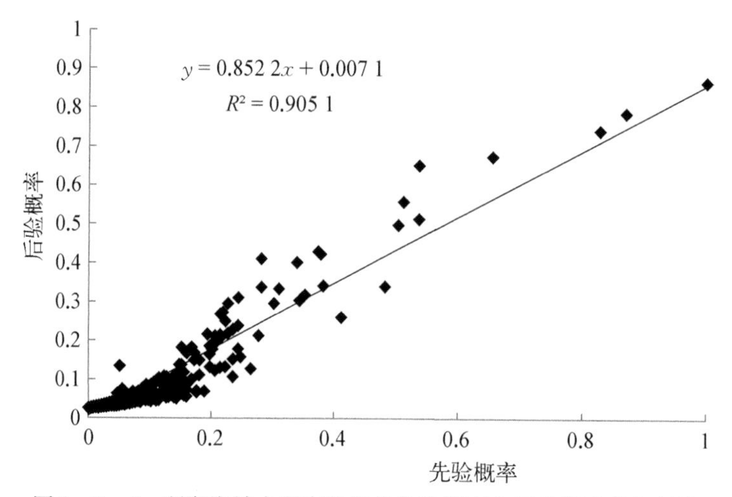

图 2-3-6 研究海域内所有格网的先验概率和后验概率的相关性

3.3　基于分位数回归模型的 CPUE 预测模型及栖息地综合指数

分位数回归模型得到的最佳拟合方程为

$$CPUE_{QRM} = 15.490\,8 - 0.545\,5T_{ij} - 0.397\,5S_{ij} + 0.014\,2TS_{ij} \qquad (2-3-1)$$

式 2－3－1 为 $\theta=0.90$ 时黄鳍金枪鱼 CPUE 预测模型，其中 T 是海表面水温 SST，T 的 P 值为 0.033；S 是海表面高度，S 的 P 值为 0.021；TS 是海表面水温和海表面高度的交互项，TS 的 P 值为 0.039。

由式 2－3－1 可知，分位数回归模型通过 P 值筛选后留下来的海表面水温、海表面高度和海表面水温海面高度交互项三个是影响黄鳍金枪鱼渔场分布的最关键因子，得到的拟合方程也即黄鳍金枪鱼分位数回归最佳模型。

应用分位数回归模型得出的黄鳍金枪鱼预测 CPUE 并计算得出其栖息地综合指数(IHI)，并将栖息地综合指数和实测 CPUE 进行叠加得到图 2－3－7。

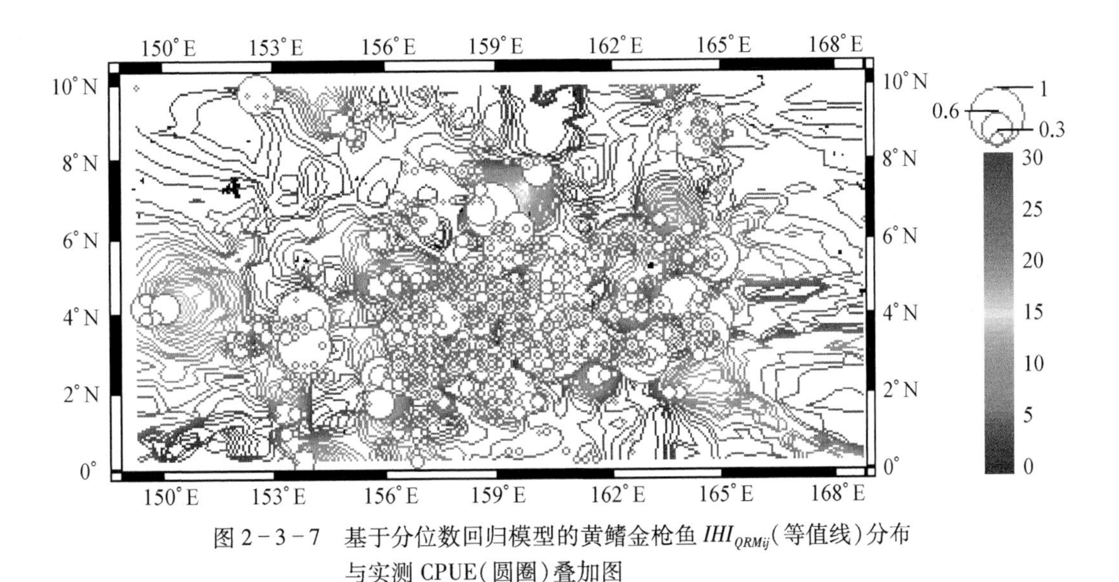

图 2－3－7　基于分位数回归模型的黄鳍金枪鱼 IHI_{QRMij}(等值线)分布与实测 CPUE(圆圈)叠加图

由图 2－3－7 可知，在研究海域内，黄鳍金枪鱼栖息地综合指数较高的海域主要分布在 2°00′N～9°00′N、153°00′E～165°00′E 区域。同时，黄鳍金枪鱼栖息地综合指数在整个海域范围与实测 CPUE 重合度较高，特别是在一些极高值区域表现良好。

根据分位数回归模型得到的预测 CPUE($CPUE_{QRM}$)与实际值($CPUE_A$)拟合得到(图 2－3－8)：相对误差的最大值、最小值分别为 300%、0.08%，绝对误差的最大值、最小值分别为 597.8%、-500%，绝对平均误差为-12.3%；将两者进行了回归分析得到相关系数为 0.969，具有非常好的相关性；将两者拟合，得出有效性系数 EF 值为 0.799(图 2－3－9)，说明模型的预测能力良好。

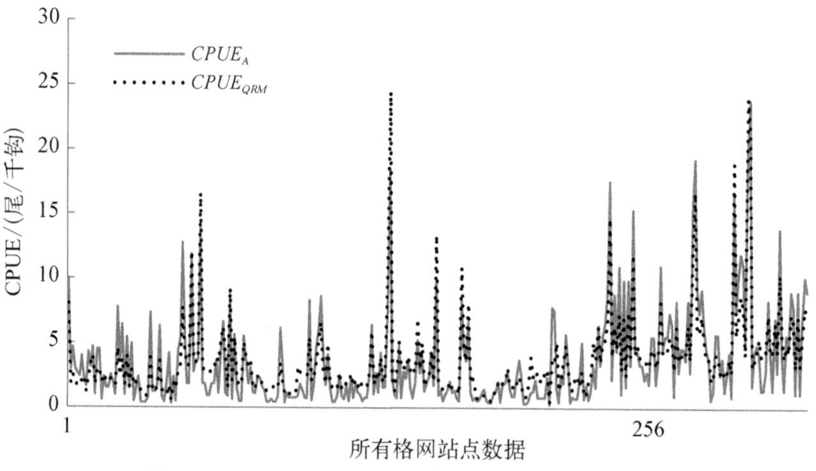

图 2-3-8 QRM 模型预测 $CPUE_{QRM}$ 和实测 $CPUE_A$

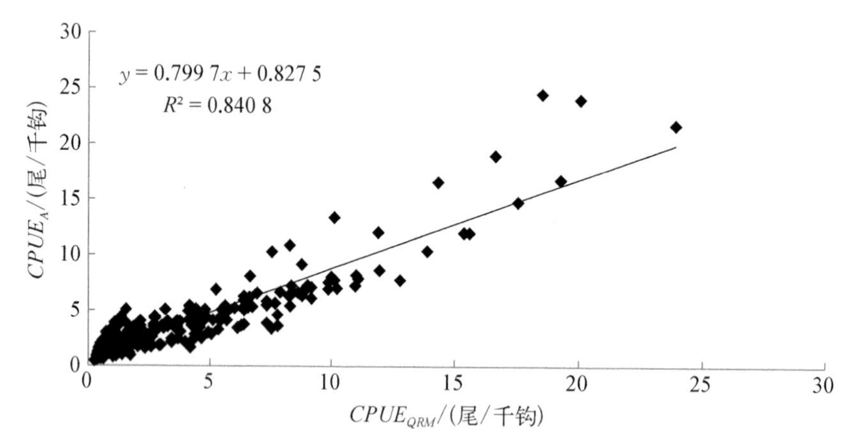

图 2-3-9 QRM 模型预测 $CPUE_{QRM}$ 和实测 $CPUE_A$ 的相关性

3.4 基于人工神经网络的 CPUE 预测模型及其栖息地综合指数

将基于人工神经网络模型所得的预测 CPUE 计算得出黄鳍金枪鱼栖息地综合指数，并将栖息地综合指数和实测 CPUE 在 Marine Explorer 软件中做叠加图(图 2-3-10)。

由图 2-3-10 可知，在整个研究海域范围内，基于人工神经网络模型得出的黄鳍金枪鱼栖息地综合指数较高的海域主要分布在 1°00′N～7°00′N、152°30′E～165°30′E 区域。同时，基于人工神经网络建立的黄鳍金枪鱼栖息地综合指数在整个海域范围与实测 CPUE 重合度均较高。

将人工神经网络模型得到的预测 CPUE($CPUE_{EBP}$)与实际值($CPUE_A$)进行拟合，得到图 2-3-11：相对误差的最大值、最小值分别为 476.5%、0%；绝对误差的最大值、最小值分别为 31.2%，-756%，绝对平均误差为 0.15。对两者进行回归分析得到相关系数为 0.732 7，表示两者具有较好的一致性。进一步通过 EF 有效性系数评价模型预报精度，得出有效性系数 EF 值为 0.708(图 2-3-12)，说明模型具有较好的预测能力。

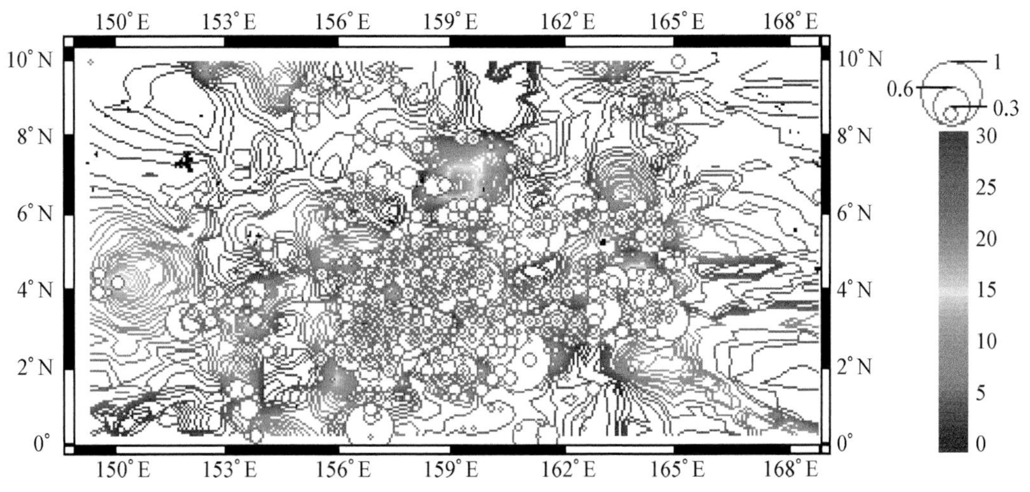

图 2-3-10 基于人工神经网络的黄鳍金枪鱼 IHI_{ANNij}（等值线）分布与实测 CPUE（圆圈）叠加图

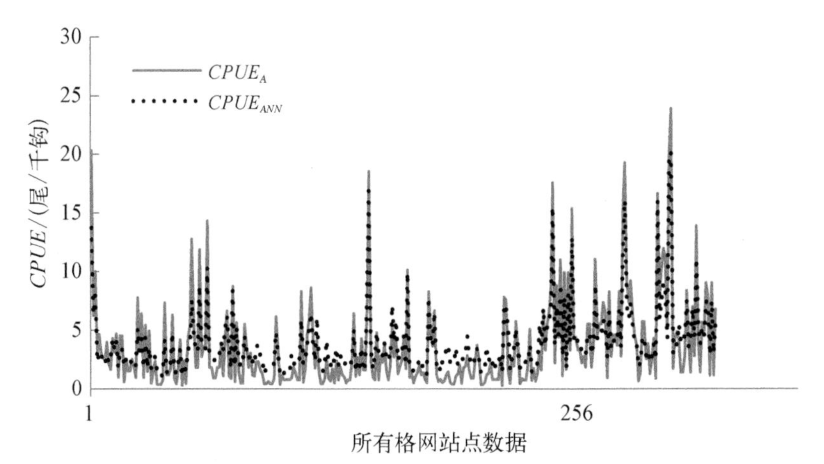

图 2-3-11 ANN 模型预测 CPUE（$CPUE_{ANN}$）和实测 CPUE（$CPUE_A$）

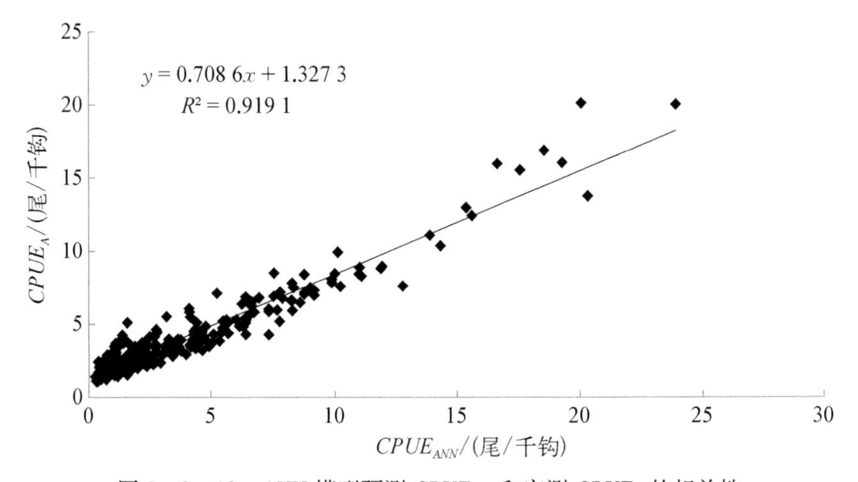

图 2-3-12 ANN 模型预测 $CPUE_{ANN}$ 和实测 $CPUE_A$ 的相关性

3.5 三种预测模型预测能力的评价

模型预测能力的评价主要参考三个模型得到的黄鳍金枪鱼栖息地指数分别与实测 CPUE 的 Pearson 相关系数大小：小于 0.4 时为差；0.4~0.49 为中；0.5~0.69 为良；大于 0.7 为优。

由表 2-3-3 可得出，基于贝叶斯分析、分位数回归和人工神经网络三种模型得到的黄鳍金枪鱼栖息地综合指数与其对应的实测 CPUE 之间的 Pearson 相关系数分别为 0.584 8、0.849 9、0.696 5。

表 2-3-3　各模型的实际概率与预测概率或 IHI 与实测 CPUE 间的 Pearson 相关系数

水层/m	贝叶斯分析	分位数回归模型	人工神经网络
Pearson 相关系数	0.584 8	0.849 9	0.696 5

本章通过 Wilcoxon 符号秩检验的方法评价三种模型得到的预测概率和实际概率或预测 CPUE 和实测 CPUE 的相关性，由表 2-3-4 可知，贝叶斯分析所得的预测概率与实测概率存在一定的相关性，但为非显著相关性；而分位数回归模型和人工神经网络所得的预测 CPUE 则与实测 CPUE 之间存在显著相关性，并且前者要稍优于后者。综上可初步认为，在预测黄鳍金枪鱼渔场分布的能力方面，分位数回归模型最为有效，人工神经网络模型其次，贝叶斯分析的预测能力较弱，但贝叶斯分析对渔场出现的位置预报效果较好。

表 2-3-4　实测 CPUE 与各模型预测 CPUE 的 Wilcoxon 符号秩检验结果

比对内容	整个水域
PRO_{BA}与实测 PRO	0.082 039
$CPUE_{QRM}$与实测 CPUE	0.026 750
$CPUE_{ANN}$与实测 CPUE	0.038 339

通过图 2-3-4、2-3-7、2-3-10 可知，将三种模型得到的黄鳍金枪鱼栖息地综合指数分别计算平均值差别很小，所以随着数据量的增加，三个模型的预报效果差别越小。基于分位数回归的模型预测结果与实测结果最为接近，基于人工神经网络的模型预测结果与实测结果相关性最大，而基于贝叶斯分析预测结果与实测结果位置的重合度最高。

3.6 三种预测模型的验证

将 110 个格网数据导入模型进行模型的验证，结果如表 2-3-5。

表 2-3-5　实测 CPUE 与各模型预测 CPUE 的 Wilcoxon 符号秩检验结果

比对内容	整个水域
PRO_{BA}与实测 PRO	0.021 087
$CPUE_{QRM}$与实测 CPUE	0.006 619
$CPUE_{ANN}$与实测 CPUE	0.064 689

从表2-3-5可以得出：三种模型的预测结果和实测结果都具相关性（P值均小于0.10），并且分位数回归模型的P值最小，所以可以得出三种模型的预测结果都具有参考意义而且分位数回归模型的预测能力最佳。

图2-3-13是110个模型验证站点基于通过三种数值模型所得的黄鳍金枪鱼栖息地综合指数分布与实测CPUE叠加图。

从图2-3-13可以看出，在整个研究海域，基于分位数回归模型的预测效果整体来说最好，基于人工神经网络所构建的模型栖息地综合指数较高的海域比较集中；三种模型的预测结果在研究海域的西南部比较接近，在一些高值区域贝叶斯分析的预报结果和实际结果差别很大，在一些数据量比较少或者低值的区域，贝叶斯分析的预测结果与实际结果重合度很高，对于低值或者数据量较少的区域，贝叶斯分析的预测表现比较好。

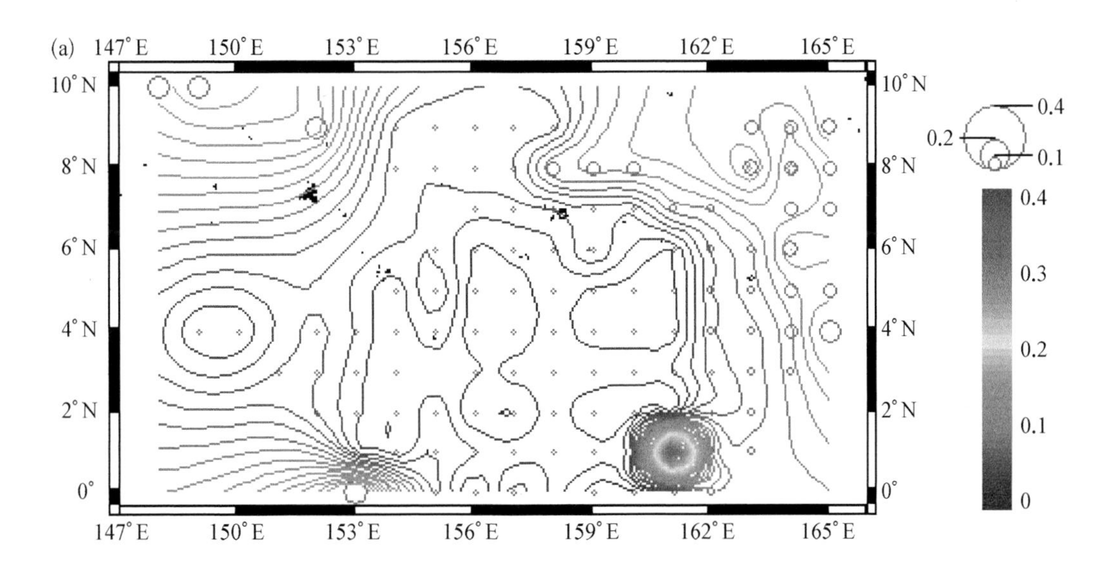

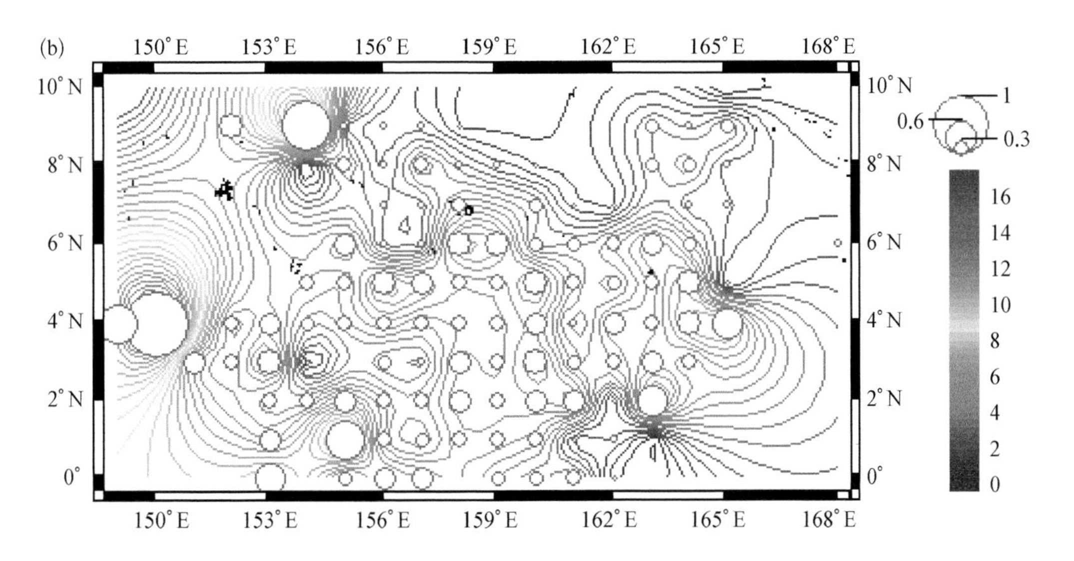

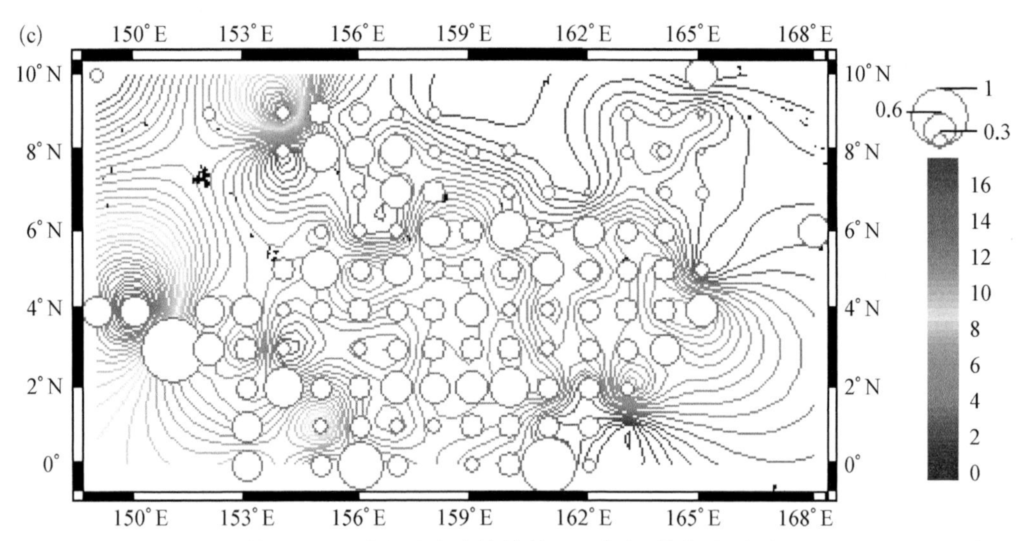

图 2-3-13　基于三种模型的验证格网内整个海域的 IHI 分布(等值线)与实测 CPUE(圆圈)叠加图

a：贝叶斯分析；b：分位数回归模型；c：人工神经网络模型

4　讨论与展望

4.1　影响黄鳍金枪鱼分布的关键环境因子

黄鳍金枪鱼的渔场分布与其生活习性息息相关，而生活习性和栖息地便是海洋环境因素的集成，本章假设影响黄鳍金枪鱼分布的因子有海表面温度、海表面高度和初级生产力，但分别用不同的方法建模得到三个黄鳍金枪鱼渔场预报模型，得到的关键影响因子差别很大。

由三种模型对黄鳍金枪鱼 CPUE 预测结果可看出，三种模型均涉及的环境因子主要为海表面温度，所以海表面温度应该是影响黄鳍金枪鱼分布的最重要的因素[46]。基于贝叶斯分析和分位数回归方法的预测模型得出的影响黄鳍金枪鱼分布的环境因子较少，因而可以认为实用性较强[16,46]。

研究结果表明初级生产力对黄鳍金枪鱼的分布影响很小，然而初级生产力作为海洋水体浮游生物、叶绿素 a 浓度多少的重要表征，一直以来在渔业研究中作为重点因素纳入考虑并发现确实有很大相关性[47,48]，与本章结果的不同可能是本章对初级生产力的插值划分和赋值法(初级生产力的低值区域赋值为 1，高值区域赋值 1.5)不能精确区分各网格的初级生产力水平，大大影响了初级生产力对模型的影响，所以建议之后的研究应该采用高精度、高分辨率的海洋环境数据[46]。

4.2　基于三种数值模型的栖息地综合指数

由图 2-3-4、图 2-3-7、图 2-3-10 及图 2-3-13 得出，三种模型得出的黄鳍金枪鱼栖息地综合指数不尽相同。基于分位数回归和人工神经网络模型得出的结果要比贝叶斯分析得出的结果重合度要高很多，并且前两者在高值区域的预报效果很接近。

基于分位数回归和人工神经网络模型得出建模站点和验证站点内的预测 CPUE 与名义 CPUE 间均无显著性差异，而贝叶斯分析的预测效果差异明显，原因可能是在模型回归过程中已将 CPUE 按照经纬度格网累加，故建模的数据量较少，反映出来的高值区域也少。

另外，三种模型预测得出的栖息地高值区域与实测的高值区域基本重合，贝叶斯分析、分位数回归模型和人工神经网络的重合度较高区域分别是 0°～4°00′N、150°00′E～165°00′E，2°00′N～9°00′N、153°00′E～165°00′E，1°00′N～7°00′N、152°30′E～165°30′E，均包含 2°00′N～4°00′N、153°00′E～165°00′E 区域。人工神经网络和贝叶斯分析通过非线性拟合曲线能很好地表征栖息地综合指数较高区域，基于这两种数值模型完备的统计理论，两者均能反映各分区内黄鳍金枪鱼预测 CPUE 与相关环境因子之间的关系。但对于渔获较低区域，三种模型差异较大，可能是由于分位数回归用到环境因子较少，而人工神经网络模型基本上是全部环境因子参与运算，而贝叶斯分析环境因子的覆盖介于两者之间。

4.3　三种数值模型的有效性探讨

综上，本章认为基于三种不同方法的黄鳍金枪鱼预报模型的预测结果与实测结果都有一定的联系，都可以为马绍尔群岛海域黄鳍金枪鱼渔业研究和作业提供参考。本章建议将海表面温度作为黄鳍金枪鱼预测研究的重点环境因子。三种模型之中，本章认为基于分位数回归的预测模型，预测精度最高且涉及因子较少、实用性强，是最佳模型。贝叶斯分析的预测效果较差，特别是在一些高值区域预测结果和实际结果差异很大，所以不适合中心渔场的寻找。

4.4　不足与展望

1）本章的海洋环境数据精度是 0.25°×0.25°，是由等值线插值法取得的点数据，实际上在这个距离范围内相邻格网的海洋环境数据的差异是很小的，可能造成黄鳍金枪鱼的栖息地综合指数与海洋环境数据关联度不太高[50~53]，因此建议之后的研究对于数据分辨率的选择需更加慎重。

2）本章所用的渔获数据在地区上过于集中，这可能是深圳市联成远洋渔业有限公司的渔船捕捞区域过于集中，也有可能是船长之间的现场交流、信息沟通造成了扎堆捕捞，所以有太多的高值区域，对模型的建立造成比较大的影响。

3）本章使用的渔获数据、海洋环境数据虽然是连续的，但是毕竟只是半年的数据，所以建议在以后的研究中采用跨年度的长周期连续数据。

4）本章对所选的各环境因子的量化分析工作不够完善，建议以后用多种数理统计和数据挖掘方法对多种影响因子进行定量分析以提高预测的精度[54]。

5 小　结

5.1 创新点

1）本章使用中心点匹配方法，将渔获数据和海洋环境数据在0.25°×0.25°的地理格网上对应作为建模初始数据，为之后的研究提供了新的思路。

3）本章求取名义 CPUE 的过程中，求取单位格网内每天的钓钩总数算法可为同类研究提供参考。

2）本章用到的海洋环境数据均来自日本国际气象海洋株式会社，该数据分辨率较高，且较新；渔获数据均来自深圳市联成远洋渔业有限公司 VMS 的实时数据，可靠性较高。

3）本章同时使用了贝叶斯分析、分位数回归模型及人工神经网络对黄鳍金枪鱼的 CPUE 进行了预测，并将预测结果用于栖息地综合指数的研究；同时，比较了三种数据处理方法的差异并提出建议。

5.2 结论

基于三种模型所得出的黄鳍金枪鱼在各分区的栖息地综合指数各不相同，其中贝叶斯分析在建模数据量少的情况下有较优表现，而分位数回归模型得出的模型在整个海域范围内的预测能力较好，为三种模型中的最优模型，而基于人工神经网络的预测模型在对影响黄鳍金枪鱼分布的环境因子的筛选有较好表现。另外，基于海表面的数据可信性较高，对模型构建与模型验证均具有较大优势。

参 考 文 献

[1] 戴小杰，许柳雄.世界金枪鱼渔业渔获物物种原色图鉴[M].北京：海洋出版社，2007：207～208.

[2] Republic of the Marshall Islands. Annual report to the Western and Central Pacific Fisheries Commission, Part 1: Information of fisheries, statistics and research[R]. Scientific committee twelfth regular session, Bali, Indonesia, August 2016: 3～11.

[3] Mohri M, Nishida T. Consideration on distribution of adult yellowfin tuna (*Thunnus albacares*) in the Indian Ocean based on Japanese tuna longline fisheries and survey information[R]. IOTC Proceedings, 2000(3): 276～282.

[4] Song LM, Zhang Y, Xu LX, et al. Environmental preferences of longlining for yellowfin tuna (*Thunnus albacares*) in the tropical high seas of the Indian Ocean[J]. Fisheries Oceanography, 2008, 17(4): 239～253.

[5] Schaefer KM. Spawning time, frequency, and batch fecundity of yellowfin tuna, *Thunnus albacares*, near Clipperton Atoll in the eastern Pacific Ocean[J]. Fish. Bull. 1996, 94: 98～112.

[6] Cayré. Behavior of yellowfin tuna (*Thunnus albacares*) and skipjack tuna (*Katsuwonus pelamis*) around fish aggregating devices(FADs) in the Comoros Islands as determined by ultrasonic tagging[J]. Aquatic Living Resource, 1991, 4(1): 1～12.

[7] Romena NA. Factors affecting distribution of adult yellowfin tuna (*Thunnus albacares*) and its reproductive ecology in the Indian Ocean based on Japanese tuna longline fisheries and survey information[R]. IOTC Proceedings, 2001(4): 336～389.

[8] 陈雪冬，崔雪森.卫星遥感在中东太平洋大眼金枪鱼渔场与环境关系的应用研究[J].遥感信息，2006，(1)：25～28.

[9] 赵海龙,陈新军,方学燕,等.基于栖息地指数的东太平洋的黄鳍金枪鱼渔场预报[J].生态学报,2016,36(3):63~68.

[10] Zagaglia CR, Lorenzzetti JA, Stech JL. Remote sensing data and longline catches of yellowfin tuna (*Thunnus albacares*) in the equatorial Atlantic[J]. Remote Sensing of Environment, 2004, 93: 267~281.

[11] Lan KW, Lee MA, Lu HJ, et al. Ocean variations associated with fishing conditions for yellowfin tuna (*Thunnus albacares*) in the equatorial Atlantic Ocean[J]. Journal of Marine Science, 2011, 68(6): 1063~1071.

[12] 宋利明,张禹,周应祺.印度洋公海温跃层与黄鳍金枪鱼和大眼金枪鱼渔获率的关系[J].水产学报,2008,32(3):369~378.

[13] Yokawa K, Saito H, Kanaiwa M, et al. Vertical distribution pattern of CPGL, of atlantic billfishes and associated species estimated using longline research data.[J]. Bulletin of Marine Science, 2006, 79(3): 623~34.

[14] Clark RD, Minello TJ, Christensen JD, et al. Modeling nekton habitat use in Galveston Bay Texas: an approach to define essential fish habitat (EFH) [R]. Galveston: U. S. Department of Commerce National Oceanic and Atmospheric Administration, 1999.

[15] Labonne J, Allouche S, Gaudin P. Use of a generalized linear model to test habitat preferences: the example of Zingel asper, an endemic endangered period of the River RhÔne[J].Freshwater Biology, 2003,48(4): 687~697.

[16] Okamoto H, Miyabe N. Standardized Japanese longline CPUE for bigeye tuna in the Indian Ocean up to 2001.[R]. IOTC Proceedings,2003(6): 96~104.

[17] Okamoto H, Miyabe N, Shono H. Standardized Japanese longline CPUE for bigeye tuna in the Indian Ocean up to consideration on categorization 2002.[R]. Mah: Indian Ocean Tuna Commission IOTC 004 WPTT-09,2004: 1~14.

[18] Bigelow KA, Boggs CH, He X. Environmental effects on swordfish and blue shark catch rates in the US North Pacific longline fishery[J].Fisheries Oceanography, 1999,8(3): 178~198.

[19] Wise B, Bugg A, Barratt D, et al. Standardisation of Japanese longline catch rates for yellowfin tuna in the Indian Ocean using GAM analyses[R]. IOTC Proceedings,2002,(5): 226~239.

[20] Brown SK, Buja KR, Jury SH, et al. Habitat suitability index models for eight fish and invertebrate species in Casco and Sheep Scot Bays Maine[J].North American Journal of Fisheries Management, 2000, 20(2): 408~435.

[21] Cade BS, Noon BR. A gentle introduction to quantile regression for ecologists [J]. Frontiers in Ecology and the Environment, 2003,1(18): 412~420.

[22] Layher WG, Maughan OE. Spotted bass habitat evaluation using an unweighted geometric: mean to determine HSI values [J]. Proceeding of the Oklahoma Academy of Science, 2004, 65: 11~18.

[23] Song LM, Zhang Y, Xu LX, et al. Environmental preferences of longlining for yellowfin tuna (*Thunnus albacares*) in the tropical high seas of the Indian Ocean[J]. Fisheries Oceanography, 2008,17(4): 239~253.

[24] Song LM,Zhou J,Zhou YQ, et al. Environmental preferences of bigeye tuna, *Thunnus obesus*, in the Indian Ocean: an application to a longline fishery[J]. Environment Biology Fish, 2009, 85: 153~171.

[25] Song LM, Zhou YQ. Developing an integrated habitat index for bigeye tuna (*Thunnus obesus*) in the Indian Ocean based on longline fisheries data[J].Fisheries Research,2010, 105: 63~74.

[26] Gavaris S. Use of a multiplicative model to estimate catch rate and effort from commercial data[J].Can J Fish Aquat Sci, 1980, 37: 2272~2275.

[27] Kimura DK. Standardized measures of relative abundance based on modelling log(cpue) and the application to Pacific Ocean perch(*Sebastes alutus*)[J].Cons Int Explor Merton, 1981, 39: 211~218.

[28] 郑波,陈新军,李纲.GLM 和 GAM 模型研究东黄海鲐资源渔场与环境因子的关系[J].水产学报,2008,32(3):379~386.

[29] 宋利明,陈新军,许柳雄,等.大西洋中部黄鳍金枪鱼的垂直分布与有关环境因子的关系[J].海洋与湖沼,2004,135(1):84~91.

[30] Li YW, Song LM, Nishida T, et al. Development of integrated habitat indices for Bigeye tuna, *Thunnus obesus*, in waters near Palau[J]. Marine and Freshwater Research, 2012, 63: 1244~1254.

[31] Harrell F, Lee K, Mark D. Multivariable prognostic models: Issues in developing models, evaluating assumptions and adequacy, and measuring and reducing errors[J].Statistics in Medicine, 1996,15: 361~387.

[32] Block B, Keen J, Castillo B, et al. Environmental preferences of yellowfin tuna (*Thunnus albacares*) at the northern extent of its range[J]. Marine Biology, 1997,130(1): 119~132.

[33] Brill R, Block B, Boggs C, et al. Horizontal movements and depth distribution of large adult yellowfin tuna (*Thunnus albacares*) near the Hawaiian Islands, recorded using ultrasonic telemetry: implication for physiological ecology of pelagic fishes[J].Marine Biology, 1999, 133: 395~408.

[34] 宋利明,高攀峰,周应祺,等.基于分位数回归的大西洋中部公海大眼金枪鱼栖息环境综合指数[J].水产学报,2007,31(6):800~804.

[35] 冯波,陈新军,许柳雄. 应用栖息地指数对印度洋大眼金枪鱼分布模式的研究[J].水产学报,2007,31(6):806~810.

[36] 陈新军,冯波,许柳雄.印度洋大眼金枪鱼栖息地指数研究及其比较[J].中国水产科学,2008,15(2):269~277.

[37] 冯波,陈新军,许柳雄.多变量分位数回归构建印度洋大眼金枪鱼栖息地指数[J].广东海洋大学学报,2009,29(3):48~52.

[38] 王家樵.印度洋大眼金枪鱼栖息地指数模型研究[D].上海:上海水产大学,2006:1~40.

[39] 冯永玖,陈新军,杨晓明,等.基于遗传算法的渔情预报 HSI 建模与智能优化[J].生态学报,2014,34(15):4333~4346.

[40] 袁红春,汤鸿益,陈新军.一种获取渔场知识的数据挖掘模型及知识表示方法研究[J].计算机应用研究,2010,27(12):4443~4446.

[41] Glaser S, Ye H, Maunder M, et al. Detecting and forecasting complex nonlinear dynamics in spatially structured catch-per-unit effort time series for North Pacific albacore (*Thunnus alalunga*) [J]. Canadian Journal of Fisheries and Aquatic Sciences, 2011,68(3): 400~412.

[42] 叶泰豪,冯波,颜云榕,等.中西太平洋鲣渔场与温盐垂直结构关系的研究[J].海洋湖沼通报,2012,33(1):49~55.

[43] 陈雪忠,樊伟,崔雪森,等.基于随机森林的印度洋长鳍金枪鱼渔场预报[J].海洋学报,2013,35(1):158~164.

[44] 周为峰,樊伟,崔雪森,等.基于贝叶斯概率的印度洋大眼金枪鱼渔场预报[J].海洋信息与战略,2012,27(3):214~218.

[45] 崔雪森,唐峰华,张衡,等.基于朴素贝叶斯的西北太平洋柔鱼渔场预报模型的建立[J].中国海洋大学学报,2015,45(2):37~43.

[46] 樊伟,陈雪忠,沈新强,等.基于朴素贝叶斯原理的大洋金枪鱼渔场预报模型研究[J].中国水产科学,2006,13(3):426~431.

[47] 冯波,陈新军,许柳雄,等.多变量分位数回归构建印度洋大眼金枪鱼栖息地指数[J].广东海洋大学学报,2009,29(3):49~52.

[48] 杨嘉樑,黄洪亮,宋利明,等.基于分位数回归的库克群岛海域长鳍金枪鱼栖息地环境综合指数[J].中国水产科学,2014,21(4):832~851.

[49] 沈晓倩.基于模糊 RBF 的渔场栖息地指数预测模型研究[D].上海:上海海洋大学,2012.

[50] 汪金涛,陈新军,雷林,等.基于频度统计和神经网络的北太平洋柔鱼渔场预报模型比较[J].广东海洋大学学报,2014,34(3):82~88.

[51] 汪金涛,高峰,雷林,等.基于神经网络的东南太平洋茎柔鱼渔场预报模型的建立及解释[J].海洋渔业,2014,36(2):131~137.

[52] 毛江美,陈新军,余景,等.基于神经网络的东南太平洋长鳍金枪鱼渔场预报[J].海洋学报,2016,38(10):34~43.

[53] 包云霞.贝叶斯动态模型的随机模拟研究[D].青岛:山东科技大学,2005.

[54] Koenker R. Quartile Regression[M]. NewYork: Cambridge University Press, 2005: 349.

[55] Eastwood PD, Meaden GJ. Introducing greater ecological realism to fish habitat models. In Nishida T, Kailola PJ, Hollingworth CE[C]. Analysis in Fishery and Aquatic Sciences, Saitama, 2004, 2: 181~198.

[56] 吴建南,马伟.分位数回归与显著加权分析技术的比较研究[J].统计与决策,2006,7:4~7.

[57] 史忠植.知识发现[M].北京：清华大学出版社,2002：1～295.

[58] 徐洁,陈新军,杨铭霞,等.基于神经网络的北太平洋柔鱼渔场预报[J].上海海洋大学学报,2013,22(3)：58～64.

[59] 陈新军,刘必林,田思泉,等.利用基于表温因子的栖息地模型预测西北太平洋柔鱼渔场[J].海洋与湖沼,2009,40(6)：707～713.

[60] Kumar M, Raghuwanshi NS, Singh R, et al. Estimating evapotranspiration using artificial neural network[J]. Journal of Irrigation and Drainage Engineering, 2002,128(4)：224～233.

[61] Benediktsson J, Swain PH, Ersoy OK. Neural network approaches versus statistical methods in classification of multisource remote sensing data[J]. IEEE transactions on geoscience and remote sensing.1990,28(4)：540～552.

[62] Ozesmi SL, Ozesmi U. An artificial neural approach to spatial habitat modelling with interspecific interaction[J]. Ecological Modelling, 1999,116(1)：15～31.

[63] Hash JE, Sutcliffe JV. River flow forecasting through conceptual models part I—A discussion of principles[J]. Journal of Hydrology,1970,10(3)：282～290.

第三章

吉尔伯特群岛海域黄鳍金枪鱼栖息地综合指数模型的比较

1 引　　言

1.1 国内外研究现状分析

1.1.1 黄鳍金枪鱼的栖息环境

黄鳍金枪鱼是大洋性鱼种，有明显的南北向季节洄游，其洄游路线与海流有关[1]，与海水温度、盐度和溶解氧含量密切相关[2]，饵料因素对其影响也很大。声学探测研究显示，黄鳍金枪鱼生活于海水表层到数百米的深度范围内，具有显著的昼夜垂直移动现象[3]。Mohri研究认为赤道水域黄鳍金枪鱼的最适深度范围为水下80~120 m，被捕获水域的温度范围为11~28℃，渔获率最高的温度范围为13~24℃[4]。Song等研究表明在印度洋公海捕获的黄鳍金枪鱼活动较频繁的水层为水下100.0~179.9 m，黄鳍金枪鱼渔获率较高的水层为水下120.0~139.9 m；活动较频繁的水温范围为14.0~17.9℃，黄鳍金枪鱼渔获率较高的水温范围为16.0~16.9℃；活动较频繁的溶解氧含量范围为1.00~2.99 mg/L，黄鳍金枪鱼渔获率较高的溶解氧含量范围为2.00~2.49 mg/L；活动较频繁的叶绿素 *a* 浓度范围为0.040~0.099 μg/L，黄鳍金枪鱼渔获率较高的叶绿素 *a* 浓度范围为0.090~0.099 μg/L[5]。Song和Wu研究表明印度洋黄鳍金枪鱼主要分布在11~15℃温度范围内[6]。Schaefer认为在东太平洋北部，黄鳍金枪鱼游泳行为的特点为相对频繁短暂地潜到水下150~250 m（12℃）深度[7]。Cayré指出温度梯度和溶解氧含量对黄鳍金枪鱼的垂直运动有很大的影响，西印度洋，溶解氧含量的范围是2.52~2.94 mg/L，这是临界值，它能影响黄鳍金枪鱼的一般活动[8]。Romena得出在高渔获率的密集区，黄鳍金枪鱼所喜好的溶解氧含量范围是1.82~3.5 mg/L，定量分析表明最佳的范围是0.42~2.66 mg/L，这一发现表明黄鳍金枪鱼有偏好的溶解氧含量范围[9]。对夏威夷群岛附近的黄鳍金枪鱼超声波跟踪，发现其下潜范围在水面到水下300 m之间，下潜范围内溶解氧含量始终大于6.5 mg/L，认为成年黄鳍金枪鱼主要分布在高盐海区，最佳的范围是34.2~34.4和35.0~35.3。这一发现表明盐度对黄鳍金枪鱼分布的影响较小，因为没有稳定的盐度范围[10]，而Song的研究发现较高渔获率的盐度范围有两个，35.30~35.69和35.99~36.39[5]，与Romena的结果[9]相同，这些研究结果表明盐度对黄鳍金枪鱼的分布影响较小。

综上所述，黄鳍金枪鱼分布在较浅水层，范围在水下80~250 m，分布受海水温度的影响，活动范围在5~29℃，活动较频繁区域的温度范围在11~24℃，但是最频繁的活动范围有待于进一步研究。海水中的溶解氧含量也是限制黄鳍金枪鱼活动的因素之一，关于其活动频繁的溶解氧含量范围，各研究的结果不一致，也有待进一步研究。黄鳍金枪鱼的分布受环境因子的限制，但对于黄鳍金枪鱼在温度、盐度、溶解氧含量和叶绿素 *a* 浓度等环境因子的共同作用下的栖息地选择还有待进一步研究。

1.1.2　广义线性模型和广义相加模型的应用

在CPUE的标准化方法中，广义线性模型(generalized linear model, GLM)和广义相加模型(generalized additive model, GAM)的应用比较广泛，是比较常用的CPUE标准化方法[11~13]。其中GLM是最普遍的CPUE标准化方法，应用最为广泛[14]。在GLM模型中，CPUE被看作是反应变量(因变量)和解释变量(自变量)的线性组合。而这些变量通常是连续的或者离散的，但是通常把连续变量进行分类并且作为类变量(离散变量)。Shono等应用GLM模型对印度洋1960~2000年日本延绳钓渔业黄鳍金枪鱼CPUE进行标准化，使用了六个解释变量：年份、月份、区域、浮子间钓钩数、海表面温度和南方涛动指数以及它们之间的交互作用项。结果表明：标准化后的黄鳍金枪鱼CPUE在二十世纪六七十年代剧烈下降，以后趋于稳定[14]。

但GLM模型受到CPUE和解释变量之间线性关系的限制，许多情况下，非线性关系能更好地描述CPUE和解释变量之间的关系，所以开发了许多非线性模型来进行CPUE标准化。GAM模型就是在GLM模型基础上发展起来的，是一种广义相加模型，主要适用于数据非线性关系的描述，即可以在同一模型中分析因变量和自变量之间的非线性关系。GAM模型中，每个变量都是相对独立的，即模型估计参数时，每个独立变量不对其他变量产生依赖，所以更适用于表达解释变量和CPUE之间的关系，从而提供了更多的关于渔业资源丰度和环境变量之间关系的信息。Maury等通过GAM模型描述了大西洋黄鳍金枪鱼的分布、运动、洄游模式和环境变量之间的关系[15]，并指出，通过对黄鳍金枪鱼的栖息地环境因子与CPUE的非线性处理得到的研究结果对于渔业科学和渔业管理很重要。Wise等应用GAM模型，使用时间、空间、渔具和环境变量来标准化印度洋日本延绳钓渔业黄鳍金枪鱼CPUE[16]，分别模拟了黄鳍金枪鱼丰度指数和黄鳍金枪鱼存在/不存在两种情况。这些模型使用了年份-月份变量、经度和纬度、两个浮子间的钓钩数和海洋表面温度等变量。结果表明：1960~1980年的黄鳍金枪鱼标准化CPUE下降，以后维持在相对较低的水平[16]。

1.1.3　栖息地指数的研究

用于研究金枪鱼类栖息地指数的模型很多，如一般线性模型[17,18](general linear model, LM)、广义线性模型[19,20](generalized linear model, GLM)和广义相加模型[10,16](generalized additive model, GAM)、逻辑斯谛回归模型[21,22](logistic regression model)、回归树模型[23,24](regression tree model)和栖息地适应性指数(habitat suitability index, HSI)模型[25]、栖息地综合指数[26](integrated habitat index, IHI)模型、确定性栖息地模型[6](determined habitat model, DHM)和统计栖息地模型[27](statistical habitat model, SHM)等。这些模型都有各自的

优点,但也存在各自的缺点,比如数据的分布限制、变量提取方法的限制和研究物种的生态特性等,各个模型都有各自的适用性。另外,部分模型利用最小二乘法作为假设前提,对实际模型的预测有一定影响,很难反映真实的生态分布特点,而同时 Terrell 等利用 35 个数据库的数据进行研究,发现其中有 13 个数据库中的数据是不符合最小二乘回归模型的假设前提[28]。

分位数回归方法(quantile regression method, QRM)是基于完备的统计学理论建立起来的[28~30],具有很强的对限制性效果进行估计的作用[31,32],同时应用的高分位数回归方法,能对理想环境条件下为物种提供的最大丰度进行估算,从而对物种分布的潜在模式进行描述。分位数回归具有一些优点,因为当误差分布是非正态分布时,并且仅测定了对生物体有约束的部分限制因素时,能提供设定的多个不同分位数的估计结果。因此,它能够更清楚地解释因变量的整个分配情况,尤其是上界分位数的回归模型,进而更好地了解自变量与因变量之间的内在关系,甚至可以处理数据异质性问题[33,34]。Dunham 等应用分位数回归的方法研究鳟鱼(*Salmo playtcephalus*)的资源量与采取河道措施的时间长度之间的限制性关系,结果表明分位数回归方法在用于鱼类对生态变化反应的限制因子估计方面较有效[35]。宋利明等基于分位数回归对大西洋中部公海大眼金枪鱼栖息地综合指数进行了研究,对有关水层(60 m 为一层)及整个水体的渔获率与温度、盐度和相对流速等环境因素的关系并考虑其不同的影响权重及交互作用建立了数值模型,根据该模型计算大眼金枪鱼的栖息地综合指数[36];Song 等利用分位数回归模型对印度洋大眼金枪鱼的栖息地综合指数进行研究,结果表明这种方法在研究大眼金枪鱼的最佳栖息地方面很有效[37]。冯波等应用分位数回归方法对温度、温差、氧差与印度洋大眼金枪鱼延绳钓钓获率进行二次回归分析,找出最佳上界方程,以最佳上界方程拟合的数值来建立栖息地适应性指数模型,从而揭示印度洋大眼金枪鱼的分布模式[38]。张禹采用基于分位数回归的方法建立了马绍尔群岛海域大眼金枪鱼栖息地综合指数模型,得出了整个水体和各个水层的大眼金枪鱼栖息地综合指数,并可根据环境数据来预测大眼金枪鱼的空间分布[39]。

有关金枪鱼类的栖息地综合指数研究还处于开始阶段,目前应用于鱼种栖息地分布和 CPUE 标准化的方法很多,也逐渐引入了更多的变量参数。由于取得渔业的详细数据较为困难,很难进行非常准确的鱼种栖息地分布和资源状况评估,只能根据所收集到的数据进行分析[6]。对于不同的统计方法,可以把不同的参数代入各模型中,并对其结果进行比较,来选择更适合的方法。目前,还未见同时应用分位数回归方法、广义线性模型和广义相加模型方法对黄鳍金枪鱼的栖息地综合指数进行研究并比较其结果的报道,而黄鳍金枪鱼作为金枪鱼渔业的主要鱼种之一,对其研究有很大的现实意义。因此,本章通过应用分位数回归方法、广义线性模型和广义相加模型对黄鳍金枪鱼的栖息地综合指数进行研究,并对三种方法得出的结果进行比较,以确定研究黄鳍金枪鱼栖息地综合指数的最佳方法,从而得出研究黄鳍金枪鱼空间分布的具体方法,提高预测黄鳍金枪鱼空间分布的精度,为研究金枪鱼类的行为特性、渔情预报、实际生产作业及渔业资源的养护和管理提供参考。

1.2 研究的内容

1）应用分位数回归方法（quantile regression method, QRM）、广义线性模型（generalized linear model,GLM）和广义相加模型（generalized Additive model,GAM）对黄鳍金枪鱼的栖息地综合指数进行研究。

2）对应用三种模型研究得出的结果进行比较，确定最佳模型。

1.3 研究的目的和意义

金枪鱼延绳钓渔业是世界远洋渔业的重要组成部分，在世界水产经济中占有重要的地位，世界金枪鱼渔业的作业海域已遍布三大洋，年产量达数百万吨，成为一项参与国家和地区多、产值高的庞大产业[40]。在渔业研究中，对于栖息地综合指数研究的方法很多，引入的变量也越来越多，但至今仍没有一种统一的标准。研究主要商业鱼种的栖息地综合指数分布及其资源状况，对于有效管理和开发利用该渔业资源具有重要的参考价值。

1.3.1 研究的目的

1）基于多个环境因子，对黄鳍金枪鱼栖息地综合指数模型的建立方法进行探究。

2）对研究黄鳍金枪鱼空间分布的方法进行探究。

3）对黄鳍金枪鱼栖息地综合指数模型进行筛选、验证，确定最佳模型。

1.3.2 研究的意义

通过对不同的黄鳍金枪鱼栖息地综合指数模型的对比研究，确定最佳的黄鳍金枪鱼栖息地综合指数模型，有利于今后根据实测的海洋环境数据较准确地估算黄鳍金枪鱼各水层的栖息地综合指数 IHI_{ij} 和整个水体的栖息地综合指数 $\overline{IHI}$，提供研究黄鳍金枪鱼空间分布的具体方法。

1.4 研究的技术路线

本章主要基于生产船上测定和收集的第一手数据，通过建立三个模型研究黄鳍金枪鱼的空间分布，并通过统计学方法，来选择最佳模型，从而为今后黄鳍金枪鱼空间分布的研究提供参考。先将渔获率、调查期间获取的作业参数和环境数据进行预处理，建立拟合钓钩深度计算模型，根据频率统计方法得到各站点各水层钓钩数量，然后根据记录的 40 个站点黄鳍金枪鱼的渔获尾数和钓获的深度求出各站点各水层黄鳍金枪鱼渔获尾数，从而得到各站点、各水层的名义渔获率，然后根据环境参数和名义渔获率数据建立 QRM、GLM 和 GAM 模型，把 2010 年 0~240 m 和 40~80 m 水层环境因子的均值代入模型从而得到各站点各水层的 CPUE 与各站点总的 CPUE，并根据预测 CPUE 和实测 CPUE 各组数据进行统计分析，从而确定最佳模型，主要分析过程见图 3 - 1 - 1。

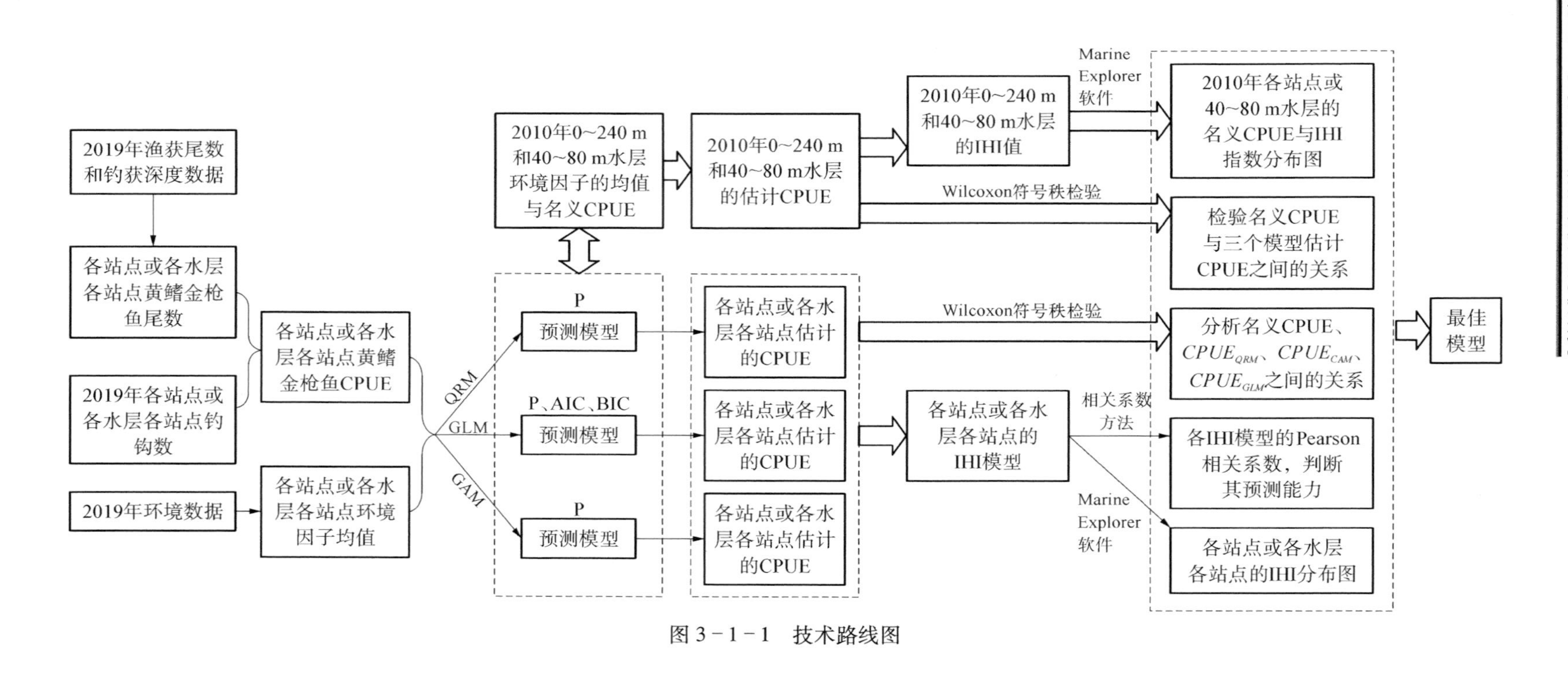
2019年渔获尾数和钓获深度数据
各站点或各水层各站点黄鳍金枪鱼尾数
2019年各站点或各水层各站点钓钩数
2019年环境数据
各站点或各水层各站点黄鳍金枪鱼CPUE
各站点或各水层各站点环境因子均值
QRM
GLM
GAM
P
预测模型
P、AIC、BIC
预测模型
P
预测模型
各站点或各水层各站点估计的CPUE
各站点或各水层各站点估计的CPUE
各站点或各水层各站点估计的CPUE
2010年0~240 m和40~80 m水层环境因子的均值与名义CPUE
2010年0~240 m和40~80 m水层的估计CPUE
2010年0~240 m和40~80 m水层的IHI值
Marine Explorer软件
Wilcoxon符号秩检验
Wilcoxon符号秩检验
各站点或各水层各站点的IHI模型
相关系数方法
Marine Explorer软件
2010年各站点或40~80 m水层的名义CPUE与IHI指数分布图
检验名义CPUE与三个模型估计CPUE之间的关系
分析名义CPUE、$CPUE_{QRM}$、$CPUE_{GAM}$、$CPUE_{GLM}$之间的关系
各IHI模型的Pearson相关系数，判断其预测能力
各站点或各水层各站点的IHI分布图
最佳模型

图 3-1-1 技术路线图

2 材料与方法

2.1 2009 年调查材料与方法

2.1.1 调查时间和调查范围

执行本次海上调查任务的渔船为大滚筒冰鲜金枪鱼延绳钓渔船“深联成 719”，主要的船舶参数如下：总长 32.28 m；型宽 5.70 m；型深 2.60 m；总吨 97.00 t；净吨 34.00 t；主机功率 220.00 kW。

调查船 4 个航次调查的时间、范围、站点等见表 3－2－1 和图 3－2－1。

表 3－2－1　调查时间和范围

航　次	调　查　时　间	调　查　范　围	
1	2009.10.4～10.18	5°01′N～2°02′N	171°18′E～175°52′E
2	2009.10.22～11.06	3°01′N～1°00′S	174°15′E～176°42′E
3	2009.11.09～11.23	2°08′N～1°07′S	173°06′E～175°16′E
4	2009.12.11～12.25	1°05′N～1°01′S	169°52′E～172°08′E

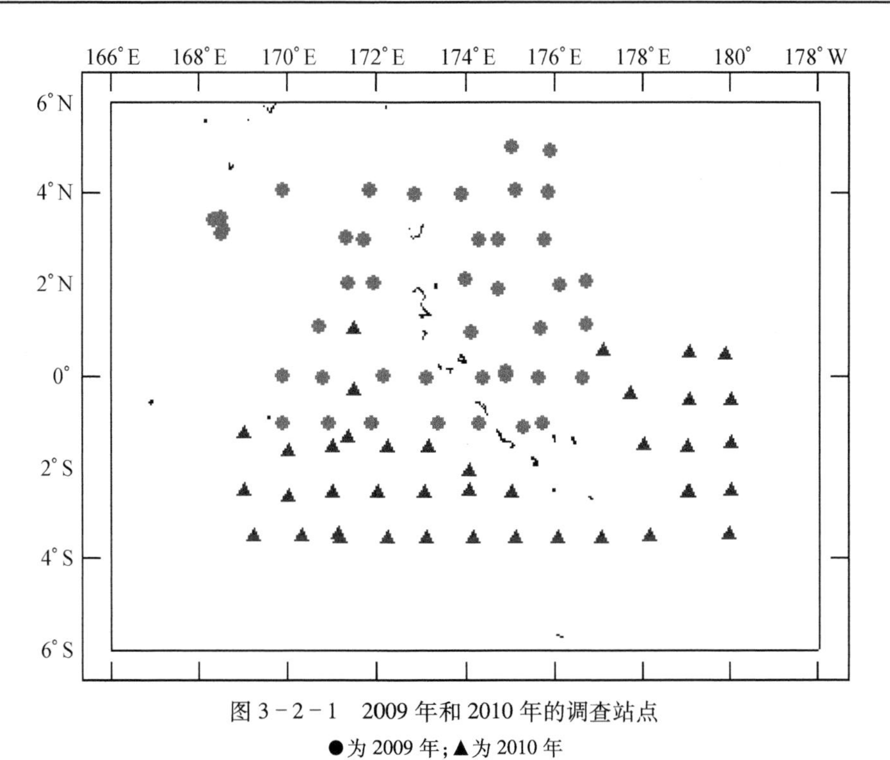

图 3－2－1　2009 年和 2010 年的调查站点

●为 2009 年；▲为 2010 年

2.1.2 调查的渔具与渔法

本次调查船上原来所用的钓具（传统渔具）结构为：浮子直径为 360 mm；浮子绳直径为

4.2 mm，长 20 m；干线直径为 4.0 mm；支线第一段为直径 3 mm 的硬质聚丙烯，长 1.5 m 左右，第二段为 180#（直径为 1.8 mm）的单丝，长 18 m；第三段为 1.2 mm 的钢丝，长 0.5 m；自动挂扣与第一段用转环连接；第一段直接与第二段连接，无转环；第二段与第三段间用转环相连接；第三段直接与钓钩连接，全长 20 m。

对比试验，按照重锤、带铅转环、铅坠和有无荧光管 4 个因子进行设计，其中重锤重量分为 2 kg、3 kg、4 kg 和 5 kg 4 个水平；带铅转环分为 15 g、45 g、60 g 和 75 g 4 个水平；铅坠分为 3.75 g 和 11.25 g 2 个水平。具体试验时试验用钓具按照表 3-2-2 所列的 16 种组合进行装配，第一段与第二段用 4 种带铅转环连接，在钓钩上方加 2 种重量的铅坠，在部分钓钩上方装配塑料荧光管。

调查期间，一般情况下，5：00~9：30 投绳，持续时间为 4.5 h 左右；16：00~21：30 起绳，持续时间为 5.5 h 左右。

表 3-2-2　16 种试验钓具组合

试验号	重锤/kg	带铅转环/g	铅坠/g	荧光管
1	2	75	3.75	有
2	2	60	3.75	有
3	2	45	11.25	无
4	2	15	11.25	无
5	3	75	3.75	无
6	3	60	3.75	无
7	3	45	11.25	有
8	3	15	11.25	有
9	4	75	11.25	有
10	4	60	11.25	有
11	4	45	3.75	无
12	4	15	3.75	无
13	5	75	11.25	无
14	5	60	11.25	无
15	5	45	3.75	有
16	5	15	3.75	有

船速一般为 7.5 节、出绳速度一般为 11 节、两浮子间的钓钩数量为 23 枚、两钓钩间的时间间隔为 8s。每天投放原船用钓钩 800 枚左右。

投放试验钓具时，靠近浮子的第 1 枚钓钩换成 4 种不同重量的重锤、两浮子间的钓钩数量为 23 枚，其他参数不变，试验渔具每种 46 枚，共 16 组，每天投放 8 组。另外，每天投放 100 枚防海龟误捕钓钩。传统渔具和试验渔具在水中的展开示意图见图 3-2-2 和图 3-2-3。

2.1.3　调查方法及内容

本次调查对设定的站点进行调查，记录每天的投绳位置、投绳开始时间、起绳开始时间、投钩数、投绳时的船速和出绳速度、两钓钩间的时间间隔、两浮子间的钓钩数量、黄鳍金枪鱼钓获尾数、钓获黄鳍金枪鱼的钩号，用微型温度深度计（TDR-2050）测定部分钓钩在海水中

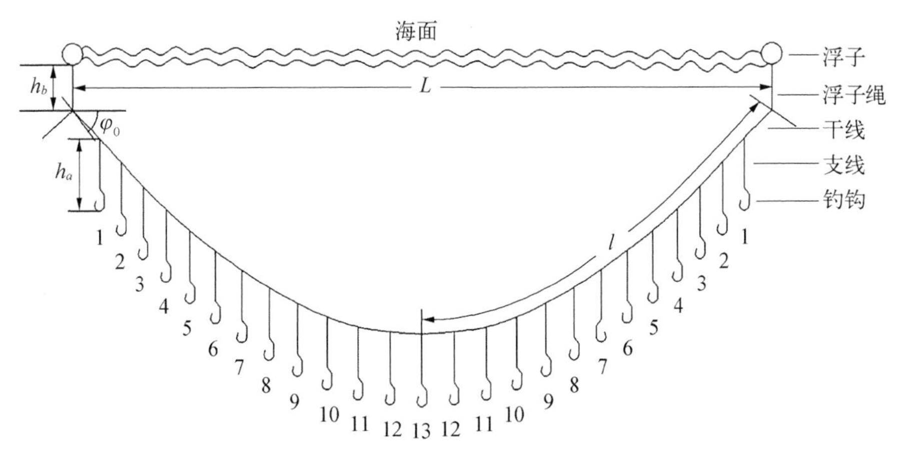

图 3－2－2　传统金枪鱼延绳钓钓具在水中的展开图

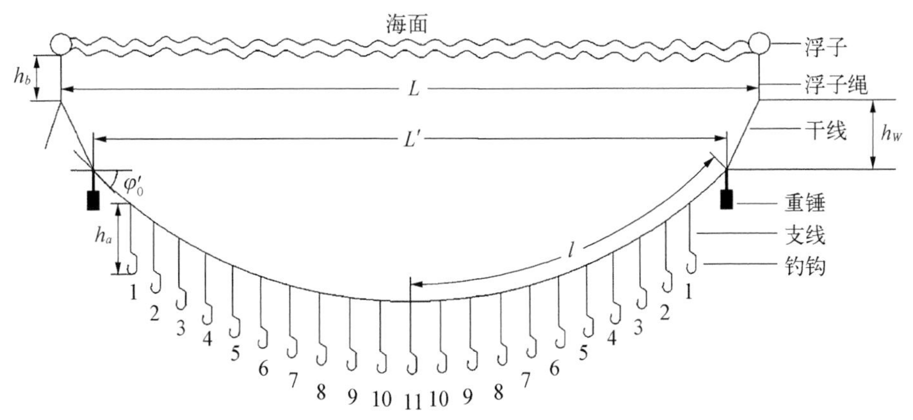

图 3－2－3　试验金枪鱼延绳钓钓具在水中的展开图

的实际深度及其变化，每天投绳后用多功能水质仪（XR－620）测定调查站点 0～450 m 水深的温度、盐度、叶绿素 a 浓度和溶解氧含量的垂直变化数据。

2.2　2010 年调查材料与方法

2.2.1　调查时间和调查范围

执行本次海上调查任务的渔船为大滚筒冰鲜金枪鱼延绳钓渔船“深联成 901”，主要的船舶参数如下：总长 26.8 m；注册船长 24.0 m；型宽 5.20 m；型深 2.20 m；总吨 102.00 t；净吨 30.00 t；主机功率 400 .00 kW。

调查船 2 个航次调查的时间、范围和站点等见表 3－2－3 和图 3－2－1。

表 3－2－3　调查时间及范围

航　次	调　查　时　间	调　查　范　围	
1	2010.11.20～12.23	0°42′N～3°34′S	169°14′E～179°59′E
2	2010.12.26～2011.1.20	0°46′N～2°37′S	169°00′E～175°00′E

2.2.2 调查的渔具与渔法

本次调查船上原来所用的钓具结构与2009年调查船上所用的钓具(传统渔具)结构相同。试验用的钓具按照表3-2-4所列的16种组合进行装配,具体也与2009年调查船一样装配。

调查期间,一般情况下,6:00~9:00投绳,持续时间为3 h左右;15:30~21:00起绳,持续时间为5.5 h左右;船长根据探捕调查站点位置决定当天投绳的位置。

船速一般为7.5节、出绳速度一般为10.5节、两浮子间的钓钩数为25枚、两钓钩间的时间间隔为8 s。每天投放原船用钓钩750枚左右。

投放试验钓具时,靠近浮子的第1枚钓钩空缺、第二枚钓钩换成4种不同重量的重锤、两浮子间的钓钩数为21枚,其他参数不变,试验钓钩每种42枚,共16组,每天投放8组(1~8、9~16)。另外,每天投放100枚防海龟误捕钓钩(16号、18号)。

2.2.3 调查方法与内容

本次调查对设定的调查站点进行调查,记录了每天的投绳位置、投绳开始时间、起绳开始时间、投钩数、投绳时的船速和出绳速度、两钓钩间的时间间隔、两浮子间的钓钩数、黄鳍金枪鱼的渔获尾数、抽样测定了黄鳍金枪鱼的上钩钩号、用卡尺测定了黄鳍金枪鱼的叉长、用磅秤测定了黄鳍金枪鱼的原条鱼重、用微型温度深度计(TDR-2050)测定了部分钓钩在海水中的实际深度及其变化、用多功能水质仪(XR-620)测定了调查站点的0~450 m水深的温度、盐度、溶解氧含量、叶绿素*a*浓度的垂直变化数据、用三维海流计测定了调查站点的0~450 m水深的海流数据。

表3-2-4 16种试验钓具组合

列 号	1	2	3	4
试验号	重锤/kg	带铅转环/g	铅坠/g	荧光管
1	2	75	3.75	有
2	2	60	3.75	有
3	2	45	11.25	无
4	2	15	11.25	无
5	3	75	3.75	无
6	3	60	3.75	无
7	3	45	11.25	有
8	3	15	11.25	有
9	4	75	11.25	有
10	4	60	11.25	有
11	4	45	3.75	无
12	4	15	3.75	无
13	5	75	11.25	无
14	5	60	11.25	无
15	5	45	3.75	有
16	5	15	3.75	有

2.3 三维海流数据的预处理

国外研究资料显示，实际影响钓钩深度并不是海流的绝对速度，而是不同水层海流间的剪切作用，本章根据这一观点，对仪器测到的不同水层的原始数据进行处理，得出不同站点每天的流剪切系数[41]。近似表达式为

$$\tau = \log\left\{\frac{\sum_{n=1}^{N}\left[\left(\frac{u_{n+1}-u_n}{z_{n+1}-z_n}\right)^2+\left(\frac{v_{n+1}-v_n}{z_{n+1}-z_n}\right)^2\right]^{\frac{1}{2}}(z_{n+1}-z_n)}{\sum_{n=1}^{N}(z_{n+1}-z_n)}\right\} \tag{3-2-1}$$

其中，τ 为流剪切系数，v_n 为第 n 个深度处的南北向海流的流速，u_n 为第 n 个深度处的东西向海流的流速，z_n 为两深度之间的差值。

本章在以后的分析中采用 τ 作为三维海流对实际深度的影响因子，简称为流剪切系数。

2.4 钓钩深度计算模型的建立

实际钓钩深度为微型温度深度计（TDR－2050）测定的部分钓钩在海水中的实际深度及其变化。

理论钓钩深度按照日本吉原有吉的钓钩深度计算公式[42]根据钩号，按照理论钓钩深度计算方法计算得出该钩号的理论深度。即

$$D_\lambda = h_a + h_b + l\left[\sqrt{1+\cot^2\phi_0} - \sqrt{\left(1-\frac{2\lambda}{n}\right)^2+\cot^2\phi_0}\right] \tag{3-2-2}$$

$$L = V_2 \times n \times t \tag{3-2-3}$$

$$l = V_1 \times n \times t/2 \tag{3-2-4}$$

$$k = L/2l = V_2/V_1 = \cot\varphi_0 sh^{-1}(\operatorname{tg}\varphi_0) \tag{3-2-5}$$

式 3－2－3～式 3－2－6 中，D_λ 为理论钓钩深度；h_a 为支线长；h_b 为浮子绳长；l 为干线弧长的一半；φ_0 为干线支承点上切线与水平面的交角，与 k 有关，作业中很难实测 φ_0，采用短缩率 k 来推出 φ_0；λ 为 2 浮子间自一侧计的钓钩编号序数，即钩号；n 为 2 浮子间干线的分段数，即支线数加 1；L 为 2 浮子间的海面上的距离；V_2 为船速；t 为投绳时前后 2 支线之间相隔的时间间隔；V_1 为投绳机出绳速度。

实际钓钩深度与理论钓钩深度、海洋环境等的关系应用 SPSS 软件，采用多元线性逐步回归的方法建立实际平均深度（$\overline{D}$）与理论深度（D_λ）的关系模型。模型分为传统钓具和试验钓具两部分。对于传统钓具，认为钓钩所能达到的实际平均深度（拟合钓钩深度）等于理论钓钩深度与拟合沉降率的乘积，而拟合沉降率则主要受到流剪切系数（τ）、风速（V_w）、风流

合压角(γ)、钩号(λ)和风弦角(Q_w)的影响;对于试验钓具,认为钓钩所能达到的实际平均深度主要受到流剪切系数(τ)、风速(V_w)、风向(C_w)、风流合压角(γ)、钩号(λ)、风弦角(Q_w)和沉子重量的影响,且钓钩的深度是在不断地变化的,在一定的范围内波动。

对于2009年10月4日~12月25日测定的338枚(有流剪切系数数据)钓钩,分别对236枚传统钓具和102枚试验钓具建立了实际平均深度($\overline{D}$)与理论深度(D_λ)的关系模型。

对于2010年11月20日~2011年1月20日测定的469枚(有流剪切系数数据)钓钩,分别对316枚传统钓具和153枚试验钓具建立了实际平均深度($\overline{D}$)与理论深度(D_λ)的关系模型。

2.5 黄鳍金枪鱼渔获率的计算

第i站点黄鳍金枪鱼的渔获率$CPUE_i$,定义为

$$CPUE_i = \frac{U_i}{f_i} \times 1\,000 \tag{3-2-6}$$

式中,i表示站点,U_i为该站点钓获的黄鳍金枪鱼尾数,f_i为i站点投放的钓钩数量,i=1, 2, 3,…, 34。

水深从0~240 m,每40 m为一层,共分为6层。本章根据钓钩深度计算模型,采用频率分布法统计该渔场整个调查期间各站点、各水层黄鳍金枪鱼的渔获尾数和钓钩数量。各站点、各水层的渔获率$CPUE_{ij}$,定义为

$$CPUE_{ij} = \frac{N_{ij}}{H_{ij}} \times 1\,000 \tag{3-2-7}$$

式中,N_{ij}为调查船在第i取样站点、第j水层钓获的黄鳍金枪鱼的尾数,H_{ij}为在第i取样站点、第j水层投放的钓钩数量。N_{ij}的计算方法如下:

$$N_{ij} = \frac{N_j}{N} \times N_i \tag{3-2-8}$$

式中,N_j为第j水层钓获的黄鳍金枪鱼尾数,N为总的渔获尾数,N_i为第i站点的渔获尾数,具体计算方法见Song等[35,43]。

2.6 各站点环境变量综合值计算

各站点环境变量加权平均值的计算为[44]

$$ENV_i = \sum(CPUE_j ENV_{ij}) / \sum CPUE_j \tag{3-2-9}$$

其中,ENV_i为调查船第i取样站点整个水体的环境变量综合值,环境变量为第i站点的温度(T_i)、盐度(S_i)、叶绿素a浓度(Ch_i)、溶解氧含量(DO_i)、垂直海流(WC_i)和水平海流

(HC_i)。ENV_{ij}为在站点 i、水层 j(如0~40 m,…,200~240 m)的环境变量值(如,T_{ij}、S_{ij}、Ch_{ij}、DO_{ij}、WC_{ij}和 HC_{ij})。T_{ij}、S_{ij}、Ch_{ij}和 DO_{ij}为多功能水质仪(XR-620)在站点 i、水层 j 中测得的各环境变量的算术平均值。WC_{ij}和 HC_{ij}为三维海流计在站点 i、水层 j 中测得的垂直和水平海流的算术平均值。

由于0~40 m 和 200~240 m 水层的渔获率几乎为零,因此,本研究仅对 40~80 m、80~120 m、120~160 m 和 160~200 m 这 4 个水层和整个水体(0~240 m)进行分析。

2.7 基于 QRM 的栖息地综合指数模型建立

2009 年的调查中仅对 34 个站点测定了温度(T_{ij})、盐度(S_{ij})、叶绿素 a 浓度(Ch_{ij})、溶解氧含量(DO_{ij})、水平海流(HC_{ij})和垂直海流(WC_{ij})的数据,因此,仅采用该 34 个站点的环境数据用于建立分位数回归模型。本章中,分位数回归模型中包括 6 个独立变量:温度(T_{ij})、盐度(S_{ij})、叶绿素 a 浓度(Ch_{ij})、溶解氧含量(DO_{ij})、水平海流(HC_{ij})、垂直海流(WC_{ij}),以及由这 6 个独立变量产生的 15 个交互作用项[26]。根据不同站点、不同水层的渔获率 $CPUE_{ij}$与该水层内温度(T_{ij})、盐度(S_{ij})、叶绿素 a 浓度(Ch_{ij})、溶解氧含量(DO_{ij})、水平海流(HC_{ij})和垂直海流(WC_{ij})的数据的最佳模型方程,利用自变量的值来修正因变量 $CPUE_{ij}$的值,称为潜在渔获率,记作 $CPUE_{QRMij}$,利用 $CPUE_{QRMij}$计算各自 IHI_{QRMij}指数。

分位数回归模型最早由 Koenker 和 Basset[29]提出,传统的相关和回归统计理论采用的是最小平方差的概念,而分位数回归模型采用最小绝对偏差的概念。θ-回归分位数定义为

$$\min\Big[\sum_{(y_i \geqslant x_i'\beta)} \theta \mid y_i - x_i'\beta \mid + \sum_{y_i \leqslant x_i'\beta} (1-\theta) \mid y_i - x_i'\beta \mid\Big] \tag{3-2-10}$$

一般也写为

$$\min_{\beta \in Rk} \sum_i \rho\theta(y_i - x_i'\beta) \tag{3-2-11}$$

其中,$\rho\theta(\varepsilon)$称为"检验函数",定义为

$$\rho\theta(\varepsilon) = \begin{cases} \theta\varepsilon & \varepsilon \geqslant 0 \\ (\theta - 1)\varepsilon & \varepsilon \leqslant 0 \end{cases} \tag{3-2-12}$$

在此模型下,给定 x 的 θ 条件分位数即为

$$Qy(\theta/x) = x'\beta,\ \theta \in (0,\ 1) \tag{3-2-13}$$

在不同的 θ 下,可以得到不同的分位数,随着 θ 在[0,1]区间的变化,可以得到整个 y 在 x 处的条件分布的轨迹。

本章采用 Blossom 统计学软件[45]进行分位数回归。

描述第 i 站点、第 j 水层的潜在渔获率 $CPUE_{QRMij}$与 T_{ij}、S_{ij}、Ch_{ij}、DO_{ij}、HC_{ij}、WC_{ij}及其交互作用项的关系可表达为

$$
\begin{aligned}
CPUE_{QRMij} = & \text{constant}_{ij} + a_{ij}T_{ij} + b_{ij}S_{ij} + c_{ij}Ch_{ij} + d_{ij}DO_{ij} + e_{ij}HC_{ij} + f_{ij}WC_{ij} \\
& + g_{ij}TS_{ij} + h_{ij}TCh_{ij} + k_{ij}TDO_{ij} + l_{ij}THC_{ij} + m_{ij}TWC_{ij} + n_{ij}SCh_{ij} \\
& + o_{ij}SDO_{ij} + p_{ij}SHC_{ij} + q_{ij}SWC_{ij} + r_{ij}ChDO_{ij} + s_{ij}ChHC_{ij} + t_{ij}ChWC_{ij} \\
& + u_{ij}DOHC_{ij} + v_{ij}DOWC_{ij} + w_{ij}HCWC_{ij} + \varepsilon_{ij} \qquad (3-2-14)
\end{aligned}
$$

其中，constant_{ij} 是常数项；ε_{ij} 为第 i 站点第 j 水层的潜在渔获率的误差项；TS_{ij}为水温与盐度的交互作用项、TDO_{ij}为水温与溶解氧含量的交互作用项，其他类同；$a_{ij}, b_{ij}, c_{ij}, d_{ij}, e_{ij}, f_{ij}, \cdots, w_{ij}$为相应的参数。

描述第 i 站点的潜在渔获率 $CPUE_{QRMi}$与 T_i、S_i、Ch_i、DO_i、HC_i、WC_i 及其交互作用项的关系可表达为

$$
\begin{aligned}
CPUE_{QRMi} = & \text{constant}_i + a_iT_i + b_iS_i + c_iCh_{ij} + d_iDO_i + e_iHC_i + f_iWC_i + g_iTS_i \\
& + h_iTCh_i + k_iTDO_i + l_iTHC_i + m_iTWC_i + n_iSCh_i + o_iSDO_i + p_iSHC_i \\
& + q_iSWC_i + r_iChDO_i + s_iChHC_i + t_iChWC_i + u_iDOHC_i + v_iDOWC_i \\
& + w_iHCWC_i + \varepsilon_i \qquad (3-2-15)
\end{aligned}
$$

其中，constant_i 是常数项；ε_i 为第 i 站点的潜在渔获率的误差项；TS_i 为水温与盐度的交互作用项、TDO_i 为水温与溶解氧含量的交互作用项，其他类同；a_i，b_i，c_i，d_i，e_i，f_i，$\cdots$，w_i 为相应的参数。

当 θ 接近 0 和 1 时，分位数回归模型越易受到极端值的影响，越不稳定，在取用上界分位数回归方程时宜考虑 $\theta=0.5\sim0.95$[46]，因此，选择 10 个分位数，$\theta=0.50\sim0.95$（步程为 0.05）进行模型计算，起初，所有的变量都进入模型，用 Wilcoxon 符号秩检验来计算 P 值的大小[29]。当参数检验值 $P>0.05$ 时，在模型中剔除该变量，一直循环计算，直到入选的所有变量（独立变量和交互作用变量）的 P 值都小于或等于 0.05，从而得到最佳的模型方程。

2.8 基于 GLM 的栖息地综合指数模型建立

为了与分位数回归模型和广义相加模型进行比较，把同样的变量输入到一般线性模型中，应用 GLM 模型[47~51]对调查船在整个调查期间各水层黄鳍金枪鱼的渔获率以及总渔获率进行建模，找出影响各水层渔获率和总渔获率的相关因子，以及相关因子与渔获率间的关系。该研究应用 R project 2.13 对影响因子进行筛选，并拟合最佳模型。

GLM 法偏重研究渔获率与影响渔获率各因子的效应间的线性相关性。在 GLM 模型中，假设反应变量（因变量）和解释性变量（自变量）之间的关系是线性的，其表达式为

$$
g(u_i) = X_i^T\beta + \varepsilon \qquad (3-2-16)
$$

其中，g 是不单调的连续函数，X_i 为自变量构造的设计矩阵，β 为回归参数向量，ε 为正态独立随机误差向量，并设定其均值 $E(\varepsilon)=0$。

$$
u_i = E(Y_i) \qquad (3-2-17)
$$

其中，Y_i 为因变量的观察值向量。

描述第 i 站点、第 j 水层的潜在渔获率 $CPUE_{GLMij}$ 与 T_{ij}、S_{ij}、Ch_{ij}、DO_{ij}、HC_{ij}、WC_{ij} 及其交互作用项的关系可表达为

$$\begin{aligned}\ln(CPUE_{GLMij} + \text{constant}_{GLMij}) = &\ \text{intercept}'_{ij} + a'_{ij}T_{ij} + b'_{ij}S_{ij} + c'_{ij}Ch_{ij} + d'_{ij}DO_{ij} + e'_{ij}HC_{ij} \\ &+ f'_{ij}WC_{ij} + g'_{ij}TS_{ij} + h'_{ij}TCh_{ij} + k'_{ij}TDO_{ij} + l'_{ij}THC_{ij} \\ &+ m'_{ij}TWC_{ij} + n'_{ij}SCh_{ij} + o'_{ij}SDO_{ij} + p'_{ij}SHC_{ij} + q'_{ij}SWC_{ij} \\ &+ r'_{ij}ChDO_{ij} + s'_{ij}ChHC_{ij} + t'_{ij}ChWC_{ij} + u'_{ij}DOHC_{ij} \\ &+ v'_{ij}DOWC_{ij} + w'_{ij}HCWC_{ij} + \varepsilon'_{ij} \qquad (3-2-18)\end{aligned}$$

其中，ln 是自然对数，constant_{GLMij} 为常数项，是总平均 $CPUE_{ij}$ 的 10%；$\text{intercept}'_{ij}$ 和 ε'_{ij} 是截距和误差项；a'_{ij}, b'_{ij}, c'_{ij}, d'_{ij}, …, w'_{ij} 为相应的参数，模型中选择的分布是正态分布。

描述第 i 站点的潜在渔获率 $CPUE_{GLMi}$ 与 T_i、S_i、Ch_i、DO_i、HC_i、WC_i 及其交互作用项的关系可表达为

$$\begin{aligned}\ln(CPUE_{GLMi} + \text{constant}_{GLMi}) = &\ \text{intercept}'_{i} + a'_{i}T_{i} + b'_{i}S_{i} + c'_{i}Ch_{ij} + d'_{i}DO_{i} + e'_{i}HC_{i} \\ &+ f'_{i}WC_{i} + g'_{i}TS_{i} + h'_{i}TCh_{i} + k'_{i}TDO_{i} + l'_{i}THC_{i} + m'_{i}TWC_{i} \\ &+ n'_{i}SCh_{i} + o'_{i}SDO_{i} + p'_{i}SHC_{i} + q'_{i}SWC_{i} + r'_{i}ChDO_{i} \\ &+ s'_{i}ChHC_{i} + t'_{i}ChWC_{i} + u'_{i}DOHC_{i} + v'_{i}DOWC_{i} \\ &+ w'_{i}HCWC_{i} + \varepsilon'_{i} \qquad (3-2-19)\end{aligned}$$

其中，constant_{GLMi} 是各站点总平均渔获率的 10%，$\text{intercept}'_{i}$ 和 ε'_{i} 分别为截距和误差项。a'_{i}, b'_{i}, c'_{i}, d'_{i}, …, w_{i} 是相应的参数，模型中选择的分布是正态分布。

首先输入所有的参数到模型中，根据 P 值选择参数，模型中自变量的 P 值应当小于 0.05，而由于 AIC 和 BIC 值[52,53]可以定量的判定对模型的拟合度的优劣，AIC 和 BIC 的值越小，模型的拟合度越高。最终根据所选择的因子来建立 GLM 模型，从而预测不同水层、不同站点和 0~240 m 水体的潜在 CPUE。

2.9 基于 GAM 的栖息地综合指数模型建立

广义相加模型是推广了的线性模型，其形式为

$$E(Y \mid X_1, X_2, K, X_n) = s_0 + s_1(X_1) + s_2(X_2) + K + s_n(X_n) \qquad (3-2-20)$$

式中，$s_n(X_n)$，$n = 1, 2, \cdots$，称为光滑函数，它满足 $Es_n(X_n) = 0$。这一函数并不给定一个参数形式，而是以非参数形式来估计。广义相加模型与广义线性模型相似，它包括一个随机成分，一个可加成分以及一个联系这两个成分的连接函数。反应变量 y，即随机成分，服从下面的指数分布：

$$f_Y(y; \theta; \phi) = \exp\left\{\frac{y\theta - b(\theta)}{a(\phi)} + c(y, \phi)\right\} \qquad (3-2-21)$$

其中，θ 被称为自然参数，ϕ 被称为尺度参数。

可加成分为

$$\eta = s_0 + \sum_{n=1}^{p} s_n(X_n) \tag{3-2-22}$$

连接函数 g(·)将随机成分与可加成分联系成 $g(\mu) = \eta$。

广义线性模型强调模型中参数的估计和推断,而广义相加模型更加注重对数据进行非参数性的探索。因此,本章中也应用 GAM 模型[54~57]对调查船在整个调查期间各水层内黄鳍金枪鱼的渔获率以及总渔获率进行建模,找出影响各水层渔获率和总渔获率的相关因子,以及相关因子与渔获率的关系。该研究应用 R project 2.13 来对影响因子进行筛选,并拟合最佳的模型。

描述第 i 站点、第 j 水层的潜在渔获率 $CPUE_{GAMij}$ 与 T_{ij}、S_{ij}、Ch_{ij}、DO_{ij}、HC_{ij}、WC_{ij} 的关系可表达为

$$\begin{aligned}\ln(CPUE_{GAMij} + \text{constant}_{GAMij}) = \text{intercept}''_{ij} + s(T_{ij}) + s(S_{ij}) + s(Ch_{ij}) \\ + s(DO_{ij}) + s(HC_{ij}) + s(WC_{ij})\end{aligned} \tag{3-2-23}$$

其中,ln 是自然对数,constant_{GAMij} 为常数项,是总平均 $CPUE_{ij}$ 的 10%;$\text{intercept}''_{ij}$ 是截距,模型中选择的分布是正态分布。

描述第 i 站点的潜在渔获率 $CPUE_{GAMi}$ 与 T_i、S_i、Ch_i、DO_i、HC_i、WC_i 及其交互作用项的关系可表达为

$$\begin{aligned}\ln(CPUE_{GAMi} + \text{constant}_{GAMi}) = \text{intercept}''_{i} + s(T_{i}) + s(S_{i}) + s(Ch_{i}) \\ + s(DO_{i}) + s(HC_{i}) + s(WC_{i})\end{aligned} \tag{3-2-24}$$

其中,ln 是自然对数,constant_{GAMi} 为常数项,是总平均 $CPUE_i$ 的 10%;$\text{intercept}''_i$ 是截距,模型中选择的分布是正态分布。

研究中,首先把一个因子输入到模型中,根据 P 值选择参数,若 $P<0.05$ 时,保留此参数,依次增加因子,也就是利用逐步回归的方法[58]依次选择因子,直到其 AIC[52]最小。最终根据所选择的因子来建立 GAM 模型,从而预测不同水层、不同站点和 0~240 m 水体的潜在 CPUE。

2.10 基于 QRM、GLM 和 GAM 的不同水层 IHI_{ij}

根据由 QRM、GLM 和 GAM 三种方法已建立的模型,把不同站点、不同水层的环境因子值输入到该 3 种方法得出的模型中,估计不同站点、不同水层的预测 $CPUE_{QRMij}$、$CPUE_{GLMij}$ 和 $CPUE_{GAMij}$。IHI_{QRMij}、IHI_{GLMij} 和 IHI_{GAMij} 由以下公式计算而得

$$IHI_{QRMij} = \frac{CPUE_{QRMij}}{CPUE_{QRM\max}} \tag{3-2-25}$$

$$IHI_{GLMij} = \frac{CPUE_{GLMij}}{CPUE_{GLM\max}} \tag{3-2-26}$$

$$IHI_{GAMij}=\frac{CPUE_{GAMij}}{CPUE_{GAM\max}} \quad (3-2-27)$$

其中，$CPUE_{QRM\max}$为 $CPUE_{QRMij}$和 $CPUE_{QRMi}$中的最大值；$CPUE_{GLM\max}$为 $CPUE_{GLMij}$和 $CPUE_{GLMi}$中的最大值；$CPUE_{GAM\max}$为 $CPUE_{GAMij}$和 $CPUE_{GAMi}$中的最大值。

2.11 基于 QRM、GLM 和 GAM 的总平均$\overline{IHI_i}$

根据由 QRM、GLM 和 GAM 三种方法已建立的模型，把不同站点的环境因子值输入到该 3 种方法得出的模型中，估计不同站点的 $CPUE_{QRMi}$、$CPUE_{GLMi}$和 $CPUE_{GAMi}$。通过不同站点的 $CPUE_{QRMi}$、$CPUE_{GLMi}$和 $CPUE_{GAMi}$计算$\overline{IHI_{QRM}}$、$\overline{IHI_{GLM}}$和$\overline{IHI_{GAM}}$：

$$\overline{IHI_{GRM}}=\frac{CPUE_{QRMi}}{CPUE_{QRM\max}} \quad (3-2-28)$$

$$\overline{IHI_{GLM}}=\frac{CPUE_{GLMi}}{CPUE_{GLM\max}} \quad (3-2-29)$$

$$\overline{IHI_{GAM}}=\frac{CPUE_{GAMi}}{CPUE_{GAM\max}} \quad (3-2-30)$$

2.12 IHI 分布图的表达

根据上述 IHI_{QRMij}、IHI_{GLMij}、IHI_{GAMij}和$\overline{IHI_{QRM}}$、$\overline{IHI_{GLM}}$、$\overline{IHI_{GAM}}$估计值，利用 Marine Explore 4.0 软件画出 IHI 等值线分布图。

2.13 模型的预测能力

应用 Pearson 相关系数方法[58]分别计算各个站点、各水层的 IHI_{ij}预测指数与各个站点、各水层中实测 $CPUE_{ij}$间的 Pearson 相关系数，根据 Pearson 相关系数来确定模型的预测能力，从而选择影响黄鳍金枪鱼分布的因子。由于海水中 0~240 m 水体的环境变化较为复杂，且尺度较大，分析影响黄鳍金枪鱼分布的因子时仅使用各水层拟合的模型；应用 Wilcoxon 符号秩检验的方法[59]分别检验各模型得到的预测 CPUE 与各个站点、各水层中实测的 CPUE 之间以及各模型预测 CPUE 之间的关系，根据 P 值来评价它们之间的显著相关性，从而判断 IHI 模型的预测能力。

2.14 模型的验证

计算各个站点、各水层的 IHI_{ij}预测指数和各水层的 IHI 的算术平均值(IHI_j)，对不同水层 IHI_j 预测指数平均值与对应各水层的黄鳍金枪鱼 $CPUE_j$ 进行叠图，定性判断不同水层

IHI 的预测能力。

由于本研究中，具有有效数据的站点有限，同时 40~80 m 的水温、海流、溶解氧含量等环境变量的变化较大，且渔获率较高，因此本章选择渔获率最高（6.79 尾/千钩）的水层 40~80 m 水层和 0~240 m 整个水体的数据用于模型的验证。把 2010 年吉尔伯特群岛实测的环境变量值输入到基于 QRM、GLM、GAM 三种方法利用 2009 年的数据已建立的 IHI 模型中，计算得到 40~80 m 水层和 0~240 m 水体的 IHI 值，然后应用 2010 年吉尔伯特群岛调查海域实测的黄鳍金枪鱼 40~80 m 水层和 0~240 m 水体的名义 CPUE 与计算得到的 IHI 值进行叠图（Marine Explorer 4.0 软件），并应用 Wilcoxon 符号秩检验方法检验名义 CPUE 与三个模型得到的预测 CPUE 之间的相关性，以定量和定性的方法判定模型的适用性。由于 2010 年调查测量的有效环境数据有限，本研究仅用 13 个站点的调查数据来预测 IHI，并使用 2010 年 13 个调查站点的预测 IHI 指数与 13 个站点的名义 CPUE 分布进行叠图，从而验证模型的预测能力。

2.15 确定最佳模型

对于 QRM、GLM 和 GAM 三种方法利用 2009 年的数据已建立的 IHI 模型应用 Wilcoxon 符号秩检验方法和 Pearson 相关系数法，定量比较三个模型之间的差异，并采用 2010 年的数据进行模型验证，分析模型的预测能力，从而确定最佳模型。

3 结　　果

3.1 钓钩深度计算模型

应用 SPSS 软件，采用多元线性逐步回归的方法建立钓钩的实际平均深度（$\overline{D}$）与理论深度（D_λ）的关系模型，模型的拟合结果如下。

3.1.1 2009 年钓钩深度计算模型

对于传统钓具：

$$\overline{D} = D_\lambda \cdot 10^{-0.311-0.258\gamma-0.121\tau+0.038\sin\gamma} \quad (R = 0.664,\ n = 236) \qquad (3-3-1)$$

对于试验钓具：

$$\overline{D} = D_\lambda \cdot 10^{-0.437-0.427\gamma-0.224\tau} \quad (R = 0.780,\ n = 102) \qquad (3-3-2)$$

3.1.2 2010 年钓钩深度计算模型

对于传统钓具：

$$\overline{D} = D_\lambda \cdot 10^{-0.825-0.239\lg(\gamma)-0.342\tau-0.012\lg(\sin\gamma)} (R = 0.750,\ n = 316) \qquad (3-3-3)$$

对于试验钓具：

$$\overline{D} = D_\lambda \cdot 10^{-0.837-0.367\lg(\gamma)-0.413\tau} (R = 0.658,\ n = 153) \qquad (3-3-4)$$

3.2 各水层黄鳍金枪鱼渔获率和渔获尾数

3.2.1 2009年调查期间各水层黄鳍金枪鱼渔获率和渔获尾数

根据记录钩号的黄鳍金枪鱼(共239尾)、调查期间所有钓获的黄鳍金枪鱼(共256尾),分析各水层内黄鳍金枪鱼的渔获率和渔获尾数(表3-3-1)。

表3-3-1 各水层钓钩数量、黄鳍金枪鱼渔获尾数和CPUE

水层/m	渔获尾数/尾	钓钩数量/枚	CPUE/(尾/千钩)
40~80	16.07	3 019.22	5.32
80~120	85.69	11 821.34	7.25
120~160	117.82	21 895.14	5.38
160~200	35.35	14 014.32	2.52
200~240	1.07	249.98	4.28

钓获的黄鳍金枪鱼以成鱼为主,平均叉长为1.18 m,加工后平均体重为45.5 kg。80~120 m水层黄鳍金枪鱼渔获率最高(7.25尾/千钩),120~160 m水层黄鳍金枪鱼钓获尾数(117.82尾)最多,其次为80~120 m、160~200 m水层,钓获尾数分别为85.69尾和35.35尾,所以40~160 m水层可取得较高的渔获率。

3.2.2 2010年调查期间各水层黄鳍金枪鱼渔获率和渔获尾数

调查期间,共测定了206尾黄鳍金枪鱼的上钩钩号(表3-3-2),并用来分析各水层内黄鳍金枪鱼的渔获率和渔获尾数。

表3-3-2 各水层钓钩数量、黄鳍金枪鱼渔获尾数和CPUE

水层/m	渔获尾数N/尾	钓钩数量H/枚	CPUE/(尾/千钩)
40~80	68.56	10 127.64	6.79
80~120	107	17 933.1	5.96
120~160	22.85	14 049.36	1.62
160~200	10.38	5 535.14	1.87
200~240	4.15	2 025.07	2.05
240~280	1.03	369.65	2.81

钓获的黄鳍金枪鱼以成鱼为主,平均叉长为1.20 m,样本原条鱼平均体重为33.22kg/尾。40~80 m水层黄鳍金枪鱼渔获率最高(6.79尾/千钩)。80~120 m水层黄鳍金枪鱼钓获尾数(107尾)最多,其次为40~80 m、120~160 m水层,钓获尾数分别为69尾和23尾,所以40~160 m水层可取得较高的渔获率。

3.3 基于QRM的IHI_{QRMij}

3.3.1 不同站点i不同水层j的渔获率$CPUE_{QRMij}$

应用分位数回归得出,不同站点i不同水层j的渔获率$CPUE_{QRMij}$的各参数见表3-3-3。

各水层的黄鳍金枪鱼 IHI 分布见图 3-3-1,高值区分布范围见表 3-3-4。

表 3-3-3 最佳拟合方程的参数估计

参 数	40~80 m		80~120 m		120~160 m		160~200 m	
	θ=0.95	P	θ=0.95	P	θ=0.90	P	θ=0.95	P
C_j(constant)	374.52	—	806.44	—	1.38	—	4.39	—
$a_j(T_{ij})$	-11.11	0.031	0	—	0.12	0.041	-0.20	0.054
$b_j(S_{ij})$	0	—	0	—	0	—	0	—
$c_j(Ch_{ij})$	0	—	-22.30	—	0	—	0	—
$d_j(DO_{ij})$	0	—	0	—	0	—	0	—
$e_j(HC_{ij})$	0	—	-12.53	0.181	0	—	-57.43	0.017
$f_j(WC_{ij})$	265.71	0.034	2 675.66	0.030	-66.66	0.019	0	—
$g_j(TS_{ij})$	0	—	0	—	0	—	0	—
$h_j(TCh_{ij})$	0	—	0	—	0	—	0	—
$k_j(TDO_{ij})$	0	—	0	—	0	—	0	—
$l_j(THC_{ij})$	0	—	0	—	0	—	3.64	0.025
$m_j(TWC_{ij})$	-7.84	0.030	0	—	2.73	0.009	0	—
$n_j(SCh_{ij})$	0	—	0	—	0	—	0	—
$o_j(SDO_{ij})$	0	—	0	—	0	—	0	—
$p_j(SHC_{ij})$	0	—	0	—	0	—	0	—
$q_j(SWC_{ij})$	0	—	0	—	0	—	0	—
$r_j(ChDO_{ij})$	0	—	0	—	0	—	0	—
$s_j(ChHC_{ij})$	0	—	0	—	0	—	0	—
$t_j(ChWC_{ij})$	0	—	-75.27	0.028	0	—	0	—
$u_j(DOHC_{ij})$	0	—	0	—	0	—	0	—
$v_j(DOWC_{ij})$	0	—	0	—	0	—	0	—
$w_j(HCWC_{ij})$	0	—	-29.01	0.004	0	—	0	—

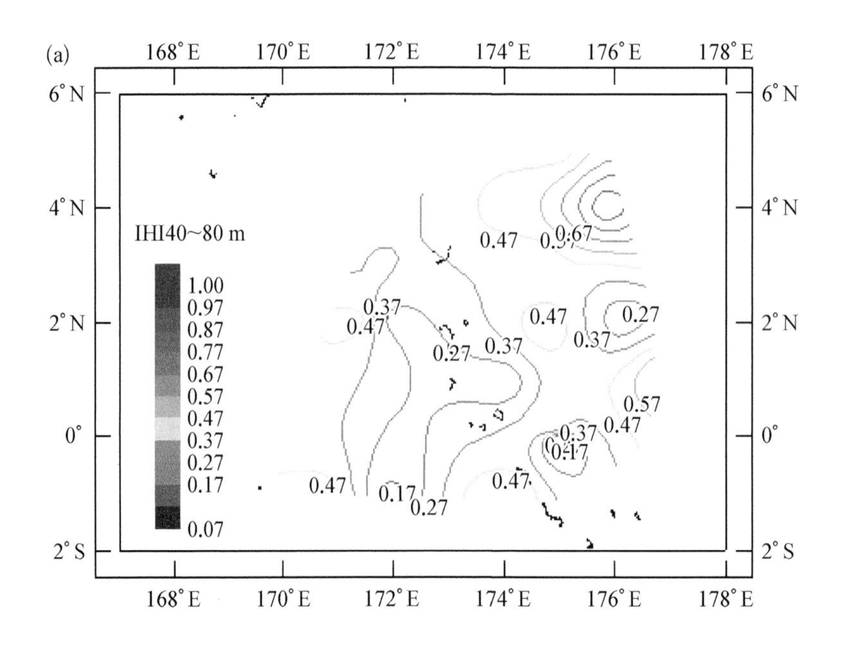

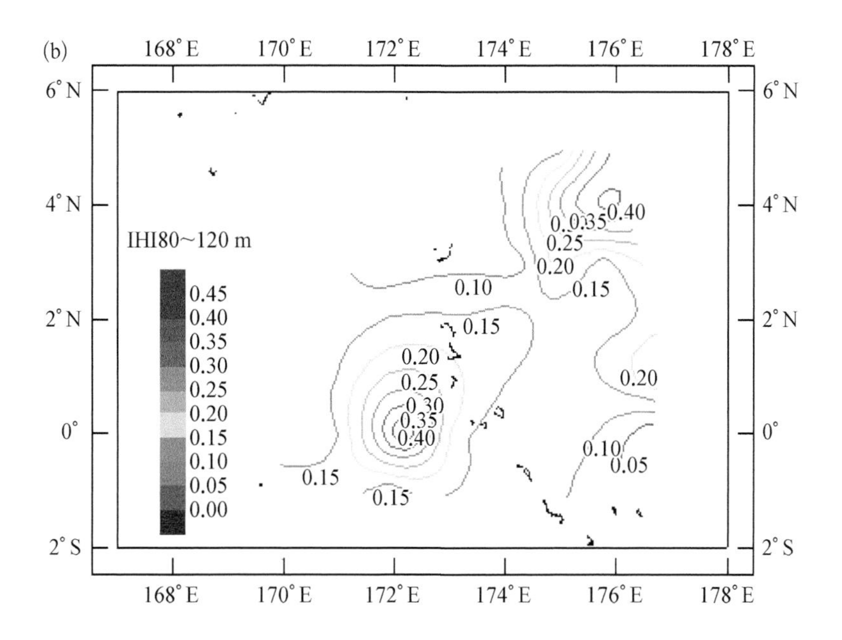
(b)
168° E
170° E
172° E
174° E
176° E
178° E
6° N
4° N
2° N
0°
2° S
IHI80~120 m
0.45
0.40
0.35
0.30
0.25
0.20
0.15
0.10
0.05
0.00

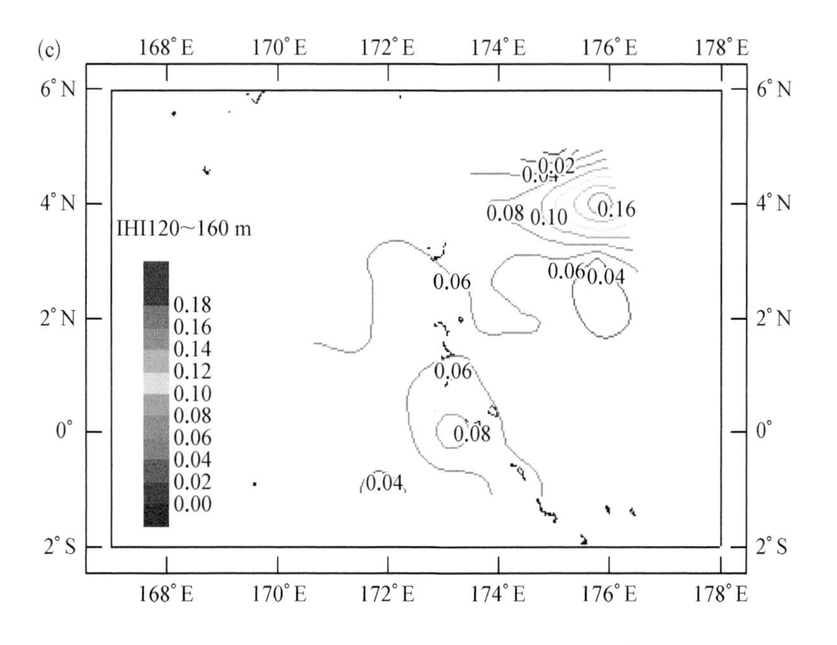
(c)
168° E
170° E
172° E
174° E
176° E
178° E
6° N
4° N
2° N
0°
2° S
IHI120~160 m
0.18
0.16
0.14
0.12
0.10
0.08
0.06
0.04
0.02
0.00

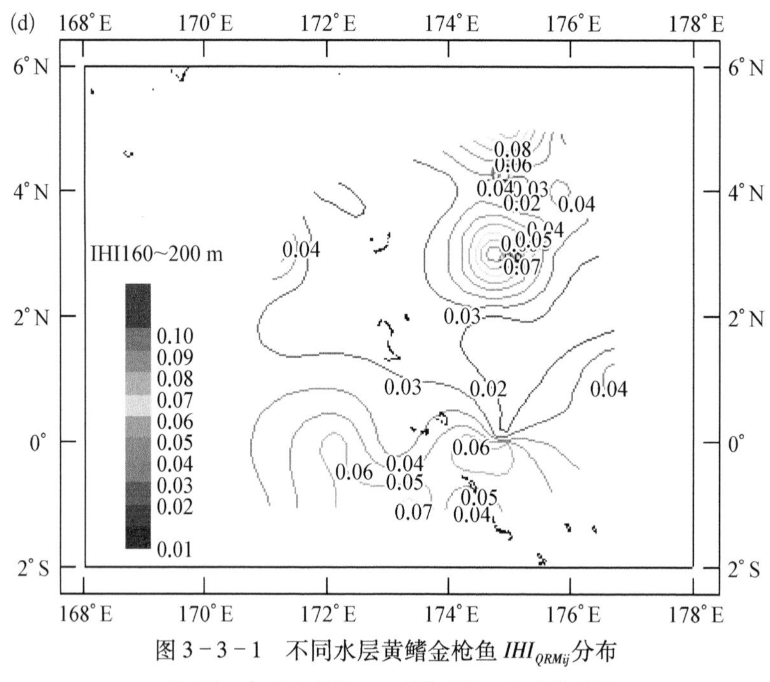

图 3-3-1　不同水层黄鳍金枪鱼 IHI_{QRMij} 分布

a: 40~80 m;b: 80~120 m;c: 120~160 m;d: 160~200 m

表 3-3-4　IHI 高值区分布

水层/m	IHI 高值分布区	IHI 均值
40~80	0°~1°30′N、175°E~176°50′E 和 3°N~5°30′N,174°40′E~176°50′E(IHI>0.52)	0.43
80~120	3°40′N~5°20′N、175°E~176°50′E 和 1°S~0°30′N、171°20′E~172°20′E(IHI>0.35)	0.16
120~160	3°20′N~5°N、175°20′E~176°50′E(0.25<IHI<0.35)	0.06
160~200	普遍较低,IHI 值范围为 0~0.1	0.04
0~240	1°10′S~0°20′S、169°50′E~172°20′E,1°30′S~1°50′N、174°E~176°55′E 和 3°30′N~5°N、172°30′E~176°55′E(IHI>0.40)	0.40

40~80 m 水层,模型中包含温度、垂直海流 2 个基本变量以及温度与垂直海流的交互作用项,$\theta=0.95$ 的分位数模型是解释 CPUE 与这 3 个环境变量之间关系的最佳模型;80~120 m 水层,模型中包含叶绿素 a 浓度、垂直海流、垂直海流以及叶绿素 a 浓度与水平海流、水平海流与垂直海流两个交互作用项,$\theta=0.95$ 的分位数模型是解释 CPUE 与这 5 个环境变量之间关系的最佳模型;120~160 m 水层,模型中包含温度、垂直海流以及它们之间的交互作用项,$\theta=0.90$ 的分位数回归模型是解释 CPUE 与这 3 个变量之间关系的最佳模型;160~200 m 水层,模型中包含温度、水平海流以及它们之间的交互作用项,$\theta=0.95$ 的分位数回归模型是解释 CPUE 与这 3 个变量之间关系的最佳模型。

2009 年 34 个站点的数据建立的分位数回归模型得到的 4 个水层内的黄鳍金枪鱼 IHI_{QRMij} 指数分布如图 3-3-1 所示。不同水层 IHI_{QRMij} 指数分布有差异,但总体上 40~80 m 和 80~120 m 水层的 IHI 值较高,其他水层的 IHI 值较低。从 40~80 m 水层的 IHI 值分布来看,IHI 值的高值区分布较广,几乎超过了 1/2 的调查水域,0°~1°30′N、175°E~176°50′E 和

3°N～5°30′N、174°40′E～176°50′E 水域的 IHI 值最高（IHI>0.52），均值为 0.43；80～120 m 水层的 IHI 值相对较低，3°40′N～5°20′N、175°E～176°50′E 和 1°S～0°30′N、171°20′E～172°20′E 的 IHI 值较高（IHI>0.35），均值为 0.16；120～160 m 水层的 IHI 高值区主要分布在 3°20′N～5°N、175°20′E～176°50′E（0.25<IHI<0.35），均值为 0.06，160～200 m 水层的 IHI 普遍较低，IHI 值范围为 0～0.1，均值为 0.04（表 3－3－4）。

3.3.2　站点 i 的渔获率 $CPUE_{QRMi}$

应用分位数回归得出，站点 i 的渔获率 $CPUE_{QRMi}$ 与对应站点的综合环境变量及其交互作用项的最佳模型方程为

$$CPUE_{QRMi} = 2\,391.57 - 127.04T_i - 67.46Ch_i + 3.60TCh_i \qquad (3-3-5)$$

式 3－3－5 中包含温度、叶绿素 a 浓度以及温度与叶绿素 a 浓度的交互作用项，共 3 个变量，θ=0.60 的分位数回归模型是解释 CPUE 与环境变量之间关系的最佳模型。

从 0～240 m 水体的 IHI 值分布来看（图 3－3－2），1°10′S～0°20′S、169°50′E～172°20′E，1°30′S～1°50′N、174°E～176°55′E 和 3°30′N～5°N、172°30′E～176°55′E 的 IHI 值较高（IHI>0.40），均值为 0.40；较高渔获率主要分布在 1°10′S～1°30′N、169°50′E～175°30′E 和 1°40′N～4°30′N、173°40′E～176°55′E，可以得出较高的渔获率基本上分布在较高的 IHI 区域。

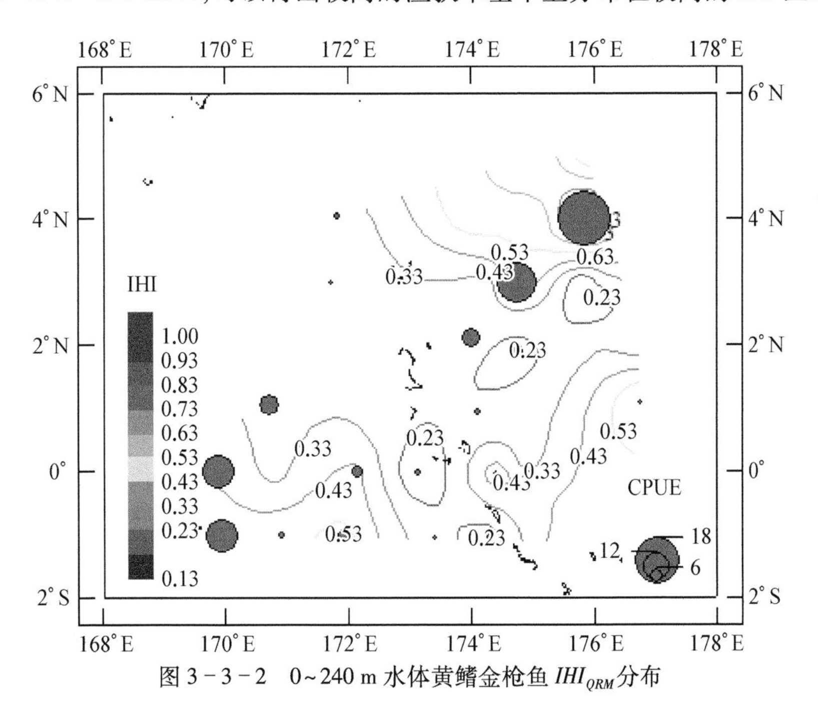

图 3－3－2　0～240 m 水体黄鳍金枪鱼 IHI_{QRM} 分布

3.4　基于 GLM 的 IHI_{GLM}

3.4.1　不同站点 i 不同水层 j 的渔获率 $CPUE_{GLMij}$

应用 GLM 得出，不同站点 i 不同水层 j 的渔获率 $CPUE_{GLMij}$ 的各参数见表 3－3－5。各水

层的黄鳍金枪鱼 IHI 分布见图 3－3－3，IHI 高值区分布范围见表 3－3－6。

表 3－3－5 最佳拟合方程的参数估计

参数	40～80 m AIC＝121.55 BIC＝150.55	P	80～120 m AIC＝146.02 BIC＝167.39	P	120～160 m AIC＝143.09 BIC＝158.35	P	160～200 m AIC＝149.29 BIC＝170.66	P
C_j(intercept)	−43.45	0.028	−16 201.36	0.001	−34.27	0.006	56.08	0.021
$a_j(T_{ij})$	−10 737.37	0.028	543.01	0.002	−1.56	0.009	33.97	0.021
$b_j(S_{ij})$	875.53	0.005	−203.46	0.016	−4 223.72	0.001	−9 660.88	0.004
$c_j(Ch_{ij})$	321.94	0.024	460.15	0.001	0	—	−19.76	0.006
$d_j(DO_{ij})$	−2 268.34	0.014	−12.18	0.061	15.08	0.000	150.20	0.024
$e_j(HC_{ij})$	731.62	0.000	686.71	0.006	1 453.39	0.001	32.81	0.002
$f_j(WC_{ij})$	228.724	0.014	−10.62	0.044	0	—	−44.92	0.248
$g_j(TS_{ij})$	118.55	0.000	0	—	0	—	38.63	0.015
$h_j(TCh_{ij})$	−25.44	0.004	−15.34	0.002	0	—	0	—
$k_j(TDO_{ij})$	0	—	0	—	0	—	−8.05	0.021
$l_j(THC_{ij})$	−52.80	0.000	0	—	4.01	0.008	0	—
$m_j(TWC_{ij})$	−14.121	0.002	0	—	0	—	−3.31	0.002
$n_j(SCh_{ij})$	86.82	0.000	0	—	118.33	0.001	254.80	0.004
$o_j(SDO_{ij})$	−168.16	0.001	29.80	0.022	0	—	0	—
$p_j(SHC_{ij})$	−43.53	0.008	22.96	0.059	0	—	−312.39	0.008
$q_j(SWC_{ij})$	−24.64	0.006	21.12	0.027	0	—	0	—
$r_j(ChDO_{ij})$	64.48	0.014	0	—	0	—	0	—
$s_j(ChHC_{ij})$	0	—	−19.78	0.006	−39.28	0.002	0	—
$t_j(ChWC_{ij})$	0	—	0	—	0	—	0	—
$u_j(DOHC_{ij})$	127.95	0.000	0	—	−31.01	0.000	0	—
$v_j(DOWC_{ij})$	29.89	0.001	0	—	0	—	24.66	0.039
$w_j(HCWC_{ij})$	0	—	−11.09	0.024	0	—	0	—

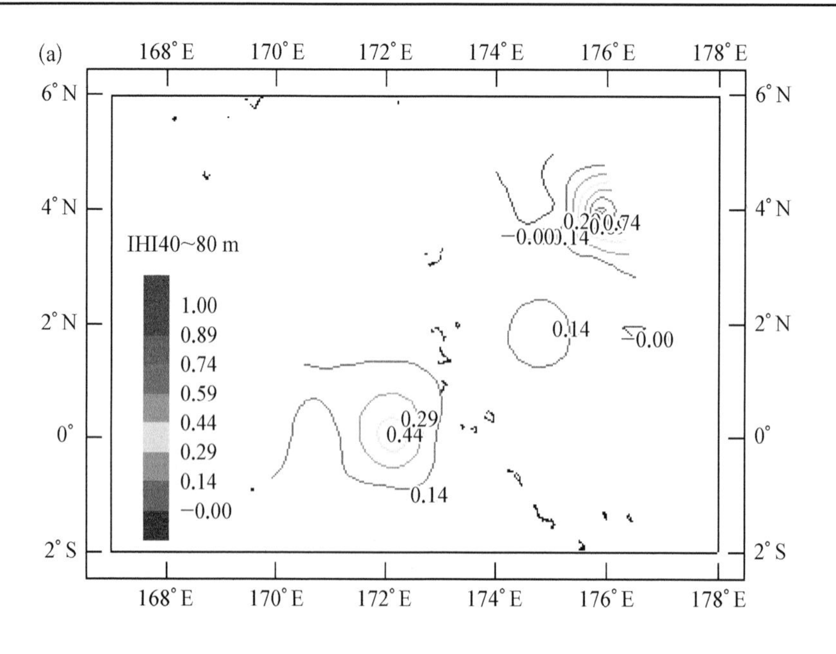

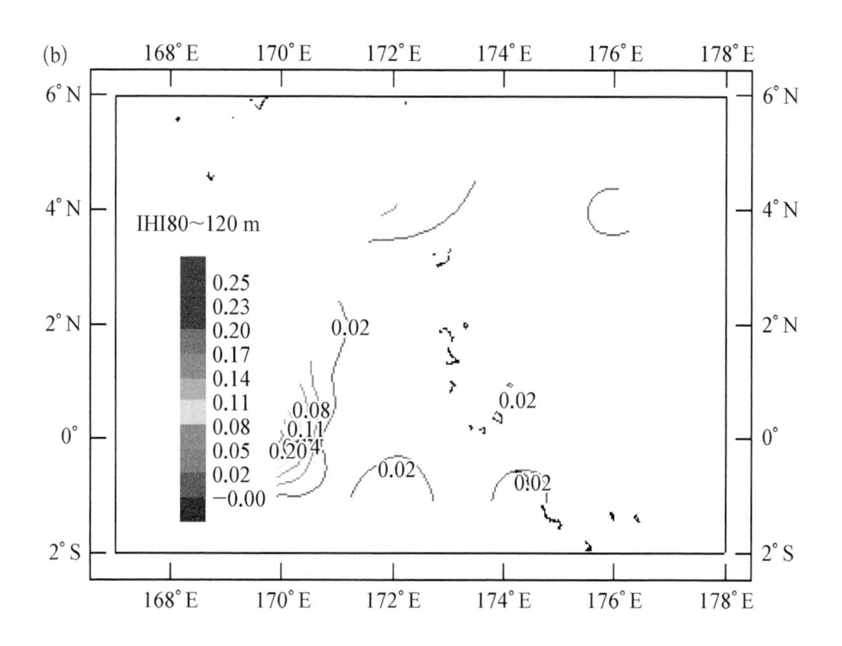
(b)
168° E
170° E
172° E
174° E
176° E
178° E
6° N
4° N
2° N
0°
2° S
IHI80~120 m
0.25
0.23
0.20
0.17
0.14
0.11
0.08
0.05
0.02
−0.00

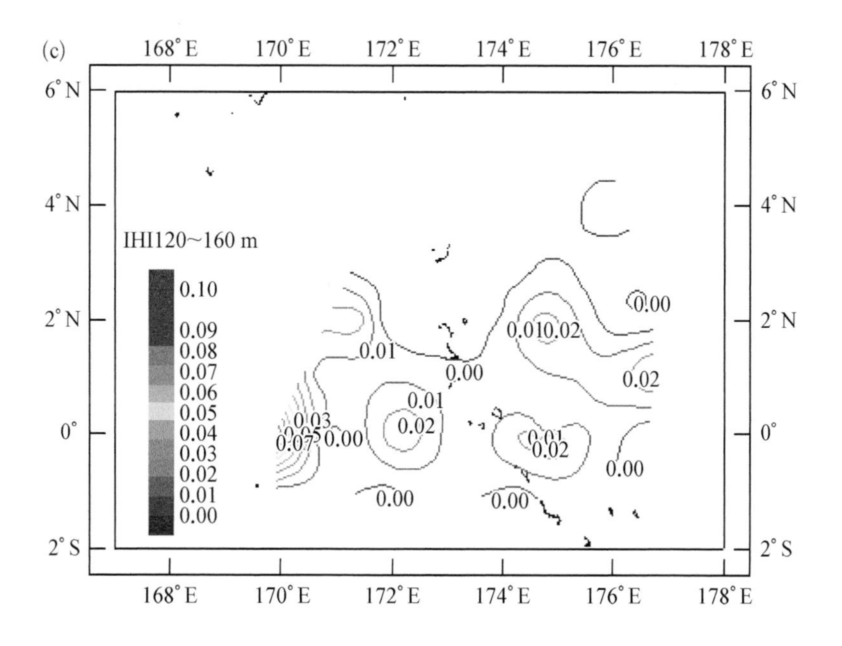
(c)
168° E
170° E
172° E
174° E
176° E
178° E
6° N
4° N
2° N
0°
2° S
IHI120~160 m
0.10
0.09
0.08
0.07
0.06
0.05
0.04
0.03
0.02
0.01
0.00

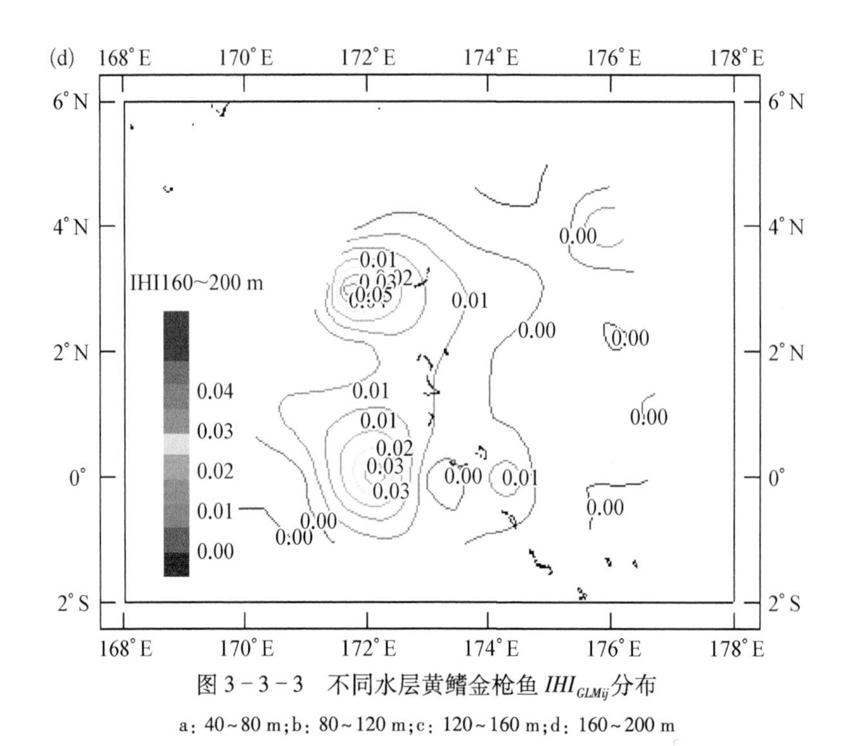

图 3－3－3　不同水层黄鳍金枪鱼 IHI_{GLMij} 分布

a：40~80 m；b：80~120 m；c：120~160 m；d：160~200 m

表 3－3－6　IHI 高值分布区

水层/m	IHI 高值分布区	均　值
40~80	3°10′N~5°N、175°10′E~176°20′E， 0°40S~0°40′N、171°30′E~173°E(IHI>0.25)	0.10
80~120	0°55′S~0°40′N、169°50′E~170°30′E(IHI>0.15)	0.02
120~160	0°50′S~2°N、169°40′E~170°30′E(0.05<IHI<0.15)	0.01
160~200	普遍较低，IHI 值范围为 0~0.04	0.006
0~240	0°~1°10′S、169°10′E~170°40′E，1°10′S~2°N、173°50′E~176°55′E 和 3°N~5°N、 173°40′E~176°55′E(IHI>0.40)	0.14

表 3－3－5 中，40~80 m 水层，模型中包含温度、盐度、溶解氧含量、叶绿素 *a* 浓度、水平海流和垂直海流 6 个基本变量和 11 个交互作用项，所得到的回归模型是解释 CPUE 与这 17 个环境变量之间关系的最佳模型；80~120 m 水层，模型中包含温度、盐度、溶解氧含量、叶绿素 *a* 浓度、水平海流和垂直海流 6 个基本变量和 6 个交互作用项，所得到的回归模型是解释 CPUE 与这 12 个环境变量之间关系的最佳模型；120~160 m 水层，模型中包含温度、盐度、溶解氧含量和水平海流 4 个基本变量和 4 个交互作用项，所得到的回归模型是解释 CPUE 与这 8 个环境变量之间关系的最佳模型；160~200 m 水层，模型中包含温度、盐度、溶解氧含量、叶绿素 *a* 浓度、水平海流和垂直海流 6 个基本变量和 6 个交互作用项，所得到的回归模型是解释 CPUE 与这 12 个环境变量之间关系的最佳模型。

2009 年 34 个站点的数据建立的广义线性模型得到的 4 个水层内的黄鳍金枪鱼 IHI_{GLMij}

指数分布如图 3－3－3 所示。IHI 的较高值分布见表 3－3－6，不同水层 IHI_{GLMij} 指数分布有差异，但总体上 40～80 m 和 80～120 m 水层的 IHI 值较高，其他水层的 IHI 值较低。从 40～80 m 水层的 IHI 值分布来看，3°10′N～5°N、175°10′E～176°20′E 和 0°40S～0°40′N、171°30′E～173°E 的水域的 IHI 值较高（IHI>0.25），均值为 0.10；80～120 m 水层的 IHI 值相对较低，0°55′S～0°40′N、169°50′E～170°30′E 的 IHI 值相对较高（IHI>0.15），均值为 0.02；120～160 m 水层的 IHI 高值区主要分布在 0°50′S～2°N、169°40′E～170°30′E（0.05<IHI<0.15），均值为 0.01；160～200 m 水层的 IHI 普遍较低，IHI 值范围为 0～0.04，均值为 0.006。

3.4.2　站点 i 的渔获率 $CPUE_{GLMi}$

应用 GLM 回归得出，站点 i 的渔获率 $CPUE_{GLMi}$ 与对应站点的综合环境变量及其交互作用项的最佳模型为

$$\begin{aligned}\ln(CPUE_{GLMi} + 0.035) = &- 23.65 - 1.65T_i - 1\,090.33S + 1.31Ch_i + 2.92DO_i \\ &+ 340.60HC_i + 202.77WC_i + 4.16THC_i + 28.85SFIC_i \\ &+ 13.69SDO_i + 14.54SWC_i - 9.35ChHC_i - 5.66ChWC_i \\ &- 22.81DOWC_i \end{aligned} \tag{3-3-6}$$

式 3－3－6 中包含温度、盐度、溶解氧含量、叶绿素 a 浓度、水平海流和垂直海流 6 个基本变量以及它们的 7 个的交互作用项，共 13 个变量，该模型是解释 CPUE 与环境变量之间关系的最佳模型。

从 0～240 m 水体的 IHI 值分布来看（图 3－3－4），0°～1°10′S、169°10′E～170°40′E，1°10′S～2°N、173°50′E～176°55′E 和 3°N～5°N、173°40′E～176°55′E 的 IHI 值较高（IHI>

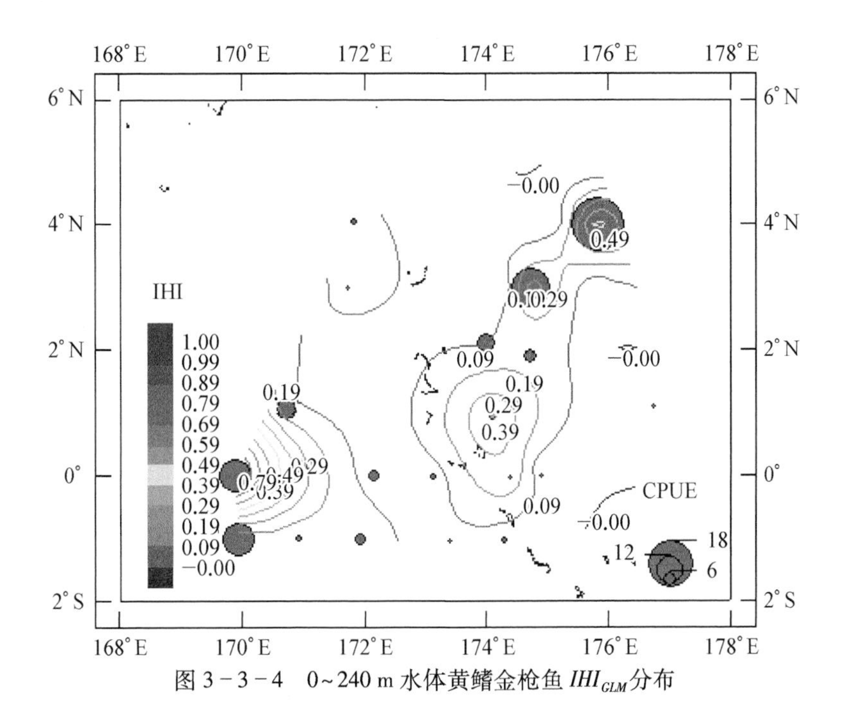

图 3－3－4　0～240 m 水体黄鳍金枪鱼 IHI_{GLM} 分布

0.40)，均值为 0.14；渔获率较高的区域主要分布在 1°10′S～1°30′N、169°50′E～175°30′E 和 1°40′N～4°30′N、173°40′E～176°55′E，可以得出较高的渔获率与较高的 IHI 值分布区域的一致性不太明显。

3.5 基于 GAM 的 IHI_{GAM} 指数

3.5.1 不同站点 i 不同水层 j 的渔获率 $CPUE_{GAMij}$

应用 GAM 得出，不同站点 i 不同水层 j 的渔获率 $CPUE_{GAMij}$ 的各参数见表 3－3－7。

表 3－3－7 最佳拟合方程的参数估计

参数	40～80 m	80～120 m	120～160 m	160～200 m
C_j(intercept)	1.111 5 $P=0.002$	0.129 7 $P=0.624$	−0.771 $P=0.022$	−1.796 3 $P=0.000$
$a_j(T_{ij})$	s(HC)	s(WC)	s(DO)	s(T)
$b_j(S_{ij})$	Fp 值＝0.072	Fp 值＝0.003	Fp 值＝0.042	Fp 值＝0.077
$c_j(Ch_{ij})$	R-sq.(adj)＝0.255	s(S)	s(WC)	s(S)
$d_j(DO_{ij})$	GCVscore＝0.547 7	Fp 值＝0.000	Fp 值＝0.050	Fp 值＝0.081
$e_j(HC_{ij})$		R-sq.(adj)＝0.529	R-sq.(adj)＝0.286	s(HC)
$f_j(WC_{ij})$		GCVscore＝3.004 8	GCVscore＝4.24	Fp 值＝0.059
				R-sq.(adj)＝0.46
				GCVscore＝3.075 4

40～80 m 水层，模型拟合结果表明，CPUE 与水平海流的关系较为密切，其 Fp 值为 0.072，该模型是解释 CPUE 与水平海流之间关系的最佳模型；180～120 m 水层，模型拟合结果表明，CPUE 的分布与垂直海流和盐度的关系较为密切，其 Fp 值分别为 0.003 和 0.000，该模型是解释 CPUE 与盐度和垂直海流之间关系的最佳模型；120～160 m 水层，模型拟合结果表明，CPUE 的分布与溶解氧含量和垂直海流的关系较为密切，其 F p 值分别为 0.042 和 0.050，该模型是解释 CPUE 与溶解氧含量和垂直海流之间关系的最佳模型；160～200 m 水层，模型拟合结果表明，CPUE 的分布与温度、盐度和水平海流的关系较为密切，其 Fp 值分别为 0.077、0.081 和 0.059，该模型是解释 CPUE 与温度、盐度和水平海流之间关系的最佳模型。

2009 年 34 个站点的数据建立的广义相加模型得到的 4 个水层内的黄鳍金枪鱼 IHI_{GAMij} 指数分布如图 3－3－5 所示。不同水层 IHI_{GAMij} 指数分布有差异，但总体上 40～80 m 和 80～120 m 水层的 IHI 值较高，其他水层的 IHI 值较低。从 40～80 m 水层的 IHI 值分布来看(表 3－3－8)，0°50′S～1°20′S、170°20′E～173°30′E 和 2°40′N～4°50′N、175°E～176°10′E 调查水域的 IHI 值较高(IHI>0.45)，均值为 0.21；80～120 m 水层的 IHI 值相对较低，2°N～5°N、173°E～176°10′E 水域的 IHI 值相对较高(IHI>0.40)，均值为 0.14；120～160 m 水层的 IHI 高值区主要分布在 0°20′S～1°10′S、170°20′E～172°20′E(0.10<IHI<0.25)，均值为 0.04；160～200 m 水层的 IHI 普遍较低，IHI 值范围为 0～0.15，均值为 0.02。

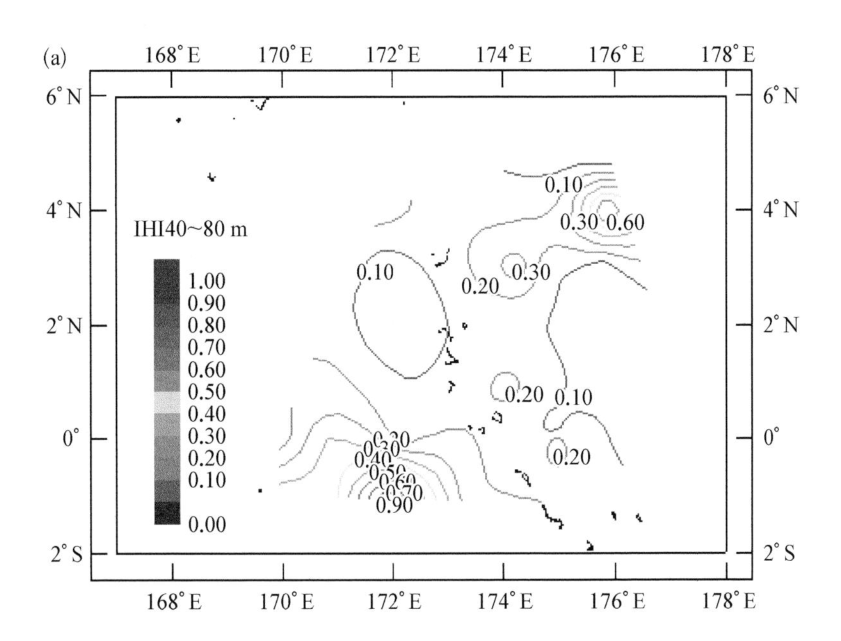
(a)
168° E
170° E
172° E
174° E
176° E
178° E
6° N
4° N
2° N
0°
2° S
IHI40~80 m
1.00
0.90
0.80
0.70
0.60
0.50
0.40
0.30
0.20
0.10
0.00

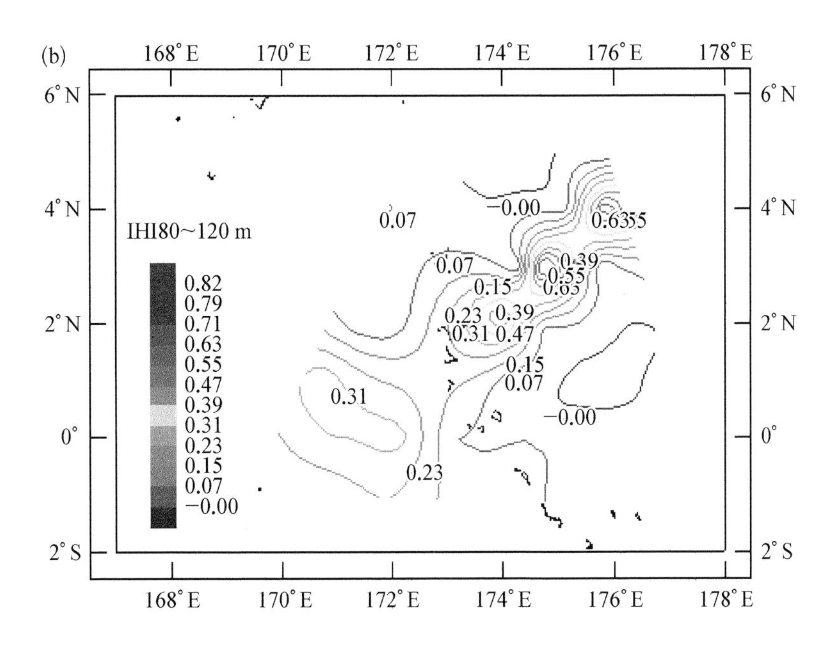
(b)
168° E
170° E
172° E
174° E
176° E
178° E
6° N
4° N
2° N
0°
2° S
IHI80~120 m
0.82
0.79
0.71
0.63
0.55
0.47
0.39
0.31
0.23
0.15
0.07
−0.00

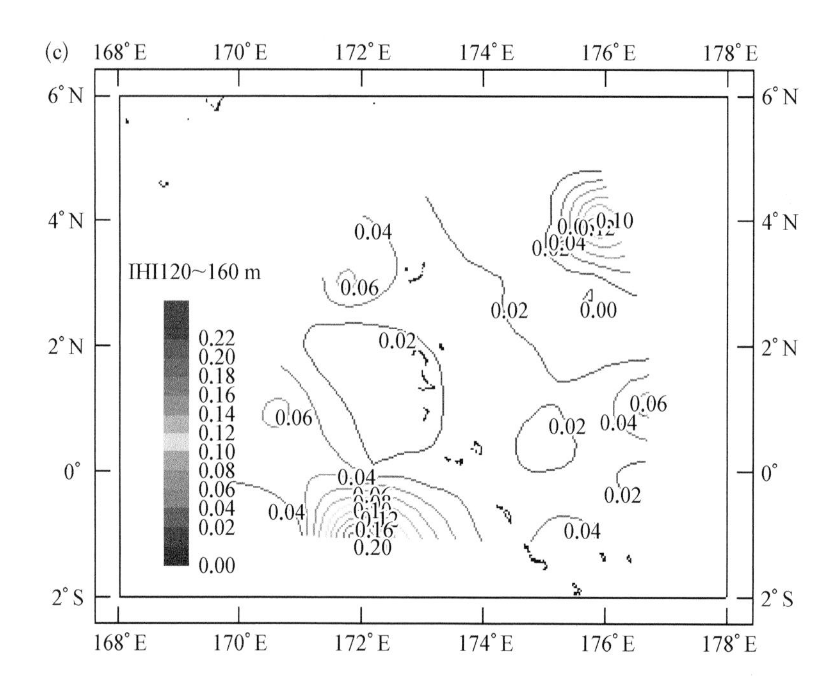

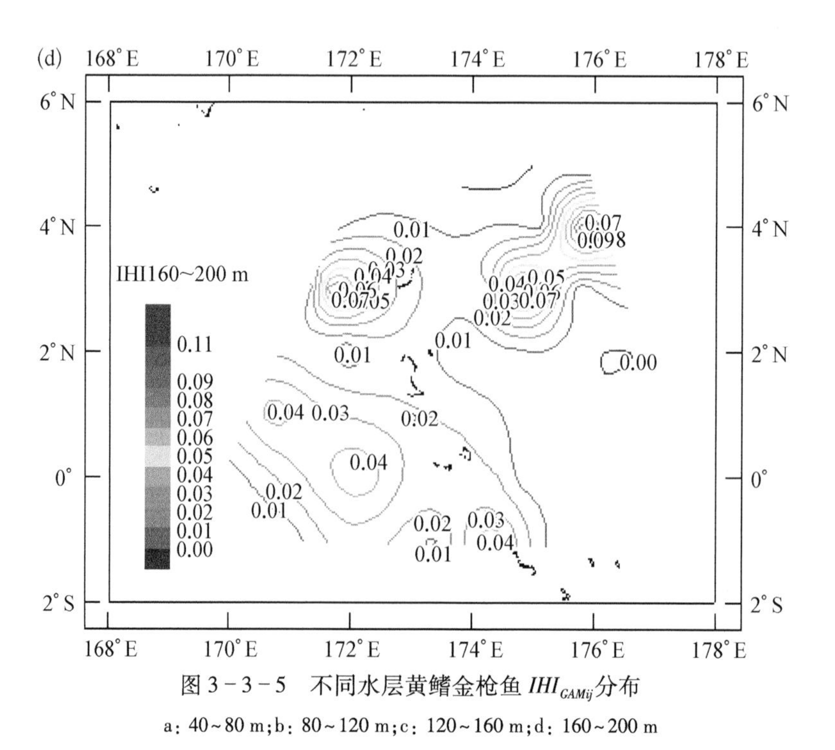

图 3－3－5 不同水层黄鳍金枪鱼 IHI_{GAMij}分布

a：40~80 m；b：80~120 m；c：120~160 m；d：160~200 m

表 3－3－8　IHI 高值分布区

水层/m	高值分布区	均　值
40～80	0°50′S～1°20′S、170°20′E～173°30′E 和 2°40′N～4°50′N、175°E～176°10′E(IHI>0.45)	0.21
80～120	2°N～5°N、173°E～176°10′E(IHI>0.40)	0.14
120～160	0°20′S～1°10′S、170°20′E～172°20′E(0.10<IHI<0.25)	0.04
160～200	普遍较低,IHI 值范围为 0～0.15	0.02
0～240	0°30′S～2°50′N、169°50′E～170°40′E,0°40′S～2°50′N、173°10′E～174°10′E 和 3°50′N～4°30′N、175°30′E～176°10′E(IHI>0.40)	0.21

3.5.2　站点 i 的渔获率 $CPUE_{GAMi}$

GAM 回归得出站点 i 的渔获率 $CPUE_{GAMi}$ 与对应站点的综合环境变量及其交互作用项的最佳模型方程为

$$\ln(CPUE_i + 0.035) = -0.16 + s(T_i) + s(WC_i) \tag{3-3-7}$$

式 3－3－7 中仅包含温度和垂直海流 2 个变量,该模型是解释 CPUE 与环境变量之间关系的最佳模型。

从 0～240 m 水体的 IHI 值分布来看(图 3－3－6),0°30′S～2°50′N、169°50′E～170°40′E,0°40′S～2°50′N、173°10′E～174°10′E 和 3°50′N～4°30′N、175°30′E～176°10′E 调查水域的 IHI 值较高(IHI>0.40),均值为 0.21;较高渔获率主要分布在 1°10′S～1°30′N、169°50′E～175°30′E 和 1°40′N～4°30′N、173°40′E～176°55′E,可以得出较高的渔获率与较高 IHI 区域分布一致性不太明显。

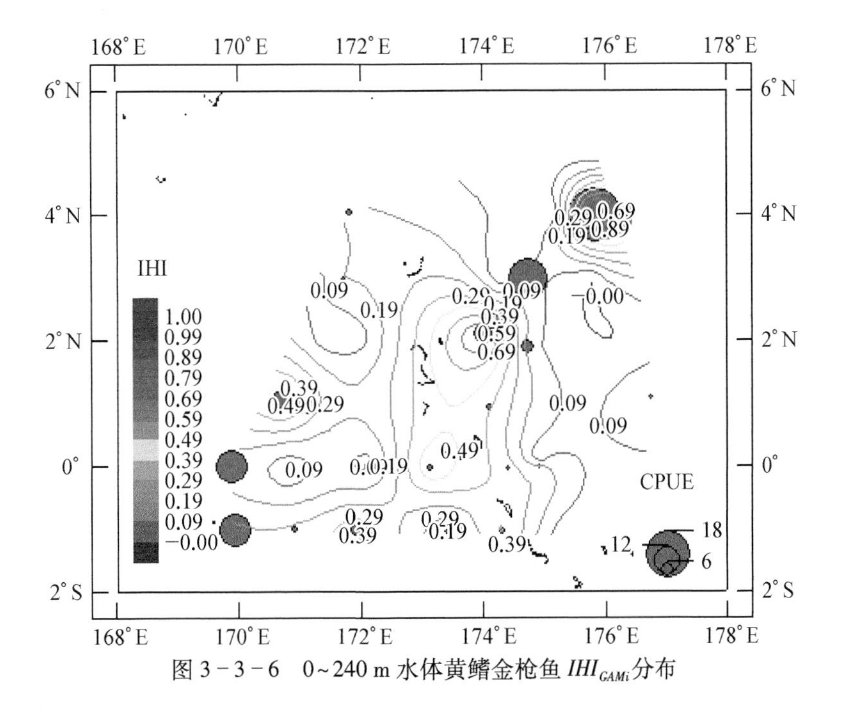

图 3－3－6　0～240 m 水体黄鳍金枪鱼 IHI_{GAMi} 分布

3.6 模型预测能力检验

应用 Pearson 相关系数方法[58]分别计算各个站点、各水层的 IHI_{ij} 预测值与各个站点、各水层中实测 $CPUE_{ij}$ 间的 Pearson 相关系数，根据相关系数来判断模型的预测能力，结果见表 3－3－9。应用非参数检验 Wilcoxon 符号秩检验的方法[59]分别计算预测 CPUE 与各个站点、各水层中实测 CPUE 之间的关系，检验结果见表 3－3－10。

表 3－3－9 各水层预测的 IHI_{ij} 值与实测 $CPUE_{ij}$ 间的 Pearson 相关系数

水　层	QRM	GLM	GAM
40～80 m	0.405	0.401	0.43
80～120 m	0.40	0.33	0.82
120～160 m	0.59	0.29	0.40
160～200 m	0.46	0.26	0.73
各层算术平均值	0.47	0.43	0.60

表 3－3－10 名义 CPUE 与各模型估计的 CPUE 以及各模型估计的 CPUE 间的 Wilcoxon 符号秩检验结果

项　目		40～80 m	80～120 m	120～160 m	160～200 m	整个水体
$CPUE_{QRM}$与	Z^a	−4.87	−4.86	−4.58	−4.99	−0.453
名义 $CPUE$	P 值（双尾）	<0.001	<0.001	<0.001	<0.001	0.651
$CPUE_{GLM}$与	Z^a	−3.10	−2.74	−1.393	−0.692	−0.419
名义 $CPUE$	P 值（双尾）	0.002	0.006	0.164	0.489	0.675
$CPUE_{GAM}$与	Z^a	−2.16	−2.18	−1.667	−1.65	−2.812
名义 $CPUE$	P 值（双尾）	0.031	0.029	0.096	0.099	0.005
$CPUE_{QRM}$与	Z^a	−4.83	−4.88	−4.90	−5.02	−1.205
$CPUE_{GLM}$	P 值（双尾）	<0.001	<0.001	<0.001	<0.001	0.228
$CPUE_{QRM}$与	Z^a	−5.04	−5.02	−5.02	−5.09	−3.377
$CPUE_{GAM}$	P 值（双尾）	<0.001	<0.001	<0.001	<0.001	0.001
$CPUE_{GLM}$与	Z^a	−0.71	−1.55	−0.33	−1.103	−2.094
$CPUE_{GAM}$	P 值（双尾）	0.478	0.122	0.739	0.270	0.036

[a] 是基于正的秩和等级

由表 3－3－9 可知，总体来说由 GAM 模型得到的 Pearson 相关系数普遍较高，均值为 0.60，其次是 QRM 模型，均值为 0.47，GLM 模型除了 40～80 m 水层相关系数较高外，其余的普遍较低，均值为 0.43。GAM 模型的性质表明，其更能反映自变量与因变量之间的非线性关系，这与本研究结果中由 GAM 模型得到的 Pearson 相关系数较高一致。因此，GAM 在研究影响黄鳍金枪鱼分布的因子分析中比较有效，更能反映黄鳍金枪鱼渔获率与环境因子之间的非线性关系。

由表3-3-10可知,对于不同水层,Wilcoxon符号秩检验结果表明:名义CPUE与$CPUE_{QRM}$有较大的显著相关性($P<0.001$);名义CPUE与$CPUE_{GLM}$只在40~80 m和80~120 m水层存在较大的显著相关性($P<0.05$);名义CPUE与$CPUE_{GAM}$也是只在40~80 m和80~120 m水层有较大的显著相关性($P<0.05$),但是由于所有水层的P值都小于0.1,因此它们都有一定的相关性;由分位数回归模型估计得到的$CPUE_{QRM}$与由GLM模型和GAM模型得到的估计CPUE有显著相关性,而由GLM模型和GAM模型得到的估计CPUE之间无显著相关性,这与它们反应的变量与自变量之间的线性和非线性关系有关。对于0~240 m水体,Wilcoxon符号秩检验结果表明:$CPUE_{QRM}$、$CPUE_{GLM}$、$CPUE_{GAM}$和名义CPUE之间,除了$CPUE_{GAM}$与名义CPUE、$CPUE_{QRM}$与$CPUE_{GAM}$、$CPUE_{GLM}$与$CPUE_{GAM}$存在显著相关性外($P<0.05$),其他都无显著相关性($P>0.1$)。综上所述,QRM模型在根据观测渔获率和环境因子预测潜在渔获率方面比较有效。

3.7 模型验证

不同水层IHI_j的算术平均值与对应各水层的黄鳍金枪鱼$CPUE_j$算术平均值的变化趋势比较见图3-3-7。由图3-3-7得,各模型得到的各水层IHI算术平均值中,三个模型得到的IHI变化趋势都与名义CPUE的变化趋势有一定的一致性,但是分位数回归模型(QRM)得到的结果与各水层名义CPUE的算术平均值的趋势更为一致,其次是广义线性相加模型(GAM),再次是广义线性模型(GLM)。

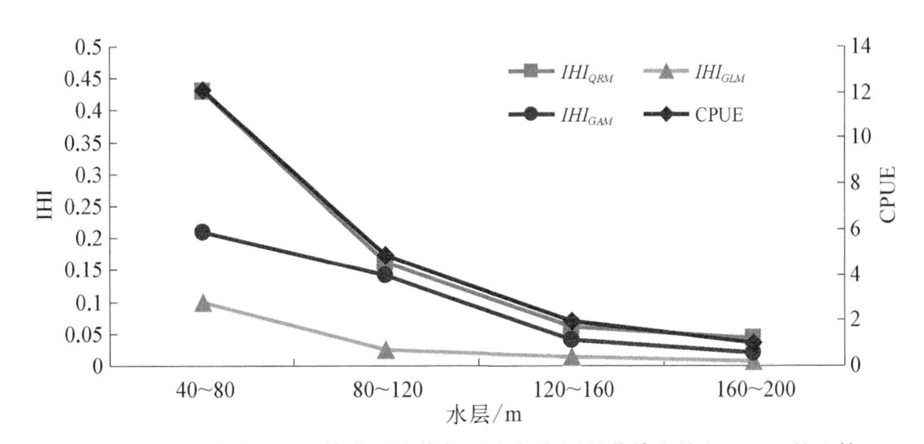

图3-3-7 各水层IHI算术平均值与对应各水层的黄鳍金枪鱼CPUE的比较

把2010年在吉尔伯特群岛调查海域实测的海洋环境数据输入到用三种方法建立的IHI模型中,对于40~80 m水层,Wilcoxon符号秩检验结果表明,由QRM估计得到的CPUE与名义CPUE有显著相关性($P=0.02$),由GLM得到的CPUE与名义CPUE则有显著相关性($P<0.001$),而由GAM得到的CPUE与名义CPUE无显著相关性($P=0.255$),所以QRM和GLM建立的IHI模型预测能力较好。对于40~80 m水层IHI值与名义CPUE的叠图见图3-3-8,由三种模型得到IHI分布图可以看出(图3-3-8),由QRM和GAM模型得到

的 IHI 预测指数的高值区与渔获率较高的区域几乎一致，由 GLM 得到的 IHI 预测指数的高值区与渔获率较高的区域有较大的差异，结合 Wilcoxon 符号秩检验结果，QRM 模型的预测能力较强，GLM 和 GAM 预测能力较弱。

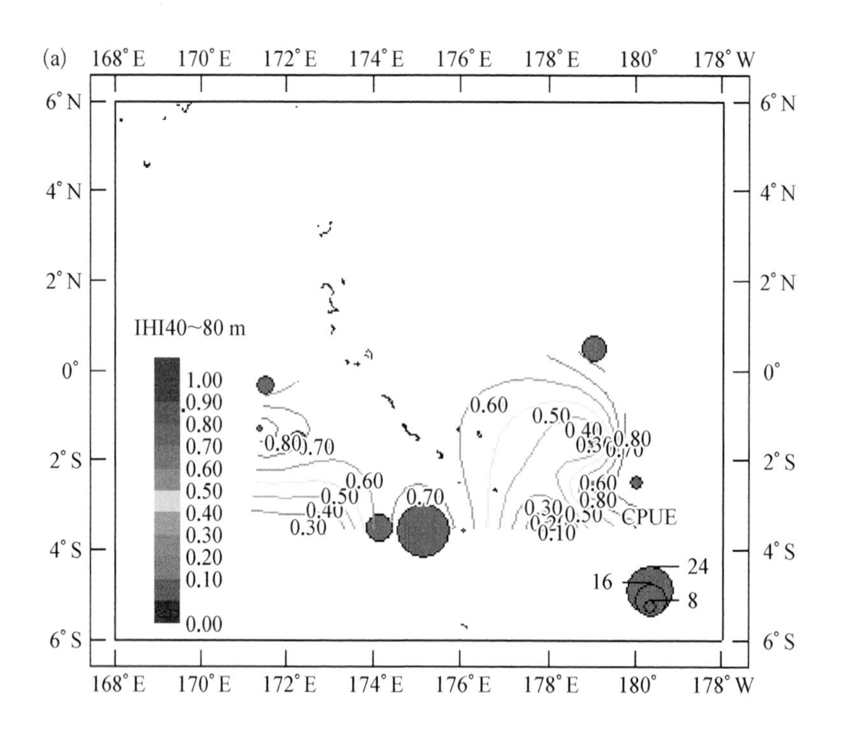

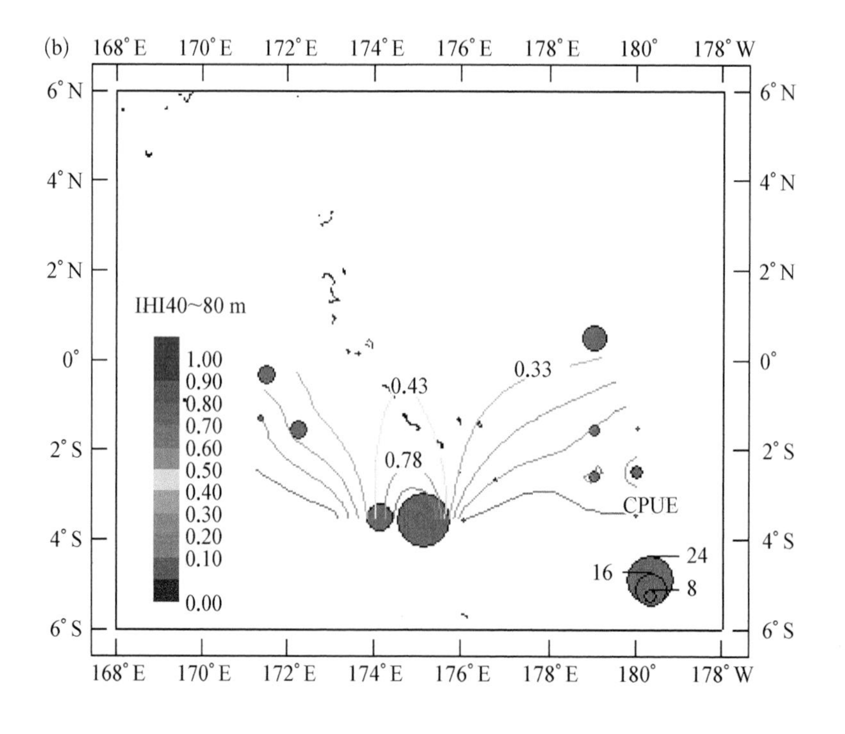

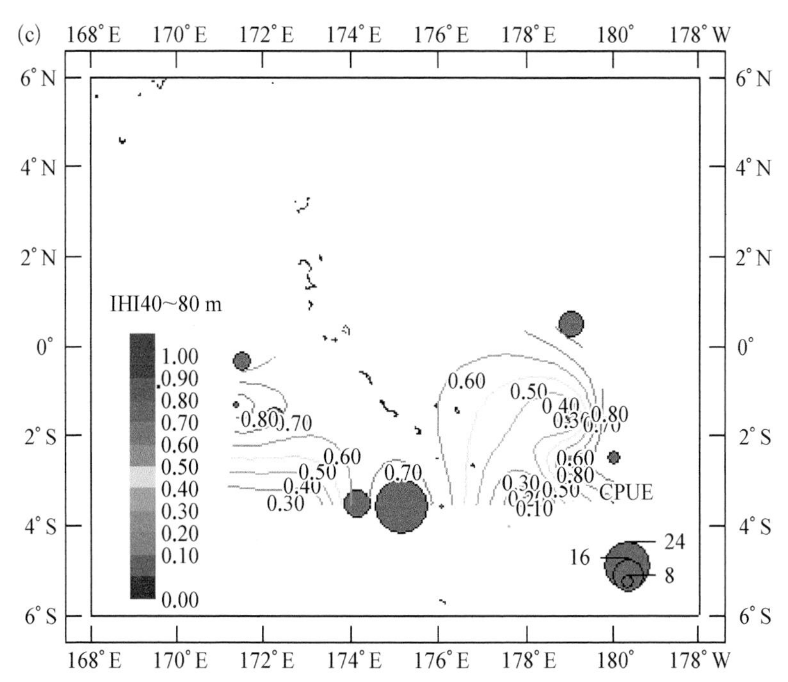

图 3-3-8　基于三种模型得到的 2010 年调查期间 40~80 m 水层的 IHI 及名义 CPUE 分布

a：QRM；b：GLM；c：GAM

把 2010 年在吉尔伯特群岛调查海域实测的海洋环境数据输入到用三种方法建立的 IHI 模型中，对于 0~240 m 整个水体，Wilcoxon 符号秩检验结果表明，由 QRM 估计得到的 CPUE 与名义 CPUE 有显著相关性（$P=0.002$），由 GLM 得到的 CPUE 与名义 CPUE 无显著相关性（$P=0.605$），由 GAM 得到的 CPUE 与名义 CPUE 也无显著相关性（$P=0.408$），所以由 QRM 建立的 IHI 模型预测能力较好。对于 0~240 m 整个水体的 IHI 值与名义 CPUE 的叠图见图 3-3-9，由图 3-3-9 可以看出，三种模型的预测能力都较强，但是由 QRM 得到的 IHI 预测

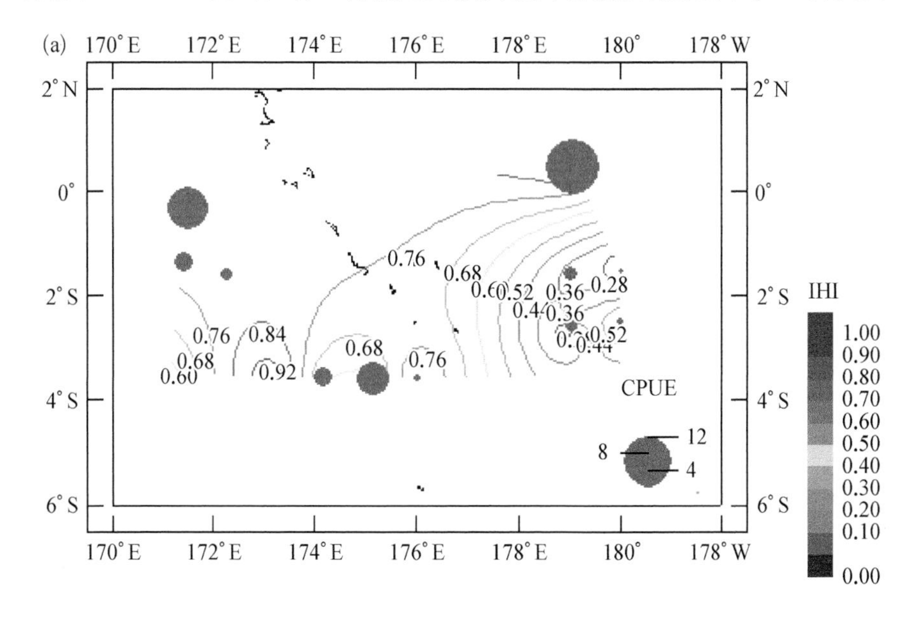

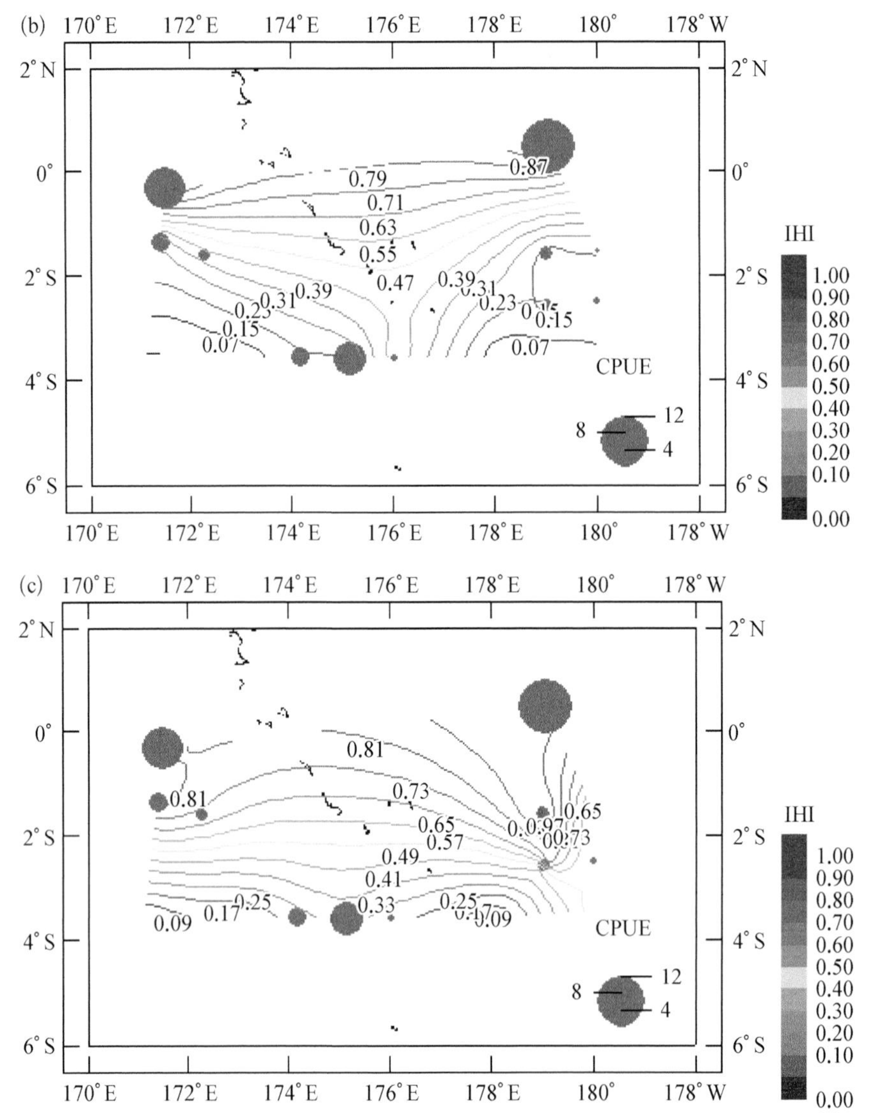

图 3-3-9 基于三种模型得到的 2010 年调查期间 0~240 m 水体的 IHI 值及名义 CPUE 分布

a: QRM; b: GLM; c: GAM

值的高值区与渔获率较高的区域几乎一致，由 GLM 和 GAM 得到的 IHI 预测值的高值区与渔获率较高的区域分布相差较大。因此，QRM 模型的预测能力较强，GLM 和 GAM 模型的预测能力较弱。

4 讨 论

4.1 影响黄鳍金枪鱼分布的环境因子

不同的建模方法，得到的影响黄鳍金枪鱼栖息地分布的因子有一定的差异，见表 3-4-1。

表 3-4-1　三个模型中各水层影响黄鳍金枪鱼分布的环境因子

水层/m	40~80	80~120	120~160	160~200
QRM	T、WC	Ch、HC、WC	T、WC	T、HC
GLM	T、S、DO、Ch、HC 和 WC	T、S、DO、Ch、HC 和 WC	T、S、DO、Ch、HC 和 WC	T、S、DO、Ch、HC 和 WC
GAM	HC	S、HC	DO、WC	T、S、HC

不同的水层中 GLM 包括的环境变量最多，QRM 包括的环境变量较少并也包括在 GLM 模型中，GAM 包括的环境变量较少并与 GLM 和 QRM 有所不同。结果表明，同一模型不同水层中影响黄鳍金枪鱼渔获率的环境变量都不相同，这可能是不同的水层影响黄鳍金枪鱼分布的主要环境变量不同。QRM 具有很强的对限制性效果进行估计的作用[31,]，并且能根据对生物体有约束的部分限制因素预测生物体的分布，所以其模型中包含的环境变量较少。GAM 中，每个独立变量不对其他变量产生依赖，更适用于表达解释变量和 CPUE 之间的关系，因此，其模型中包括的环境变量较少并与 GLM 和 QRM 有所不同。

4.2　不同水层 IHI_{QRMij}、IHI_{GLMij}、IHI_{GAMij}

本章结合黄鳍金枪鱼垂直分布以及延绳钓作业的特点，采用分水层的方法研究，水深从 0~240 m，每 40 m 定为一个水层，共分为 6 个水层。由于 0~40 m 和 200~240 m 水层的渔获率几乎为零，误差较大，仅拟合了 40~80 m、80~120 m、120~160 m、160~200 m 这 4 个水层的模型。

由图 3-3-1、3-3-3、3-3-5 可知，三个模型拟合的各水层的 IHI_{ij} 值分布各不相同，而由 QRM 模型得到的高值分布区较广，其次是 GAM 模型得到的 IHI_{ij} 值，GLM 模型得到的 IHI_{ij} 值的高值分布区较小，同时高值分布区也不完全相同，这可能与 QRM 使用的高分位数回归拟合模型，使得模型的拟合精度有了很大的提高。三个模型中 40~80 m 和 80~120 m 水层的 IHI_{ij} 值较高，表明黄鳍金枪鱼主要分布在这两个水层。以后的捕捞或者调查研究中可以着重考虑这一区域(40~120 m)的环境变量以及黄鳍金枪鱼的渔获率来研究黄鳍金枪鱼的栖息地分布。

由图 3-3-7 可知，QRM 得到的各水层 IHI 预测指数的均值分布趋势与名义 CPUE 几乎一致，其次是 GAM 得到的预测指数，GLM 得到的预测指数分布趋势与名义 CPUE 相差较大，这可能与模型建立的原理有关，QRM 模型是取高分位数下的最佳模型，推测各个水层内的潜在相对资源密度，而 GLM 模型拟合的最佳模型是观测渔获率的相对资源密度的估算，比较能反映现实的渔获率与环境因子的关系[39]。GAM 模型是反映变量与应变量之间的内在非参数关系，也就是反映渔获率分布与各因子之间的内在非线性关系，因此从潜在相对资源密度的估算和与环境变量的关系来看，QRM 和 GAM 模型拟合的结果比较有意义，但是 QRM 比较适用于潜在渔获率的估算研究，而 GAM 比较适用于环境因子的选择研究。

4.3　$\overline{IHI}_{QRMi}$、$\overline{IHI}_{GLMi}$、$\overline{IHI}_{GAMi}$

三个模型对 0~240 m 水体的 IHI 研究的结果具有一定的可靠性。三个模型得到 $\overline{IHI}_i$ 高值区几乎都在相同的区域,模型的拟合能力较强(图 3-3-2、图 3-3-4、图 3-3-6)。分位数回归模型得到的$\overline{IHI}_{QRMi}$高值区主要分布在 0°S~1°10′S、169°10′E~170°40′E,1°10′S~2°N、173°50′E~176°55′E 和 3°N~5°N、173°40′E~176°55′E(IHI>0.40)水域,均值为 0.40;广义线性模型得到的$\overline{IHI}_{GLMi}$的高值区主要分布在 0°S~1°10′S、169°10′E~170°40′E,1°10′S~2°N、173°50′E~176°55′E 和 3°N~5°N、173°40′E~176°55′E(IHI>0.40)水域,均值为 0.14;广义相加模型得到的$\overline{IHI}_{GAMi}$值高值区主要分布在 0°30′S~2°50′N、169°50′E~170°40′E,0°40′S~2°50′N、173°10′E~174°10′E 和 3°50′N~4°30′N、175°30′E~176°10′E(IHI>0.40),均值为 0.21,由此可见,三个模型得到的 IHI 预测指数的高值区几乎一致。

4.4 IHI 模型的有效性

从三个模型估计得到的 IHI 值看,IHI 模型具有一定的适用性和准确度,通过建立 IHI 模型来分析黄鳍金枪鱼的空间分布对于大洋性鱼类栖息地的研究有一定的参考价值。

从本章三种方法建立的 IHI 模型的结果来看,IHI 模型基本上反映了探捕试验期间黄鳍金枪鱼钓获率的分布情况。由图 3-3-7 可以看出,三个模型中 QRM 模型得到的各层 IHI 算术平均值与对应各水层的黄鳍金枪鱼 CPUE 的变化趋势较为一致。表 3-3-10 中,Wilcox 符号秩检验结果表明,由 QRM 得到的各水层的估计 CPUE 与名义 CPUE 都有显著相关性($P<0.001$);由 GLM 模型得到的各水层估计 CPUE 与名义 CPUE 在 40~80 m、80~120 m 两个水层都有显著相关性($P<0.01$);由 GAM 模型得到的各水层估计 CPUE 与名义 CPUE 在 40~80 m、80~120 m 两个水层都有显著相关性($P<0.05$),在 120~160 m、160~200 m 两个水层都有一定的相关性($0.05<P<0.1$),因此所求的 CPUE 具有统计意义。图 3-3-8 中,由 QRM 和 GAM 估计的 13 个站点的 IHI 值其分布趋势基本上与整个调查区域的名义 CPUE 分布一致,但是 Wilcoxon 符号秩检验结果表明 QRM 得到的结果更有统计意义,因此 QRM 得到的 IHI 的预测能力较强,GLM 和 GAM 相对较弱。图 3-3-9 中,利用 13 个站点估计的 0~240 m 水体的 IHI 值分布与名义的渔获率分布表明,QRM 得到的 IHI 预测指数的高值区与渔获率较高的区域分布一致,Wilcoxon 符号秩检验结果也表明 QRM 得到的结果更有统计意义,因此 QRM 得到的 IHI 的预测能力较强,其次是 GLM,GAM 的预测能力较弱。但是所使用的 13 个站点的数据较少,对于整个水域,很难全面预测渔获率的分布,在以后的研究中,应该增加调查站点的数量,减少其误差。总之,通过 QRM 方法建立 IHI 模型研究黄鳍金枪鱼的分布具有一定的有效性,在将来的研究中,应采用时间序列更长、调查水域范围更广的数据输入到模型中研究大洋性鱼类的分布。

4.5 QRM、GLM、GAM 模型的比较

不同水层的 Wilcoxon 符号秩检验结果表明(表 3-3-10),QRM 与 GLM、GAM 模型估计的 CPUE 有显著相关性($P<0.001$),GLM 和 GAM 模型估计的 CPUE 无显著相关性($P>0.1$),这可能是因为 GLM 模型趋向于描述变量与自变量之间的线性关系,而 GAM 模型更倾向于描述变量与自变量之间的非线性关系。0~240 m 水体的 Wilcoxon 符号秩检验结果表明

(表 3 - 3 - 10),QRM 与 GAM 模型的估计 CPUE 有显著相关性($P = 0.001 < 0.01$),GLM 和 GAM 模型的估计 CPUE 也有显著相关性($0.01 < P = 0.036 < 0.05$)。图 3 - 3 - 7 中,各层 IHI 算术平均值与对应各水层的黄鳍金枪鱼 CPUE 的变化趋势表明,三种模型得到各水层黄鳍金枪鱼的 IHI 值与名义 CPUE 值趋势都较为接近,但是 QRM 得到的 IHI 与名义 CPUE 更接近,其次是 GAM。利用 2010 年实测环境数据计算得到的 13 个站点的 40~80 m 水层的 IHI 值与这 13 个站点的名义 CPUE 值的高值分布区(图 3 - 3 - 8)和 Wilcoxon 符号秩检验结果表明,QRM 得到的 IHI 值能更好地预测 CPUE 的分布。利用 2010 年实测环境数据计算得到的 13 个站点的 0~240 m 水体的 IHI 值与这 13 个站点的名义 CPUE 值的高值分布区(图 3 - 3 - 9)和 Wilcoxon 符号秩检验结果表明,QRM 得到的 IHI 值能更好地预测 CPUE 的分布。但是 0~240 m 水体的水层范围较大,栖息地的环境变量较为复杂,而且用于输入模型的数据来自 13 个站点,对于预测整个调查区域的渔获率有一定的局限性,结果还需要多次的验证。但是总体来说,建立 IHI 模型对于预测各水层的黄鳍金枪鱼空间分布仍具有有效性。

比较结果表明,QRM 建立的 IHI 指数模型最为有效。尽管 GAM 模型在反映影响黄鳍金枪鱼分布的因子选择方面也很适用,而 QRM 的高分位数回归对于研究黄鳍金枪鱼的潜在渔获率空间分布方面较好,且进入模型的变量较少,能够较好地反映潜在渔获率的分布。GAM 模型在研究影响黄鳍金枪鱼分布的因子分析中比较有效,能反映黄鳍金枪鱼渔获率与环境因子之间的非线性关系;GLM 模型比较适用于反映现实的渔获率与环境因子的关系。因此,预测黄鳍金枪鱼潜在渔获率的分布时,QRM 模型预测能力最强,其次是 GAM 模型,再次是 GLM 模型。

4.6 不足与展望

本章的延绳钓钓钩深度计算模型是采用多元线性逐步回归的方法,建立实测的平均钓钩深度与理论钓钩深度之间的关系模型,然后根据理论钓钩深度计算出钓钩的预测深度。因此,钓钩深度计算模型的准确性,直接关系到各环境变量值,钓钩深度计算模型需要进一步完善,以提高钓钩深度计算的准确性。

本研究结果仅仅是由连续两年,共六个月的调查数据所得,作业海域在时间及空间上都缺乏连续性,而且仅考虑了渔获率与温度、盐度、溶解氧含量、叶绿素 *a* 浓度、水平海流和垂直海流 6 个环境因素及其交互作用之间的关系,具有一定的局限性。黄鳍金枪鱼的栖息地分布可能与大量的环境因子、饵料生物有关,也有可能受性成熟度、生理特性等影响,需要做更进一步的研究。

该研究得出的结果仅限于调查的吉尔伯特群岛海域,对其他海域,结果有待进一步验证。不同海域的环境因子也有很大的差异,影响黄鳍金枪鱼垂直分布和行为特性的因素也较复杂。同时,黄鳍金枪鱼是高度洄游种类,其分布的范围较广、游泳速度快,对于黄鳍金枪鱼的栖息地分布情况,需要有更广的水域和较长的时间序列的数据来进行研究,并且需要多次的验证。因此今后应收集更广海域的数据,利用 5~10 年在同一海域的调查数据进行分析,则得到的结果更可靠。

5 小　　结

5.1 创新点

目前,还未见同时应用广义线性模型(GLM)、广义相加模型(GAM)和分位数回归方法(QRM)对黄鳍金枪鱼的栖息地综合指数(IHI)进行研究并比较其结果的报道,本章通过应用广义线性模型、广义相加模型和分位数回归方法对黄鳍金枪鱼的栖息地综合指数进行研究,并对三种方法得出的结果进行比较,确定研究黄鳍金枪鱼栖息地综合指数的最佳方法为分位数回归方法,从而得出研究黄鳍金枪鱼空间分布的具体方法,具有创新性,而且该研究结果对于研究金枪鱼类的行为特性、渔情预报等都具有一定的参考意义。

5.2 结论

分位数回归模型比较适合对黄鳍金枪鱼在吉尔伯特群岛海域不同水层的潜在资源丰度分布进行预测;广义相加模型在研究影响黄鳍金枪鱼分布的因子分析中比较有效,能反映黄鳍金枪鱼渔获率与环境因子之间的非线性关系;广义线性模型比较适用于反映现实的渔获率与环境因子的关系。

在2009年的吉尔伯特群岛调查海域,黄鳍金枪鱼主要分布在40~120 m水层,且各水层黄鳍金枪鱼的分布密度不同,影响黄鳍金枪鱼分布的因子随不同水层有所不同。在40~80 m水层,黄鳍金枪鱼的IHI预测指数的较高值主要分布在0°~1°30′N、175°E~176°50′E和3°N~5°30′N、174°40′E~176°50′E(IHI>0.52)水域,均值为0.43;在80~120 m水层,黄鳍金枪鱼的IHI预测指数的较高值主要分布在3°30′N~5°N、175°50′E~176°50′E和1°S~0°30′N、171°20′E~172°20′E(IHI>0.35)水域,均值为0.16;在120~160 m水层,黄鳍金枪鱼的IHI预测指数的较高值主要分布在3°20′N~5°N、175°20′E~176°50′E(0.25<IHI<0.35)水域,均值为0.06;在160~200 m水层,黄鳍金枪鱼的IHI预测指数值普遍较低,IHI值范围为0~0.1,均值为0.04;在0~240 m水体,黄鳍金枪鱼的IHI预测指数的较高值主要分布在1°10′S~0°20′S、169°50′E~172°20′E,1°30′S~1°50′N、174°E~176°55′E和3°30′N~5°N、172°30′E~176°55′E(IHI>0.40)调查水域,均值为0.40。

参考文献

[1] Antonio J, Alberto AB, and Susana MA, et al. Spatial analysis of yellowfin tuna (*Thunnus albacores*) catch rate and its relation to El Nino and La Nina events in the eastern tropical Pacific[J]. Deep-Sea Res Ⅱ, 2004, 51(5/6): 575~586.

[2] Korsmeyer KE, Lai NC, Shadwick RE, et al. Heart rate and stroke volume contributions to cardiac output in swimming yellowfin tuna: response to exercise and temperature[J]. Exp Biol, 1997,200(14): 1975~1986.

[3] Nishida T, Mohri M, Itoh K, et al. Study of bathymetry effects on the nominal hooking rates of yellowfin tuna (*Thunnus albacares*) and bigeye tuna (*Thunnus obesus*) exploited by the Japanese tuna longline fisheries in the Indian Ocean[R]. IOTC Proceedings, 2001(4): 191~206.

[4] Mohri M and Nishida T. Consideration on distribution of adult yellowfin tuna (*Thunnus albacares*) in the Indian Ocean

based on Japanese tuna longline fisheries and survey information[R]. IOTC Proceedings, 2000(3): 276~282.

[5] Song LM, Zhang Y, Xu LX, et al. Environmental preferences of longlining for yellowfin tuna(*Thunnus albacares*) in the tropical high seas of the Indian Ocean[J]. Fisheries Oceanography, 2008, 17(4): 239~253.

[6] Song LM, Wu YP. Standardizing CPUE of yellowfin tuna (*Thunnus albacares*) longline fishery in the tropical waters of the northwestern Indian Ocean using a deterministic habitat-based model[J]. J Oceanogr, 2011, 67: 541~550.

[7] Schaefer KM. Spawning time, frequency, and batch fecundity of yellowfin tuna, *Thunnus albacares*, near Clipperton Atoll in the eastern Pacific Ocean[J]. Fish Bull, 1996, 94: 98~112.

[8] Cayre. Behavior of yellowfin tuna (*Thunnus albacares*) and skipjack tuna (*Katsuwonus pelamis*) around fish aggregating devices(FADs) in the Comoros Islands as determined by ultrasonic tagging[J]. Aquat Living Resour, 1991, 4(1): 1~12.

[9] Romena NA. Factors affecting distribution of adult yellowfin tuna (*Thunnus albacares*) and its reproductive ecology in the Indian Ocean based on Japanese tuna longline fisheries and survey information [R]. IOTC Proceedings, 2001 (4): 336~389.

[10] Bigelow KA, Boggs CH, He X. Environmental effects on swordfish and blue shark catch rates in the US North Pacific longline fisher[J]. Fish Oceanogr, 1999, 8: 178~198.

[11] Punt AE, Walker TI, Taylorb BL, et al. Standardization of catch and effort data in a spatially-structured shark fishery[J]. Fish Res, 2000, 45: 129~145.

[12] Campbell RA.CPUE standardization and the construction of indices of stock abundance in a spatially varying fishery using general linear models[J]. Fish Res, 2004, 70: 209~227.

[13] Allen R and Punsly R. Catch rates as indices of abundance of yellowfin tuna, *Thunnus albacares*, in the eastern Pacific Ocean[R]. Bull Inter-Amer Trop Tuna Comm, 1984, 18(4): 301~379.

[14] Shono H, Okamoto H, Nishida T. Standardized cpue for yellowfin tuna (*Thunnus albacares*) of the Japanese longline fishery in the indian ocean by generalized linear models[R]. IOTC Proceedings, 2002(5): 240~247.

[15] Maury O, Gascuel D, Marsac F, et al. Hierarchical interpretation of nonlinear relationships linking yellowfin tuna (*Thunnus albacares*) distribution to the environment in the Atlantic Ocean.[J]. Fish Aquat Sci, 2001, 58.

[16] Wise B, Bugg A, Barratt D, et al. Standardisation of japanese longline catch rates for yellowfin tuna in the indian ocean using gam analyses[R]. IOTC Proceedings, 2002(5): 226~239.

[17] Clark RD, Minello TJ, Christensen JD, et al. Modeling nekton habitat use in Galveston Bay, Texas: an approach to define essential fish habitat[R]. NOAA/NOS Biogeography Program, Silver Spring, Maryland and National Marine Fisheries Service, Galveston, Texas, 1999.

[18] Labonne J, Allouche S, Gaudin P.Use of a generalized linear model to test habitatpreferences: the example of *Zingel asper*, an endemic endangered percid of the River RhÔne[J].Freshwater Biology, 2003, 48: 687~697.

[19] Okamoto H, Miyabe N. Standardized Japanese longline CPUE for bigeye tuna in the Indian Ocean up to 2001[R]. IOTC Proceedings, 2003(6), 96~104.

[20] Okamoto H, Miyabe H, Shono H.Standardized Japanese longline CPUE for bigeye tuna in the Indian Ocean up to 2002 with consideration on gear categorization[R]. IOTC-2004-WPTT-09, 2004: 1~14.

[21] Norcross BL, Blanchard A, Holladay BA. Comparison of models for defining near shore flatfish nursery areas in Alaskan waters[J]. Fish Oceanogr, 1999, 8: 50~67.

[22] Guay JC, Boisclair D, Rioux D, et al. Development and validation of numerical habitat models for juveniles of Atlantic salmon (*Salmo salar*)[J]. Fish Aquatic Sci, 2000, 57: 2065~2075.

[23] Norcross BL, MÜter FJ, Holladay BA .Habitat models for juvenile pleuronectids around Kodiak Island, Alaska[J]. Fish Bull, 1997, 95: 504~520.

[24] Turgeon K, Rodríguez MA.Predicting microhabitat selection in juvenile Atlantic salmon *Salmo salar* by the use of logistic regression and classification trees[J]. Freshwater Biology, 2005, 50: 539~551.

[25] Brown SK, Buja KR, Jury SH, et al. Habitat suitability index models for eight fish and invertebrate species in Casco and Sheepscot Bays[J]. Maine North American Journal of Fisheries Management, 2000, 20: 408~435.

[26] 宋利明.印度洋大眼金枪鱼栖息地综合指数研究——基于延绳钓渔船调查数据[D].上海：上海海洋大学,2008.

[27] Bigelow K, Maunder M, Hinton M. Comparison of deterministic and statistical habitat-based models to estimate effective longline effort and standardized CPUE for bigeye and yellowfin tuna[R]. SCTB16 Working Paper RG－3, 2003：1～18.

[28] Terrell JW, Cade BS, Carpenter J, et al. Modeling stream fish habitat limitation from wedge-shaped patterns of variation in standing stock[J]. Trans Am Fish Soc, 1996,125：104～117.

[29] Koenker R, Bassett G. Regression quantiles[J]. Econometrica, 1978(46)：33～50.

[30] Yu K, Lu Z, Stander J. Quantile regression：applications and current research areas[J]. The Statistician, 2003(52)：331～350.

[31] Koenker R. Quantile regression. Economic Society Monographs[M]. Cambridge：Cambridge University Press, 2005.

[32] Cade BS, Terrell JW, Schroeder RL. Estimating effects of limiting factors with regression quantiles[J]. Ecology, 1999(80)：311～323.

[33] Cade BS, Noon BR. A gentle introduction to quantile regression for ecologists[J]. Frontiers in Ecology and the Environment, 2003(1)：412～420.

[34] William GL, Maughan OE. Spotted bass habitat evaluation using an unweighted geometric mean to determine HSI values[J]. Proceeding of the Oklahoma Academy of Science, 2004, 65：11～18.

[35] Dunham JB, Cade BS, Terrell JW. Influences of spatial and temporal variation on fish-habitat relationships defined by regression quantiles[J]. Transactions of the American Fisheries Society. 2002, 131：86～98.

[36] 宋利明,陈新军,许柳雄.大西洋中部大眼金枪鱼垂直分布与温度、盐度的关系[J].中国水产科学,2004, 11(6)：561～566.

[37] Song L, Zhou Y. Developing an integrated habitat index for bigeye tuna (*Thunnus obesus*) in the Indian Ocean based on longline fisheries data[J]. Fisheries Research, 2010, 105(2)：63～74.

[38] 冯波,陈新军,许柳雄.应用栖息地指数对印度洋大眼金枪鱼分布模式研究[J].水产学报,2007,31(6)：805～812.

[39] 张禹.马绍尔群岛海域大眼金枪鱼栖息环境综合指数模型[D].上海：上海海洋大学,2008.

[40] 叶振江,梁振林,邢智良,等.金枪鱼延绳钓不同位置钓钩渔获效率的研究[J].青岛海洋大学学报,2001,31(5)：707～712.

[41] Bigelow KA, Musyl MK, Poisson F, et al. Pelagic longline gear depth and shoaling[J]. Fish Res, 2006, 77：173～183.

[42] 斉藤昭二.マグロの遊泳層と延縄漁法[M].東京：成山堂書屋,1992：9～10.

[43] Song LM, Zhou J, Zhou YQ, et al. Environmental preferences of bigeye tuna, *Thunnus obesus*, in the Indian Ocean：an application to a longline fishery[J]. Environ Biol Fish, 2009, 85：153～171.

[44] Wu YP, Song LM. A comparison of calculation methods of an integrated habitat index for yellowfin tuna in the Indian Ocean[R]. IOTC－2011－WPTT13－54, 2011.

[45] Eastwood PD, Meaden GJ, Carpentier A, et al. Estimating limits to the spatial extent and suitability of sole (*Solea solea*) nursery grounds in the Dover Strait[J]. Journal of Sea Research, 2003, 50：151～165.

[46] 宋利明,高攀峰,周应祺,等.基于分位数回归的大西洋中部公海大眼金枪鱼栖息环境综合指数[J].水产学报,2007,31(6)：798～804。

[47] Cade BS, Richards JD. User Manual For BLOSSOM Statistical Software[CP]. Colorado：Midcontinent Ecological Science Center U. S. Geological Survey. 2001,1～106.

[48] 冯波,陈新军,许柳雄.应用栖息地指数对印度洋大眼金枪鱼分布模式研究[J].水产学报,2007,31(6)：804～812.

[49] Davison AC, Snell EJ. Residuals and diagnostics[M]//In Honour of Sir David Cox, FRS, eds. Hinkley DV, Reid N, Snell EJ, Statistical Theory and Modelling. London：Chapman and Hall, 1991.

[50] Hastie TJ, Pregibon D. Generalized linear models[M]//Chambers JM, Hastie TJ, Chapter 6 of Statistical Models Wadsworth & Brooks/Cole, 1992.

[51] McCullagh P, Nelder JA. Generalized Linear Models[M]. London：Chapman and Hall, 1989.

[52] Sakamoto Y, Ishiguro M, Kitagawa G. Akaike Information Criterion Statistics[M]. Dordrecht：Kluwer Academic Publisher Group, 1986.

[53] Moore DS.The Basic Practice of Statistics. Second Edition[M]. New York: Freeman, 2000.

[54] Venables WN, Ripley BD. Modern Applied Statistics with S[M]. New York: Springer, 2002.

[55] Hastie TJ. Generalized additive models[M]//Chambers JM, Hastie TJ, Statistical Models in S. Wadsworth & Brooks/Cole, 1992.

[56] Hastie T, Tibshirani R. Generalized Additive Models[M]. London: Chapman and Hall, 1990.

[57] Su NJ, Yeh SZ, Su CL, et al. Standardizing catch and effort data of the Taiwanese distant-water longline fishery in the western and central Pacific Ocean for bigeye tuna, *Thunnus obesus*[J]. Fisheries Research, 2008(90): 235~246.

[58] 唐启义,冯明光.实用统计分析及其 DPS 数据处理系统[M].北京: 科学出版社,2002: 333~339.

[59] Wilcoxon F. Individual comparisons by ranking methods[J]. Biometrics Bulletin 1945, 1(6): 80~83.

第四章

基于调查数据的吉尔伯特群岛海域大眼金枪鱼栖息地综合指数模型的比较

1 引　言

大眼金枪鱼作为重要的商业捕捞对象,广泛分布于大西洋、印度洋及太平洋的热带及亚热带水域[1]。其中中西太平洋大眼金枪鱼延绳钓在20世纪80年代的总产量为4万~6万t,之后则迅速增至9万t[2]。不断增长的捕捞努力量对大眼金枪鱼种群资源产生了巨大的影响,并对其资源管理造成了巨大的压力。这就对大眼金枪鱼的资源评估方法及精度提出了更高的要求。本研究主要针对吉尔伯特群岛海域大眼金枪鱼资源,研究该海域大眼金枪鱼资源分布与各环境因子之间的关系,判断大眼金枪鱼偏好的栖息环境,研究结果将有助于对该海域大眼金枪鱼资源进行管理和养护,并为今后改进渔具渔法及大眼金枪鱼渔情预报提供相应的技术支撑及依据。

1.1 国内外大眼金枪鱼栖息环境的研究现状

大眼金枪鱼是一种高度洄游性的鱼类,Chiang等[3]研究发现太平洋各水域的大眼金枪鱼在遗传学上的相似度极高,甚至可认为其为同一个种群。由此可见大眼金枪鱼的洄游,其在水平方向上的移动范围非常大,不仅如此,其在垂直方向上的运动也相当活跃。而这些运动又主要和大眼金枪鱼的栖息环境有关。对大眼金枪鱼栖息环境的研究,主要是研究不同的栖息环境(非生物环境)变化对大眼金枪鱼分布的影响。宋利明等[4,5]在研究帕劳群岛海域及吉尔伯特群岛海域延绳钓渔场大眼金枪鱼的环境偏好时发现,影响大眼金枪鱼分布的非生物环境因素主要有温度、盐度、叶绿素a浓度、溶解氧含量、海流等,分析这些环境因子对于掌握大眼金枪鱼的分布具有重要意义。因为通过这些环境参数,可以建立该物种的栖息地指数模型,从而预测其资源状况。

由于大眼金枪鱼是高速移动且反应迅速的鱼类,其侧线系统相对较发达,而侧线系统对温度的变化又有一定的感知[6]。大眼金枪鱼在不同的温度下其游泳速度也不同,以适应其所在水体的温度[7]。由此可知大眼金枪鱼对温度非常敏感,温度是影响大眼金枪鱼活动的重要环境因子之一,如宋利明等[8]分析了大西洋西部的大眼金枪鱼的垂直移动是否与温度之间存在联系,研究以取得较高渔获率的水层所对应的水温范围作为取得较高渔获率的水温范围为假设前提,得出大眼金枪鱼偏好的水温范围为12~13℃。当取得较高渔获率的环境因子不一致时，应将温度作为主要限制因子，因为大眼金枪鱼对于温度的变化反应较为敏感。同时，温度也影响到大眼金枪鱼饵料生物的分布。如樊伟等[9,10]统计了大眼金枪鱼的渔获分布及其所在的平均海面水温并分析两者之间是否存在联系，结果表明：太平洋各大眼金枪鱼延绳钓渔场的平均海面水温为26.56℃，中位数为27.28℃，大眼金枪鱼产量较高的海域其平均海面水温也较高，其平均海面水温大多介于23.8～29.3℃。从平均CPUE分布结果可知大眼金枪鱼主要渔获量大部分来自水温大于25℃的海域，这说明大眼金枪鱼偏好温度较高的水体。其原因应是大眼金枪鱼为暖水性鱼类，这也就解释了为什么大眼金枪鱼主要分布在热带和亚热带的海域，因而金枪鱼渔场多出现在高温的热带海域[11]，而其他海域内则较少出现。综上所述，温度是研究大眼金枪鱼栖息地模型及资源评估中的重要参数之一。

由于大眼金枪鱼是高度洄游性的鱼类，Korsmeyer 等[12]研究发现金枪鱼类运动的时候，其游泳速度往往与其肌肉中的红肌需氧量相关。尤其是其在冲刺前进时，其肌肉需要快速供氧，否则其肌肉会产生生理变化，如转化成白肌[13]，这对大眼金枪鱼来说是不利的。还有一种原因就是氧在水中的溶解程度与水温密切相关，如上文所述温度是大眼金枪鱼渔业资源研究中的重要参数，所以通过海上的实测数据和相关研究可以发现，温度随水深的变化趋势和溶解氧含量的变化趋势相仿[14]。例如，Hampton 等[15]研究表明大眼金枪鱼所能忍受的最低溶解氧含量为0.5～1.0 mL/L，其对日本大眼金枪鱼延绳钓的研究显示：大眼金枪鱼渔获量和等温线之间有密切的关系，而该研究中溶解氧含量的等值线与等温线的分布较为一致。所以认为水中的溶解氧含量对大眼金枪鱼的分布有一定影响。但是溶解氧含量在大眼金枪鱼资源分布中是否真正起到作用，还不清楚，因此有必要分析溶解氧含量与大眼金枪鱼的分布之间是否存在关联。

因为叶绿素 a 浓度是海洋中最重要的初级生产力，并位于食物链的最底端，所以可能与食物链顶端的大眼金枪鱼的关联程度不是很大。比如 Liu 等[16]使用水色卫星的海水表层叶绿素 a 浓度和围网作业金枪鱼渔获率数据，分析两者之间是否相关，结果表明两者之间的相关性较差，其生产渔场的叶绿素 a 浓度大约在0.2 mg/m^3。但是 Martinez-Rincon 等[17]在金枪鱼围网渔业中发现叶绿素 a 浓度与最高渔获产量之间存在联系，因此叶绿素 a 浓度和金枪鱼渔获率之间可能存在一定的关联。Song 等[18]对印度洋大眼金枪鱼延绳钓渔获量数据的分析中得出大眼金枪鱼渔获率与叶绿素 a 浓度有关，所以有必要将叶绿素 a 浓度也纳入分析范围内并确认其对大眼金枪鱼资源分布是否有影响。

盐度作为海洋环境的重要参数之一，其对大眼金枪鱼的分布可能存在一定的影响，但是，盐度随着水深的变化不是很明显，导致大眼金枪鱼钓获的各个水层所对应的盐度之间无显著差异。宋利明等[19]对印度洋马尔代夫海域大眼金枪鱼的最适盐度范围进行了分析，结果显示，马尔代夫海域大眼金枪鱼渔获率最高的盐度范围为35.70～35.79。少有其他资料使用盐度作为大眼金枪鱼资源分布的影响因子，因此盐度是否是影响大眼金枪鱼资源分布的关键因子，还值得商榷，有必要将盐度作为影响因子，检验其是否对吉尔伯特群岛海域的大眼金枪鱼分布产生影响。

鱼类侧线不仅能感知温度的变化，甚至能超越其视觉对周边环境的物理变化(如海流变化)做出感应[20]。由于大眼金枪鱼的侧线系统相对发达，所以大眼金枪鱼对影响其游泳速度的海流变化也更为敏感，因此将海流速度作为影响大眼金枪鱼资源分布的因子是合理的。

Song 等[18]及 Li[21]基于高分位数回归的方法分别分析各水层的渔获率与各水层相对流速等环境因子的关系,假设各环境因素在不同的权重下存在交互关系,建立了数值模型,根据该模型计算大眼金枪鱼的栖息地综合指数,对印度洋及帕劳群岛海域的大眼金枪鱼分布进行了预测。目前针对太平洋的大眼金枪鱼,其资源分布与海流之间关系的研究还未见报道。

通过上述分析,可以了解到大眼金枪鱼资源的分布与环境参数之间的密切联系。因此,这些参数在今后分析大眼金枪鱼的 CPUE 和栖息地模型的建立中起着至关重要的作用。就如 Hampton[22]所说,栖息地偏好可以用来评估环境因素对大洋性延绳钓渔获率的影响,但是需对渔获率做出一定的调整,尤其是当用渔获率来指示资源的相对丰度时,没有调整过的捕捞效率会产生误导。因此未经修正的渔获率需要进行标准化以适应相关因素如时空分布、栖息环境的影响[23,24]。但是目前对大眼金枪鱼的栖息环境尤其是其主要限制因子的确定,不同的研究其结果也往往不一致,因此有待进一步研究。

1.2 相关标准化数值模型介绍

广义线性模型(GLM)作为物种分布模拟中最常用的模型之一,经常用于 CPUE 的标准化,其原理便是对只符合正态分布的一般线性模型进行推广,使每个环境因子能响应物种的分布。该模型包括高斯线性模型、对数线性模型、逻辑回归模型等[25]。广义线性模型不仅可以处理变量之间的线性关系,也可以描述 CPUE 和各个解释变量之间的非线性关系,这也使得结果变得更为可信。所以广义线性模型作为标准化渔业产量及捕捞努力量数据的最常用工具一直被沿用至今[26~28]。Okamoto 等[29]使用广义线性模型对日本延绳钓自 1960~2009 年的印度洋大眼金枪鱼 CPUE 进行了标准化研究,该研究以浮子间的钓钩数(NHF)、表层水温(SST)等为主要因子,解释其与 CPUE 之间的关系。Okamoto[30]还使用广义线性模型对日本延绳钓自 1961~2005 年的大西洋大眼金枪鱼 CPUE 进行了标准化研究。Su 等[31]使用了广义线性模型对中国台湾地区延绳钓渔业自 1964~2004 年的中西太平洋 CPUE 进行了标准化研究,其中使用了年份、经度、纬度、SST 等数据来解释其与 CPUE 之间的关系。

除了广义线性模型,各种用于分析渔获率及捕捞努力量的方法得到发展,比如广义相加模型(GAM)[32]。广义相加模型是对广义线性模型的进一步推广,该模型的优点在于其各协变量上均无间断点,因为广义相加模型使用了平滑函数代替了广义线性模型中的参数,这也使得参数变得更加简单。因此该模型能更好地描述解释变量和因变量之间的非线性关系,Howell 等[33]也使用了广义相加模型对北太平洋标记放流的大眼金枪鱼的空间分布进行了分析。广义相加模型使用了平滑函数还能使模型中的各个解释变量相对独立,相互之间没有联系,这就能很好地处理异常数据。比如渔获率为 0 时,并不是简单对其处理,而是根据 0 值的出现概率将其与非零数据隔离[32,34],从而使数据分析更有规律,结果更可靠。因此该模型适合描述资源分布与环境因子之间的关系,尤其适合分析来自生产数据的渔获分布与各环境因子的关系。如 Su 等[31]除了使用广义线性模型外,还使用了广义相加模型对中国台湾地区延绳钓渔业自 1964~2004 年的中西太平洋 CPUE 进行了标准化研究。

分位数回归模型最初是由数学家根据统计学理论为金融统计分析而设计的数值模型[35],其通过计算绝对偏差总和的最小值来估计各个参数值[36]。单从统计学角度看,分位数回归模型估计参数的能力非常优秀,其在继承了最小二乘回归的所有优点外,还有其他的优点,如自由分布。由于分位数回归模型可以用于估计各限制因素[37,38],因此该模型非常适合评估物种对其环境变量变化的响应程度[39]。冯波等[40]将分位数回归模型与栖息地模型相结合研究印度洋大眼金枪鱼的垂直分布与环境变量的关系,然而该研究使用各变量的平均值用于建模,导致渔获量无法与各变量相匹配,而且其没有计算各水层相应的渔获率,因此影响了结果的准确性。张禹[41]使用分位数回归模型分别计算出马绍尔群岛海域大眼金枪鱼在整个水体和各水层内的渔获率,并得出了相应的栖息地综合指数。在分位数回归模型中,当误差不符合正态分布且只有部分限制因子得到运算时,就会在不同的分位数下逐步得到不同的估算结果,且这些结果对各个变量的响应程度也会随之提高,尤其是模型在高分位数下得出的结果[42]。如 Song 等[18]及 Li[21]使用分位数回归模型在高分位数下分别对印度洋及帕劳群岛海域的大眼金枪鱼的栖息地综合指数进行了研究,结果均表明该方法非常适合用于评估大眼金枪鱼的资源分布。

1.3 本章主要研究内容

本章根据 2009、2010 年在吉尔伯特群岛海域 64 个建模站点实测的环境数据及渔获量统计数据,应用广义线性模型、广义相加模型及分位数回归模型分别对各水层的 CPUE 进行建模,将模型预测的 CPUE 分别用于建立吉尔伯特群岛海域大眼金枪鱼在各个水层的栖息地综合指数(IHI_{GLM}、IHI_{GAM}、IHI_{QRM}),分析三种数值模型所得结果,并确定各水层最佳的预测模型。

整个水体大眼金枪鱼 CPUE 预测模型：根据不同站点的环境因子值,应用广义线性模型、广义相加模型及分位数回归模型分别对大眼金枪鱼在 64 个站点的整个水体的 CPUE 建模,将模型预测的 CPUE 分别用于计算吉尔伯特群岛海域大眼金枪鱼在整个水体的栖息地综合指数(IHI_{GLM}、IHI_{GAM}、IHI_{QRM}),分析三种数值模型所得结果,并确定最佳预测模型。

模型验证：将 16 个验证站点的环境数据,分别输入三种 CPUE 预测模型,并得到相应的栖息地综合指数。通过比较该指数和与之对应的大眼金枪鱼实测 CPUE 间的 Pearson 相关系数,分析三种模型的预测能力。应用 Wilcoxon 符号秩检验方法分别检验 16 个站点各个水层与整个水体内通过三种模型计算所得的 CPUE 和其对应的实测 CPUE 之间是否存在显著相关性,并分析三种模型的可靠程度。

1.4 研究目的与理论意义

大眼金枪鱼广泛分布于三大洋的热带及亚热带海域,近年来随着各国近海渔业资源的衰退,各渔业管理组织和相关国家均意识到了资源衰退的严重性,纷纷出台了相应的金枪鱼养护管理措施[43],但是金枪鱼资源评估中还存在较大的不确定性,导致了结果之间的差异较大,直接影响大眼金枪鱼资源管理措施的合理制定。本研究通过比较 3 种大眼金枪鱼栖息地综合指数模型所得结果,分析其优劣性,研究结果可为今后大眼金枪鱼渔业资源养护、管理和渔情预报等提供参考。

本章基于广义线性模型、广义相加模型及分位数回归模型对吉尔伯特群岛海域大眼金枪鱼的栖息地综合指数进行研究，研究目的如下：

1）基于各数值模型所得标准化 CPUE 建立相应的栖息地综合指数模型。

2）分析大眼金枪鱼在水平方向和垂直方向上的分布模式。

3）通过检验三种数值模型所得的大眼金枪鱼栖息地综合指数，确定最佳模型。

1.5 研究流程

本研究分析流程见图 4-1-1。对 2009、2010 年海洋环境数据及调查期间相关的作业参数进行预处理，分别建立两年传统渔具和试验渔具的拟合钓钩深度计算模型，计算出每个钓钩的深度，进而得到各站点、各水层的钓钩数量分布情况，根据各建模站点大眼金枪鱼渔获统计数据计算出大眼金枪鱼在各站点和各水层的尾数。根据渔获尾数及钓钩数量计算出各站点、各水层大眼金枪鱼的 CPUE，结合各站点和各水层的环境因子，通过广义线性模型、广义相加模型及分位数回归模型对大眼金枪鱼 CPUE 标准化，进而得到标准化后的大眼金枪鱼 CPUE 并建立相应的栖息地综合指数（IHI）模型。然后将验证站点的环境数据分别输入三种模型，并得到相应的结果，通过对各模型所得的结果进行检验、比较和分析，确定最适用于大眼金枪鱼 CPUE 标准化及建立栖息地综合指数的模型。

2 材料和方法

2.1 2009、2010 年调查材料和方法

2.1.1 调查时间及调查海域

2009 年在吉尔伯特群岛海域执行海上调查任务的为大滚筒冰鲜金枪鱼延绳钓渔船“深联成 719”，以下为该渔船的相关参数：总长 32.28 m；型宽 5.70 m；型深 2.60 m；总吨 97.00 t；净吨 34.00 t；渔船主机功率 220 kW。

2010 年在吉尔伯特群岛海域执行海上调查任务的为大滚筒冷海水金枪鱼延绳钓渔船“深联成 901”，以下为该渔船的相关参数：总长 26.80 m；型宽 5.20 m；型深 2.20 m；总吨 102.00 t；净吨 30.00 t；渔船主机功率 400 kW。

两艘调查船共计对吉尔伯特群岛海域进行了 6 个航次的调查。具体调查时间、调查站点的经纬度及调查海域范围等见图 4-2-1 和表 4-2-1。

2.1.2 调查渔具和渔法

2009 年“深联成 719”渔船上采用的传统渔具具体参数如下：浮子直径为 360 mm；浮子绳全长为 20 m，直径为 4.2 mm；干线直径为 4.0 mm；支线全长为 20 m，其中第一段所用材质为硬质聚丙烯，直径为 3 mm、长度为 1.5 m，支线的第二段则由直径为 18 mm、长度达 18 m 的单丝构成，支线的第三段为钢丝，直径为 1.2 mm、长度为 0.5 m。第一段通过转环连接在自动挂扣上，第一段和第二段直接相连，第二段和第三段通过转环连接，第三段和钓钩直接相连。

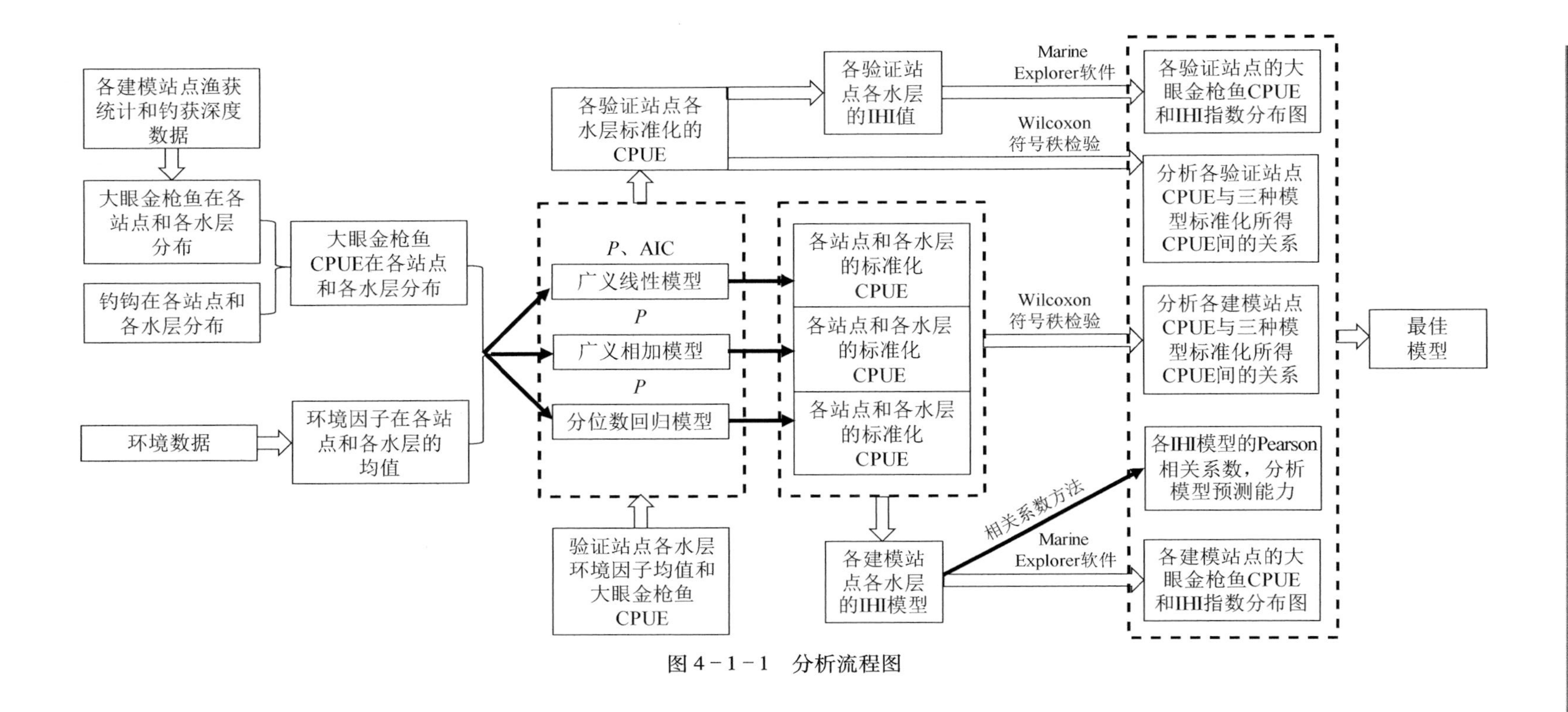
各建模站点渔获统计和钓获深度数据
大眼金枪鱼在各站点和各水层分布
钓钩在各站点和各水层分布
环境数据
大眼金枪鱼CPUE在各站点和各水层分布
环境因子在各站点和各水层的均值
各验证站点各水层标准化的CPUE
P、AIC
广义线性模型
P
广义相加模型
P
分位数回归模型
验证站点各水层环境因子均值和大眼金枪鱼CPUE
各站点和各水层的标准化CPUE
各站点和各水层的标准化CPUE
各站点和各水层的标准化CPUE
各验证站点各水层的IHI值
各建模站点各水层的IHI模型
Marine Explorer软件
Wilcoxon符号秩检验
Wilcoxon符号秩检验
相关系数方法
Marine Explorer软件
各验证站点的大眼金枪鱼CPUE和IHI指数分布图
分析各验证站点CPUE与三种模型标准化所得CPUE间的关系
分析各建模站点CPUE与三种模型标准化所得CPUE间的关系
各IHI模型的Pearson相关系数，分析模型预测能力
各建模站点的大眼金枪鱼CPUE和IHI指数分布图
最佳模型

图4-1-1　分析流程图

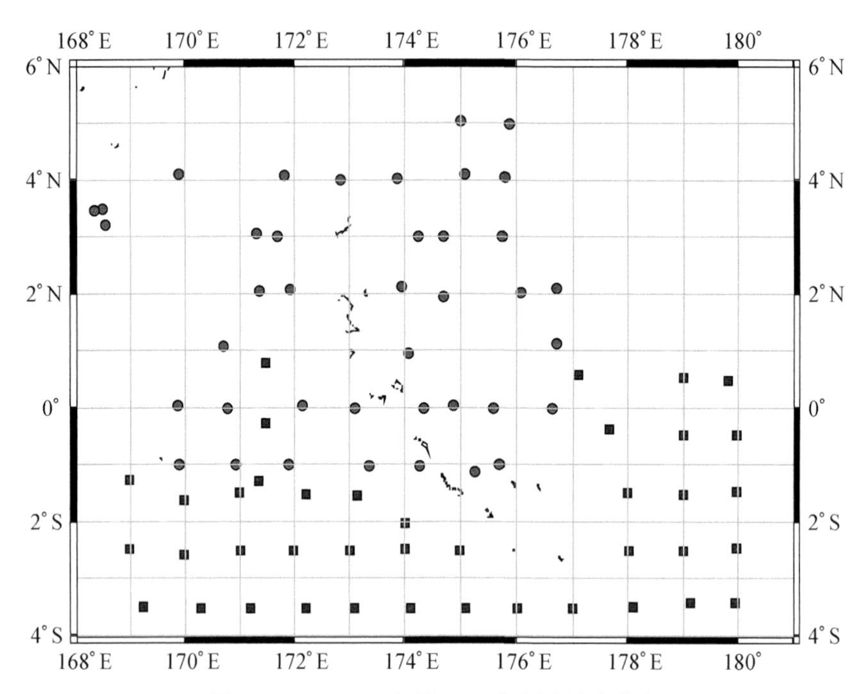

图 4-2-1 2009 年及 2010 年调查站点分布

●2009 年调查站点;■2010 年调查站点

表 4-2-1 各航次调查海域及时间

调查船	航 次	调 查 时 间	调 查 范 围	
深联成 719	1	2009.10.4~10.18	5°01′N~02°02′N	171°18′E~175°52′E
	2	2009.10.22~11.06	3°01′N~01°00′S	174°15′E~176°42′E
	3	2009.11.09~11.23	2°08′N~01°07′S	173°06′E~175°16′E
	4	2009.12.11~12.25	1°05′N~01°01′S	169°52′E~172°08′E
深联成 901	1	2010.11.20~12.23	0°42′N~03°34′S	169°14′E~179°59′E
	2	2010.12.26~2011.1.20	0°46′N~02°37′S	169°00′E~175°00′E

2010 年“深联成 901”渔船上采用的传统渔具各部分具体参数除了浮子绳的直径由 4.2 mm 增加到 5.0 mm,长度由 20 m 增加到 25 m 之外,其他部分则与 2009 年“深联成 719”渔船上传统渔具的参数与材质一致。传统渔具的具体组成结构与 2009 年“深联成 719”渔船上船用渔具的组成结构相同。

2009、2010 年调查期间所采用的试验渔具分别使用 4 种不同重量的带铅转环将支线的第一段与第二段相连,并在钓钩连接处的上方装配两种不同重量的铅坠,在部分钓钩的连接处加装塑料荧光管。传统渔具靠近浮子的左右 2 根支线空缺,分别挂上 4 种重量不同的水泥块。2009 年及 2010 年 16 组试验渔具的装配组合见表 4-1-2。

2009 年“深联成 719”渔船在探捕调查期间正常情况下每天 5 : 00~9 : 30 投绳,长达 4.5 h;16 : 00~21 : 30 起绳,起绳持续时间为 5.5 h。船速一般保持在 7.5 节左右,投绳机的投

表 4-1-2 2009、2010 年 16 组试验渔具装配表

组 号	水泥块重量/kg	带铅转环重量/g	铅坠重量/g	塑料荧光管
1	2	75	3.75	有
2	2	60	3.75	有
3	2	45	11.25	无
4	2	15	11.25	无
5	3	75	3.75	无
6	3	60	3.75	无
7	3	45	11.25	有
8	3	15	11.25	有
9	4	75	11.25	有
10	4	60	11.25	有
11	4	45	3.75	无
12	4	15	3.75	无
13	5	75	11.25	无
14	5	60	11.25	无
15	5	45	3.75	有
16	5	15	3.75	有

绳速度一般保持在 11 节左右,传统渔具两个浮子之间的钓钩数量一般为 25 枚,每天共计投放约 800 枚传统渔具,两枚钓钩投放的时间间隔一般保持在 8 s 左右。而在投放试验渔具时,分别使用 4 种不同重量的水泥块取代浮子两端原本投放的钓钩,因此试验渔具两个浮子之间的钓钩数量比传统渔具少两枚,为 23 枚,试验渔具的其他相关作业参数和传统渔具保持一致。每天投放试验渔具共 8 组(1~8 和 9~16 每天交错投放),每组试验渔具共 46 枚,因此投放的试验渔具总数为 368 枚。除了传统渔具和试验渔具外,每天额外投放 100 枚防海龟误捕的圆型钩,由于其支线材料与结构与船用渔具一致,只是将原来的环型钩换成了圆型钩,因此将其纳入传统渔具范围内,如图 4-2-2。

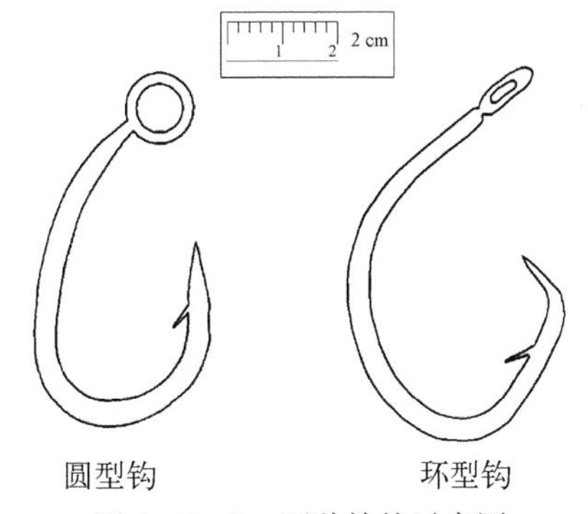

图 4-2-2 两种钓钩示意图

2010、2009 年调查期间的作业持续时间较为相近,2010 年“深联成 901”渔船在调查期间每天的投绳持续时间为 6:00~9:00,投绳时间长达 3 h;起绳时间为 15:30~21:00,持续时间长达 5.5 h。船速一般保持在 7.5 节左右,投绳机的投绳速度一般保持在 10.5 节左右,传统渔具两个浮子之间的钓钩数量一般为 25 枚,每天共计投放约 750 枚传统渔具,两枚钓钩投放的时间间隔一般保持在 8 s 左右。而试验渔具和防海龟误捕钓钩的相关作业参数和结构则与 2009 年调查期间所使用的试验渔具和防海龟误捕钓钩一致。

2009、2010 年调查期间,传统渔具与试验渔具理想状态下在水中的展开状态如图 4-2-3 和图 4-2-4 所示。

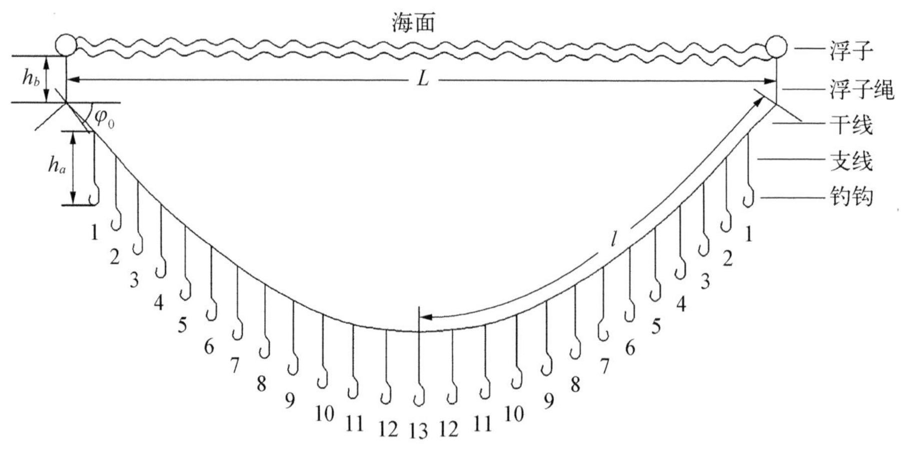

图 4-2-3　传统渔具水中状态示意图

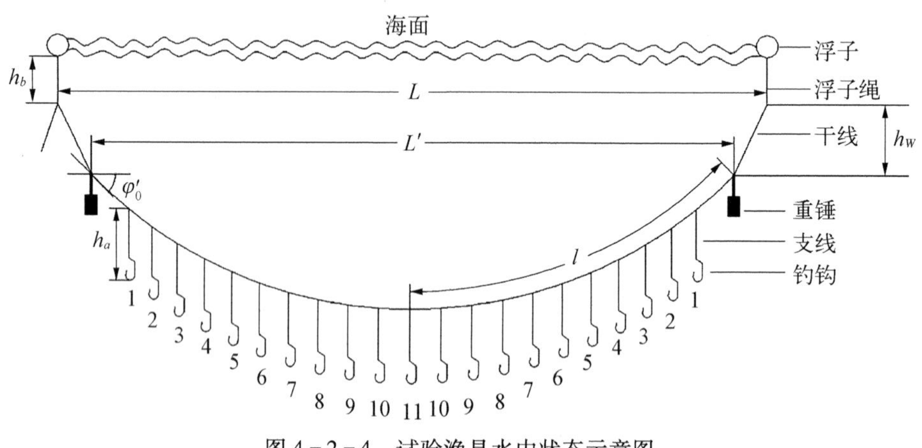

图 4-2-4　试验渔具水中状态示意图

重锤：水泥块

2.1.3　调查仪器、调查方法及调查内容

2009、2010 年在吉尔伯特群岛海域调查期间均使用了由加拿大 RBR 公司制造的微型温度深度计(TDR-2050)。该仪器每天在投放钓具的过程中,随钓具一起投放至海水中以便测定该仪器所在位置的钓钩在海水中的深度及其整个沉降过程。

每天钓具投放结束后,通过多功能水质仪(XR-620)和多普勒三维海流计沉降至 450 m 的深度,以测定各个调查站点 0~450 m 海水的温度、盐度、叶绿素 a 浓度、溶解氧含量垂直剖面数据及三维海流速度。

调查期间,还利用渔船自带的全球定位系统(GPS)记录每天渔船在投绳时的经纬度、投绳及起绳的时间、投绳及起绳时的航速和航向等作业参数;记录投绳速度及钓钩投放的时间间隔。并使用渔获物统计表记录两艘渔船在调查期间所捕获的大眼金枪鱼尾数及其相应的钓钩钩号和渔具种类。

2.2 钓钩深度计算模型的建立

2.2.1 理论钓钩深度的计算方法

本研究中钓钩的理论深度计算方法借鉴了日本学者吉原有吉的理论钓钩深度计算公式[44,45],将每枚钓钩在干线上的顺序编号,即为钓钩钩号,通过理论钓钩深度计算公式计算出该枚钓钩的理论深度。传统渔具的理论深度计算公式如下:

$$D_T(x) = h_a + h_b + l\left[\sqrt{1+\cot^2\varphi_0} - \sqrt{\left(1-\frac{2x}{n}\right)^2 + \cot^2\varphi_0}\right] \quad (4-2-1)$$

$$l = \frac{V_1 \times n \times t}{2} \quad (4-2-2)$$

$$L = V_2 \times n \times t \quad (4-2-3)$$

$$k = L/2l = V_2/V_1 = \cot\varphi_0 sh^{-1}(tg\,\varphi_0) \quad (4-2-4)$$

式 4-2-1 中,$D_T(x)$是理论钓钩深度;h_a 是支线长;h_b 是浮子长;l 是干线弧长的一半;φ_0 是干线与浮子绳的交接点上的切线与海平面的夹角,由于角度的大小和式 4-2-4 中的短缩率 k 有关,加之在现实中该角度的大小难以测量,所以本研究利用计算短缩率 k 来推算出 φ_0;x 是两个浮子间钓钩的编号;n 是两个浮子间干线的分段数。在式 4-2-2 中,V_1 是投绳机的投绳速度;t 是投绳机在投绳时,两枚钓钩之间的时间间隔。在式 4-2-3 中,L 是两个浮子在海面上的水平距离;V_2 是渔船在投绳时的航速。

由于本研究所采用的试验渔具在干线的两端加装了 4 种不同重量的重锤(水泥块),从而影响了试验渔具在水中展开的形态,因此不适合再采用之前的理论钓钩深度计算模型来描述试验渔具钓钩的理论深度。根据传统渔具理论钓钩深度模型的建立原理,考虑到不同重量水泥块对深度所产生的影响,建立试验渔具钓钩理论深度计算模型,具体如下:

$$D_T(x)' = h_a + h_b + l\left[\sqrt{1+\cot^2\varphi_0'} - \sqrt{\left(1-\frac{2x}{m}\right)^2 + \cot^2\varphi_0'}\right] \quad (4-2-5)$$

$$l = \frac{0.9104 V_1 \times m \times t}{2} \quad (4-2-6)$$

$$L' = V_2(m+4)t - 2\sqrt{(1.821V_1 t)^2 - (h_w - h_b)^2} \quad (4-2-7)$$

$$k' = L'/2l = \cot\varphi_0' sh^{-1}(tg\,\varphi_0') \quad (4-2-8)$$

式 4-2-5 中,$D_T(x)'$是试验渔具钓钩的理论深度;φ_0' 是干线悬挂水泥块连接点上的切线与海平面的夹角。在式 4-2-7 中,L'是两个水泥块之间的水平距离;h_w 是干线受水泥块重量的影响而产生的垂度。在式 4-2-8 中 k'是试验钓具的短缩率。其他变量与计算船用渔具理论钓钩深度时使用的变量相同。

2.2.2 实际钓钩深度计算方法

钓钩的实际深度是先通过微型温深记录仪记录在沉降过程中深度发生的变化。等到仪器在水中的状态趋于稳定后，即认为达到钓钩的实际深度，并计算其算术平均值，即为钓钩的实际深度。

2.2.3 理论钓钩深度与实际钓钩深度的关系

由于钓具在水中的展开状态受到海洋环境因素的影响较大，钓钩的深度与海洋环境因素如流速、流向、风速、风向等密切相关，本章将以理论钓钩深度和实际钓钩深度为基础，通过拟合得到较为合适的钓钩深度，即通过多元回归对实际钓钩深度与理论钓钩深度、风速、流速、风舷角的正弦值、风流合压角等海洋环境因子之间的关系加以分析，得出拟合钓钩深度计算模型。

在拟合钓钩深度计算模型中，本章将海流之间的剪切力作用看作是影响钓钩深度的因子，因为相关研究发现不同水层海流间的剪切作用是影响钓钩沉降的主要限制因子[46]。因此，本研究对 2009、2010 年通过多普勒三维海流计(ADCP)测定的各站点各水层的海流数据均进行了预处理，并得出相应的流剪切系数 τ，具体计算公式为

$$K = \log\left(\frac{\int_0^z \left\| \frac{\partial \vec{u}}{\partial z} \mathrm{d}z \right\|}{Z}\right) \tag{4-2-9}$$

由于对该方程进行积分较为复杂，因此对该方程进行简化并近似表达为

$$\tau = \log\left\{\frac{\sum_{n=1}^{N}\left[\left(\frac{u_{n+1}-u_n}{z_{n+1}-z_n}\right)^2+\left(\frac{v_{n+1}-v_n}{z_{n+1}-z_n}\right)^2\right]^{\frac{1}{2}}(z_{n+1}-z_n)}{\sum_{n=1}^{N}(z_{n+1}-z_n)}\right\} \tag{4-2-10}$$

其中，u_n 是 n 水层东西向海流的流速，v_n 是 n 水层南北向海流的流速，z_n 是 n 水层的深度。在本研究中，使用 τ (−2.84～−2.08)作为海流的影响因子。

2.2.4 拟合钓钩深度计算模型

本研究采用 SPSS13.0 统计软件来描述钓钩的拟合深度，即钓钩实际平均深度(D_f)和钓钩的理论深度[$D_T(x)$]之间的关系，利用流剪切系数，建立拟合钓钩深度计算模型，其中 2009 年调查期间共计采集了 338 枚钓钩的流剪切系数，2010 年调查期间共计采集了 469 枚钓钩的流剪切系数。由于钓具分为船用渔具和试验渔具，所以分别对其采用多元线性逐步回归的方法拟合钓钩深度计算模型。

假设船用渔具的拟合钓钩深度等于钓钩的理论深度与钓钩的沉降率之积，钓钩的沉降率与剪切系数 τ、风流合压角、风舷角、钓钩编号等有关。其中 2009 年用于建立船用渔具钓钩深度模型的钓钩数为 236 枚，2010 年用于建立船用渔具钓钩深度模型的钓钩数为 316 枚。

试验渔具的拟合钓钩深度计算模型中的沉降率除和上述几个因素相关外，还与风向及重锤等有关，由于重锤的重量不一致，因此钓钩的深度也会随之发生相应的变化，所以试验渔具的拟合钓钩深度存在一个波动区间。2009 年用于建立试验渔具钓钩深度模型的钓钩数

为 102 枚,2010 年用于建立试验渔具钓钩深度模型的钓钩数为 153 枚。

2.3　各水深范围内大眼金枪鱼渔获率的计算

本研究将两年调查期间的水深范围设定为 0~280 m,并将整个水体均等地划成 7 层,每一水层均为 40 m。通过两年两种钓具的钓钩深度计算模型,分别计算出 2009 年和 2010 年调查期间各站点及各水层的钓钩数量,并结合渔获数据计算出各站点及各水层大眼金枪鱼的钓获尾数。最终计算出各个站点、各水层大眼金枪鱼的渔获率 $CPUE_{ij}$,计算公式如下:

$$CPUE_{ij} = \frac{F_{ij}}{H_{ij}} \times 1\,000 \qquad (4-2-11)$$

式 4－2－11 中,H_{ij}为第 i 站点、第 j 水层内的钓钩数量,其中 i 的取值范围为 1,2,3,…,80;j 的取值范围为 1,2,3,…,7。F_{ij}为第 i 站点、第 j 水层钓获的大眼金枪鱼的尾数,其具体计算公式如下:

$$F_{ij} = \frac{F_j}{F} \times F_i \qquad (4-2-12)$$

式 4－2－12 中,F_j 为整个调查期间第 j 水层所钓获的大眼金枪鱼总尾数;F 为调查期间所钓获大眼金枪鱼总尾数;F_i 是调查船在第 i 站点所钓获的大眼金枪鱼的尾数。大眼金枪鱼在第 i 站点的渔获率 $CPUE_i$ 的计算方法如下[47~49]:

$$CPUE_i = \frac{F_i}{H_i} \times 1\,000 \qquad (4-2-13)$$

式 4－2－13 中,H_i 为调查船在第 i 站点投放的钓钩数量。

2.4　环境因子值的确定

在 CPUE 标准化模型中所使用的环境变量并非直接从相关的仪器中提取使用,而是经过了相关的预处理步骤,各个站点在每个水层的环境因子值 VEF_{ij}采用每个水层内仪器所采集的环境数据的算术平均值。调查船在该站点作业时,整个水体的环境因子值 VEF_i 认为是该站点各水层内的环境因子的加权平均值,加权系数则为整个调查期间大眼金枪鱼在各个水层的渔获率 $CPUE_j$,具体计算公式如下[50~52]:

$$VEF_i = \sum (CPUE_j VEF_{ij}) / \sum CPUE_j \qquad (4-2-14)$$

2009 年及 2010 年两年的调查中,在 0~40 m 及 240~280 m 这两个水层中,极少捕到大眼金枪鱼,故这两个水层的大眼金枪鱼的渔获率几乎为零,所以在之后的研究中,并没有将这两个水层的环境数据用于 CPUE 标准化模型的建立,因此本研究仅建立了 40~80 m、80~120 m、120~160 m、160~200 m 和 200~240 m 这 5 个水层相应的 CPUE 标准化模型并建立栖息地综合指数模型。

2.5 建立大眼金枪鱼 CPUE 标准化模型的站点选择

为了保证研究结果的准确性,本章将 2009 年和 2010 年调查期间的大眼金枪鱼在各水层的名义渔获率、总名义渔获率、各站点各水层的环境因子值及各站点的环境因子值等数据综合在一起用于建立数值模型。在每年的调查中选择 32 个站点,共计 64 个站点的数据用于广义线性模型、广义相加模型、分位数回归模型建立大眼金枪鱼 CPUE 标准化模型,并将剩余的 16 个站点的数据用于模型的验证。建立模型站点的选择过程中,尽可能使剩余站点在地理分布上互不临近,同时考虑名义渔获率为 0 的站点分布均匀。建立模型站点的具体分布如图 4-2-5。

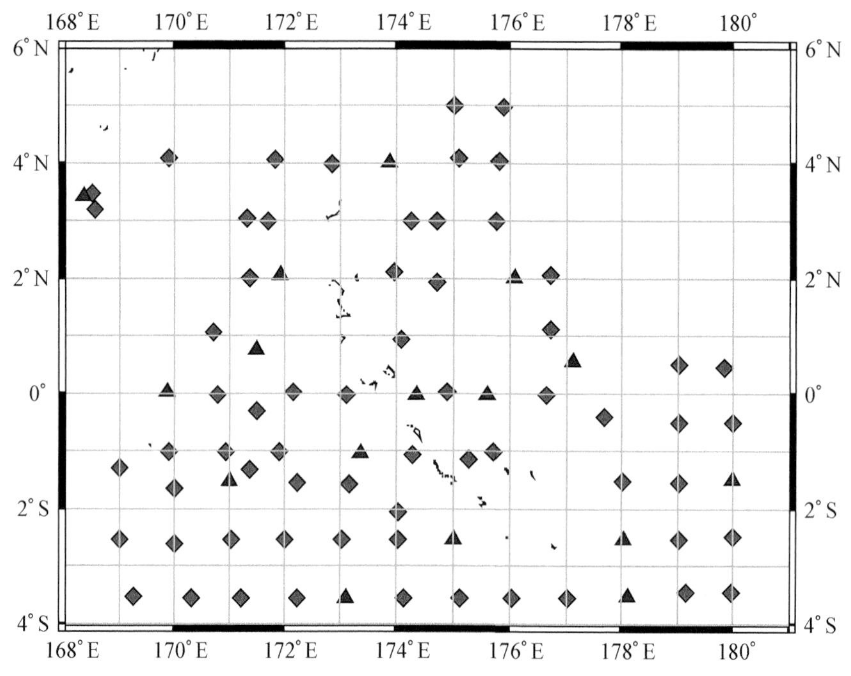

图 4-2-5 模型建立站点及模型验证站点分布

◆模型建立站点;▲模型验证站点

2.6 基于广义线性模型建立大眼金枪鱼 CPUE 标准化模型

2.6.1 广义线性模型

由于没有证据表明大眼金枪鱼的渔获率和各个环境因子之间的分布呈正态分布关系,所以就无法使用一般线性回归模型来描述大眼金枪鱼的渔获率和环境因子间的关系。广义线性模型则在一般线性回归模型的基础上进行了拓展,使每个环境因子均能响应物种的分布,因此较为适合描述大眼金枪鱼渔获率和相关环境因子间的关系并能筛选出影响渔获率的关键环境因子。本研究使用了 R Project 2.15.3 统计软件[53],通过调用相关统计语言包对大眼金枪鱼的渔获率和各环境因子之间的关系进行建模，并计算出大眼金枪鱼基于广义线性模型的 CPUE 最佳的标准化模型。

在广义线性模型中，渔获率和各环境因子之间的关系被认为是线性相关。因此该模型的具体表达可描述为

$$g(u_i) = X_i^T\beta + \varepsilon \quad (4-2-15)$$

式 4－2－15 中，g 函数为一单调性且无间断点的函数；X_i^T 是各输入自变量的组合列阵，即不同站点用于建模的相关环境因子的组合；β 是需要进行回归计算的向量，即各环境因子前的相关参数；ε 是随机的误差向量，其分布呈正态性，并规定所有的误差向量的平均值为 0。u_i 则是因变量即渔获率的相关函数，如式 4－2－16 所示

$$u_i = E(Y_i) \quad (4-2-16)$$

式 4－2－16 中，Y_i 即为因变量的观察值。

2.6.2　基于广义线性模型建立各水层大眼金枪鱼 CPUE 标准化模型

本研究使用 2009 年及 2010 年用于模型建立站点的 CPUE 及环境数据建立各水层大眼金枪鱼 CPUE 标准化模型，将第 i 站点及第 j 水层内大眼金枪鱼的潜在渔获率 $CPUE_{GLMij}$ 和各水层内的环境因子值，如温度（T_{ij}）、盐度（S_{ij}）、叶绿素 a 浓度（FIC_{ij}）、溶解氧含量（DO_{ij}）浓度、水平海流速度（HC_{ij}）、垂直海流速度（VC_{ij}）及其交互作用项共 21 个自变量之间的关系假设为

$$\begin{aligned}\ln(CPUE_{GLMij} + \text{constant}_{GLMij}) = {} & \text{intercept}_{ij} + a_{ij}T_{ij} + b_{ij}S_{ij} + c_{ij}FIC_{ij} \\ & + d_{ij}DO_{ij} + e_{ij}HC_{ij} + f_{ij}VC_{ij} + g_{ij}TS_{ij} + h_{ij}TFIC_{ij} + k_{ij}TDO_{ij} + l_{ij}THC_{ij} \\ & + m_{ij}TVC_{ij} + n_{ij}SFIC_{ij} + o_{ij}SDO_{ij} + p_{ij}SHC_{ij} + q_{ij}SVC_{ij} + r_{ij}FICDO_{ij} \\ & + u_{ij}FICHC_{ij} + v_{ij}FICVC_{ij} + w_{ij}DOHC_{ij} + x_{ij}DOVC_{ij} + y_{ij}HCVC_{ij} + \varepsilon_{ij} \quad (4-2-17)\end{aligned}$$

式 4－2－17 中，由于 ln 为自然对数，且某些站点内的某些水层的大眼金枪鱼名义渔获率为 0，从而导致渔获率进行自然对数运算时无意义，本研究采取的方法是在各个渔获率之后加上一个常数项 constant_{GLMij}，其具体计算方法为各水层名义渔获率的算术平均值的 10%，并根据不同的水层相应取值，从而规避名义渔获率为 0 的问题；intercept_{ij} 为截距；ε_{ij} 为误差；a_{ij}，b_{ij}，c_{ij}，…，y_{ij} 是各个环境因子的相关参数，TS 为温度和盐度的交互项，其他交互项依此类推；模型中默认所采用的分布为高斯分布。

2.6.3　基于广义线性模型建立整个水体大眼金枪鱼 CPUE 标准化模型

本研究在拟合基于广义线性模型的大眼金枪鱼整个水体 CPUE 标准化模型时，将第 i 站点内大眼金枪鱼的潜在渔获率 $CPUE_{GLMj}$ 和该站点内的环境因子值如温度（T_i）、盐度（S_i）、叶绿素 a 浓度（FIC_i）、溶解氧含量（DO_i）浓度、水平海流速度（HC_i）、垂直海流速度（VC_i）及其交互作用项共 21 个自变量之间的关系式假设为

$$\begin{aligned}\ln(CPUE_{GLMi}+\text{constant}_{GLMi}) = {} & \text{intercept}_i + a_iT_i + b_iS_i + c_iFIC_i + d_iDO_i + e_iHC_i \\ & + f_iVC_i + g_iTS_i + h_iTFIC_i + k_iTDO_i + l_iTHC_i + m_iTVC_i \\ & + n_iSFIC_i + o_iSDO_i + p_iSHC_i + q_iSVC_i + r_iFICDO_i \\ & + u_iFICHC_i + v_iFICVC_i + w_iDOHC_i + x_iDOVC_i \\ & + y_iHCVC_i + \varepsilon_i \end{aligned} \quad (4-2-18)$$

式4-2-18中,由于ln为自然对数;constant_{GLMi}为基于大眼金枪鱼总名义渔获率均值10%的常数项;intercept_i 为截距;ε_i 为误差;TS 为温度和盐度的交互项,其他的依此类推;a_i, b_i, c_i, …, y_i 是各个环境因子的相关参数,模型中默认所采用的分布为高斯分布。

2.6.4 广义线性模型的选择

在基于广义线性模型[53~55]所得的一系列大眼金枪鱼CPUE标准化模型中,通过检验模型与数据之间的拟合程度的优劣,选择最佳的模型。模型检验的具体方法则是在模型建立的过程中,通过卡方检验将相关参数 P 值大于0.05的环境因子全部从模型中剔除,并通过赤池信息量准则(Akaike's information criterion, AIC)检验模型[56],该准则可以用来衡量统计模型的优劣性,AIC值越低的模型其拟合的程度也就越高。因此本研究最终选择AIC值最低时广义线性模型所选择的环境因子,建立基于广义线性模型的大眼金枪鱼CPUE标准化模型,用于预测不同水层及整个水体大眼金枪鱼的潜在渔获率。

2.7 基于广义相加模型建立大眼金枪鱼CPUE标准化模型

2.7.1 广义相加模型

广义相加模型是对广义线性模型的进一步推广,其因变量和各自变量的关系式如下:

$$G(Y|X_1, X_2\cdots X_n) = s_0 + s_1(X_1) + s_2(X_2) + \cdots + s_n(X_n) \quad (4-2-19)$$

式4-2-19中,s 函数在其函数图像上呈现为连续无间断点的曲线,且外函数 G 须满足 $Gs_n(X_n)=0$,广义相加模型在数值模型的结构上和广义线性模型类似,均表现为一个随机变量和自变量之间的关系函数。其中随机变量需满足指数分布条件:

$$f_Y(y, \theta, \phi) = \exp\left\{\frac{y\theta - b(\theta)}{a(\phi)} + c(y, \phi)\right\} \quad (4-2-20)$$

式4-2-20中,θ 是自然参数,ϕ 是尺度差数。通过该指数分布可将广义相加模型中各可加的自变量描述为

$$\eta = s_0 + \sum_{n-1}^{p} S_n(X_n) \quad (4-2-21)$$

式4-2-21中,随机变量与自变量之间的连接函数 $G(Y)=\eta$。

由于广义相加模型使用了 S 函数取代了广义线性模型中各自变量前的参数,所以与广义线性模型注重对参数进行描述和预测所不同的是广义相加模型偏向于研究数据之间独立

于参数的关系研究。

2.7.2 基于广义相加模型建立各水层大眼金枪鱼 CPUE 标准化模型

为了和广义线性模型所得的结果进行比较,本研究同时使用了广义相加模型对 2009 年和 2010 年两年用于模型建立的站点渔获及环境数据建立各水层大眼金枪鱼 CPUE 标准化模型[57~59]。建模工具依旧采用了 R Project 2.15.3 统计软件[57],通过调用广义相加模型统计包,将第 i 个站点及第 j 个水层内大眼金枪鱼的潜在渔获率 $CPUE_{GAMij}$ 和各水层内的环境因子值如温度(T_{ij})、盐度(S_{ij})、叶绿素 a 浓度(FIC_{ij})、溶解氧含量(DO_{ij})、水平海流速度(HC_{ij})、垂直海流速度(VC_{ij})输入模型,确定基于广义相加模型下影响大眼金枪鱼在各个水层渔获率的关键环境因子,并对这些环境因子与渔获率之间的关系进行定量分析。

其中各水层大眼金枪鱼渔获率和相关环境因子间的关系式如下:

$$\ln(CPUE_{GAMij} + \text{constant}_{GAMij}) = \text{intercept}'_{ij} + s(T_{ij}) + s(S_{ij}) + s(FIC_{ij}) + s(DO_{ij}) + s(HC_{ij}) + s(VC_{ij}) \quad (4-2-22)$$

式 4-2-22 中,ln 代表自然对数;和广义线性模型类似,为避免某些站点内的某些水层的大眼金枪鱼名义渔获率为 0,从而导致渔获率进行自然对数运算后无意义,因此引入了一个常数 constant_{GAMij},其大小与广义线性模型建模时的相同,即为各建模站点内各水层的大眼金枪鱼渔获率的总平均值的 10%;intercept_{ij} 为截距。模型中默认所采用的分布为高斯分布。

2.7.3 基于广义相加模型建立整个水体大眼金枪鱼 CPUE 标准化模型

本研究在拟合基于广义相加模型的大眼金枪鱼整个水体 CPUE 标准化模型时,将第 i 个站点内大眼金枪鱼的潜在渔获率 $CPUE_{GAMj}$ 和该站点内的环境因子值如温度(T_i)、盐度(S_i)、叶绿素 a 浓度(FIC_i)、溶解氧含量(DO_i)、水平海流速度(HC_i)、垂直海流速度(VC_i)之间的关系假设为

$$\ln(CPUE_{GAMi} + \text{constant}_{GAMi}) = \text{intercept}'_{i} + s(T_{i}) + s(S_{i}) + s(FIC_{i}) + s(DO_{i}) + s(HC_{i}) + s(VC_{i}) \quad (4-2-23)$$

式 4-2-23 中,ln 代表自然对数;constant_{GAMi} 为各建模站点内大眼金枪鱼渔获率的总平均值的 10%,与广义线性模型建模时的相同;intercept_i 为截距。模型中默认所采用的分布为高斯分布。

2.7.4 广义相加模型的选择

将各环境因子逐步输入广义相加模型中[58],保留 P 值小于 0.05 的环境因子,之后再逐步加入其他环境因子,并按照 P 值的大小对环境因子进行筛选,在最终的模型中选择 AIC 值最小的模型[56],以此建立基于广义相加模型的大眼金枪鱼 CPUE 标准化模型,用于预测不同水层及整个水体大眼金枪鱼的潜在渔获率。

2.8 基于分位数回归模型建立大眼金枪鱼 CPUE 标准化模型

2.8.1 分位数回归模型

使用分位数回归模型对变量之间的关系进行回归最早是由 Koenker 和 Basset[35] 提出，与早期使用最小二乘法的概念进行统计回归的方法有所不同的是分位数回归模型的统计理论是基于最小绝对偏差而建立。分位数 θ 的定义如下式：

$$\min\left[\sum_{(y_i \geqslant x_i')} \theta \mid y_i - x_i'\beta \mid + \sum_{(y_i \leqslant x_i')} (1-\theta) \mid y_i - x_i'\beta \mid\right] \tag{4-2-24}$$

为方便表达，式 4－2－24 一般改写为以下公式：

$$\min_{\beta \in Rk} \sum_i \rho\theta(y_i - x_i'\beta) \tag{4-2-25}$$

式 4－2－25 中，$\rho\theta(\varepsilon)$ 为概率分布密度函数，又被称为“检验函数”。其概率密度表达式如下：

$$\rho\theta = \begin{cases} \theta\varepsilon & \varepsilon \geqslant 0 \\ (\theta-1)\varepsilon & \varepsilon \leqslant 0 \end{cases} \tag{4-2-26}$$

根据式 4－2－26，当自变量在给定某个分位数的情况下，其分位数回归模型如下：

$$Qy(\theta/x) = x'\beta \quad \theta \in (0, 1) \tag{4-2-27}$$

式 4－2－27 中，随着分位数 θ 在 0~1 范围内取值，y 随 x 变化的所有轨迹均可以计算出，换言之，在不同分位数条件下的所有回归模型均可以得到。

2.8.2 基于分位数回归模型建立各水层大眼金枪鱼 CPUE 标准化模型

为与前文使用广义线性模型及广义相加模型建立的大眼金枪鱼 CPUE 标准化模型进行比较，本章使用分位数回归模型对与前面 2 种方法相同的数据建立各水层大眼金枪鱼 CPUE 标准化模型。模型中包括温度、盐度、叶绿素 a 浓度、溶解氧含量、水平海流、垂直海流 6 个环境因子及这些环境因子的交互项，共计 21 个自变量。分位数回归模型通过对各站点及各水层的这些自变量来对其相应的渔获率进行更正，得到基于分位数回归模型的大眼金枪鱼在各水层的标准化 CPUE。

目前建立分位数回归模型的过程中常使用的软件有美国的 Blossom 分位数回归统计软件，该软件的优点为使用简便、无须编写额外代码、操作界面友好、结果清晰明了。该软件存在的缺点是计算过程中，计算机会呈现假死状态，因而导致误操作，但是与 R Project 2.15.3 统计软件中分位数统计包与 R 软件存在不兼容，且代码过于复杂不易理解等不利因素相比较，权衡之后，本研究采用了 Blossom 软件用于分位数回归建模。

建模时将第 i 个站点及第 j 个水层内大眼金枪鱼的潜在渔获率 $CPUE_{QRMij}$ 和各水层内的环境因子值如温度（T_{ij}）、盐度（S_{ij}）、叶绿素 a 浓度（FIC_{ij}）、溶解氧含量（DO_{ij}）、水平海流速度（HC_{ij}）、垂直海流速度（VC_{ij}）及其交互作用项共 21 个自变量之间的关系式假设为

$$
\begin{aligned}
CPUE_{QRMij} = {} & \text{constant}_{ij} + a'_{ij}T_{ij} + b'_{ij}S_{ij} + c'_{ij}FIC_{ij} + d'_{ij}DO_{ij} + e'_{ij}HC_{ij} \\
& + f'_{ij}WC_{ij} + g'_{ij}TS_{ij} + h'_{ij}TFIC_{ij} + k'_{ij}TDO_{ij} + l'_{ij}THC_{ij} \\
& + m_{ij}TVC_{ij} + n'_{ij}SFIC_{ij} + o'_{ij}SDO_{ij} + p'_{ij}SHC_{ij} + q'_{ij}SVC_{ij} \\
& + r'_{ij}FICDO_{ij} + u'_{ij}FICHC_{ij} + v'_{ij}FICHC_{ij} + w'_{ij}DOHC_{ij} \\
& + x'_{ij}DOvC_{ij} + y'_{ij}HCVC_{ij} + \varepsilon'_{ij} \qquad (4-2-28)
\end{aligned}
$$

式 4－2－28 中，constant_{ij}为常数项，其大小根据不同水层的分位数回归模型的结果来确定；TS 为温度和盐度的交互项，其他交互项以此类推；a'_{ij}，b'_{ij}，c'_{ij}，…，y'_{ij} 是各个环境因子的参数；ε'_{ij} 为误差。

2.8.3　基于分位数回归模型建立整个水体大眼金枪鱼 CPUE 标准化模型

本研究在拟合基于分位数回归模型的大眼金枪鱼整个水体 CPUE 标准化模型时，将第 i 个站点内大眼金枪鱼的潜在渔获率 $CPUE_{QRMj}$ 和该站点内的环境因子值如温度（T_i）、盐度（S_i）、叶绿素 a 浓度（FIC_i）、溶解氧含量（DO_i）、水平海流速度（HC_i）、垂直海流速度（VC_i）及其交互作用项共 21 个自变量之间的关系式假设为

$$
\begin{aligned}
CPUE_{QRMi} = {} & \text{constant}_{i} + a'_{i}T_{i} + b'_{i}S_{i} + c'_{i}FIC_{i} + d'_{i}DO_{i} + e'_{i}HC_{i} \\
& + f'_{i}WC_{i} + g'_{i}TS_{i} + h'_{i}TFIC_{i} + k'_{i}TDO_{i} + l'_{i}THC_{i} \\
& + m_{i}TVC_{i} + n'_{i}SFIC_{i} + o'_{i}SDO_{i} + p'_{i}SHC_{i} + q'_{i}SVC_{i} \\
& + r'_{i}FICDO_{i} + u'_{i}FICHC_{i} + v'_{i}FICHC_{i} + w'_{i}DOHC_{i} \\
& + x'_{i}DOvC_{i} + y'_{i}HCVC_{i} + \varepsilon'_{i} \qquad (4-2-29)
\end{aligned}
$$

式 4－2－29 中，constant_i 为常数项，其大小根据分位数回归模型的结果来确定；TS 为温度和盐度的交互项，其他交互项以此类推；a'_i，b'_i，c'_i，…，y'_i 是各个环境因子的相关参数；ε'_i 为误差。

2.8.4　分位数回归模型的选择

分位数的取值范围为 0~1，相关的研究发现，当分位数接近于这个范围的两端时，所得的分位数回归模型拟合效果较差，原因是建模的过程受到了极端值的干扰。因此在使用分位数进行模型回归时应考虑取 $\theta=0.5\sim0.95$[40]，且取值的间隔为 0.05，因此共计使用 10 个分位数用于建立模型。模型建立过程中，先将所有环境变量及交互项输入分位数模型中，通过 Wilcoxon 符号秩检验计算各个变量的 P 值[35]，将 P 值小于 0.05 的变量筛选出来用于进一步的循环回归，直到所有变量的 P 值均小于或等于 0.05 时结束回归并得到最佳的基于分位数回归模型的大眼金枪鱼 CPUE 标准化模型。

2.9　大眼金枪鱼 CPUE 标准化模型的应用

2.9.1　基于标准化后的 CPUE 建立不同水层大眼金枪鱼栖息地综合指数

根据上述基于广义线性模型、广义相加模型和分位数回归模型建立的大眼金枪鱼在各个水层的 CPUE 标准化模型，将各站点及各水层的环境因子值分别输入各对应水层的 CPUE

标准化模型中,得到大眼金枪鱼基于三种模型的预测渔获率即 $CPUE_{GLMij}$、$CPUE_{GAMij}$、$CPUE_{QRMij}$。根据栖息地综合指数计算公式分别计算 IHI_{GLMij}、IHI_{GAMij}、IHI_{QAMij},具体计算步骤如下:

$$IHI_{GLMij} = \frac{CPUE_{GLMij}}{CPUE_{GLM\max}} \quad (4-2-30)$$

$$IHI_{GAMij} = \frac{CPUE_{GAMij}}{CPUE_{GAM\max}} \quad (4-2-31)$$

$$IHI_{QRMij} = \frac{CPUE_{QRMij}}{CPUE_{QRM\max}} \quad (4-2-32)$$

式 4-2-30~式 4-2-32 中,$CPUE_{GLM\max}$是 $CPUE_{GLMij}$和 $CPUE_{GLMi}$中的最大值;$CPUE_{GAM\max}$是 $CPUE_{GAMij}$和 $CPUE_{GAMi}$中的最大值;$CPUE_{QRM\max}$是 $CPUE_{QRMij}$和 $CPUE_{QRMi}$中的最大值。

2.9.2 基于标准化后的 CPUE 建立整个水体大眼金枪鱼栖息地综合指数

根据上述基于广义线性模型、广义相加模型和分位数回归模型建立的大眼金枪鱼在整个水体 CPUE 标准化模型,将各站点的环境因子值分别输入各对应水层的 CPUE 标准化模型中,得到大眼金枪鱼基于三种模型的预测渔获率即 $CPUE_{GLMi}$、$CPUE_{GAMi}$、$CPUE_{QRMi}$。根据栖息地综合指数计算公式分别计算 IHI_{GLMi}、IHI_{GAMi}、IHI_{QAMi},具体计算步骤如下:

$$IHI_{GLMi} = \frac{CPUE_{GLMi}}{CPUE_{GLM\max}} \quad (4-2-33)$$

$$IHI_{GAMi} = \frac{CPUE_{GAMi}}{CPUE_{GAM\max}} \quad (4-2-34)$$

$$IHI_{QRMi} = \frac{CPUE_{QRMi}}{CPUE_{QRM\max}} \quad (4-2-35)$$

2.9.3 绘制大眼金枪鱼栖息地综合指数分布图

根据基于三种数值统计模型所得的大眼金枪鱼在各站点各水层及整个水体的栖息地综合指数:IHI_{GLMij}、IHI_{GAMij}、IHI_{QAMij}、IHI_{GLMi}、IHI_{GAMi}、IHI_{QAMi},使用由日本环境模拟试验有限公司开发的 Marine Explorer 4.0 软件绘制大眼金枪鱼栖息地综合指数分布图,并在图上叠加各建模站点相应的大眼金枪鱼名义 CPUE,以做比较。

2.10 评价模型预测能力的方法

本研究通过计算各站点及各水层的栖息地综合指数与其相应的名义 CPUE 间的 Pearson 相关系数来定量评价模型的预测能力[60],进而确定影响大眼金枪鱼空间分布的关键环境因子;本研究在分析各个水层影响大眼金枪鱼分布的因子时,只使用了各水层内通过各

CPUE 标准化模型所得的预测 CPUE 用于相关研究;此外本研究通过使用 Wilcoxon 符号秩检验的方法分别检验了各站点及各水层的名义 CPUE 与通过三种标准化模型所得的各站点及各水层的预测 CPUE 之间的关系,通过 P 值的大小来确定两者之间是否存在显著相关性,并以此为依据判断基于不同标准化模型的栖息地综合指数的预测能力;还通过计算出各站点及各水层的大眼金枪鱼栖息地综合指数 IHI_{ij},然后分别计算出各水层大眼金枪鱼栖息地综合指数的算术平均值 IHI_j,通过分析其与整个调查期间各水层的大眼金枪鱼的渔获率 $CPUE_j$ 之间的关系,对模型的预测能力做出定性评价。

2.11　模型验证方法

首先对 2009、2010 年调查站点中 16 个验证站点的大眼金枪鱼渔获率及相关环境因子值进行预处理,并将其输入基于广义线性模型、广义相加模型及分位数回归模型所建立的大眼金枪鱼 CPUE 标准化模型之中,并将标准化模型所得的结果分别计算出基于三种模型的大眼金枪鱼验证站点各水层的栖息地综合指数,并将验证站点各水层的栖息地综合指数与各水层的名义 CPUE 比较,并使用 Marine Explorer 4.0 绘制其分布图,分析两者之间的关系;其次通过 Wilcoxon 符号秩检验方法分别检验各验证站点各水层的名义 CPUE 与通过三种标准化模型所得的各水层的预测 CPUE 之间的关系,并判断基于三种模型所得栖息地综合指数预测能力,对三种模型在评估大眼金枪鱼空间分布上是否有效做出评价。

2.12　最佳模型的筛选

将 3 种模型 64 个建模站点的大眼金枪鱼 CPUE 标准化结果应用于估算大眼金枪鱼栖息地综合指数,并通过 Pearson 相关系数及 Wilcoxon 符号秩检验方法,分析基于三种模型所得栖息地综合指数结果与实测渔获率之间的差异,并配合使用 16 个验证站点大眼金枪鱼渔获率及相关环境数据,对三种模型分别进行验证,分析每种模型的预测能力及适用性,基于分析结果筛选出最适用于大眼金枪鱼 CPUE 标准化及预测其空间分布的模型,从而确定最佳模型。

3　结　　果

3.1　钓钩深度计算模型

本章通过 SPSS13.0 软件并基于流剪切系数对传统渔具的理论深度及实际深度进行多元线性逐步回归,进而得到传统渔具的理论深度(D_T)和其实际平均深度(D_f)之间的回归模型,模型的具体表达式如下。

3.1.1　2009 年调查期间钓钩深度计算模型

对于 2009 年传统渔具,其拟合钓钩深度计算模型为

$$D_f = D_T \cdot 10^{-0.311-0.258\lg(\gamma)-0.121\tau+0.038\lg(\sin\gamma)},\ (R = 0.66,\ n = 236) \qquad (4-3-1)$$

式中,2009 年传统渔具的钓钩深度与钓钩编号(y)、流剪切系数(τ)及风流合压角(γ)有关。

对于 2009 年试验渔具,其拟合钓钩深度计算模型为

$$D_f = D_T \cdot 10^{-0.437-0.427\lg(y)-0.224\tau},\ (R = 0.78,\ n = 102) \quad (4-3-2)$$

式中,2009 年试验渔具的钓钩深度与钓钩编号(y)、流剪切系数(τ)有关。

3.1.2 2010 年调查期间钓钩深度计算模型

对于 2010 年传统渔具,其拟合钓钩深度计算模型为

$$D_f = D_T \cdot 10^{-0.825-0.239\lg(y)-0.342\tau-0.012\lg(\sin\gamma)},\ (R = 0.75,\ n = 316) \quad (4-3-3)$$

式中,2010 年传统渔具的钓钩深度与钓钩编号(y)、流剪切系数(τ)及风流合压角(γ)有关。

对于 2010 年试验渔具,其拟合钓钩深度计算模型为

$$D_f = D_T \cdot 10^{-0.837-0.367\lg(y)-0.413\tau},\ (R = 0.66,\ n = 153) \quad (4-3-4)$$

式中,2010 年试验渔具的钓钩深度与钓钩编号(y)、流剪切系数(τ)有关。

3.2 各水层内大眼金枪鱼的渔获尾数、钓钩数量及渔获率

3.2.1 2009 年调查期间各水层内大眼金枪鱼的渔获尾数、钓钩数量及渔获率

2009 年调查期间,调查船钓获大眼金枪鱼共计 120 尾,其中详细记录钓钩编号的大眼金枪鱼为 108 尾。此外,根据 2009 年钓钩深度计算模型可计算出钓钩在各个水层内的具体数量,见表 4-3-1。

表 4-3-1 2009 年各水层内大眼金枪鱼渔获尾数及钓钩数量

水层/m	渔获尾数/尾	钓钩数量/枚
40~80	4.44	3 019.22
80~120	22.22	11 821.34
120~160	51.11	21 895.14
160~200	42.22	14 014.32
200~240	0.00	249.98

2009 年钓获的大眼金枪鱼绝大部分为成鱼,叉长均值为 1.31 m,体重均值为 43.8 kg。由图 4-3-1 和表 4-3-1 可得出,大眼金枪鱼在 120~160 m 的水层内,虽然钓获的尾数达到 51.11 尾,但是该水层内钓钩的数量相对较多,因此大眼金枪鱼在该水层内的 CPUE 为 2.33 尾/千钩。而大眼金枪鱼在 160~200 m 水层的 CPUE 达到最高值,为 3.01 尾/千钩,钓获尾数为 42.22 尾。120~200 m 水层内大眼金枪鱼的渔获量占当年总渔获量的 77.5%,可以认为大眼金枪鱼在 120~160 m 及 160~200 m 这两个水层内的渔获率较高。

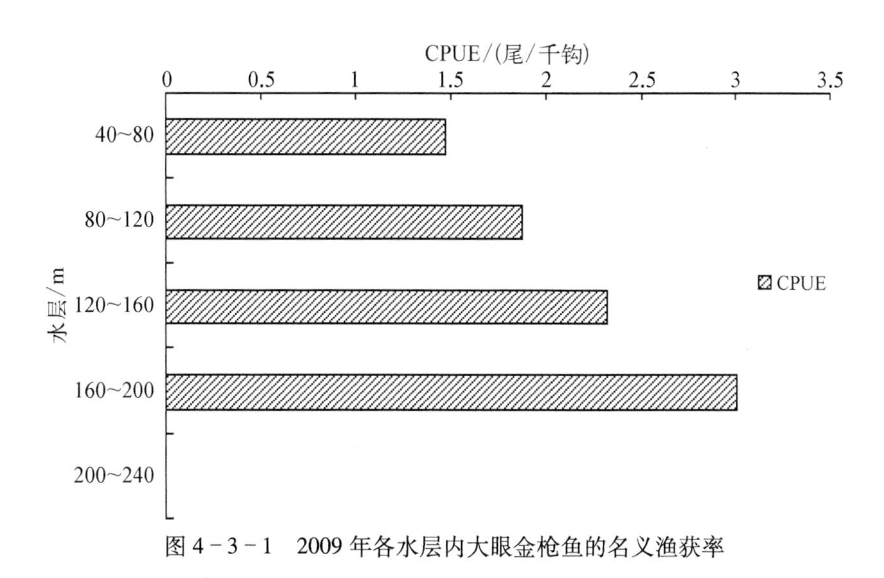

图 4-3-1 2009 年各水层内大眼金枪鱼的名义渔获率

3.2.2 2010 年调查期间各水层内大眼金枪鱼的渔获尾数、钓钩数量及渔获率

2010 年调查期间,调查船钓获大眼金枪鱼共计 220 尾,其中详细记录钓钩编号的大眼金枪鱼为 216 尾。此外,根据 2010 年钓钩深度计算模型可计算出钓钩在各个水层内的具体数量,见表 4-3-2。

表 4-3-2 2010 年各水层内大眼金枪鱼尾数及钓钩数量

水层/m	渔获尾数/尾	钓钩数量/枚
40~80	16.29	9 529.84
80~120	93.71	16 017.01
120~160	67.22	13 563.17
160~200	25.46	7 314.97
200~240	15.28	3 118.26

2010 年钓获的部分大眼金枪鱼个体相对较小,叉长均值为 1.05 m,体重均值则为 29.3 kg。由图 4-3-2 和表 4-3-2 可得出,大眼金枪鱼在 80~120 m 的水层内的渔获尾数和渔获率分别为 93 尾和 5.85 尾/千钩,均为最高值。而在 120~160 m 的水层内,大眼金枪鱼的渔获尾数和渔获率分别为 67 尾和 4.96 尾/千钩。在更深的 160~200 m 及 200~240 m 的水层,大眼金枪鱼的渔获尾数虽然不高,但是由于这两个水层钓钩的分布也相对较少,因此大眼金枪鱼的渔获率也较高,分别为 3.48 尾/千钩和 4.89 尾/千钩。

3.3 基于广义线性模型的 CPUE 标准化模型及栖息地综合指数

3.3.1 不同水层各站点大眼金枪鱼渔获率 $CPUE_{GLMij}$

通过广义线性模型对 2009、2010 年两年间各个建模站点内大眼金枪鱼的渔获率与相关环境因子值及其交互项进行回归,得出不同水层大眼金枪鱼 CPUE 标准化模型,各水层模型

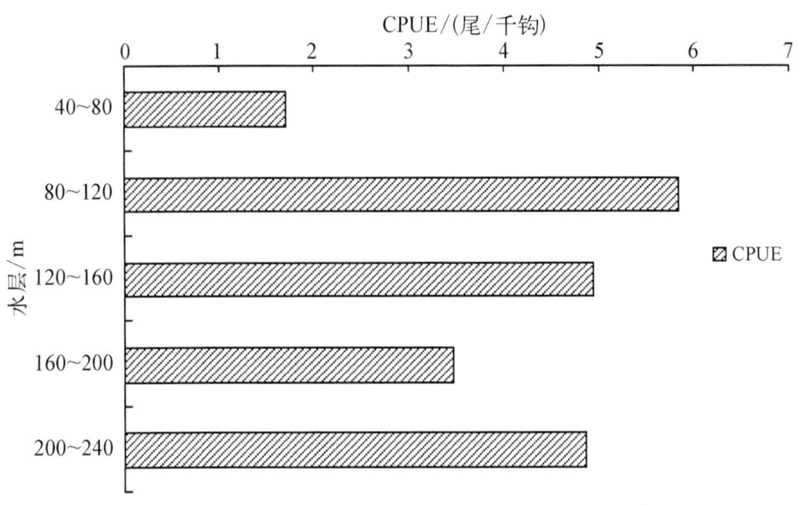

图 4-3-2　2010 年各水层内大眼金枪鱼的名义渔获率

的具体表达式如下：

$$CPUE_{GLM40\sim80} = \exp(0.01TS - 10.07) - 0.27 \quad (4-3-5)$$

式 4-3-5 为 40~80 m 水层大眼金枪鱼 CPUE 标准化模型，其中模型的 AIC 值为 50.84；TS 的 P 值为 0.008；intercept 的值为 10.07，其 P 值为 0.009。

$$CPUE_{GLM80\sim120} = \exp(-0.01SDO + 2.60) - 0.32 \quad (4-3-6)$$

式 4-3-6 为 80~120 m 水层大眼金枪鱼 CPUE 标准化模型，其中模型的 AIC 值为 31.28；SDO 的 P 值为 0.007；intercept 的值为 2.60，其 P 值为 0.003。

$$CPUE_{GLM120\sim160} = \exp\begin{pmatrix} -1.85TFIC + 0.09TDO - 0.12SDO \\ + 9.12FICDO + 10.03 \end{pmatrix} - 0.30 \quad (4-3-7)$$

式 4-3-7 为 120~160 m 水层大眼金枪鱼 CPUE 标准化模型，其中模型的 AIC 值为 34.24；$TFIC$ 的 P 值为 0.039；TDO 的 P 值为 0.009；SDO 的 P 值为 0.004；$FICDO$ 的 P 值为 0.045；intercept 的值为 10.03，其 P 值为 0.013。

$$CPUE_{GLM160\sim200} = \exp(0.67S - 24.16) - 0.28 \quad (4-3-8)$$

式 4-3-8 为 160~200 m 水层大眼金枪鱼 CPUE 标准化模型，其中模型的 AIC 值为 43.89；S 的 P 值为 0.044；intercept 的值为 24.16，其 P 值为 0.043。

$$CPUE_{GLM200\sim240} = \exp\begin{pmatrix} -1.10T - 5.85DO - 23.35HC + 0.24TDO \\ + 0.61THC + 3.35DOHC + 23.77 \end{pmatrix} - 0.09 \quad (4-3-9)$$

式 4-3-9 为 200~240 m 水层大眼金枪鱼 CPUE 标准化模型，其中模型的 AIC 值为 42.37；T 的 P 值为 0.001；DO 的 P 值为 0.001；HC 的 P 值为 0.001；TDO 的 P 值为 0.001；THC 的 P 值为 0.001；$DOHC$ 的 P 值为 0.001；intercept 的值为 23.77，其 P 值为 0.013。

由式4－3－5～式4－3－9可知，在40～80 m的水层，由温度盐度交互项组成的CPUE标准化模型是描述该水层大眼金枪鱼CPUE和相关环境因子间关系的最佳模型；在80～120 m的水层，由盐度溶解氧含量交互项构成的CPUE标准化模型是描述该水层大眼金枪鱼CPUE和相关环境因子间关系的最佳模型；在120～160 m的水层，由温度叶绿素 *a* 浓度交互项、温度溶解氧含量交互项、盐度溶解氧含量交互项及叶绿素 *a* 浓度溶解氧含量交互项构成的CPUE标准化模型是描述该水层大眼金枪鱼CPUE和相关环境因子间关系的最佳模型；在160～200 m的水层，由盐度构成的CPUE标准化模型是描述该水层大眼金枪鱼CPUE和相关环境因子间关系的最佳模型；在200～240 m的水层，由温度、溶解氧含量、水平流速、温度溶解氧含量交互项、温度水平流速交互项及溶解氧含量水平流速交互项构成的CPUE标准化模型是描述该水层大眼金枪鱼CPUE和相关环境因子间关系的最佳模型。

3.3.2　不同水层各站点大眼金枪鱼栖息地综合指数 IHI_{GLMij}

基于广义线性模型回归大眼金枪鱼CPUE标准化模型后，将所得的标准化CPUE用于建立各建模站点不同水层大眼金枪鱼栖息地综合指数，绘制出各建模站点的名义CPUE与栖息地综合指数分布图（图4－3－3）。

根据图4－3－3，可归纳出大眼金枪鱼在各水层栖息地综合指数较高的海域，具体如表4－3－3。

表4－3－3中两年64个建模站点的数据所建立的基于广义线性模型的大眼金枪鱼栖息地综合指数分布中可得出，不同水层大眼金枪鱼的IHI指数分布差异较为明显。其中，在80～120 m及120～160 m这两个水层中，大眼金枪鱼的IHI指数均值较高，分别为0.47及0.32，其中80～120 m内IHI指数较高的海域主要集中在除1°S～3°30′N、172°E～176°30′E

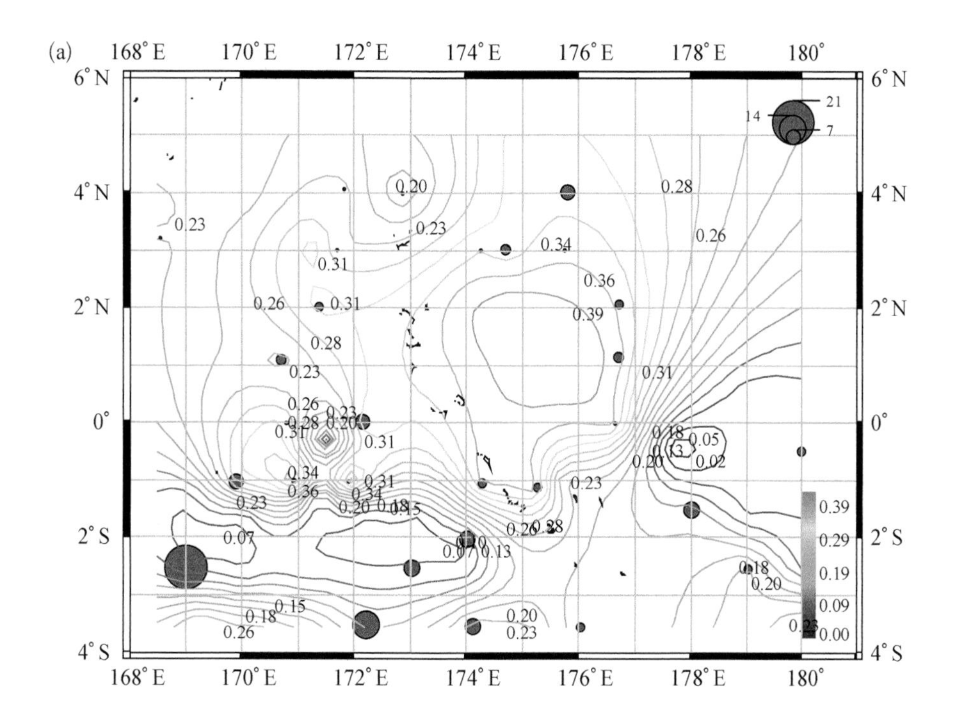

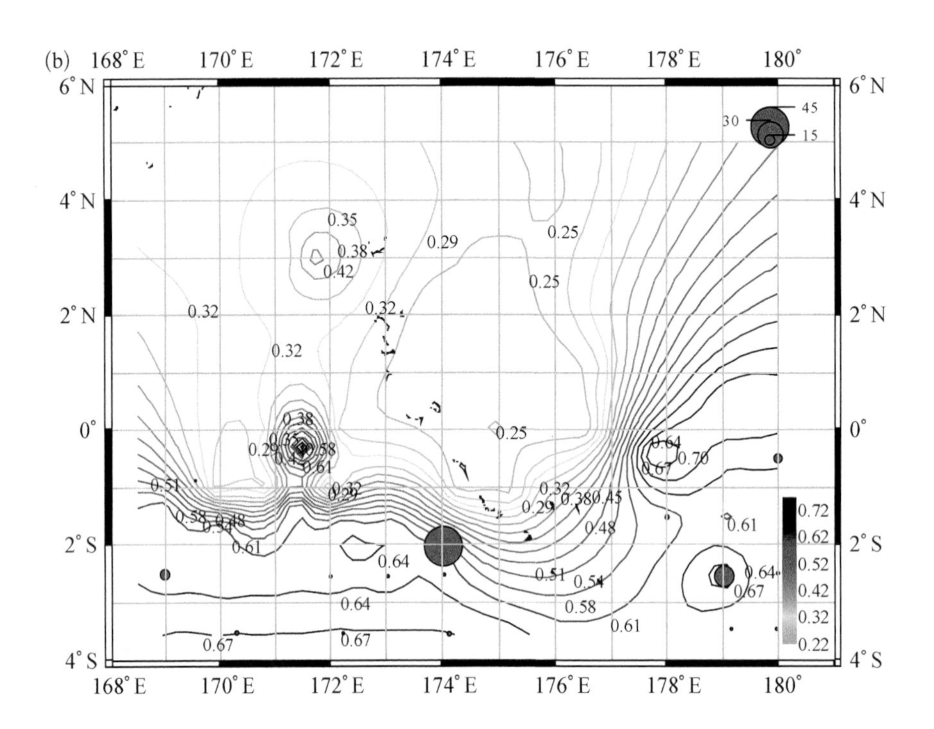
(b)
168° E
170° E
172° E
174° E
176° E
178° E
180°
6° N
4° N
2° N
0°
2° S
4° S
45
30
15
0.72
0.62
0.52
0.42
0.32
0.22

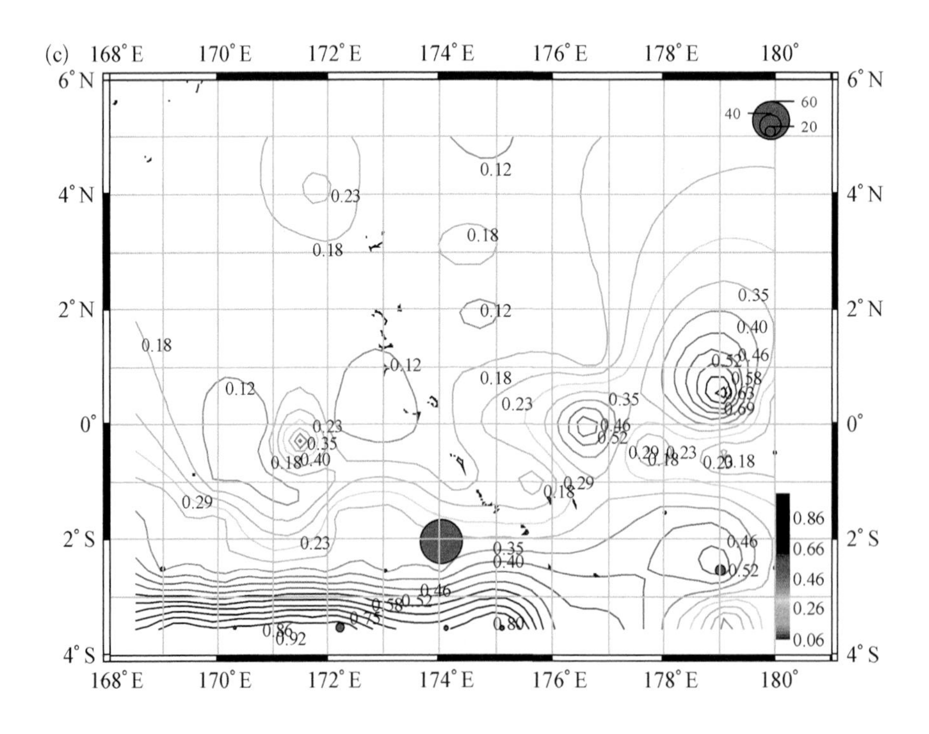
(c)
168° E
170° E
172° E
174° E
176° E
178° E
180°
6° N
4° N
2° N
0°
2° S
4° S
60
40
20
0.86
0.66
0.46
0.26
0.06

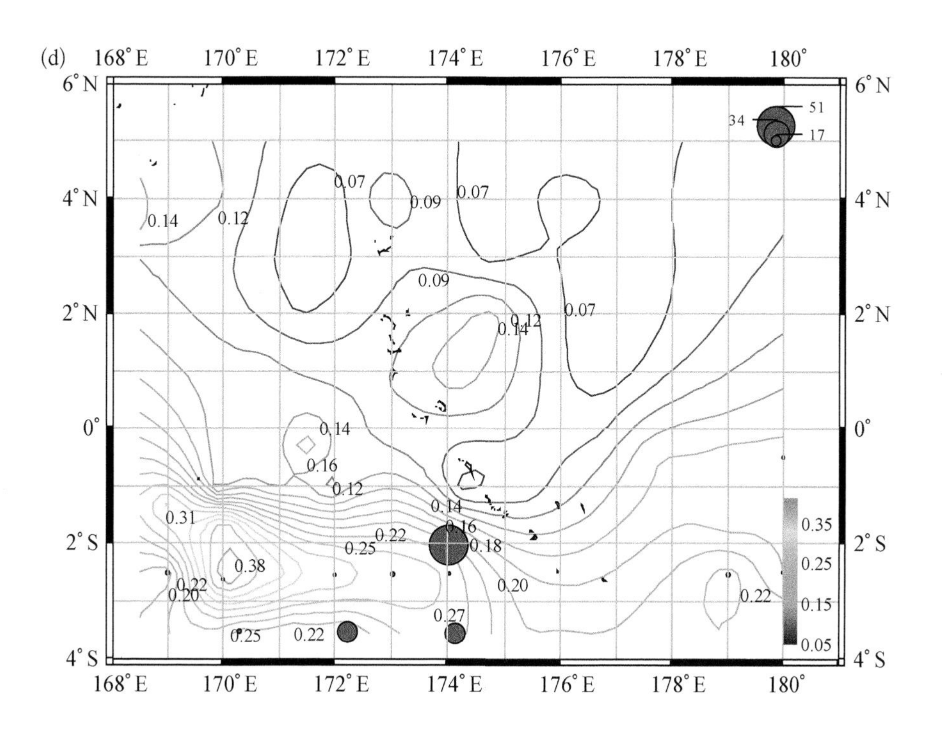

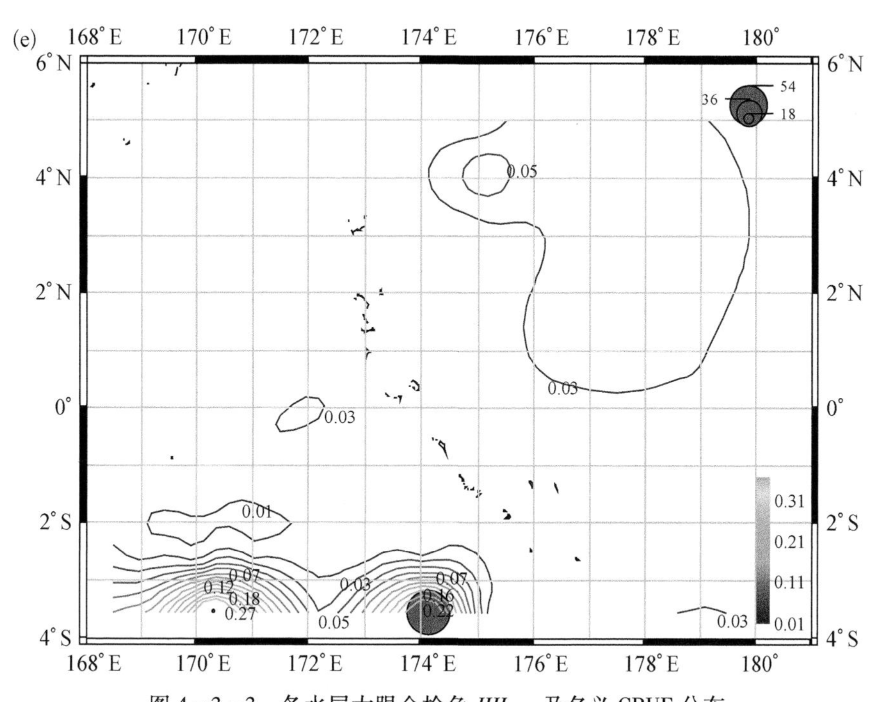

图 4－3－3　各水层大眼金枪鱼 IHI_{GLMij} 及名义 CPUE 分布

a：40～80 m；b：80～120 m；c：120～160 m；d：160～200 m；e：200～240 m

表 4－3－3　IHI 高值海域范围

水层/m	分 布 海 域	IHI 均值
40～80	1°30′S～3°30′N、170°E～177°E(0.30<IHI<0.40)	0.23
80～120	除 1°S～3°30′N、172°E～176°30′E 外的海域(IHI>0.30)	0.47
120～160	除 2°S～5°N、168°30′E～176°E 外的海域(IHI>0.30)	0.32
160～200	3°30′S～1°S、168°30′E～179°E(0.20<IHI<0.40)	0.16
200～240	3°30′S～3°0′S、169°30′E～174°30′E(0.20<IHI<0.30)	0.04

外的海域(IHI>0.30)；120～160 m 内 IHI 指数较高的海域主要集中在除 2°S～5°N、168°30′E～176°E 外的海域(IHI>0.30)；200～240 m 水层内大眼金枪鱼的 IHI 指数则普遍较低，其均值则低至 0.04，其中 IHI 指数较高的海域主要集中在 3°30′S～3°0′S、169°30′E～174°30′E(0.20<IHI<0.30)；在 40～80 m 水层内，大眼金枪鱼的 IHI 均值为 0.23，其中 IHI 指数较高的海域主要集中在 1°30′S～3°30′N、170°E～177°E(0.30<IHI<0.40)；在 160～200 m 水层内，大眼金枪鱼的 IHI 均值为 0.16，其中 IHI 指数较高的海域主要集中在 3°30′S～1°S、168°30′E～179°E(0.20<IHI<0.40)。此外，从图 4－3－3 中可得出在大眼金枪鱼 IHI 指数均值较低的几个水层内，IHI 指数等值线密集的海域和该水层大眼金枪鱼名义 CPUE 较高的海域之间比较接近，而在其他水层内则两者差距较大。

3.3.3　整个水体各站点大眼金枪鱼渔获率 $CPUE_{GLMi}$

通过广义线性模型对 2009、2010 年两年间各个建模站点大眼金枪鱼的渔获率与相关环境因子值及其交互项进行回归，得出整个水体大眼金枪鱼 CPUE 标准化模型，整个水体的模型具体表达式如下：

$$CPUE_{GLMi} = \exp\begin{pmatrix} 0.69SFIC_i - 4.43FICDO_i - 0.17SHC_i \\ + 1.16DOHC_i + 0.52 \end{pmatrix} - 0.38 \qquad (4-3-10)$$

式 4－3－10 中，模型的 AIC 值为 30.59；*SFIC* 的 *P* 值为 0.008；*FICDO* 的 *P* 值为 0.008；*SHC* 的 *P* 值为 0.001；*DOHC* 的 *P* 值为 0.017；intercept 的值为 0.52，其 *P* 值为 0.05。

由此可知，在整个水体内，由盐度叶绿素 *a* 浓度交互项、叶绿素 *a* 浓度溶解氧含量交互项、盐度水平流速交互项及溶解氧含量水平流速交互项组成的 CPUE 标准化模型是描述各建模站点整个水体内大眼金枪鱼 CPUE 和相关环境因子间关系的最佳模型。

3.3.4　整个水体各站点大眼金枪鱼栖息地综合指数 IHI_{GLMi}

基于广义线性模型回归大眼金枪鱼 CPUE 标准化模型后，将所得的标准化 CPUE 用于建立整个水体各建模站点大眼金枪鱼栖息地综合指数，绘制出各建模站点的名义 CPUE 与栖息地综合指数分布图(图 4－3－4)。

从图 4－3－4 中可得出整个水体内大眼金枪鱼 IHI 指数较高的海域集中在 3°30′S～1°S、168°30′E～175°E，3°30′S～2°20′S、177°E～180°E，2°N～4°30′N、171°E～117°E 海域，其中大眼金枪鱼渔获率较高海域均位于上述海域之中。

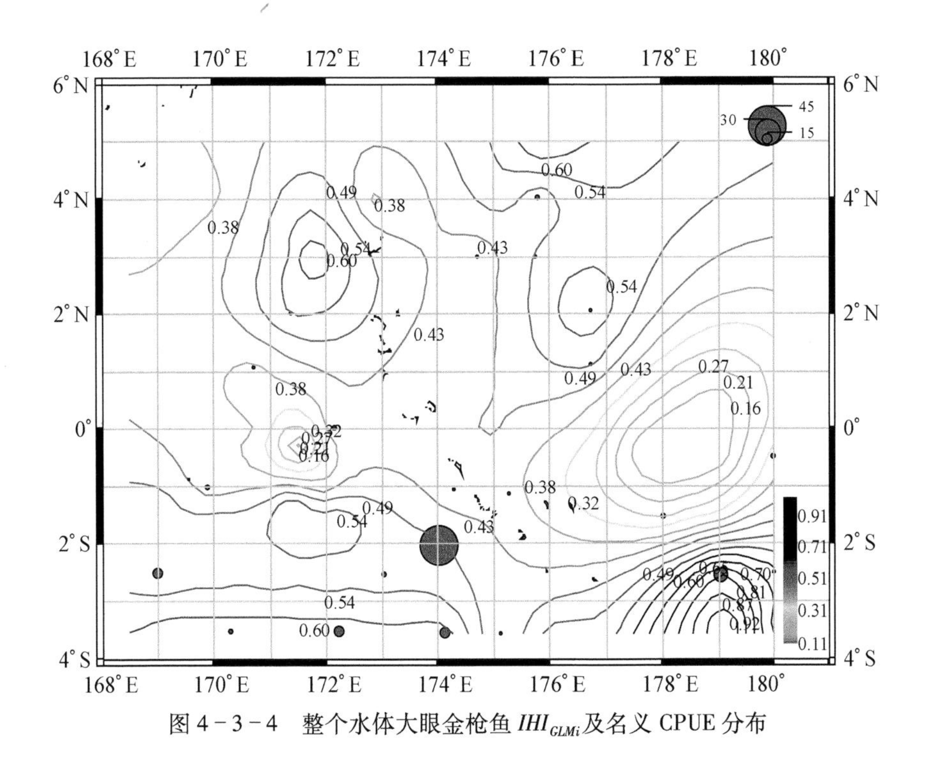

图 4-3-4　整个水体大眼金枪鱼 IHI_{GLMi} 及名义 CPUE 分布

3.4　基于广义相加模型的 CPUE 标准化模型及栖息地综合指数

3.4.1　不同水层各站点大眼金枪鱼渔获率 $CPUE_{GAMij}$

通过广义相加模型对 2009、2010 年两年各个建模站点大眼金枪鱼的渔获率与相关环境因子值进行回归，得出不同水层大眼金枪鱼 CPUE 标准化模型，各水层模型的具体表达式如下：

$$CPUE_{GAM40\sim80} = \exp[1.44 + s(S) + s(DO)] - 0.27(R^2 = 0.30) \quad (4-3-11)$$

式 4-3-11 为 40~80 m 水层大眼金枪鱼 CPUE 标准化模型；广义交叉核实分数(GCV score)为 0.34；S 的 P 值为 0.012 0；DO 的 P 值为 0.039 0；intercept 的值为 1.44，其 P 值为 0.000 0。

$$CPUE_{GAM80\sim120} = \exp[0.18 + s(T) + s(DO)] - 0.32(R^2 = 0.43) \quad (4-3-12)$$

式 4-3-12 为 80~120 m 水层大眼金枪鱼 CPUE 标准化模型；GCV score 为 1.44；T 的 P 值为 0.030 0；DO 的 P 值为 0.000 3；intercept 的值为 0.18，其 P 值为 0.030 0。

$$CPUE_{GAM120\sim160} = \exp[2.66 + s(S)] - 0.63(R^2 = 0.44) \quad (4-3-13)$$

式 4-3-13 为 120~160 m 水层大眼金枪鱼 CPUE 标准化模型；GCV score 为 68.24；S 的 P 值为 0.036 9；intercept 的值为 2.66，其 P 值为 0.004 7。

$$CPUE_{GAM160\sim200} = \exp[2.59 + s(S) +] - 0.28(R^2 = 0.64) \quad (4-3-14)$$

式 4－3－14 为 160~200 m 水层大眼金枪鱼 CPUE 标准化模型；GCV score 为 45.78；S 的 P 值为 0.000 7；intercept 的值为 2.59，其 P 值为 0.000 6。

$$CPUE_{GAM200\sim240} = \exp[0.79 + s(DO) +] - 0.09(R^2 = 0.98) \quad (4-3-15)$$

式 4－3－15 为 200~240 m 水层大眼金枪鱼 CPUE 标准化模型；GCV score 为 0.65；DO 的 P 值为 0.000 0；intercept 的值为 0.79，其 P 值为 0.000 0。

由式 4－3－11~式 4－3－15 得，在 40~80 m 的水层，由盐度和溶解氧含量构成的 CPUE 标准化模型是描述该水层大眼金枪鱼 CPUE 和相关环境因子间关系的最佳模型；在 80~120 m 的水层，由温度和溶解氧含量组成的 CPUE 标准化模型是描述该水层大眼金枪鱼 CPUE 和相关环境因子间关系的最佳模型；在 120~160 m 的水层，由盐度构成的 CPUE 标准化模型是描述该水层大眼金枪鱼 CPUE 和相关环境因子间关系的最佳模型；在 160~200 m 的水层，由盐度构成的 CPUE 标准化模型是描述该水层大眼金枪鱼 CPUE 和相关环境因子间关系的最佳模型；在 200~240 m 水层，由溶解氧含量构成的 CPUE 标准化模型是描述该水层大眼金枪鱼 CPUE 和相关环境因子间关系的最佳模型。

3.4.2 不同水层各站点大眼金枪鱼栖息地综合指数 IHI_{GAMij}

基于广义相加模型回归大眼金枪鱼 CPUE 标准化模型后，将所得的标准化 CPUE 用于建立各建模站点不同水层大眼金枪鱼栖息地综合指数，绘制出各建模站点的名义 CPUE 与栖息地综合指数分布图（图 4－3－5）。

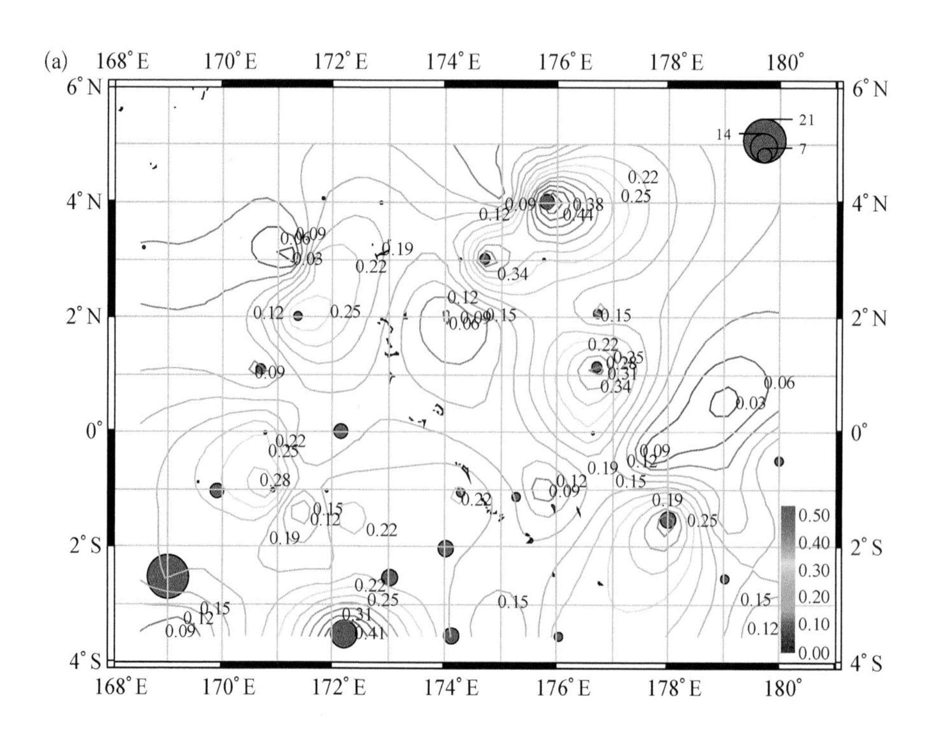

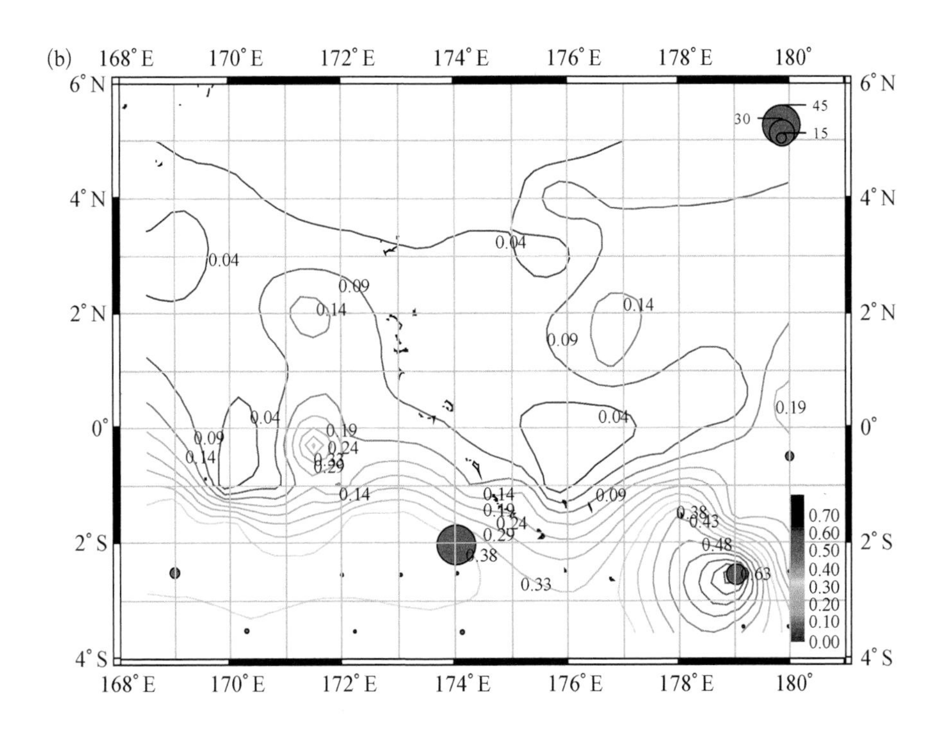
(b)
168° E
170° E
172° E
174° E
176° E
178° E
180°
6° N
4° N
2° N
0°
2° S
4° S
45
30
15
0.04
0.09
0.14
0.19
0.24
0.29
0.33
0.38
0.43
0.48
0.63
0.70
0.60
0.50
0.40
0.30
0.20
0.10
0.00

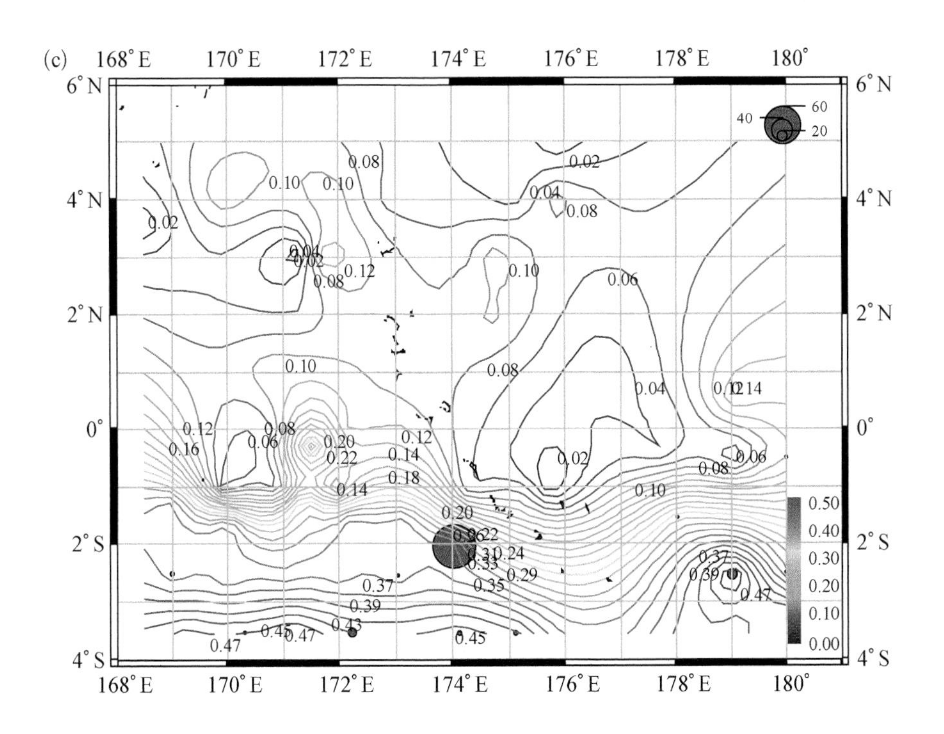
(c)
168° E
170° E
172° E
174° E
176° E
178° E
180°
6° N
4° N
2° N
0°
2° S
4° S
60
40
20
0.02
0.04
0.06
0.08
0.10
0.12
0.14
0.16
0.18
0.20
0.22
0.24
0.29
0.33
0.35
0.37
0.39
0.43
0.45
0.47
0.50
0.40
0.30
0.20
0.10
0.00

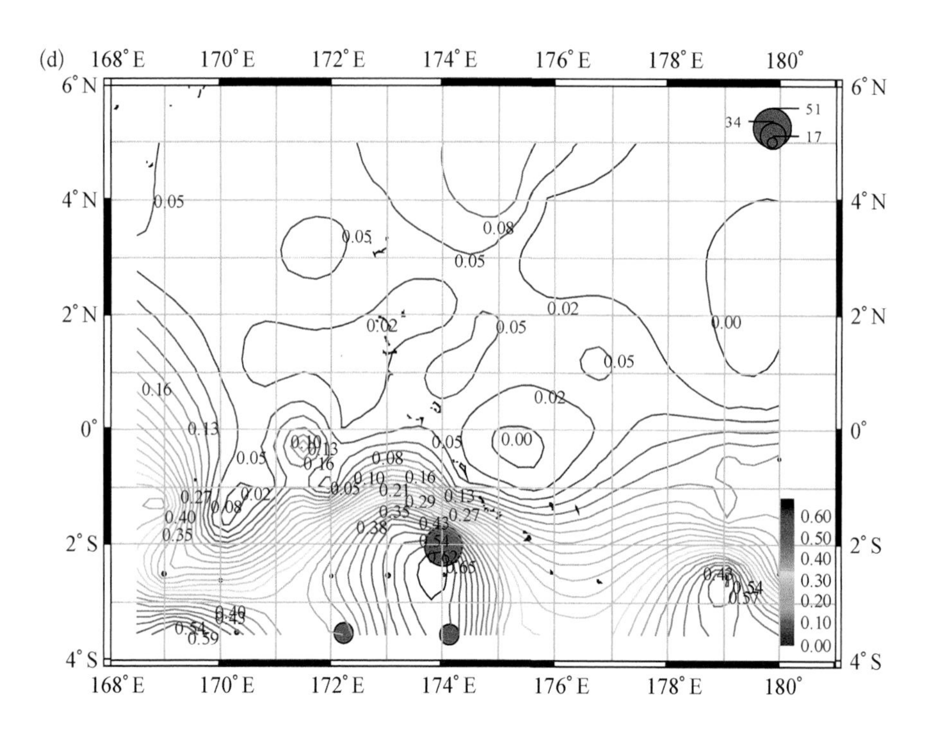

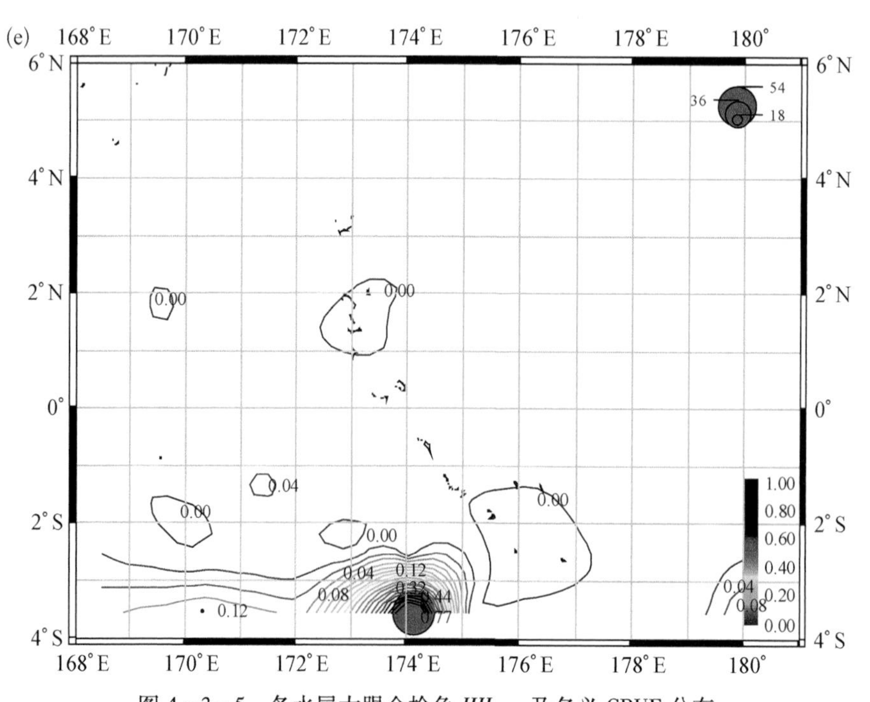

图 4-3-5 各水层大眼金枪鱼 IHI_{GAMij} 及名义 CPUE 分布

a：40~80 m；b：80~120 m；c：120~160 m；d：160~200 m；e：200~240 m

根据图 4－3－5，可得出大眼金枪鱼在各水层栖息地综合指数较高的海域，具体见表 4－3－4。

表 4－3－4　IHI 高值海域范围

水层/m	分　布　海　域	IHI 均值
40～80	3°30′S～3°S、171°30′E～173°30′E，3°S～1°S、177°E～178°30′E，0°30′N～4°30′N、174°30′E～177°E（0.30<IHI<0.50）	0.18
80～120	3°S～1°30′S、168°30′E～174°30′E，3°30′S～1°10′S、177°30′E～179°40′E（IHI>0.30）	0.21
120～160	3°30′S～1°30′S、168°30′E～180°（IHI>0.30）	0.20
160～200	3°30′S～3°S、168°30′E～171°E，3°30′S～1°30′S、172°E～175°E，3°30′S～2°S、178°E～180°（IHI>0.40）	0.19
200～240	3°30′S～3°S、173°E～174°30′E（IHI>0.40）	0.03

由表 4－3－4 可得出，80～120 m、120～160 m 及 160～200 m 水层内的大眼金枪鱼栖息地综合指数的等值线分布虽略有差别，但总体分布较为接近，这 3 个水层的 IHI 均值也相对较高。其中 80～120 m 水层的 IHI 均值为 0.21，IHI 指数较高的海域主要分布在 3°S～1°30′S、168°30′E～174°30′E，3°30′S～1°10′S、177°30′E～179°40′E（IHI>0.30）。120～160 m 水层的 IHI 均值为 0.20，IHI 指数较高的海域主要分布在 3°30′S～1°30′S、168°30′E～180°（IHI>0.30）。160～200 m 水层的 IHI 均值为 0.19，IHI 指数较高的海域主要分布在 3°30′S～3°S、168°30′E～171°E，3°30′S～1°30′S、172°E～175°E，3°30′S～2°S、178°E～180°（IHI>0.40）。其他水层如 40～80 m 水层的 IHI 均值为 0.18，IHI 指数较高的海域主要分布在 3°30′S～3°S、171°30′E～173°30′E，3°S～1°S、177°E～178°30′E，0°30′N～4°30′N、174°30′E～177°E（0.30<IHI<0.50）。而在 200～240 m 水层的 IHI 均值则低至 0.03，但是某些海域 IHI 值则相对较高，如 3°30′S～3°S、173°E～174°30′E（IHI>0.40）。由图 4－3－5 得，各水层基于广义相加模型建立的大眼金枪鱼栖息地综合指数的等值线密集海域与大眼金枪鱼名义渔获率较高的海域均较为接近。

3.4.3　整个水体各站点大眼金枪鱼渔获率 $CPUE_{GAMi}$

通过广义相加模型对 2009、2010 年两年间各个建模站点内大眼金枪鱼的渔获率与相关环境因子值进行回归，得出整个水体大眼金枪鱼 CPUE 标准化模型，模型的具体表达式如下：

$$CPUE_{GAMi} = \exp[3.39 + s(S_i)] - 0.38, (R^2 = 0.41) \qquad (4-3-16)$$

式 4－3－16 中，GCV score 为 37.01；S 的 P 值为 0.010 0；intercept 的值为 3.39，其 P 值为 0.000 0。

由此可知，由盐度构成的 CPUE 标准化模型是描述各建模站点整个水体内大眼金枪鱼 CPUE 和相关环境因子间关系的最佳模型。

3.4.4　整个水体各站点大眼金枪鱼栖息地综合指数 IHI_{GAMi}

基于广义相加模型回归大眼金枪鱼 CPUE 标准化模型后，将所得的标准化 CPUE 用于建立各建模站点整个水体大眼金枪鱼栖息地综合指数，绘制出各建模站点的名义 CPUE 与栖息地综合指数分布图(图 4-3-6)。

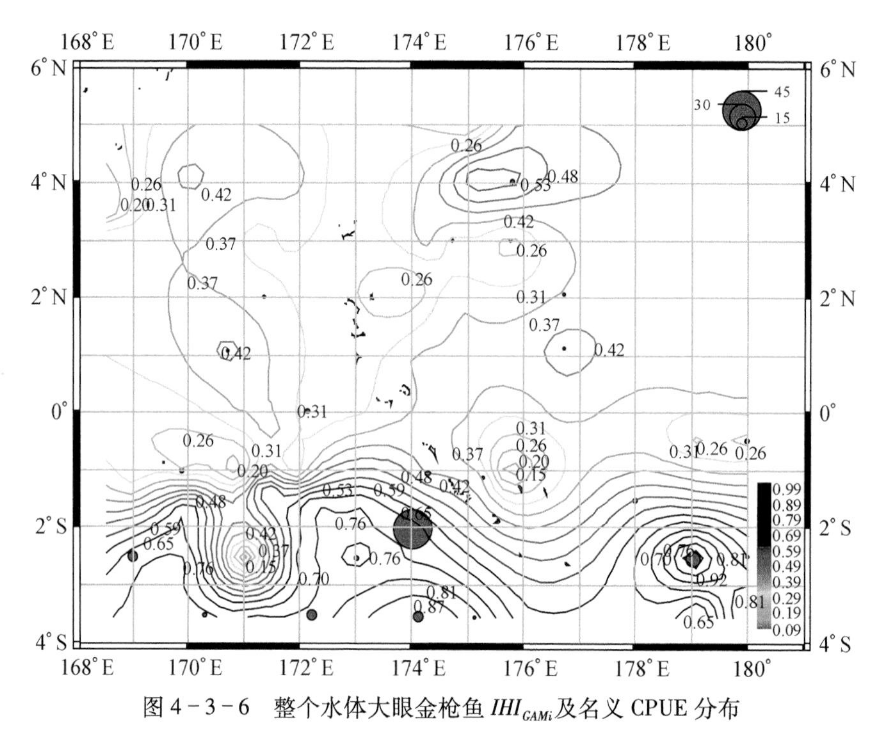

图 4-3-6　整个水体大眼金枪鱼 IHI_{CAMi} 及名义 CPUE 分布

从图 4-3-6 中可知,整个水体内大眼金枪鱼 IHI 指数较高的海域集中在 3°30′S~1°S、168°30′E~180°,3°30′N~4°30′N、174°30′E~177°40′E,且大眼金枪鱼名义渔获率较高的各站点均位于这些海域。

3.5　基于分位数回归模型的 CPUE 标准化模型及栖息地综合指数

3.5.1　不同水层各站点大眼金枪鱼渔获率 $CPUE_{QRMij}$

通过分位数回归模型对 2009、2010 年两年间各个建模站点内大眼金枪鱼的渔获率与相关环境因子值及其交互项进行回归得出不同水层的大眼金枪鱼 CPUE 标准化模型,各水层模型的具体表达式如下:

$$CPUE_{QRM40\sim80} = 101.89 - 2.72S - 454.02FIC + 0.14HC + 291.07VC + 12.79SFIC - 8.35SVC + 3.09HCVC \quad (4-3-17)$$

式 4-3-17 为 $\theta=0.85$ 时 40~80 m 水层大眼金枪鱼 CPUE 标准化模型,其中 S 的 P 值为 0.023;FIC 的 P 值为 0.032;HC 的 P 值为 0.019;VC 的 P 值为 0.025;$SFIC$ 的 P 值为 0.027;SVC 的 P 值为 0.009;$HCVC$ 的 P 值为 0.027。

$$CPUE_{QRM80\sim120} = -413.09 + 7.24T + 7.72S + 1\,111.52FIC - 10.78DO - 13.11HC - 194.68VC - 15.86TFIC + 6.57TVC - 21.99SFIC + 20.35FICDO + 1.79DOHC \quad (4-3-18)$$

式 4－3－18 为 $\theta=0.75$ 时 80～120 m 水层大眼金枪鱼 CPUE 标准化模型，其中 T 的 P 值为 0.046；S 的 P 值为 0.041；FIC 的 P 值为 0.009；DO 的 P 值为 0.031；HC 的 P 值为 0.012；VC 的 P 值为 0.004；$TFIC$ 的 P 值为 0.037；TVC 的 P 值为 0.012；$SFIC$ 的 P 值为 0.021；$FICDO$ 的 P 值为 0.013；$DOHC$ 的 P 值为 0.043。

$$CPUE_{QRM120\sim160} = -1\,712.09 + 0.44T + 48.99S - 388.25FIC - 324.91DO - 45.62HC + 4.66VC + 8.63SFIC - 9.34SDO + 14.42FICDO - 2.83FICVC + 8.09DOHC - 19.19HCVC \quad (4-3-19)$$

式 4－3－19 为 $\theta=0.80$ 时 120～160 m 水层大眼金枪鱼 CPUE 标准化模型，其中 T 的 P 值为 0.002；S 的 P 值为 0.003；FIC 的 P 值为 0.022；DO 的 P 值为 0.031；HC 的 P 值为 0.042；VC 的 P 值为 0.012；$SFIC$ 的 P 值为 0.029；SDO 的 P 值为 0.026；$FICDO$ 的 P 值为 0.031；$FICVC$ 的 P 值为 0.043；$DOHC$ 的 P 值为 0.028；$HCVC$ 的 P 值为 0.037。

$$CPUE_{QRM160\sim200} = -435.19 + 12.36S - 639.76FIC + 114.24DO - 9.43HC + 0.37VC + 18.08SFIC - 3.24SDO + 2.42DOHC \quad (4-3-20)$$

式 4－3－20 为 $\theta=0.65$ 时 160～200 m 水层大眼金枪鱼 CPUE 标准化模型，其中 S 的 P 值为 0.013；FIC 的 P 值为 0.022；DO 的 P 值为 0.039；HC 的 P 值为 0.029；VC 的 P 值为 0.021；$SFIC$ 的 P 值为 0.033；SDO 的 P 值为 0.018；$DOHC$ 的 P 值为 0.034。

$$CPUE_{QRM200\sim240} = 39.06 - 1.37T - 67.84FIC - 9.04DO - 28.95HC - 31.43VC + 0.32TDO + 0.51THC + 0.37TVC + 18.66FICDO + 34.15FICVC + 5.02DOHC + 5.69DOVC \quad (4-3-21)$$

式 4－3－21 为 $\theta=0.85$ 时 200～240 m 水层大眼金枪鱼 CPUE 标准化模型，其中 T 的 P 值为 0.001；FIC 的 P 值为 0.002；DO 的 P 值为 0.021；HC 的 P 值为 0.037；VC 的 P 值为 0.012；TDO 的 P 值为 0.008；THC 的 P 值为 0.015；TVC 的 P 值为 0.035；$FICDO$ 的 P 值为 0.019；$FICVC$ 的 P 值为 0.022；$DOHC$ 的 P 值为 0.017；$DOVC$ 的 P 值为 0.031。

由式 4－3－17～式 4－3－21 可知，在 40～80 m 的水层，由盐度、叶绿素 a 浓度、水平流速、垂直流速、盐度叶绿素 a 浓度交互项、盐度垂直流速交互项及水平流速垂直流速交互项构成的 CPUE 标准化模型是描述该水层大眼金枪鱼 CPUE 和相关环境因子间关系的最佳模型；在 80～120 m 的水层，由温度、盐度、叶绿素 a 浓度、溶解氧含量、水平流速、垂直流速、温度叶绿素 a 浓度交互项、温度垂直流速交互项、盐度叶绿素 a 浓度交互项、叶绿素 a 浓度溶解氧含量交互项及溶解氧含量水平流速交互项构成的 CPUE 标准化模型是描述该水层大眼金枪鱼 CPUE 和相关环境因子间关系的最佳模型；在 120～160 m 的水层，由温度、盐度、叶绿素 a 浓度、溶解氧含量、水平流速、垂直流速、盐度叶绿素 a 浓度交互项、盐度溶解氧含量交互项、叶绿素 a 浓度溶解氧含量交互项、叶绿素 a 浓度垂直流速交互项、溶解氧含量水平流速交互项及水平流速垂直流速交互项构成的 CPUE 标准化模型是描述该水层大眼金枪鱼 CPUE 和相关环境因子间关系的最佳模型；在 160～200 m 的水层，由盐度、叶绿素 a 浓度、溶解氧含量、水平流速、垂直流速、盐度叶绿素 a 浓度交互项、盐度溶解氧含量交互项及溶解氧含量水平流速交互项构成的 CPUE 标准化模型是描述该水层大眼金枪鱼 CPUE 和相关环境因子间关系的最佳模型;在 200~240 m 的水层,由温度、叶绿素 a 浓度、溶解氧含量、水平流速、垂直流速、温度溶解氧含量交互项、温度水平流速交互项、温度垂直流速交互项、叶绿素 a 浓度溶解氧含量交互项、叶绿素 a 浓度垂直流速交互项、溶解氧含量水平流速交互项及溶解氧含量垂直流速交互项构成的 CPUE 标准化模型是描述该水层大眼金枪鱼 CPUE 和相关环境因子间关系的最佳模型。

3.5.2 不同水层各站点大眼金枪鱼栖息地综合指数 IHI_{QRMij}

基于分位数回归模型回归大眼金枪鱼 CPUE 标准化模型后,将所得的标准化 CPUE 用于建立各建模站点不同水层大眼金枪鱼栖息地综合指数,绘制出各建模站点的名义 CPUE 与栖息地综合指数分布图(图 4-3-7)。

根据图 4-3-7,可得出大眼金枪鱼在各水层栖息地综合指数较高的海域,具体如表 4-3-5。

由表 4-3-5 可得出,与基于广义相加模型所得的结果类似,80~120 m、120~160 m 及 160~200 m 水层内的大眼金枪鱼栖息地综合指数分布较为接近。但是在分位数回归模型中,40~80 m 水层的 IHI 均值最高为 0.30,IHI 指数较高的海域主要分布在 3°30′S~3°S、168°30′E~174°30′E,3°30′S~1°S,177°E~179°30′E(IHI>0.40)。IHI 均值最低的水层依然为 200~240 m 的水层,其 IHI 均值为 0.03,其中 IHI 指数较高的海域主要分布在 3°30′S~3°S、169°E~175°E(IHI>0.20)。80~120 m 水层的 IHI 均值为 0.17,IHI 指数较高的海域主要分布在 3°30′S~3°S、168°30′E~175°30′E,3°30′S~1°S、177°30′E~179°E(IHI>0.30)。120~160 m 水层的 IHI 均值为 0.25,IHI 指数较高的海域主要分布在 3°30′S~2°S、168°30′E~

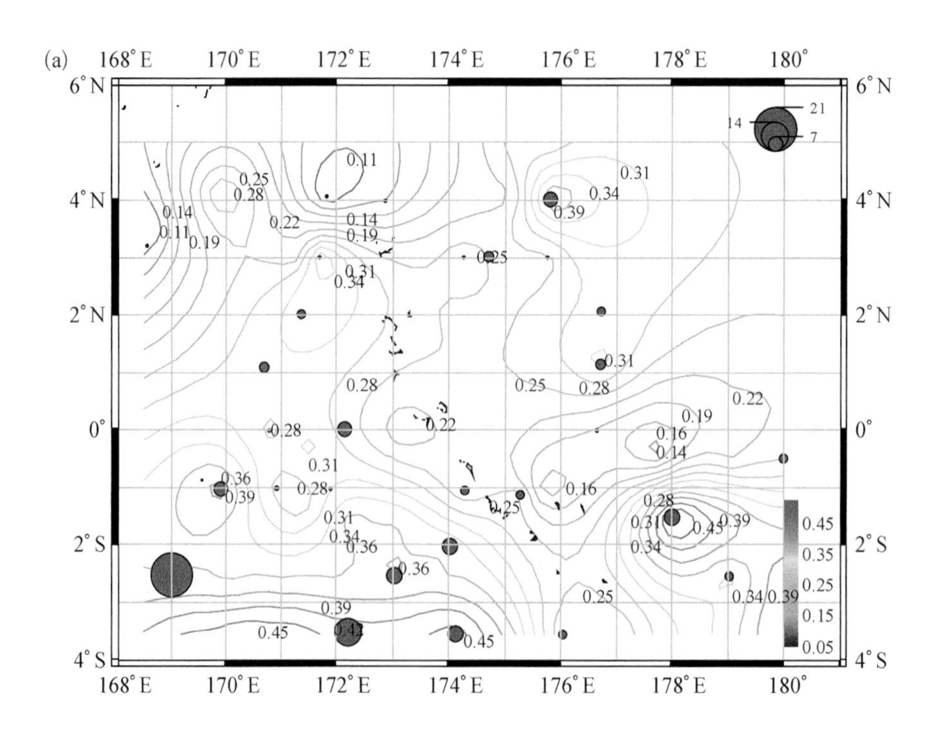

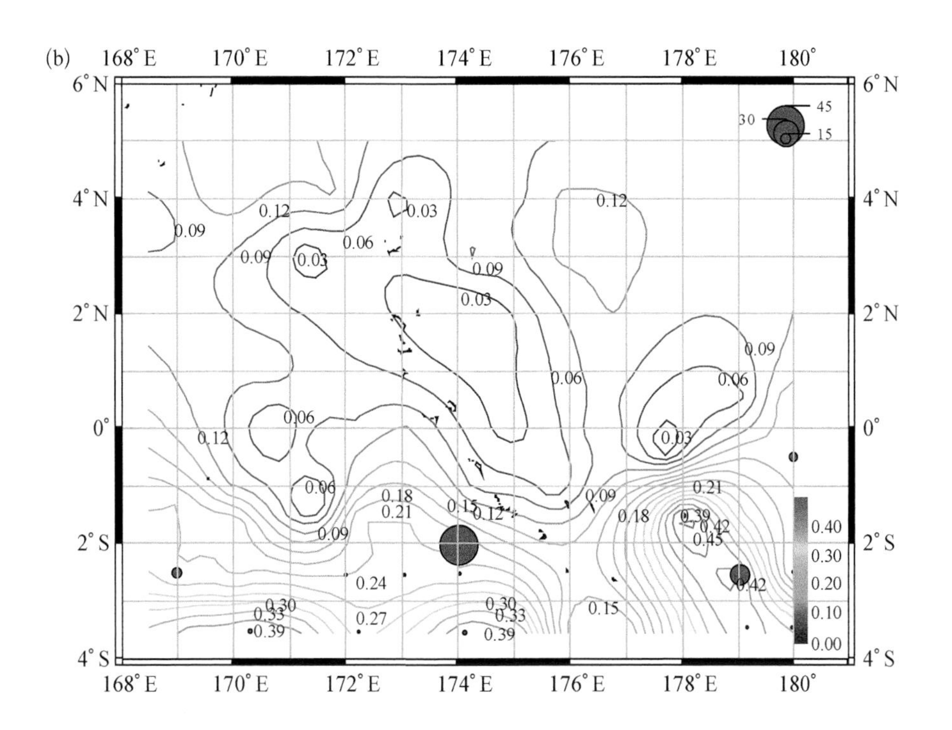
(b)
168° E
170° E
172° E
174° E
176° E
178° E
180°
6° N
4° N
2° N
0°
2° S
4° S
45
30
15
0.40
0.30
0.20
0.10
0.00

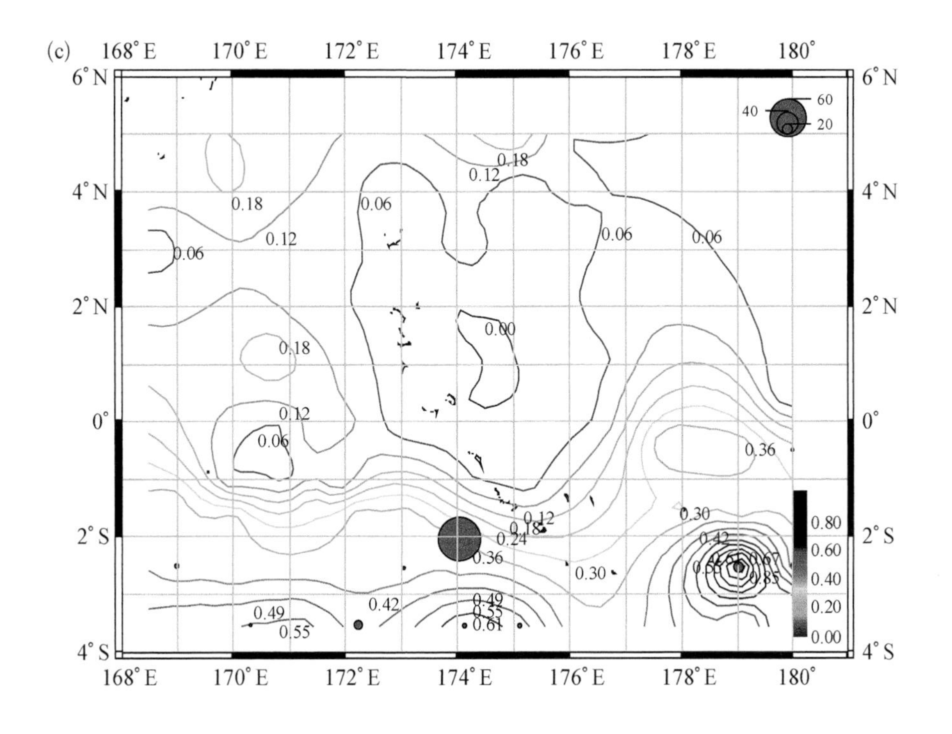
(c)
168° E
170° E
172° E
174° E
176° E
178° E
180°
6° N
4° N
2° N
0°
2° S
4° S
60
40
20
0.80
0.60
0.40
0.20
0.00

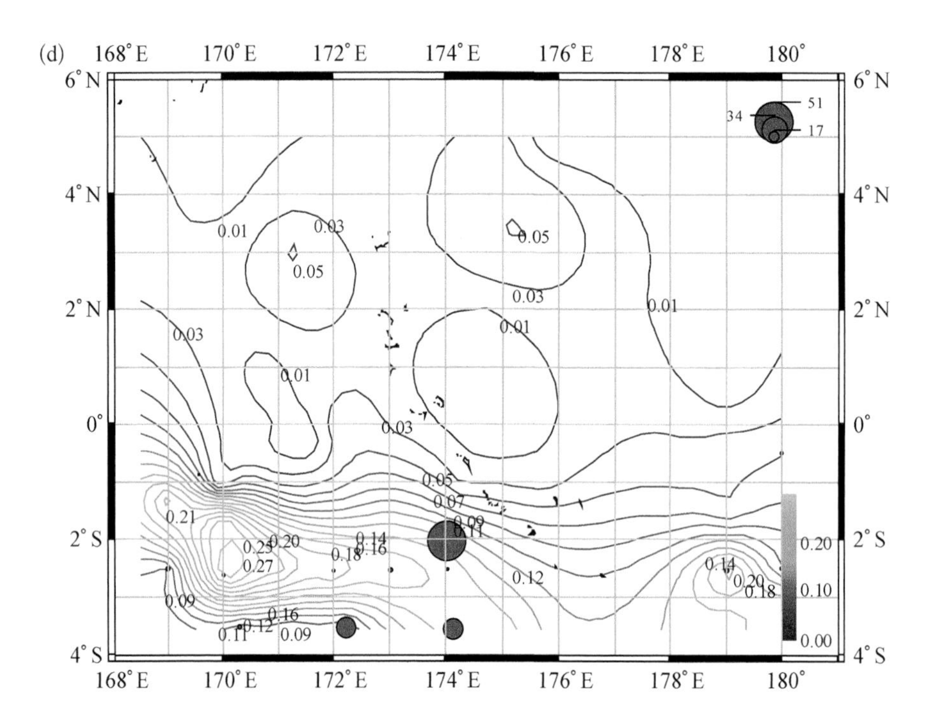

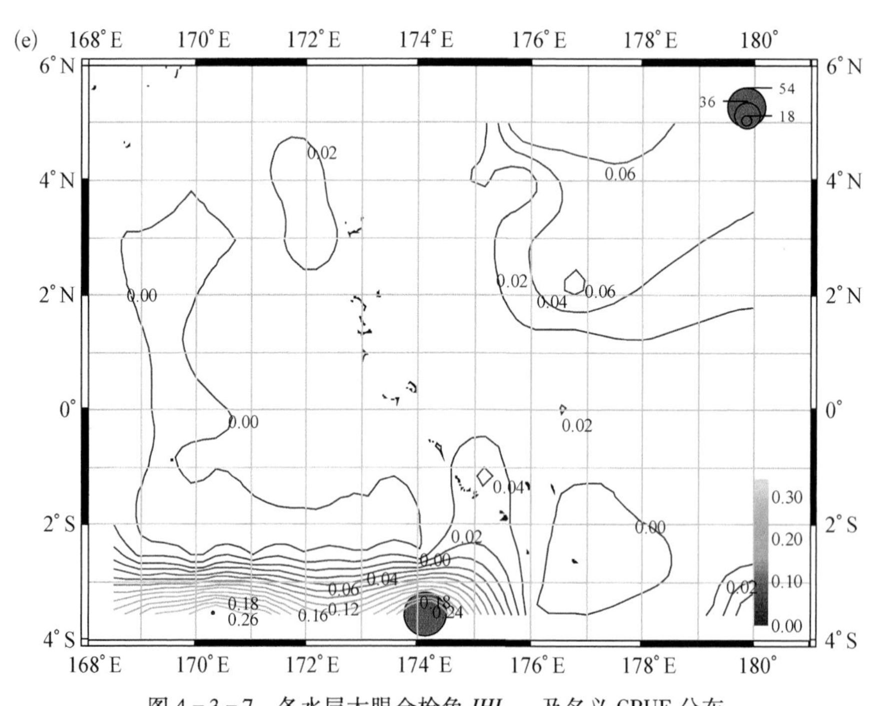

图 4-3-7　各水层大眼金枪鱼 IHI_{QRMij} 及名义 CPUE 分布

a：40～80 m；b：80～120 m；c：120～160 m；d：160～200 m；e：200～240 m

表 4-3-5 IHI 高值海域范围

水层/m	分布海域	IHI 均值
40~80	3°30′S~3°S、168°30′E~174°30′E,3°30′S~1°S、177°E~179°30′E(IHI>0.40)	0.30
80~120	3°30′S~3°S、168°30′E~175°30′E,3°30′S~1°S、177°30′E~179°E(IHI>0.30)	0.17
120~160	3°30′S~2°S、168°30′E~180°E(IHI>0.50)	0.25
160~200	3°S~1°S、168°30′E~174°E,3°30′S~2°S、178°E~179°E(IHI>0.20)	0.08
200~240	3°30′S~3°S、169°E~175°E(IHI>0.20)	0.03

180°(IHI>0.50)。160~200 m 水层的 IHI 均值为 0.08,IHI 指数较高的海域主要分布在 3°S~1°S、168°30′E~174°E,3°30′S~2°S,178°E~179°E(IHI>0.20)。各水层基于分位数回归模型的 IHI 均值较高的海域与广义相加模型所得结果类似,且 IHI 等值线密集海域与大眼金枪鱼名义渔获率较高的海域大致接近。

3.5.3 整个水体各站点大眼金枪鱼渔获率 $CPUE_{QRMi}$

通过分位数回归模型对 2009、2010 年两年间各个建模站点内大眼金枪鱼的渔获率与相关环境因子值及其交互项进行回归,得出整个水体的大眼金枪鱼 CPUE 标准化模型,模型的具体表达式如下:

$$\begin{aligned}CPUE_{QRMi} = &-8\,397.32 + 337.67T + 218.69S + 6\,465.96FIC + 0.53DO \\ &+ 110.06HC - 2\,585.35VC - 8.76TS - 34.86TFIC - 3.19TDO \\ &- 5.61THC - 1.02TVC - 148.22SFIC + 2.28SDO - 1.82SHC \\ &+ 70.02SVC - 88.53FICDO - 31.78FICHC - 119.26FICVC \\ &+ 17.76DOHC + 36.42DOVC - 35.28HCVC \end{aligned} \qquad (4-3-22)$$

式 4-3-22 为 $\theta=0.80$ 时整个水体大眼金枪鱼 CPUE 标准化模型,其中 T 的 P 值为 0.019;S 的 P 值为 0.022;FIC 的 P 值为 0.041;DO 的 P 值为 0.009;HC 的 P 值为 0.003;VC 的 P 值为 0.032;TS 的 P 值为 0.022;$TFIC$ 的 P 值为 0.026;TDO 的 P 值为 0.029;THC 的 P 值为 0.013;TVC 的 P 值为 0.014;$SFIC$ 的 P 值为 0.013;SDO 的 P 值为 0.028;SHC 的 P 值为 0.047;SVC 的 P 值为 0.026;$FICDO$ 的 P 值为 0.014;$FICHC$ 的 P 值为 0.031;$FICVC$ 的 P 值为 0.018;$DOHC$ 的 P 值为 0.021;$DOVC$ 的 P 值为 0.026;$HCVC$ 的 P 值为 0.033。

由此可知,在整个水体,由温度、盐度、叶绿素 a 浓度、溶解氧含量、水平流速、垂直流速及其 6 个环境因子的交互项构成的 CPUE 标准化模型是描述各建模站点整个水体内大眼金枪鱼 CPUE 和相关环境因子间关系的最佳模型。

3.5.4 整个水体各站点大眼金枪鱼栖息地综合指数 IHI_{QRMi}

基于分位数回归模型回归大眼金枪鱼 CPUE 标准化模型后,将所得的标准化 CPUE 用于计算各站点整个水体大眼金枪鱼栖息地综合指数,绘制出各站点的名义 CPUE 与栖息地综合指数分布图(图 4-3-8)。

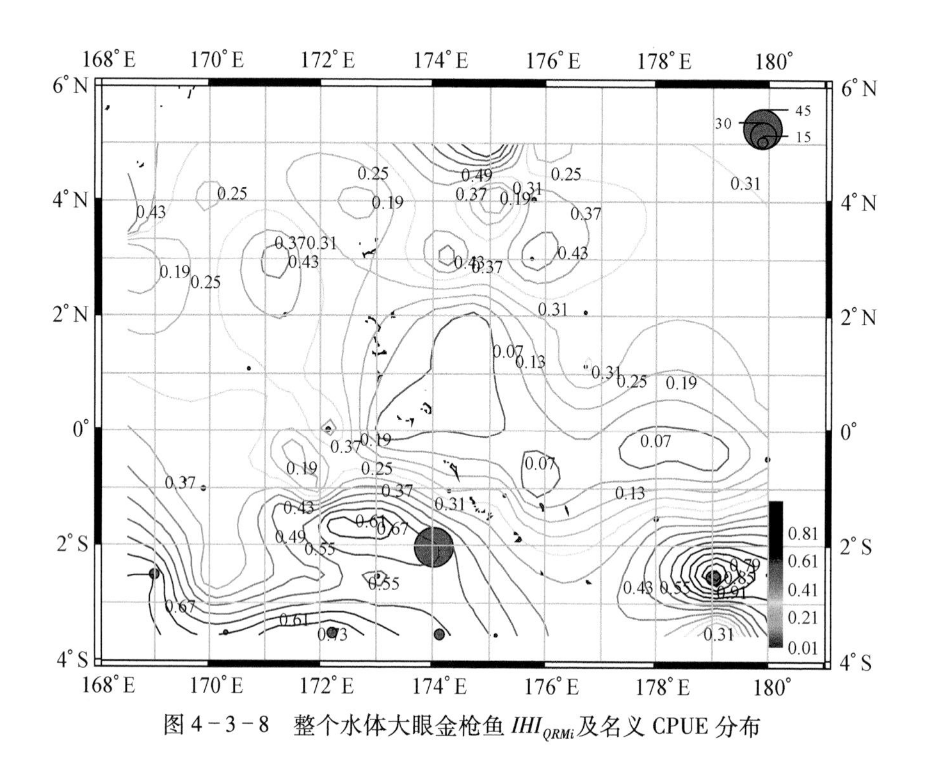

图 4-3-8 整个水体大眼金枪鱼 IHI_{QRMi} 及名义 CPUE 分布

从图 4-3-8 中可得出整个水体内大眼金枪鱼 IHI 指数较高的海域集中在 3°30′S~1°S、168°30′E~176°E,3°30′S~1°30′S、177°E~180°,4°N~5°N、173°E~175°E,其中大眼金枪鱼渔获率较高海域均位于上述海域之中。

3.6 三种数值模型预测能力的评价

本研究采用 Pearson 相关系数准则[58]分别分析各水层各建模站点的栖息地综合指数与其对应的大眼金枪鱼的名义 CPUE 之间的关系,具体标准为小于 0.4 时为差;0.4~0.49 为中;0.5~0.69 为良;大于 0.7 为优[18,46,50~52]。并基于这种标准评价三种数值模型预测大眼金枪鱼渔获分布的能力。

由表 4-3-6 可得出,广义线性模型所得大眼金枪鱼栖息地综合指数与其对应的名义 CPUE 之间的 Pearson 相关系数除了 200~240 m 水层较高,为 0.63,其他各水层,包括整个水体的 Pearson 相关系数均比较低,所有水层及整个水体的 Pearson 相关系数均值为 0.29。与广义线性模型的结果相反的是广义相加模型所得大眼金枪鱼栖息地综合指数与对应名义 CPUE 之间的 Pearson 相关系数除了 120~160 m 水层较低,为 0.32,其他各水层,包括整个水体的 Pearson 相关系数均较高,其中 200~240 m 水层的 Pearson 相关系数甚至高达 0.97,且所有水层及整个水体的 Pearson 相关系数均值高达 0.53。而分位数回归模型所得结果则介于广义线性模型与广义相加模型之间,其所有水层及整个水体的 Pearson 相关系数均值为 0.40。

本研究通过 Wilcoxon 符号秩检验方法检验三种模型所得标准化 CPUE 与大眼金枪鱼名义 CPUE 之间及这三种模型所得的标准化 CPUE 彼此之间是否存在相关性。由表 4-3-7

表 4-3-6　各水层预测的 IHI 指数与名义 CPUE 间的 Pearson 相关系数

水层/m	广义线性模型	广义相加模型	分位数回归模型
40~80	0.06	0.52	0.35
80~120	0.32	0.48	0.40
120~160	0.26	0.32	0.33
160~200	0.28	0.48	0.36
200~240	0.63	0.97	0.55
整个水体	0.17	0.43	0.41
各水层 Pearson 相关系数均值	0.29	0.53	0.40

表 4-3-7　名义 CPUE 与各模型预测 CPUE 以及各模型之间预测 CPUE 的 Wilcoxon 符号秩检验结果

项　目		40~80 m	80~120 m	120~160 m	160~200 m	200~240 m	整个水体
$CPUE_{GLM}$与名义 CPUE	Z^a	-3.81	-1.62	-1.59	-2.19	-0.95	-2.24
	P	<0.001	0.1	0.11	0.03	0.34	0.02
$CPUE_{GAM}$与名义 CPUE	Z^a	-0.37	-0.32	-1.47	-1.13	-0.98	-0.081
	P	0.071	0.074	0.014	0.026	0.036	0.042
$CPUE_{QRM}$与名义 CPUE	Z^a	-5.11	-2.57	-4.72	-1.09	-3.43	-6.18
	P	<0.001	0.01	<0.001	0.28	0.001	<0.001
$CPUE_{GLM}$与$CPUE_{GAM}$	Z^a	-3.12	-2.69	-1.95	-2.42	-2.98	-3.22
	P	0.356	0.129	0.096	0.546	0.138	0.085
$CPUE_{GAM}$与$CPUE_{QAM}$	Z^a	-1.67	-1.21	-6.24	-4.04	-0.16	-3.07
	P	<0.001	0.023	<0.001	<0.001	0.086	0.003
$CPUE_{GLM}$与$CPUE_{QRM}$	Z^a	-2.73	-1.91	-1.73	-2.42	-3.76	-1.09
	P	<0.001	0.001	0.031	<0.001	0.025	<0.001

表中的 a 值为 0.05

中可得出，对于不同的水层，三种模型所得的标准化 CPUE 与名义 CPUE 之间的相关性有所差别。其中广义相加模型所得的标准化 $CPUE_{GAM}$ 与大眼金枪鱼名义 CPUE 在 120~160 m、160~200 m、200~240 m 水层及整个水体存在显著相关性，40~80 m 与 80~120 m 存在一定相关性；而分位数回归模型所得的标准化 $CPUE_{QRM}$ 则在 40~80 m、80~120 m、120~160 m、200~240 m 水层及整个水体与大眼金枪鱼的名义 CPUE 之间存在显著相关性；广义线性模型所得标准化 $CPUE_{GLM}$ 与大眼金枪鱼的名义 CPUE 之间的相关性则较差，其中仅在 40~80 m、160~200 m 水层及整个水体与大眼金枪鱼的名义 CPUE 之间存在显著相关性，而在 80~120 m 水层，P 值则为 0.1，可认为该水层内广义线性模型所得标准化 $CPUE_{GLM}$ 与大眼金枪鱼的名义 CPUE 之间存在一定的相关性。此外，由广义相加模型所得的大眼金枪鱼标准化 $CPUE_{GAM}$ 与由分位数回归模型所得的大眼金枪鱼标准化 $CPUE_{QRM}$ 彼此之间，除了在 200~240 m 水层无显著相关性外，其他水层、整个水体均存在显著相关性；分位数回归模型所得 $CPUE_{QRM}$ 与广义线性模型所得的 $CPUE_{GLM}$ 之间则有显著相关性；而广义相加模型所得 $CPUE_{GAM}$ 与广义线性模型所得 $CPUE_{GLM}$ 间除了整个水体两者存在一定相关性外，其他各水层均无显著相关性。通过图 4-3-9 可知，基于三种数值模型所得的各水层大眼金枪鱼栖息地综合指数的算术平均值的趋势与大眼金枪鱼各水层名义 CPUE 的算术平均值的趋势都有一定的相似性，其中基于广义相加模型所得结果与大眼金枪鱼名义 CPUE 的趋势最为接近。通过以上分析可看出，在预测各水层及整个水体大眼金枪鱼 CPUE 的能力方面，广义相加模型最为有效，其次为分位数回归模型，广义线性模型的预测能力较弱。

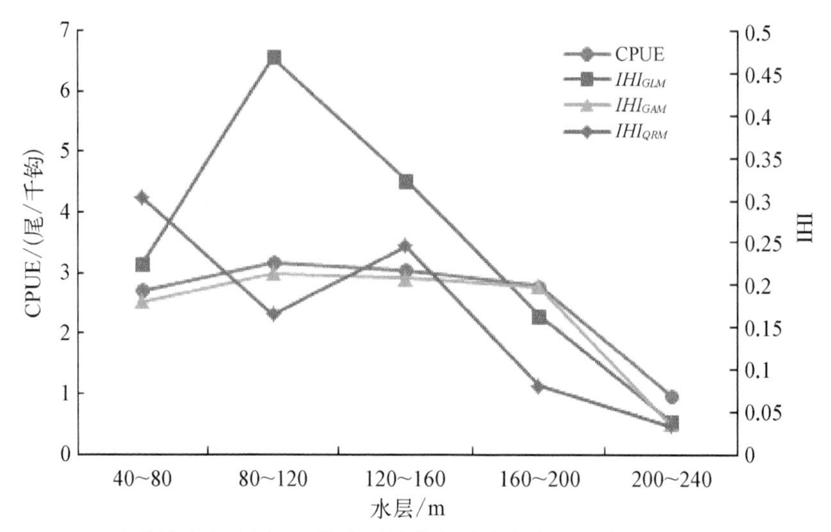

图 4-3-9 建模站点各水层 IHI 算术平均值与对应各水层的大眼金枪鱼 CPUE 的比较

3.7 三种数值模型的验证结果

本研究根据 64 个建模站点基于三种数值模型建立了大眼金枪鱼 CPUE 标准化模型，将剩余 16 个未用于建模站点的大眼金枪鱼在各水层及整个水体的渔获率及环境数据分别输入到对应的三种 CPUE 标准化模型中，并得出这些站点的预测 CPUE，再以此分别计算这 16 个验证站点大眼金枪鱼在各水层的栖息地综合指数 IHI_{ij}，分别计算三种模型所得的大眼金枪鱼栖息地综合指数在各水层的算术平均值，并与各个水层 CPUE 的算术平均值进行比较，结果如图 4-3-10。

从图 4-3-10 得出，广义相加模型所得栖息地综合指数的趋势与名义 CPUE 的趋势基本保持一致；而分位数回归模型所得栖息地综合指数的趋势与名义 CPUE 的趋势大体保持一致；而广义线性模型所得栖息地综合指数的趋势则与大眼金枪鱼的名义 CPUE 的趋势有较大差距。

除了垂直分布上的比较，本研究也从水平分布上比较基于三种数值模型所得结果与大眼金枪鱼对应的名义 CPUE 之间的关系。将 16 个模型验证站点 40~80 m 水层内的渔获率及环境因子值输入到对应的 CPUE 标准化模型中，并通过 Wilcoxon 符号秩检验方法检验两者之间的相关性，如表 4-3-8。结果表明：在 40~80 m 水层，通过广义线性模型所得的标准化 CPUE 与大眼金枪鱼的名义 CPUE 之间无显著相关性($P=0.22$)，通过广义相加模型得到的标准化 CPUE 与大眼金枪鱼的名义 CPUE 之间有一定的相关性($P=0.09$)，而通过分位数回归模型所得的标准化 CPUE 与大眼金枪鱼的名义 CPUE 之间存在显著相关性($P=$

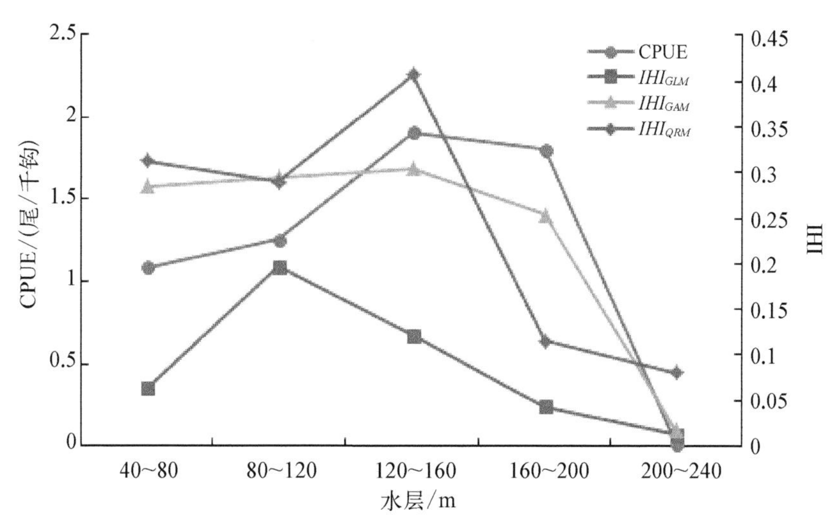

图 4-3-10　验证站点各水层 IHI 算术平均值与对应各水层的大眼金枪鱼 CPUE 的比较

0.007)。因此,可以判断在 40~80 m 水层,由分位数回归模型及广义相加模型所得的大眼金枪鱼栖息地综合指数具有统计学意义。此外,图 4-3-11 是 16 个模型验证站点 40~80 m 水层内基于通过三种数值模型所得的大眼金枪鱼栖息地综合指数与对应的大眼金枪鱼名义 CPUE 的分布图,从中可以看出通过分位数回归模型和广义相加模型所得的大眼金枪鱼栖息地综合指数值较高的海域和大眼金枪鱼名义 CPUE 较高的海域基本一致,而通过广义线性模型所得的大眼金枪鱼栖息地综合指数值较高的海域和大眼金枪鱼名义 CPUE 较高的海域之间的差别则较为明显。基于以上两点,可得出分位数回归模型和广义相加模型均能用于预测 40~80 m 水层大眼金枪鱼栖息地综合指数,其中分位数回归模型的预测效果要优于广义相加模型的预测效果;而广义线性模型的预测效果较差,不适于预测 40~80 m 水层的大眼金枪鱼的分布。

表 4-3-8　验证站点名义 CPUE 与各模型预测 CPUE 以及各模型之间预测 CPUE 的 Wilcoxon 符号秩检验结果

项　目		40~80 m	80~120 m	120~160 m	160~200 m	200~240 m	整个水体
$CPUE_{GLM}$与名义 CPUE	P	0.22	0.14	0.37	0.1	0.01	0.09
$CPUE_{GAM}$与名义 CPUE	P	0.09	0.001	0.08	0.04	0.03	<0.001
$CPUE_{QRM}$与名义 CPUE	P	0.007	0.001	<0.001	0.03	0.09	<0.001

将 16 个模型验证站点 80~120 m 水层内的渔获率及环境因子值输入到对应的 CPUE 标准化模型中,并通过 Wilcoxon 符号秩检验方法检验两者之间的相关性,如表 4-3-8。结果表明:在 80~120 m 的水层,由广义线性模型所得的标准化 CPUE 与大眼金枪鱼的名义 CPUE 之间无显著相关性($P=0.14$),由广义相加模型所得的标准化 CPUE 与大眼金枪鱼的名义 CPUE 之间有显著相关性($P=0.001$),而由分位数回归模型所得的标准化 CPUE 与大眼金枪鱼的名义 CPUE 之间亦存在显著相关性($P=0.001$)。因此,可得出在 80~120 m 水层,由分位数回归模型及广义相加模型所得的大眼金枪鱼栖息地综合指数具有统计学意义。

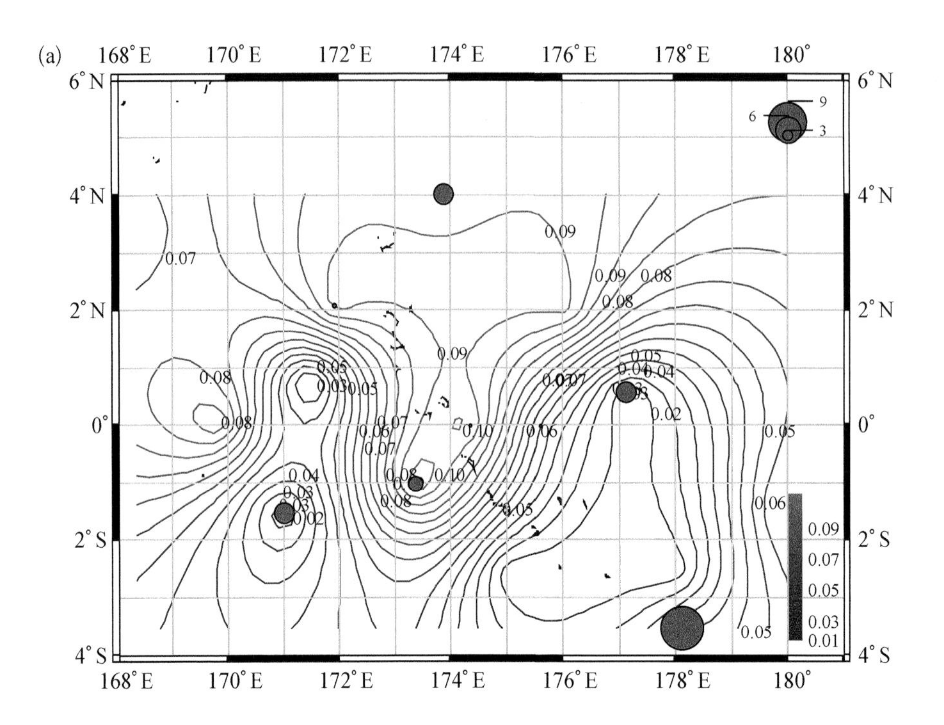
(a)
168°E
170°E
172°E
174°E
176°E
178°E
180°
6°N
4°N
2°N
0°
2°S
4°S
9
6
3
0.09
0.07
0.08
0.05
0.04
0.03
0.02
0.10
0.06
0.09
0.07
0.05
0.03
0.01

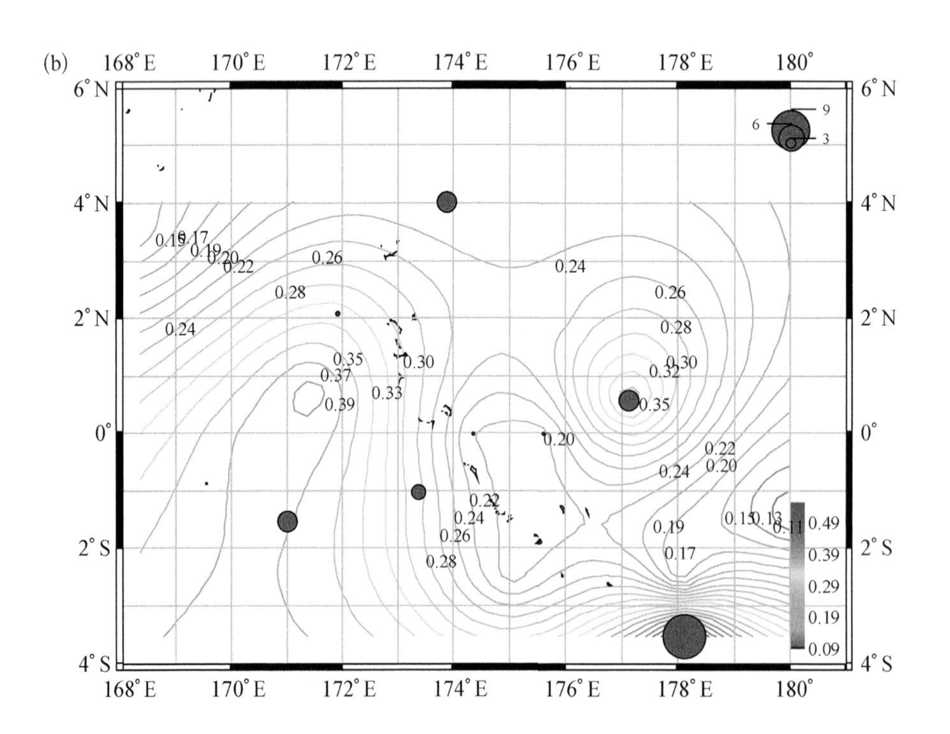
(b)
168°E
170°E
172°E
174°E
176°E
178°E
180°
6°N
4°N
2°N
0°
2°S
4°S
9
6
3
0.24
0.26
0.28
0.35
0.37
0.39
0.33
0.30
0.32
0.22
0.20
0.19
0.17
0.49
0.39
0.29
0.19
0.09

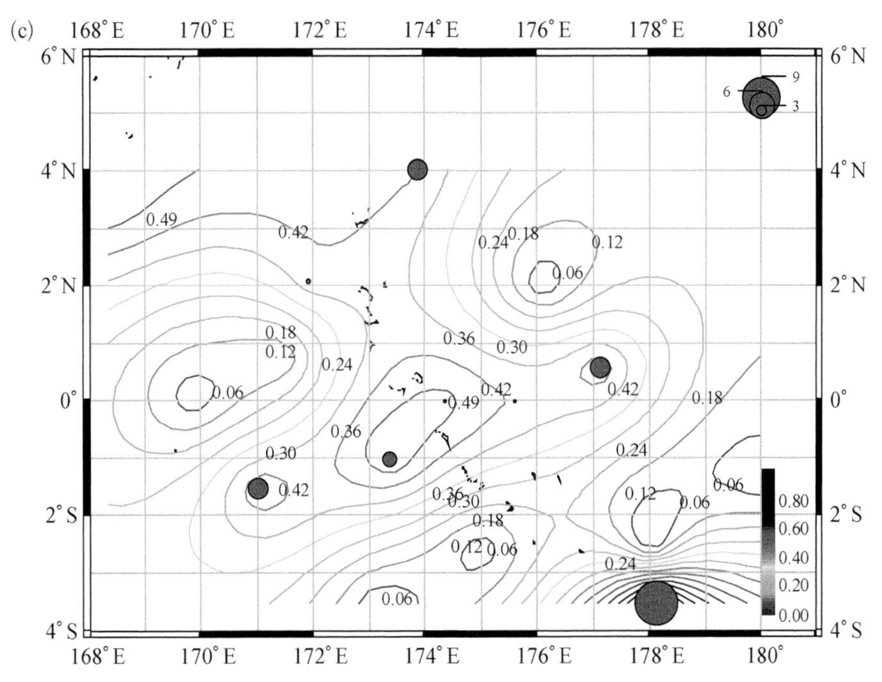

图 4-3-11　基于三种模型的验证站点 40~80 m 水层的 IHI 值及名义 CPUE 分布

a：广义线性模型；b：广义相加模型；c：分位数回归模型

此外，图 4-3-12 是 16 个模型验证站点 80~120 m 水层内基于三种数值模型所得的大眼金枪鱼栖息地综合指数与对应的名义 CPUE 的分布图，从中可得出由分位数回归模型和广义相加模型所得的大眼金枪鱼栖息地综合指数值较高的海域与大眼金枪鱼名义 CPUE 较高的

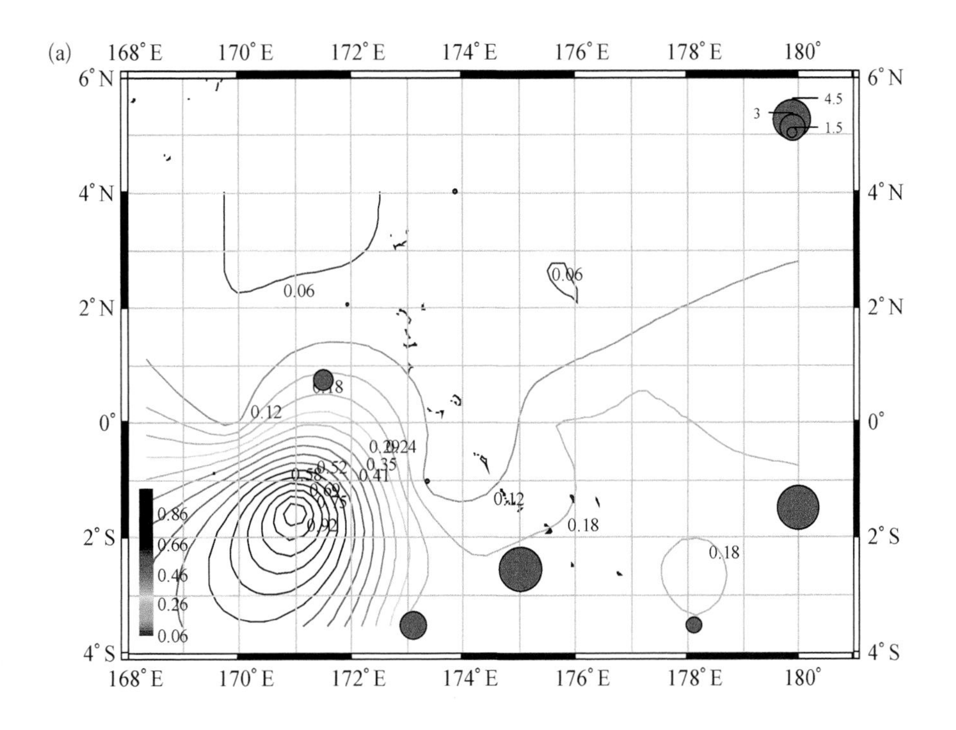

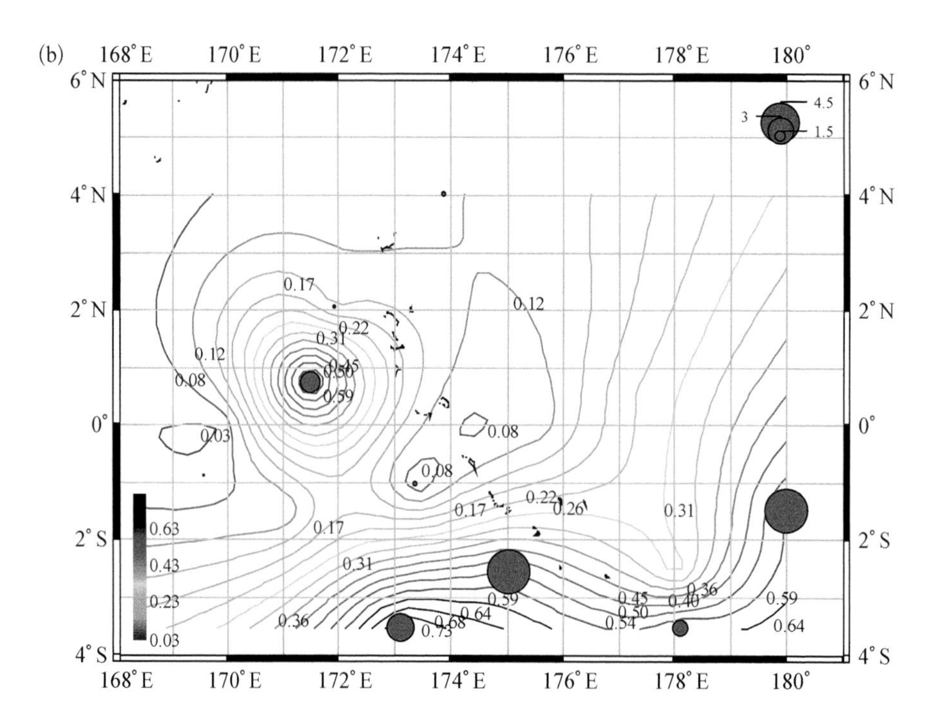

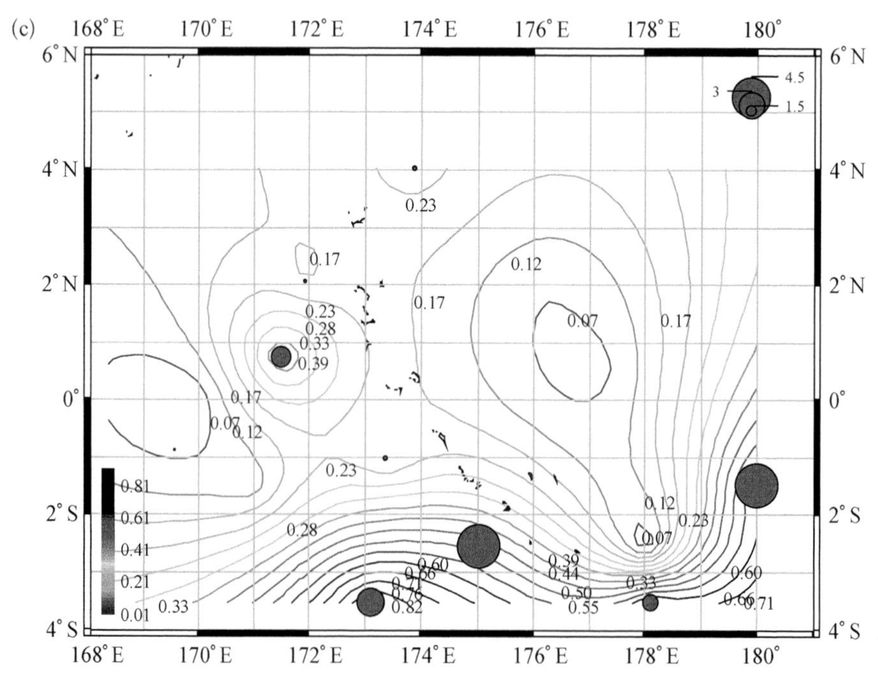

图 4-3-12　基于三种模型的验证站点 80~120 m 水层的 IHI 值及名义 CPUE 分布

a：广义线性模型；b：广义相加模型；c：分位数回归模型

海域基本一致,而由广义线性模型所得的大眼金枪鱼栖息地综合指数值较高的海域与大眼金枪鱼名义 CPUE 较高的海域之间的差别则较为明显。基于以上两点可得出分位数回归模型和广义相加模型均能用于预测 80~120 m 水层大眼金枪鱼栖息地综合指数,其中分位数回归模型的预测效果与广义相加模型的预测效果之间无显著差异;而广义线性模型的预测效果较差,因此不适于预测 80~120 m 水层的大眼金枪鱼的分布。

将 16 个模型验证站点 120~160 m 水层的渔获率及环境因子值输入到对应的 CPUE 标准化模型中,并通过 Wilcoxon 符号秩检验方法检验两者之间的相关性,如表 4-3-8。结果表明:在 120~160 m 的水层,由广义线性模型所得出的标准化 CPUE 与大眼金枪鱼名义 CPUE 之间无显著相关性($P=0.37$),由广义相加模型得出的标准化 CPUE 与大眼金枪鱼名义 CPUE 之间有显著相关性($P=0.008$),而通过分位数回归模型得出的标准化 CPUE 与大眼金枪鱼名义 CPUE 之间亦存在显著相关性($P<0.001$)。因此,可得出在 120~160 m 水层,由分位数回归模型及广义相加模型所得出的大眼金枪鱼栖息地综合指数具有统计学意义。此外,图 4-3-13 是 16 个模型验证站点 120~160 m 水层内基于通过三种数值模型所得的大眼金枪鱼栖息地综合指数与对应的大眼金枪鱼名义 CPUE 的分布图,从中可得出通过分位数回归模型和广义相加模型所得的大眼金枪鱼栖息地综合指数值较高的海域和大眼金枪鱼名义 CPUE 较高的海域基本一致,而通过广义线性模型所得的大眼金枪鱼栖息地综合指数值较高的海域和大眼金枪鱼名义 CPUE 较高的海域之间的差别则较为明显。基于以上两点可得出分位数回归模型和广义相加模型均能用于预测 120~160 m 水层大眼金枪鱼栖息地综合指数,其中分位数回归模型的预测效果稍优于广义相加模型的预测效果;而广义线性模型的预测效果较差,因此不适于预测 120~160 m 水层的大眼金枪鱼的分布。

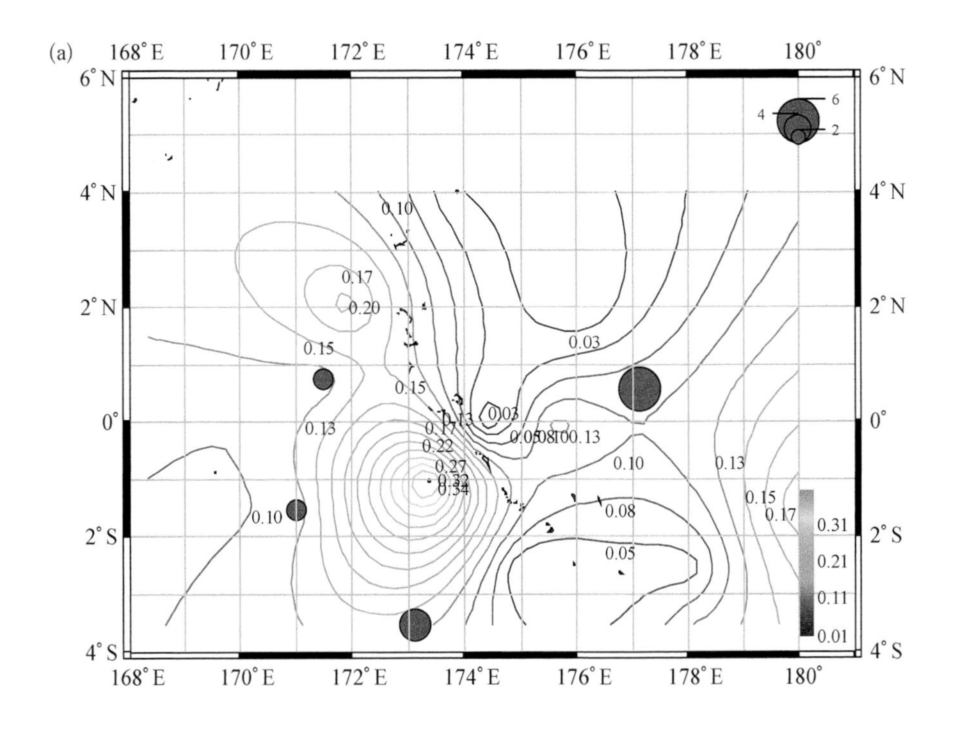

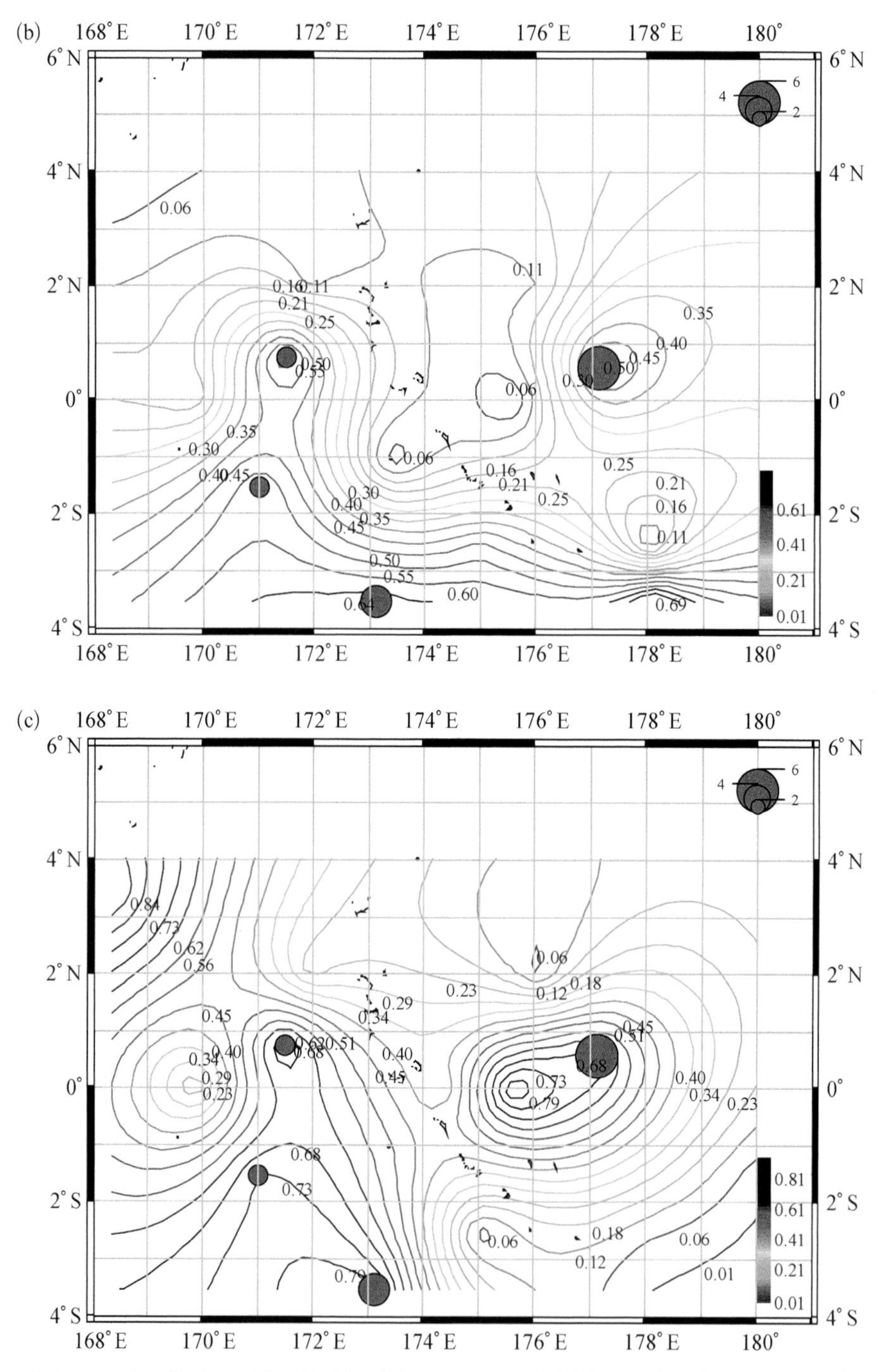

图 4 - 3 - 13　基于三种模型的验证站点 120~160 m 水层的 IHI 值及名义 CPUE 分布

a：广义线性模型；b：广义相加模型；c：分位数回归模型

将 16 个模型验证站点 160~200 m 水层内的渔获率及环境因子值输入到对应的 CPUE 标准化模型中，并通过 Wilcoxon 符号秩检验方法检验两者之间的相关性，如表 4 - 3 - 8。结果表明：在 160~200 m 水层，由广义线性模型所得出的标准化 CPUE 与大眼金枪鱼名义

CPUE 之间有相关性($P=0.1$),由广义相加模型得出的标准化 CPUE 与大眼金枪鱼名义 CPUE 之间有显著相关性($P=0.04$),而通过分位数回归模型所得出的标准化 CPUE 与大眼金枪鱼名义 CPUE 之间亦存在显著相关性($P=0.03$)。因此,可以判断在 160~200 m 水层,由分位数回归模型、广义相加模型及广义线性模型所得出的大眼金枪鱼栖息地综合指数均具有统计学意义。此外,图 4-3-14 是 16 个模型验证站点 160~200 m 水层内基于三种数

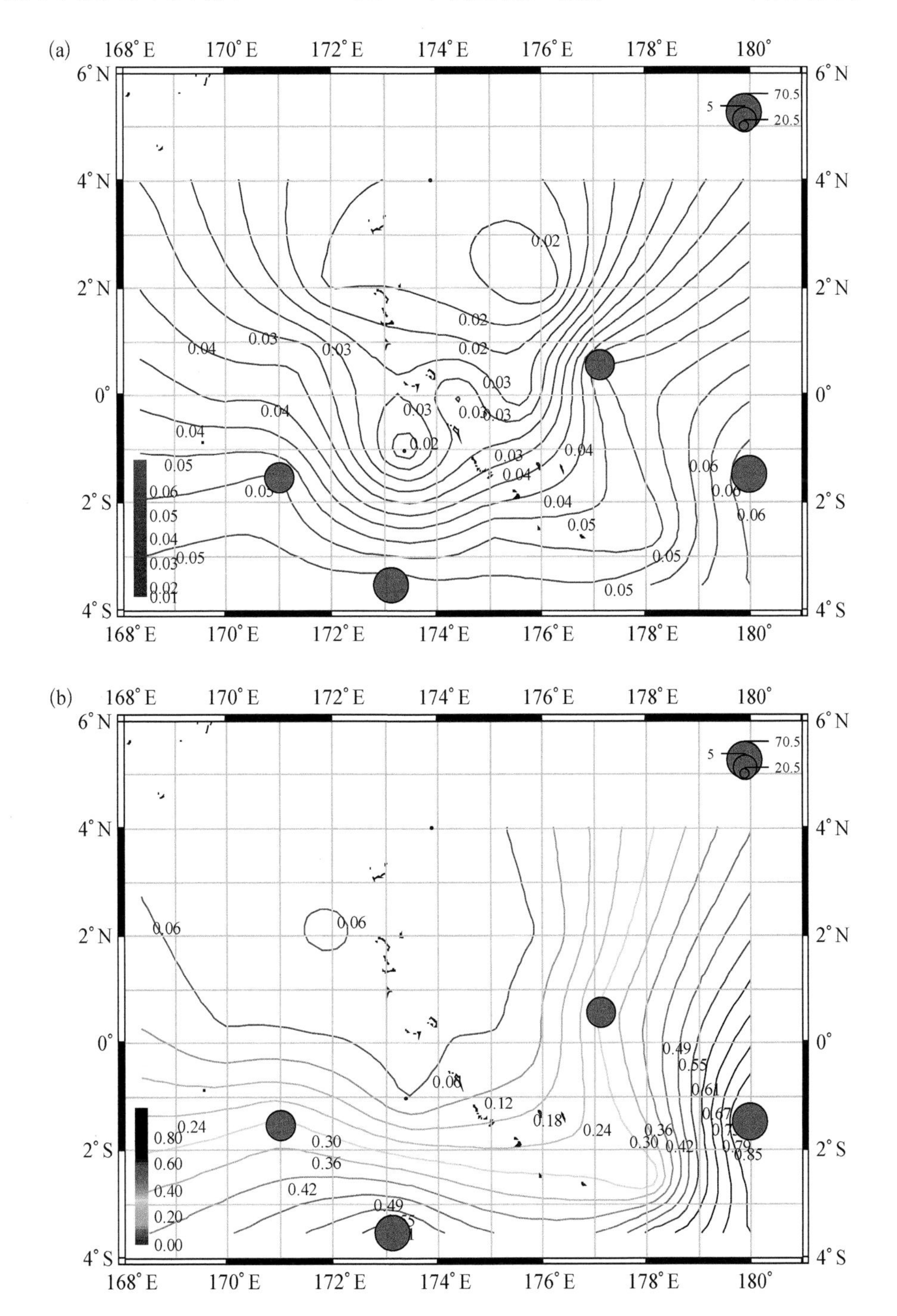

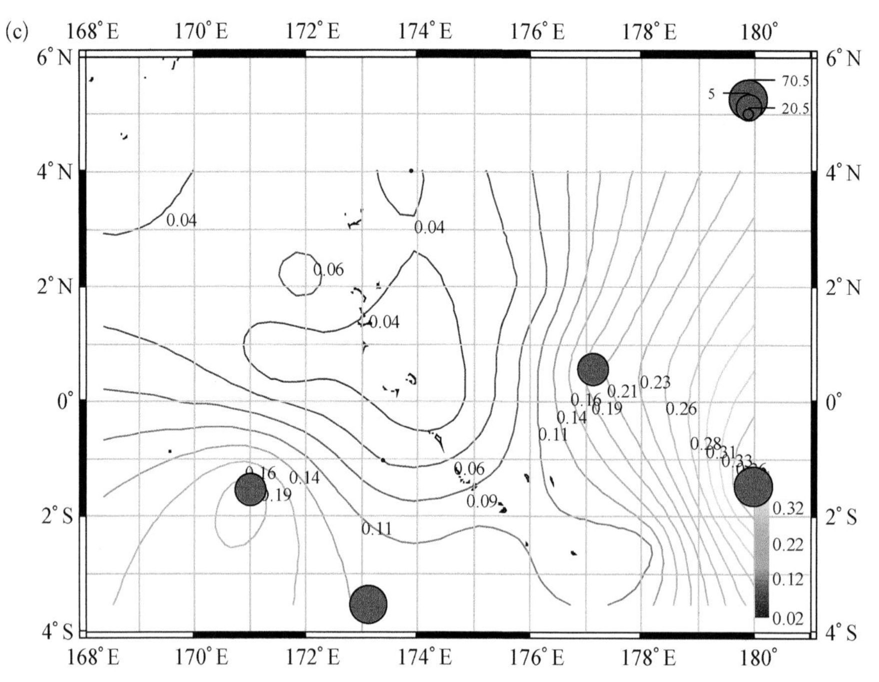

图 4-3-14 基于三种模型的验证站点 160~200 m 水层的 IHI 值及名义 CPUE 分布

a：广义线性模型；b：广义相加模型；c：分位数回归模型

值模型所得出的大眼金枪鱼栖息地综合指数与对应的大眼金枪鱼名义 CPUE 的分布图，从中可得出通过分位数回归模型与广义相加模型所得出的大眼金枪鱼栖息地综合指数值较高的海域与大眼金枪鱼名义 CPUE 较高的海域基本一致，广义线性模型所得出的大眼金枪鱼栖息地综合指数值较高的海域与大眼金枪鱼名义 CPUE 较高的海域之间比较接近。基于以上两点可得出分位数回归模型、广义线性模型及广义相加模型均能用于预测 160~200 m 水层大眼金枪鱼栖息地综合指数，其中分位数回归模型的预测效果要优于广义相加模型的预测效果；广义相加模型的预测效果要优于广义线性模型的预测效果。

将 16 个模型验证站点 200~240 m 水层的渔获率及环境因子值输入到对应的 CPUE 标准化模型中，并通过 Wilcoxon 符号秩检验方法检验两者之间的相关性，如表 4-3-8。结果表明：在 200~240 m 的水层，由广义线性模型所得出的标准化 CPUE 与大眼金枪鱼名义 CPUE 之间有显著相关性（$P=0.01$），由广义相加模型得出的标准化 CPUE 与大眼金枪鱼名义 CPUE 之间亦有显著相关性（$P=0.03$），而由分位数回归模型所得出的标准化 CPUE 与大眼金枪鱼名义 CPUE 之间亦存在相关性（$P=0.09$）。因此，可得出在 200~240 m 水层，由分位数回归模型、广义相加模型及广义线性模型得出的大眼金枪鱼栖息地综合指数均具有统计学意义。此外，图 4-3-15 是 16 个模型验证站点 200~240 m 水层基于三种数值模型所得出的大眼金枪鱼栖息地综合指数与对应的大眼金枪鱼名义 CPUE 的分布图，由于较深水层内大眼金枪鱼的渔获较低，从中可以看出通过三种模型所得出的大眼金枪鱼栖息地综合指数值较高的海域与大眼金枪鱼名义 CPUE 较高的海域均有明显差距。基于以上判断，在 200~240 m 水层，三种模型所得的大眼金枪鱼栖息地综合指数用于预测大眼金枪鱼的资源分布存在较大的不确定性。

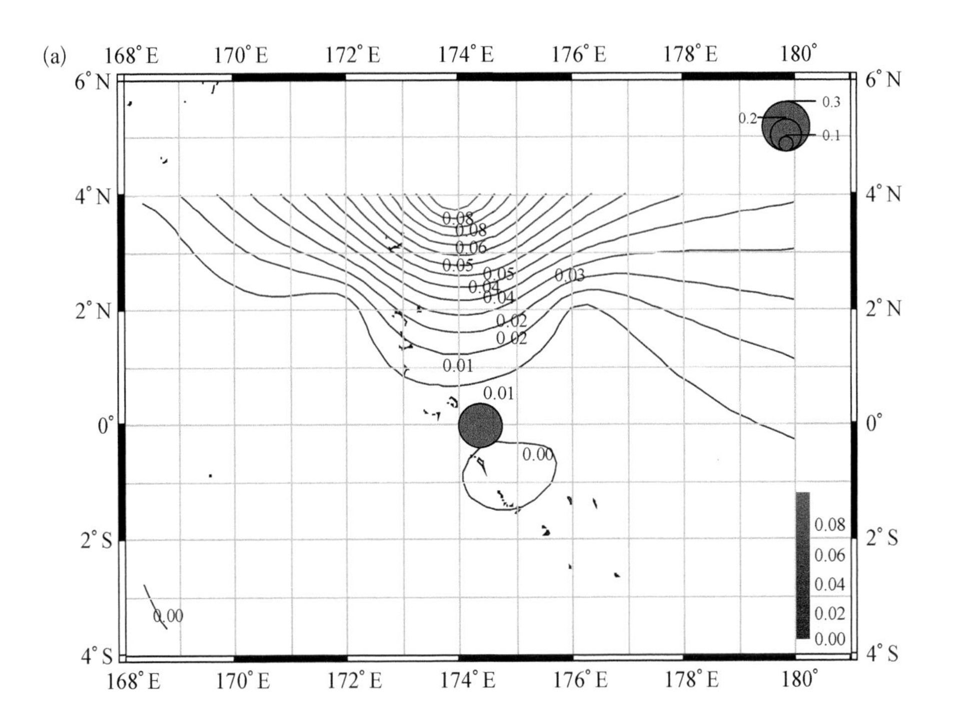
(a)
168° E
170° E
172° E
174° E
176° E
178° E
180°
6° N
4° N
2° N
0°
2° S
4° S
0.3
0.2
0.1
0.08
0.08
0.06
0.05
0.05
0.04
0.04
0.03
0.02
0.02
0.01
0.01
0.00
0.00
0.08
0.06
0.04
0.02
0.00

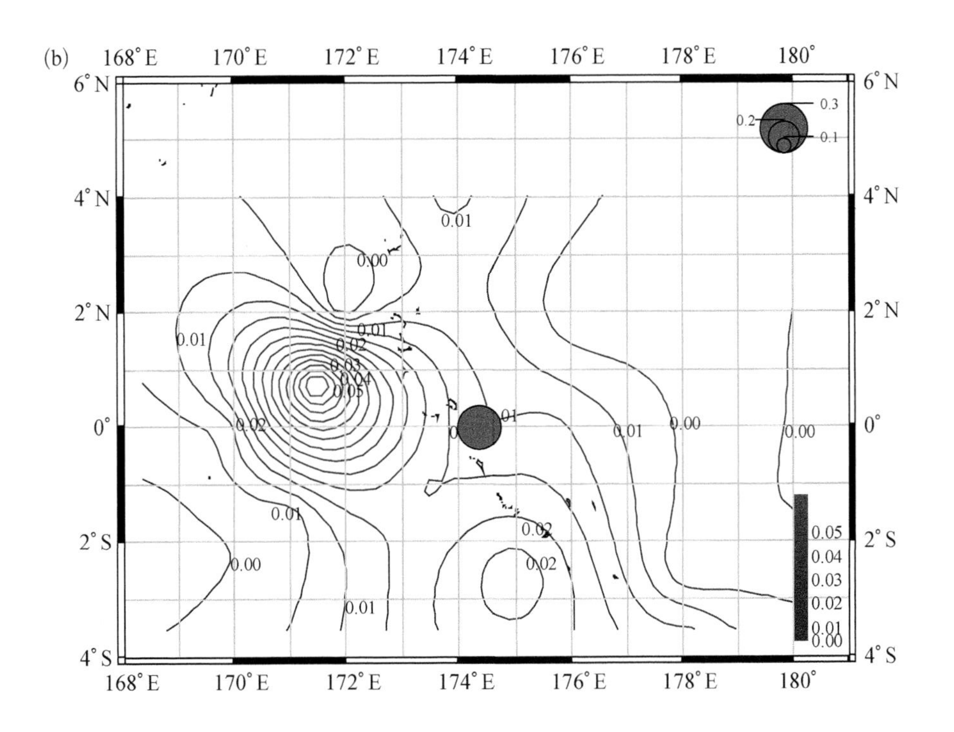
(b)
168° E
170° E
172° E
174° E
176° E
178° E
180°
6° N
4° N
2° N
0°
2° S
4° S
0.3
0.2
0.1
0.01
0.00
0.01
0.01
0.02
0.03
0.04
0.05
0.02
0.01
0.01
0.00
0.00
0.01
0.00
0.02
0.02
0.01
0.05
0.04
0.03
0.02
0.01
0.00

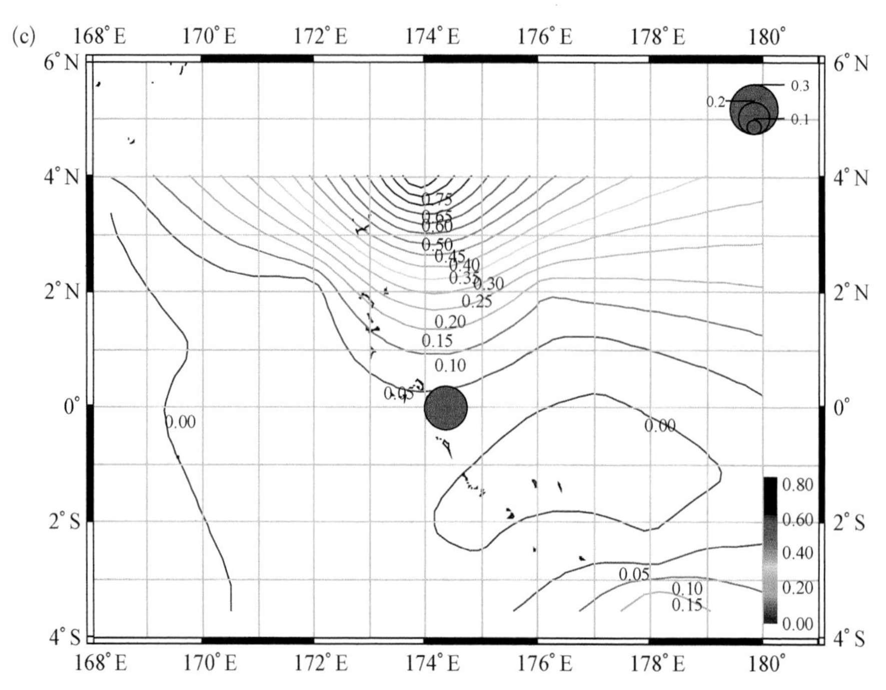

图 4-3-15 基于三种模型的验证站点 200~240 m 水层的 IHI 值及名义 CPUE 分布

a：广义线性模型；b：广义相加模型；c：分位数回归模型

将 16 个模型验证站点整个水体的渔获率及环境因子值输入到对应的 CPUE 标准化模型中，并通过 Wilcoxon 符号秩检验方法检验两者之间的相关性，如表 4-3-8。结果表明：在整个水体，由广义线性模型所得出的标准化 CPUE 与大眼金枪鱼名义 CPUE 之间有相关

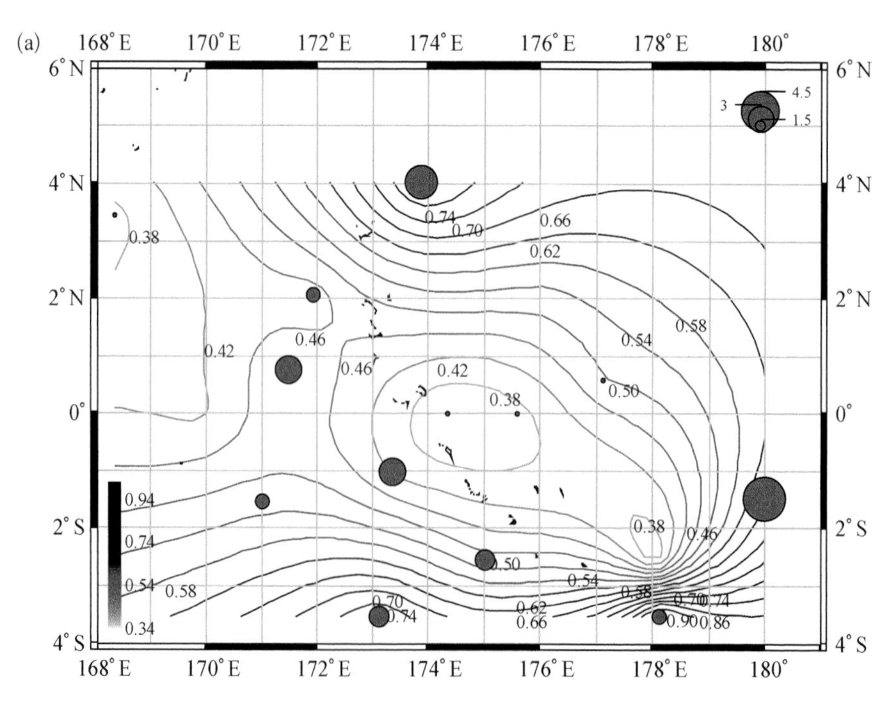

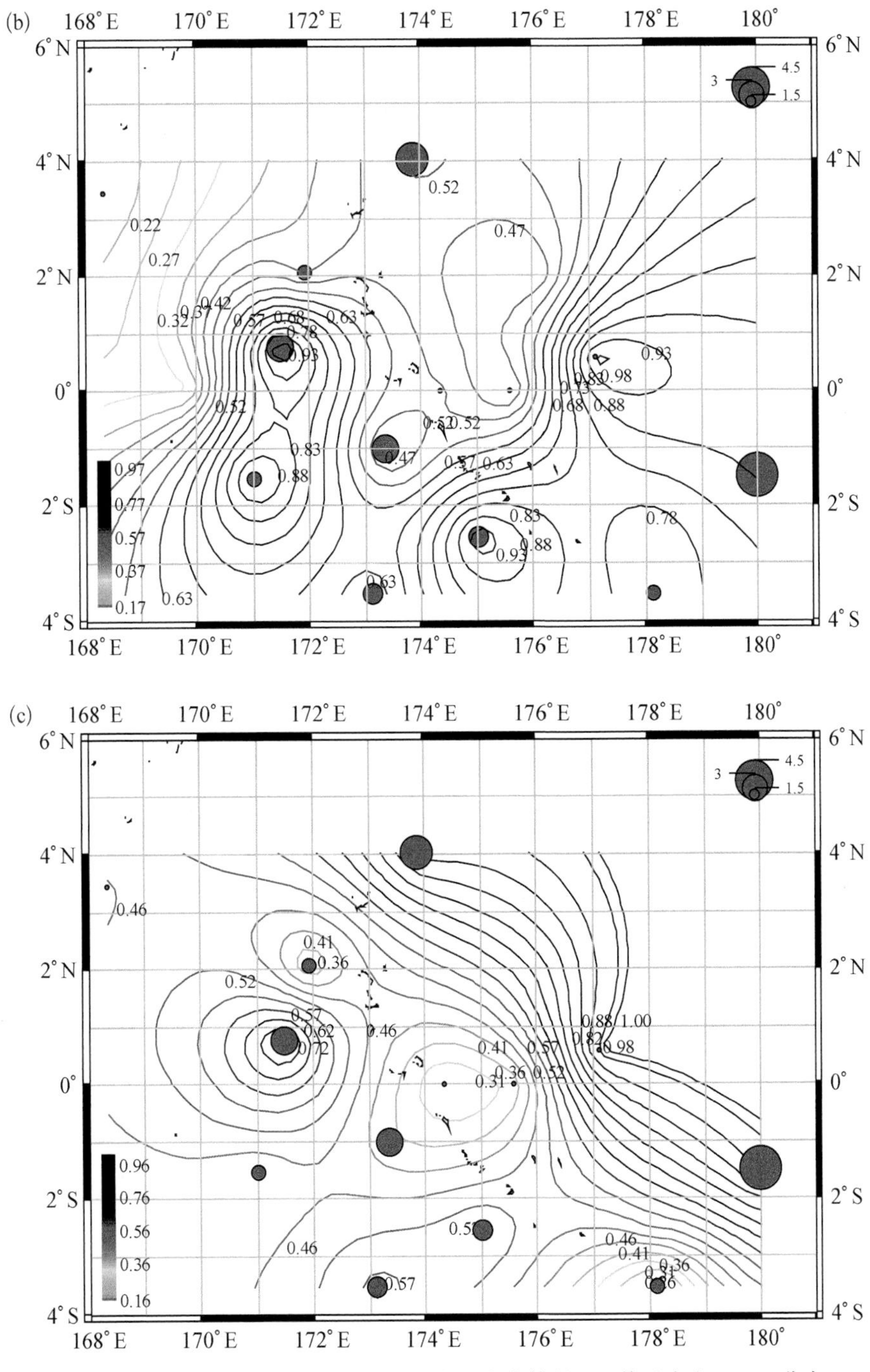

图 4-3-16 基于三种模型的验证站点整个水体的 IHI 值及名义 CPUE 分布

a：广义线性模型；b：广义相加模型；c：分位数回归模型

性（$P=0.09$），由广义相加模型得出的标准化 CPUE 与大眼金枪鱼名义 CPUE 之间有显著相关性（$P<0.001$），而由分位数回归模型所得出的标准化 CPUE 与大眼金枪鱼名义 CPUE 之间亦存在显著相关性（$P<0.001$）。因此，可以判断在整个水体，由分位数回归模型、广义相加

模型及广义线性模型所得出的大眼金枪鱼栖息地综合指数均具有统计学意义。此外,图4-3-16是16个模型验证站点整个水体基于三种数值模型所得出的大眼金枪鱼栖息地综合指数与对应的大眼金枪鱼名义CPUE的分布图,从中可以得出通过分位数回归模型与广义相加模型所得出的大眼金枪鱼栖息地综合指数值较高的海域和大眼金枪鱼名义CPUE较高的海域基本一致,广义线性模型所得出的大眼金枪鱼栖息地综合指数值较高的海域和大眼金枪鱼名义CPUE较高的海域之间比较接近。基于以上两点,可得出分位数回归模型、广义相加模型及广义线性模型均能用于预测整个水体大眼金枪鱼栖息地综合指数,其中广义相加模型的预测效果稍好于分位数回归模型的预测效果;分位数回归模型的预测效果要优于广义线性模型的预测效果。

4 讨 论

4.1 影响大眼金枪鱼分布的环境因子

由于栖息环境对大眼金枪鱼的垂直及水平分布有着重要影响[30],因此,假设大眼金枪鱼的分布与温度、盐度、叶绿素 a 浓度、溶解氧含量、水平流速、垂直流速及这些因子的交互项有关。但根据本研究基于三种数值模型所得出的结果,如式4-3-5~式4-3-9、式4-3-11~式4-3-15及式4-3-17~式4-3-21可知,不同的水层影响大眼金枪鱼分布的环境因子有所不同,而同一水层基于不同模型得出的影响因子也不尽相同。

在40~80 m水层中,基于广义线性模型得出大眼金枪鱼在该水层内的主要影响因子为温度和盐度的交互项,即温度和盐度之间达到某个最佳平衡点为大眼金枪鱼在这个水层分布的临界点。基于广义相加模型得出大眼金枪鱼在该水层内的影响因子则为盐度和溶解氧含量。而基于分位数回归模型得出的大眼金枪鱼在该水层内的影响因子较多,如盐度、叶绿素 a 浓度、水平流速、垂直流速、盐度叶绿素 a 浓度交互项、盐度垂直流速交互项及水平流速垂直流速交互项。其中三种模型均包含了盐度因子,换言之在40~80 m水层,大眼金枪鱼的分布可能与盐度有关,盐度对大眼金枪鱼在该水层的分布起了较为重要的作用。这与张禹[41]、宋利明等[5]发现40~80 m水层大眼金枪鱼的平均盐度与大眼金枪鱼分布有关这一结论类似。

在80~120 m水层,基于广义线性模型得出的大眼金枪鱼在该水层内的主要影响因子为盐度与溶解氧含量的交互项。基于广义相加模型得出的主要影响因子为温度、溶解氧含量。基于分位数回归模型则得出大眼金枪鱼在该水层内的主要影响因子为温度、盐度、叶绿素 a 浓度、溶解氧含量、水平流速及垂直流速。通过筛选发现,三个模型均包含有溶解氧含量,所以溶解氧含量肯定与该水层大眼金枪鱼的分布有关。此外,通过表4-3-6及表4-3-7中可得出,基于广义相加模型及分位数回归模型对大眼金枪鱼CPUE进行标准化的结果与名义CPUE之间的拟合度较高,而这两个模型中又均包含了温度因子,所以可以将温度也看作该水层影响大眼金枪鱼分布的因子。张禹[41]通过对马绍尔群岛海域的大眼金枪鱼研究也发现,在80~120 m水层的大眼金枪鱼其分布主要和温度及溶解氧含量相关。至于其他环境因子则有待今后进一步的研究确定。

在 120~160 m 水层，广义线性模型得出大眼金枪鱼分布与温度、盐度、叶绿素 a 浓度及溶解氧含量有关。广义相加模型则显示大眼金枪鱼分布只与盐度有关。而分位数回归模型的结果显示大眼金枪鱼的分布与六种环境因子有关。所以可以判定，该水层内大眼金枪鱼的分布可能与盐度、温度、叶绿素 a 浓度及溶解氧含量有关。

由三种模型对大眼金枪鱼不同水层及整个水体的 CPUE 标准化结果可看出，广义相加模型所得出的 CPUE 标准化模型形式较为简单，渔获率只与少数环境因子相关，由于所需输入变量较少，因此该模型实用性较强；广义线形模型的形式则较为一般；而分位数回归模型所得的大眼金枪鱼 CPUE 标准化模型中，渔获率几乎与所有环境因素相关，这在实际应用中会有诸多不便。

4.2 基于三种数值模型的不同水层栖息地综合指数

本研究采用了对水层进行分层、分类比较的研究方法[25,41,46,50~52]，结合大眼金枪鱼垂直移动的特性，将每个水层的深度设定为 40 m，虽然钓钩沉降深度最深可达 280 m 左右，但是在 0~40 m 及 240~280 m 这两个水层内无任何大眼金枪鱼被捕获。因此研究水层为 40 m~240 m，共计 5 层。其中 200~240 m 水层内虽然绝大多数站点的渔获率为 0，但是 2010 年该水层内大眼金枪鱼的捕捞量仍较为可观，达 15 尾，且该水层内大眼金枪鱼的总渔获率较高，因此仍将该水层纳入模型的拟合过程中。

由图 4－3－3、图 4－3－5、图 4－3－7 及图 4－3－9 得出，大眼金枪鱼基于不同 CPUE 标准化模型所得出的各水层的栖息地综合指数均不相同，且各水层的栖息地综合指数的算术平均值差距也较为明显。其中通过广义相加模型和分位数回归模型所得出的栖息地综合指数高值海域的范围均比广义线性模型的范围要广。其中广义相加模型所得出的栖息地综合指数高值海域范围和分位数回归模型栖息地综合指数高值海域范围相近。主要原因是分位数回归模型的结果均是基于高分位数的条件得出的，所以模型回归的结果与名义 CPUE 间的拟合度较高，因此与名义 CPUE 较高的站点较为接近。而广义相加模型基于其采用光滑函数取代参数，更好地反映了大眼金枪鱼渔获率与相关环境因子之间的非线性关系，因此模型回归结果的精度可能好于采用线性关系描述大眼金枪鱼分布与环境因子的广义线性模型的结果。

此外，基于广义线性模型得出的大眼金枪鱼在 80~120 m 及 120~160 m 水层的栖息地综合指数普遍较高；基于广义相加模型得出的大眼金枪鱼在 80~120 m、120~160 m 及 160~200 m 水层的栖息地综合指数普遍较高；基于分位数回归模型得出的大眼金枪鱼在 40~80 m、80~120 m 及 120~160 m 水层的栖息地综合指数也普遍较高。这表明大眼金枪鱼主要偏好的栖息水层根据不同的方法，所得出的范围均不一致，但是无论使用何种数值模型，80~120 m 及 120~160 m 这两个水层是大眼金枪鱼主要偏好的水层。而广义线性模型预测的偏好水层范围介于其他两种模型之间，其主要原因可能是广义线性模型比较适合描述真实的渔获数据和相关环境因子之间的关系[25]，从表 4－3－1 和表 4－3－2 中可看出，在 2009~2010 两年调查期间，在 80~120 m 及 120~160 m 水层所捕获的大眼金枪鱼的尾数明显高于其他水层。所以广义线性模型可根据真实渔获来预测渔业资源的相对丰度[25]。然而大眼金枪鱼其钓获水层的环境与其真实偏好的环境之间可能存在一定的差距,即偏好水层的范围可能要比钓获水层的范围更广。比如 Bach 等[30]通过超声波对大眼金枪鱼的栖息环境进行研究,结果发现大眼金枪鱼出没频率较高的水深范围内环境数据与大眼金枪鱼常被钓获的水层的环境数据间有明显差别,其中大眼金枪鱼钓获率较高的水层的范围明显窄于其偏好水层的范围。由于鱼类被捕获的深度往往是相关环境因子综合作用的结果[45],所以广义线性模型只能判断大眼金枪鱼钓获率较高的水层,而无法判断其他水层是否为大眼金枪鱼所偏好的水层范围。广义相加模型和分位数回归模型则能很好弥补广义线性模型的不足,基于这两种数值模型更完备的统计理论,两者均能反映各水层内大眼金枪鱼潜在的渔获率与相关环境因子之间的关系,如之前所述,广义相加模型较为适合分析反应变量和自变量间的非线性关系。因此,可以判断广义相加模型更加适合判断影响大眼金枪鱼分布的关键因子,并能够描述关键环境因子对大眼金枪鱼分布所起到的作用。所以就判断大眼金枪鱼偏好的水层、估算潜在渔获率及描述各水层内大眼金枪鱼渔获率与环境因子间的关系而言,广义相加模型适合于判断大眼金枪鱼偏好的水层及相关环境偏好因子的选择,而分位数回归模型则适用于预测各水层内大眼金枪鱼渔获率。

4.3 基于三种数值模型的整个水体栖息地综合指数

由表 4-3-6 可知,整个水体内除了基于广义线性模型所得出的大眼金枪鱼栖息地综合指数模型拟合度较差外,其他两种模型所得的结果与大眼金枪鱼名义 CPUE 之间的关联度则较高,模型的预测能力均达到中等水平。由图 4-3-4、图 4-3-6 及图 4-3-8 可知,在基于三种数值模型得出的整个水体大眼金枪鱼栖息地综合指数中,指数值较高的海域范围,广义线性模型为 3°30′S~1°S、168°30′E~174°40′E,3°30′S~2°S、176°E~180°及 1°N~4°30′N、170°E~179°E;广义相加模型为 3°20′S~1°S、168°30′E~180°,0°30′N~1°30′N、176°30′E~177°20′E 及 3°30′N~5°N、174°E~177°40′E;分位数回归模型为 3°30′S~1°S、168°30′E~176°E,3°30′S~1°30′S、177°20′E~180°,2°N~3°30′N、170°E~171°30′E 及 2°S~5°S、173°E~175°30′E。通过比较,由广义相加模型及分位数回归模型所得栖息地综合指数较高的海域比较一致,广义线性模型所得的结果则和其他两种模型的结果有较大差距。因为广义线性模型能预测资源的相对丰度,而广义相加模型和分位数回归模型则在预测渔业资源的潜在分布能力上更具有优势。

4.4 三种数值模型的有效性

本研究认为,基于三种数值模型对大眼金枪鱼 CPUE 进行标准化后的结果与大眼金枪鱼名义 CPUE 之间均存在一定程度的关联。不论在模型的预测能力及模型有效性的判断方面,三种模型所得出的大眼金枪鱼 CPUE 标准化结果可以满足不同精度要求。基于以上三种模型所得大眼金枪鱼 CPUE 标准化结果所建立的栖息地综合指数的均值在各个水层的趋势与大眼金枪鱼名义 CPUE 的趋势之间存在一定的差异,其中广义线性模型所得出的标准化 CPUE 与大眼金枪鱼名义 CPUE 之间除了在 120~160 m 及 200~240 m 水层的关联度较差外,其他水层均有关联。而广义相加模型标准化的结果在所有水层均与大眼金枪鱼名义CPUE存在关联,分位数回归模型除了在160~200 m水层与大眼金枪鱼名义CPUE之间的关联度较差外,其他水层均存在显著相关性。所以不同水层,广义线性模型、广义相加模型及分位数回归模型所得出的结果的准确度各不相同,但总体来说广义相加模型的适用性更好,而分位数回归模型在大多数水层的预测精度较高,因此这两个模型可以用来预测大眼金枪鱼各个水层的渔获率。而在整个水体中,通过建模站点与验证站点内整个水体栖息地综合指数和名义渔获率的叠图可发现,广义相加模型和分位数回归模型所得结果均优于广义线性模型,所以在未来针对基于环境因子的大眼金枪鱼渔业资源分布预测研究中,建议采用广义相加模型及分位数回归模型。在研究大眼金枪鱼不同水深的分布时,建议采用广义相加模型,如果只需要预测某些水层的大眼金枪鱼渔获率且需要更高的预测精度则建议使用分位数回归模型。

4.5 不足与展望

首先,由于本研究综合使用了连续两年的大眼金枪鱼延绳钓渔业数据,虽然在月份上保持了连续性,但毕竟分属两年的数据,因此同时用于建模可能会影响模型的精度,所以在今后的研究中,建议在该海域进行连续调查,以验证本章大眼金枪鱼栖息地综合指数研究的结果,并在其他海域使用本研究建议使用的方法预测大眼金枪鱼的渔获率并加以验证。

其次,本研究由于使用多元线性逐步回归用于建立延绳钓钓钩的深度模型,因此,该模型的精确性将直接影响到之后各水层渔获统计、钓钩分布等并最终影响大眼金枪鱼在各水层的栖息地综合指数。所以,钓钩深度模型仍有待进一步的优化,从而提高钓钩深度及其他相关结果的精度。

最后,本研究纯粹利用生产实测数据用于研究,所得的结果可能存在一定的局限性,建议今后辅以其他数据如标志放流手段对本章研究结果做进一步研究。

5 小　结

5.1 创新点

本研究同时使用了广义线性模型、广义相加模型及分位数回归模型对大眼金枪鱼的CPUE进行了标准化,并将标准化结果用于栖息地综合指数的研究。通过对最终结果的比较分析,确定最适合预测大眼金枪鱼资源分布的统计模型为广义相加模型和分位数回归模型,其中广义相加模型适合预测所有水层大眼金枪鱼的资源分布,且基于广义相加模型所得大眼金枪鱼栖息地综合指数与大眼金枪鱼名义CPUE之间的相关性略好于分位数回归模型所得的结果,而分位数回归模型在大多数水层预测大眼金枪鱼CPUE的精度则略好于广义相加模型,在今后的渔情预报及资源管理中可根据不同的需求选择使用这两种模型。

5.2 结论

研究通过对2009、2010年在吉尔伯特群岛海域内共计64个站点的相关数据建立了基于不同数值模型的大眼金枪鱼CPUE标准化模型,并将所得结果用于相关栖息地综合指数的研究,得出以下结论。

1）不同的水层影响大眼金枪鱼分布的环境因子各不相同。广义线性模型所得出的各水层影响大眼金枪鱼分布的环境因子各不相同;广义相加模型则得出各水层大眼金枪鱼分布大多与盐度相关;而分位数回归模型则得出各水层大眼金枪鱼分布与每个环境因子均相关。

2）对于大眼金枪鱼栖息地综合指数的预测能力,广义相加模型除120~160 m以外其他水层的预测能力要好于分位数回归模型,分位数回归模型除200~240 m以外其他水层的预测能力要好于广义线性模型。

3）通过Wilcoxon符号秩检验发现通过广义线性模型所得的大眼金枪鱼预测CPUE与名义CPUE之间除在120~160 m及200~240 m水层存在显著性差异外,在其他水层内,两者均存在一定相关性;通过广义相加模型所得的大眼金枪鱼预测CPUE与名义CPUE之间在各个水层均存在一定相关性;通过分位数回归模型所得的大眼金枪鱼预测CPUE与名义CPUE之间除在160~200 m水层存在显著性差异外,在其他水层两者间均存在相关性。

4）大眼金枪鱼在40~80 m水层内,栖息地综合指数较高的海域为3°30′S~3°S、171°30′E~173°30′E,3°S~1°S、177°E~178°30′E,0°30′N~4°30′N、174°30′E~177°E;在80~120 m内,栖息地综合指数较高的海域为3°S~1°30′S、168°30′E~174°30′E,3°30′S~1°10′S、177°30′E~179°40′E;在120~160 m内,栖息地综合指数较高的海域为3°30′S~1°30′S、168°30′E~180°;在160~200 m内,栖息地综合指数较高的海域为3°30′S~3°S、168°30′E~171°E,3°30′S~1°30′S、172°E~175°E,3°30′S~2°S、178°E~180°;在200~240 m内,栖息地综合指数较高的海域为3°30′S~3°S、173°E~174°30′E。对于整个水体,栖息地综合指数较高的海域为3°30′S~1°S、168°30′E~180°,3°30′N~4°30′N、174°30′E~177°40′E。大眼金枪鱼在各水层中栖息地综合指数较高的海域范围各不相同。其中,广义相加模型与分位数回归模型所得的大眼金枪鱼栖息地综合指数较高的海域与大眼金枪鱼名义CPUE较高的海域较为接近,广义线性模型所得的大眼金枪鱼栖息地综合指数较高的海域与大眼金枪鱼名义CPUE较高的海域之间存在一定的差距。

参考文献

[1] Matsumoto T. Preliminary analyses of age and growth of bigeye tuna in the western Pacific Ocean based on otolith increments. [R]. IATTC Spec Rep, 1998, 9: 238~242.

[2] Hampton J, Langley A, Kleiber P. Stock asseseement of bigeye tuna in the western and central Pacific Ocean, including an analysis of management options[R]. WCPFC-SC2, Manila, 2006.

[3] Chiang HC, Hsu CC, Lin HD, et al. Population structure of bigeye tuna in the South China Sea, Philippine Sea, and western Pacific Ocean inferred from mitochondrial DNA[J]. Fisheries Research, 2006, 79: 219~225.

[4] 宋利明,李玉伟,高攀峰.帕劳群岛附近海域延绳钓渔场大眼金枪鱼的环境偏好[J].海洋与湖沼,2009,6: 768~776.

[5] 宋利明,吕凯凯,胡振新,等.吉尔伯特群岛海域延绳钓渔场大眼金枪鱼的环境偏好[J].海洋渔业,2010,4: 374~382.

[6] Berchen JV, Akkermans LMA. Negative temperature coefficient of the action of DDT in a sense organ[J]. European Journal of Pharmacology, 1971, 16(2): 241~244.

[7] Sterens ED, Neill WH. 5 body temperature relations of tuna, especially skipjacks[J]. Fish Physiology, 1979, 7: 315~359.

[8] 宋利明,高攀峰,周应祺,等.基于分位数回归的大西洋中部公海大眼金枪鱼栖息环境综合指数[J].水产学报, 2007,6: 798~804.

[9] 樊伟,陈雪忠,崔雪森.太平洋延绳钓大眼金枪鱼及渔场表温关系研究[J].海洋通报,2008,1: 35~41.

[10] 樊伟,崔雪森,周甦芳.太平洋大眼金枪鱼延绳钓渔获分布及渔场环境浅析[J].海洋渔业,2004,4: 261~265.

[11] 崔雪森,樊伟,张晶.太平洋黄鳍金枪鱼延绳钓渔获分布及渔场水温浅析[J].海洋通报,2005,5: 54~59.

[12] Korsmeyer KE, Dewar H. Tuna metabolism and energetics[J]. Fish Physiology, 2001, 19: 35~78.

[13] Korsmeyer KE, Dewar H, Lai NC, et al. Tuna aerobic swimming performance: Physiological and environmental limits based on oxygen supply and demand[J]. Comparative Biochemistry and Physiology Part B: Biochemistry and Molecular Biology, 1996, 113(1): 45~56.

[14] Bach P, Dagorn L, Bertrand A, et al. Acoustic telemetry versus monitored longline fishing for studying the vertical distribution of pelagic fish: bigeye tuna (*Thunnus obesus*) in French Polynesia[J]. Fisheries Research, 2003, 60(2-3): 281~292.

[15] Hampton J, Bigelow KA, Labelle M A summary of current information on the biology. Fisheries and stock assessment of bigeye tuna in the Pacific Ocean[R]. Oceanic Fisheries Program Technical Report, Noumea New Caledonia, 1998.

[16] Liu CT, Nan CH, Ho CR, et al. Application of satellite remote sensing on the tuna fishery of eastern tropical Pacific[R]. The ninth workshop of OMISAR, Vietnam, 2002.

[17] Martinez-Rincon RO, Ortega-Garcia CO, Vaca-Rodriguez JG. Comparative performance of generalized additive models and boosted regression trees for statistical modeling of incidental catch of Wahoo (*Acanthocybium sloandri*) in the Mexican tuna purse seine fishery[J]. Ecological Modeling, 2012, 233: 20~25.

[18] Song LM, Zhou YQ. Developing an integrated habitat index for bigeye tuna (*Thunnus obesus*) in the Indian Ocean based on longline fisheries data[J]. Fisheries Research, 2010, 105(2): 63~74.

[19] 宋利明,高攀峰.马尔代夫海域延绳钓渔场大眼金枪鱼的钓获水层、水温和盐度[J].水产学报,2006,30(3): 335~340.

[20] Ake F, Jorgen M J. Synaptic body movements in the sensory cell of lateral line organs in the urodele amphibian Ambystoma mexicanum[J]. Hearing Research, 1997, 104(1-2): 177~182.

[21] Li YW, Song LM, Nishida T, et al. Development of integrated habitat indices for bigeye tuna, Thunnus obesus, in water near Palau[J]. Marine and Freshwater Research, 2012, 63: 1244~1254.

[22] Hampton J, Bigelow KA, Labelle M. Effect of longline fishing depth, water temperature and dissolved oxygen on bigeye tuna abundance indices[R]. SCTB 13, Working Paper 17, US, 1998, 1~18.

[23] Campbell RA. CPUE standardization and construction of indices of stock abundance in a spatially varying fishery using general linear models[J]. Fisheries Research, 2004, 70: 209~227.

[24] Maunder MN, Sibert JR, Fonteneau A, et al. Integrating catch per unit effort data to assess the status of individual stock and communities[J]. ICES J Mar Sci, 2006, 63: 1373~1385.

[25] 胡振新.马绍尔群岛海域大青鲨(*Prionace glauca*)栖息环境综合指数研究[D].上海: 上海海洋大学,2011.

[26] Punt AE, Walker BL, Taylor FP. Standardization of catch and effort data in a spatially-structured shark fishery[J]. Fisheries Research, 2000, 45: 129~145.

[27] Sun CL, Yeh SZ. Updated CPUE of central and western Pacific yellow fin tuna from Taiwanese tuna fisheries[R]. BET-5, SCTB14, Noumea New Caledonia, 2001, 9~16.

[28] Rodriguez-Marin E, Arrizabalaga H, Ortiz M, et al. Standardization of Bluefin tuna, catch per unit effort in the baitboat

fishery of Bay of Biscay[J]. ICES J Mar Sci, 2003, 60: 1216~1231.

[29] Okamoto H, Shono H. Japanese longline CPUE for bigeye tuna in the Indian Ocean up to 2009 standardized by GLM[C]. IOTC WPTT-29, 2002, 1~14.

[30] Okamoto H. Standardized Japanese Longline CPUE for bigeye tuna in the Atlantic Ocean from 1961 up to 2005[C]. ICCAT, Col. Vol. Sci. Pap, 2007, 60(1): 143~154.

[31] Su NJ, Yeh SZ, Sun CL, et al. Standardizing catch and effort data of the Taiwanese distant-water longline fishery in the western and central Pacific Ocean for bigeye tuna[J]. Fisheries Research, 2008, 90(1-3): 235~246.

[32] Maunder MN, Punt AE. Standardizing catch and effort data: a review of recent approaches[J]. Fisheries Research, 2004, 70: 141~159.

[33] Howell E, Hawn DR, Polovina J. Spatiotemporal variability in bigeye tuna (*Thunnus obesus*) dive behaviour in the central North Pacific Ocean[J]. Progress in Oceanography, 2010, 86(1-2): 81~93.

[34] Wise B, Bramhead D. Striped marlin abundance: standardization of CPUE[J]. Striped Marlin Biology and Fishery, 2004: 171~194.

[35] Koenker R, Bassett G. Regression quantiles[J]. Econometrica, 1978, 50: 43~61.

[36] Koenker R. Quartile Regression[M]. NewYork: Cambridge University Press, 2005: 349.

[37] Cade BS, Noon BR. A gentle introduction to quantile regression for ecologists[J]. Frontiers in Ecology and Environment. 2003, 1: 412~420.

[38] Cade BS, Terrell JW, Schroeder RL. Estimating effects of limiting factors with regression quantiles[J]. Ecology, 1990, 80: 311~323.

[39] Eastwood PD, Meaden GJ. Introducing greater ecological realism to fish habitat models[R]// Nishida T, Kailola PJ, Hollingworth CE. GIS/Spatial Analysis in Fishery and Aquatic Sciences. Saitama: Fishery and Aquatic GIS Research Group 2004, 2: 181~198.

[40] 冯波,陈新军,许柳雄.应用栖息地指数对印度洋大眼金枪鱼分布模式研究[J].水产学报,2007,31(6): 805~812.

[41] 张禹.马绍尔群岛海域大眼金枪鱼栖息地环境综合指数模型[D].上海: 上海海洋大学.

[42] 吴建南,马伟.分位数回归与显著加权分析技术的比较研究[J].统计与决策,2006,7: 4~7.

[43] 崔利锋.国际金枪鱼资源管理制度的经济分析[J].中国渔业经济,2004,5: 10~13.

[44] 斉藤昭二.マグロの遊泳層と延縄漁法[M].東京: 成山堂書屋,1992: 9~10.

[45] Huston MA. Critical issues for improving predictions[M]// Predicting Species Occurrences: Issues of Accuracy and Scale. Washington: Islands Press, 2002, 7~21.

[46] 武亚苹.基于 QRM、GLM 和 GAM 的吉尔伯特群岛海域黄鳍金枪鱼栖息地综合指数比较[D].上海: 上海海洋大学,2012.

[47] Song LM, Zhang Y, Xu LX, et al. Environmental preferences of longline for yellowfin tuna (*Thunnus albacares*) in the tropical high seas of the Indian Ocean[J]. Fisheries Oceanography, 2008, 17(4): 239~253.

[48] Song LM, Zhou J, Zhou YQ, et al. Environmental preferences of bigeye tuna, *Thunnus obesus*, in the Indian Ocean: an application to a longline fishery[J]. Environmental Biology of Fishes, 2009, 85: 153~171.

[49] 宋利明,杨嘉樑,胡振新,等.两种延绳钓具大眼金枪鱼捕捞效率的比较[J].上海海洋大学学报.2011,20(3): 424~430.

[50] Wu YP, Song LM. A comparison of calculation methods of an integrated habitat index for yellowfin tuna in the Indian Ocean[C]. IOTC, 2011, WPTT 13(54).

[51] 宋利明,胡振新.马绍尔群岛海域大青鲨栖息地综合指数[J].水产学报,2011,35(8): 1208~1216.

[52] 宋利明,杨嘉樑,武亚苹,等.吉尔伯特群岛海域大眼金枪鱼(*Thunnus obesus*)栖息地环境综合指数[J].海洋与湖沼,2012,45(5): 954~963.

[53] Hastie TJ, Pregibon D. Generalized linear models [M]//Chambers JM, Hastie TJ. Statistical Models. California: Wadsworth & Brooks/Cole, 1992.

[54] Davison AC, Snell EJ. Residuals and diagnostics. [M]//Hinkley D V, Reid N, Snell E J. In Statistical Theory and

Modelling. London: Chapman and Hall, 1991.

[55] Mc-Cullagh P, Nelder JA. Generalized Linear Models[M]. London: Chapman and Hall, 1989.

[56] Sakamoto Y, Ishiguro M, Kitagawa G. Akaike Information Criterion Statistics [M]. Boston: D. Reidel Publishing Company, 1986.

[57] Venables WN, Ripley BD. Modern Applied Statistics with S[M]. New York: Springer, 2002.

[58] Hastie TJ, Tibshirani RJ. Generalized additive models[M]. Chapman & Hall/CRC, 1990.

[59] Hastie TJ, Tibshirani R. Generalized Additive Models[M]. London: Chapman and Hall, 1990.

[60] 唐启义,冯明光.实用统计分析及其 DPS 数据处理系统[M].北京：科学出版社,2002：333~339.

第五章

基于卫星遥感数据的库克群岛海域长鳍金枪鱼栖息地综合指数模型的比较

1 引　　言

金枪鱼渔业是我国重点发展的远洋渔业，而长鳍金枪鱼渔业作为该渔业重要的组成部分，其可开发资源是我国远洋渔业重要的研究内容。随着太平洋岛国对于金枪鱼捕捞的管理制度越加严格，以及燃油价格与劳动力成本的不断提高等不可控因素的增多，如何提升长鳍金枪鱼的捕捞效率，减少寻找中心渔场的时间消耗，已成为我国远洋渔业管理部门和相关企业重点关心的问题。因此，研究库克群岛海域长鳍金枪鱼渔场的分布及其栖息地与海洋环境因子的关系，从而开展该渔业的渔情预报，是一个重要的研究课题。

1.1 研究背景

长鳍金枪鱼是一种高度洄游性的大洋性中上层鱼类[1]，广泛分布于世界各大洋温热带海域，以赤道为界存在南北太平洋两个种群，种群之间没有交叉洄游现象，可认为是两个相对独立的种群[2,3]。

位于赤道以南的库克群岛海域是我国远洋渔业重要的作业渔场之一。库克群岛由 15 个岛屿和岛礁组成，与周边多数岛国一样为不发达国家，但渔业资源丰富，是该国重要的经济来源。目前在库克群岛海域专属经济区（EEZ）从事长鳍金枪鱼捕捞作业的国家和地区主要有日本、中国、韩国及中国台湾地区[4]。

1.2 金枪鱼渔业渔情预报技术研究现状

金枪鱼类栖息环境及栖息地综合指数模型研究的目的是为了能够在金枪鱼渔业渔情预报中应用，研究的内容包括该种群的渔汛期、中心渔场、鱼群数量和质量以及可能达到的渔获量[5]。目前，金枪鱼渔业相关的研究主要涉及渔业生物学、生活习性、捕捞技术和渔场形成机制等[6~8]。近年来，遥感数据由于其易得性，已较多地应用到金枪鱼渔场分布与海洋环境因子的关系研究中，从而提高金枪鱼渔情预报的准确度。同时，随着遥感技术的不断发展，遥感数据被认为是当今研究渔情预报的低成本、高效率、可操作性强的数据来源。

现将国内外金枪鱼渔业渔情预报技术研究现状总结如下。

由于遥感数据在海表水温监测方面具有不可比拟的优势，尤其是时相稳定可选和精度较高。因此，早期金枪鱼渔情预报研究应用较多的是海表水温（SST）。Laurs 等[9]研究指出生长阶段的长鳍金枪鱼多在近海上升流海域集群，并且集群现象随上升流消失而消失。通过研究长鳍金枪鱼与海表水温的相关性[10]，认为长鳍金枪鱼的运动与海表水温相关性较强，对海表水温表现出选择性。Roberts 等[11]通过研究长鳍金枪鱼与海表水温的关系，指出长鳍金枪鱼幼体一般生活在海表水温为 18.5~21.3℃的海域范围内，并且温跃层深度也对长鳍金枪鱼的渔获量有较大影响。Murray[12]等研究发现，南太平洋海域范围内长鳍金枪鱼集中分布在 200~300 m 的水层中，该深度的水层为盐度与温度强弱交汇处。周甦芳等[13]通过渔获量数据、海表水温等数据，应用地理信息系统（GIS）对太平洋海域长鳍金枪鱼延绳钓渔业分别进行了定性和定量分析。陈雪冬等[14]通过统计海表水温和海表水温梯度数据与大眼金枪鱼渔获渔场的出现频次关系，量化了环境因子对金枪鱼渔场进行预测的影响程度。Zainuddin 等[15,16]根据卫星遥感数据分析了海洋环境因子和长鳍金枪鱼作业渔场分布的对应关系。樊伟等[17]利用南太平洋海域的长时间序列渔获数据，分析了该海域长鳍金枪鱼资源分布与海表水温的关系。然而，上述研究中渔业统计数据和海洋环境因子数据的空间采样分辨率均不高于 1°×1°，空间分辨率较低会使得描述渔场分布与环境因子关系的一些规律难以量化。

为了提高渔情预报的准确度，许多学者研究了多环境因子作用下金枪鱼类的栖息地选择，并取得了较大成果。王家樵等[18]利用温跃层深度等 4 个环境因子对印度洋大眼金枪鱼栖息地模型进行了比对研究：用线性回归模型对渔获率和各环境因子进行回归分析，从而得到大眼金枪鱼各环境因子的适应性指数，进一步用几何平均法建立栖息地适应性指数（habitat suitability index，HSI）模型，并用 GIS 对大眼金枪鱼栖息地分布进行了可视化显示。宋利明等[19]使用渔场环境、作业参数、渔获统计数据，通过分位数回归分析有关水层的渔获率与温度、盐度和相对流速等环境因子的关系，并考虑其不同的影响权重及交互作用建立了栖息地综合指数模型。冯波等[20]对 0~300 m 水层的加权平均水温、50~150 m 水层温差和氧差 3 个环境因子与其交互变量使用分位数回归法，建立基于多环境变量及其交互作用变量与渔获率的最佳上界 QR 方程，从而计算出栖息地指数。范江涛等[21]以经纬度 1°×1°为空间统计单元，利用渔获量分别与海表水温、105 m 水深温度、205 m 水深温度、海面高度、叶绿素 a 浓度的对应关系建立相应的栖息地适应性指数模型，然后通过回归模型检验所建立的 HSI 模型在统计上是否存在显著相关性，其结果表明采用一元非线性回归模型来建立各因子适应性曲线是合适的。

以上研究表明，多因子组合的预报比单因子预报要准确，并能取得较好的效果[22]。同时，Harrell[23]等的研究表明，为了增加预测模型的准确度，自变量的个数不宜太多。

国内外学者对于渔情预报方法和模型方面也进行了大量的探索。对于某些模型来说，模型构建前还应进行自变量的变换、平滑函数的选择等工作[24]，也即模型构建方法与相关数据处理方法需要有更多的有关学科的支持。崔雪森等[25]采用贝叶斯概率模型进行鲣渔场预报，得到比较符合该渔业资源分布的结果。曹晓怡等[26]通过对印度洋大眼金枪鱼、黄鳍金枪鱼延绳钓渔业的渔场重心分析，认为以渔获量为权重的地理坐标经纬度加权平均值可以反映渔场重心的变化。袁红春等[27]利用支持向量机和模糊分类器工具从数据库中提取出渔情预报的静态知识，然后通过可拓挖掘的方法对渔场的静态知识和动态知识进行表述，并建立本体知识库，并在此基础上建立了以印度洋大眼金枪鱼的渔情预报系统。

Glaser[28]等对北太平洋的黄鳍金枪鱼进行了广义线性模型(GLM)分析,统计了1966~2006年40年间的黄鳍金枪鱼分布数据,发现仅用GLM得到的海洋环境数据匹配率为61%。叶豪泰等[29]采用了CPUE加权累加分布函数,通过分析鲣围网渔获量和相应的环境变量之间的关系,并为了凸显这种关系而提升作业区域中CPUE高于平均CPUE的权值,对鲣渔情预报相关海洋环境数据进行统计分析。陈雪忠等[30]提出了一种基于随机森林建立印度洋长鳍金枪鱼渔场预报模型的方法,将长鳍金枪鱼的CPUE按作业海域划分为高CPUE、中等CPUE和低CPUE三类,然后分三类对样本进行训练。通过ROC(relative operating characteristic)分析,高CPUE、中等CPUE和低CPUE的AUC(area under ROC curve)均高于0.74,得到较高的预测精度。ARGO[31](Array for Real-time Geostrophic Oceanography)是全球海洋观测网计划,在全球大洋中每隔3个经纬度布放一个卫星跟踪浮标,组成一个庞大的全球海洋观测网,该计划于2000年启动,至2007年完成。杨胜龙等[32]采用ARGO浮标剖面温度数据重构热带大西洋的月平均等温线场,网格化计算了下界深度差和等温线深度值,并结合养护大西洋金枪鱼国际委员会的黄鳍金枪鱼延绳钓渔业数据,绘制了等温线深度与月平均CPUE的空间叠加图,从而分析热带大西洋黄鳍金枪鱼中心渔场单位捕捞努力量渔获量。Glaser等[33]对北太平洋长鳍金枪鱼应用了非线性时间序列模型分析,使用空间分辨率为1°×1°的统计单元计算CPUE时间序列,在未使用辅助的环境数据的情况下,得到了高显著性的结果($P<0.000\ 01$)。冯永玖等[34]提出HSI建模与智能优化框架(GeneHSI),该框架的核心是栖息地适应性指数(HSI)建模空间向遗传算法空间的映射以及遗传算法适应度函数的构建,保证预测的渔场概率和实测的渔场概率之间的累计误差值最小。

通过上述分析,可以了解到长鳍金枪鱼资源的分布与环境参数之间的密切联系,并且这些参数在今后分析长鳍金枪鱼的CPUE和栖息地模型的建立中起着至关重要的作用。栖息地偏好可以用来评估环境因素对大洋性延绳钓渔获率的影响,但是需对渔获率做出一定的调整,尤其是当用渔获率来指示资源的相对丰度时,没有标准化过的渔获率会导致误差[35]。因此未经修正的渔获率需要进行预处理以适应相关因素如栖息地环境的影响[36]。目前对长鳍金枪鱼渔情预报的空间分辨率还有待提高,对于用于渔情预报的模型优劣还没有得出统一的结果。因而,有必要利用高分辨率的数据并选取多种模型建立长鳍金枪鱼CPUE与海洋环境因子间的关系模型、进行比对,并确定其优劣。

1.3 有关模型介绍

本章拟应用广义相加模型(GAM)、分位数回归模型(QRM)、支持向量机(SVM)三种方法建立模型并进行比对。

广义相加模型是对线性回归模型的推广,该模型的优点在于其各协变量上均无间断点,因为广义相加模型使用平滑函数代替了广义线性模型中的参数,这也使得该模型能更好地描述解释变量和因变量之间的非线性关系。由于平滑函数的使用,模型中的各个解释变量相对独立,相互之间没有联系,这就能很好地处理异常数据[37]。因此,该模型适合描述资源分布与环境因子之间的关系,尤其适合分析渔获分布与各环境因子的关系。

分位数回归模型是由数学家根据统计学理论为金融统计分析而设计的数值模型,通过计算绝对偏差总和的最小值来估计各个参数值[38]。分位数回归模型估计参数的能力非常优秀，除了继承了最小二乘回归的所有优点外，还有如自由分布等为生物统计所需的优点，因而分位数回归模型较适合评估目标物种对环境变量变化的响应程度[39]。另外，当误差不符合正态分布且只有部分限制因子得到运算时，该模型会在不同的分位数下逐步得到不同的估算结果，且这些结果对各变量响应程度的精确度也会随之提高，尤其是在高分位数下得出的结果[40]。

Cortes 等[41]于 1995 年提出支持向量机，类似神经网络算法，也是机器学习研究方面取得的突破。其基本思想是：首先把训练数据集非线性地映射到一个高维特征向量空间，其目的是把空间中的线性不可分割数据集转换至高维特征空间，从而转换为线性可分割数据集，随后在高维特征空间生成一个最大隔离距离超平面。这相当于在线性不可分空间产生一个最优非线性决策边界，使得所分两类的隔离边界被最大化[42]。它的主要优点有：

1）通用性：SVM 能够在各种函数集中通过不同向量维数构造合适的函数。

2）自动选取性：除去设置的阈值，SVM 构造的函数不需要人工微调。

3）计算简单：SVM 方法的实现只需要利用简单的设置优化的阈值。

4）理论完善：SVM 是基于统计学习理论推演出来的。

1.4　主要研究内容

1）根据海洋表层环境数据（海表水温、海面高度距平均值、初级生产力）、定点水层要素数据（150 m 水深水温）、对应海域内渔获统计（在 0.2°×0.2°格网范围捕获的长鳍金枪鱼尾数）和船位监控系统（VMS）等四大类数据，提取以 0.2°×0.2°为采样间隔的海洋环境数据和长鳍金枪鱼的 CPUE。

2）通过中心点匹配长鳍金枪鱼 CPUE 与海洋环境数据，使用广义相加模型（GAM）、分位数回归模型（QRM）及支持向量机（SVM）三种方法分别建立长鳍金枪鱼 CPUE 与海洋环境因子的关系模型。

3）将三种模型预测的 CPUE 分别用于计算长鳍金枪鱼在各个分区的栖息地综合指数。

4）通过使用 Pearson 相关系数、Wilcoxon 符号秩检验的方法检验各分区及整个海域的实测 CPUE 与对应的三种模型所得的预测 CPUE 之间的关系，通过 Wilcoxon 符号秩检验的 P 值的大小来检验两者之间是否存在显著相关性，并以此为依据比对三种模型的栖息地综合指数的预测能力。

5）三种模型的验证比对，并确定最佳模型。

1.5　研究的目的和意义

本着节约资源与节省劳动力成本的目标，准确寻找中心渔场和开发潜在渔场对于渔业工作者来说十分重要。因此，开展库克群岛海域长鳍金枪鱼栖息地综合指数模型的比较研究，建立基于多环境因子的渔情预报模型，从而对该海域长鳍金枪鱼鱼群的可能位置及其可能的单位捕捞努力量渔获量（CPUE）做出预报，具有如下的意义：

1）确定库克群岛海域影响长鳍金枪鱼栖息地的关键环境因子。

2）比对库克群岛海域用三种模型构建方法建立的预报模型，确定最有效的预测模型。

3）可为研究长鳍金枪鱼栖息环境和渔场学提供参考，以期节省搜寻渔场时间、增加目标鱼种渔获量[43]，提高捕捞效率。

1.6 技术路线

本章技术流程见图 5－1－1。

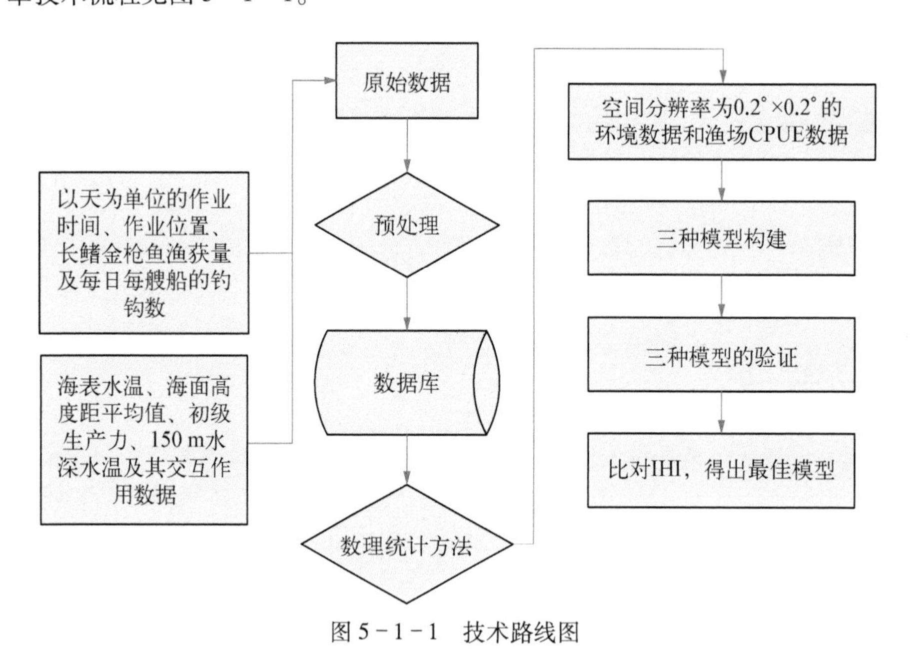

图 5－1－1　技术路线图

对海洋环境数据、渔获数据及渔船监控系统数据进行预处理，分别计算出有渔获分布的各网格海表水温、海面高度距平均值、初级生产力、150 m 水深水温和与之相对应的同一格网内渔获尾数、钓钩数量，并建立数据库。根据同一天同一格网内渔获尾数及钓钩数量计算出该格网长鳍金枪鱼的实测 CPUE。然后结合作业海域的环境因子，通过广义相加模型、分位数回归模型及支持向量机建立海洋环境数据与实测 CPUE 数据的关系模型，建立相应的三种栖息地综合指数模型，并得出三种模型的各自最适环境因子。最后将用于验证的海洋环境数据分别导入三种模型，并得到相应的结果，通过对各模型所得的结果进行检验、比较和分析，确定建立长鳍金枪鱼栖息地综合指数（IHI）的最佳模型。

2　材料和方法

2.1　材料

2.1.1　调查时间及调查海域

生产统计资料来自深圳市联成远洋渔业有限公司 2014 年在库克群岛海域的金枪鱼延

绳钓生产数据，共 11 艘生产船，以下为大部分渔船的相关参数：总长 32.28 m；型宽 5.70 m；型深 2.60 m；总吨 97.00 t；净吨 34.00 t；渔船主机功率 400 kW。

海洋环境数据包括海洋表层环境数据与定点水层要素数据，均来自日本国际气象海洋株式会社。其中，海洋表层环境数据包括海表水温、海面高度距平均值、初级生产力等，定点水层要素数据包括 150 m 水深水温，数据的空间分辨率均为 0.2°×0.2°经纬度格网。渔场船位监控系统数据包括以天为单位的作业时间、作业位置、长鳍金枪鱼渔获尾数以及每日每艘船投放的钓钩数量。

本章海洋环境数据范围为库克群岛附近海域（10°S～16°S、155°W～170°W），为便于数据统计，根据渔船生产时的位置分布情况，按经度范围将库克海域分为三个分区：分区 1 对应海域范围为：10°S～16°S、170°W～163°30′W，位于拿骚岛（Nassau）东南部；分区 2 对应海域范围为：10°S～16°S、163°30′W～159°30′W，位于艾图塔基岛（Aituyaki）北部；分区 3 对应海域范围为：10°S～16°S、159°30′W～155°W，位于拉罗汤加（Rarotonga）东部（图 5－2－1）。

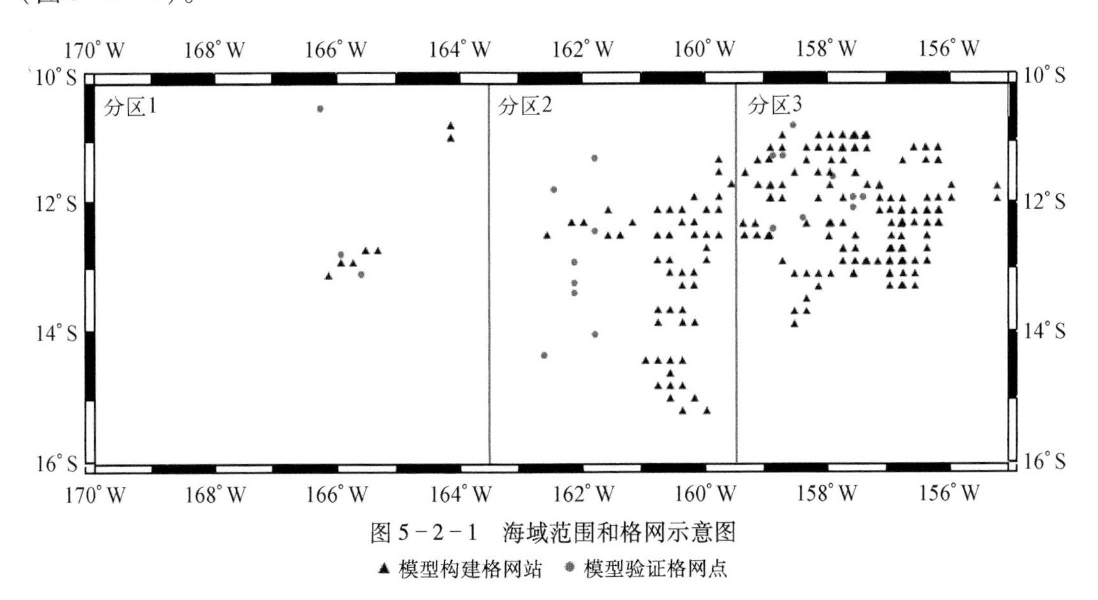

图 5－2－1 海域范围和格网示意图

▲ 模型构建格网站 ● 模型验证格网点

本章用于模型构建的时间周期为 2014 年 4 月 1 日至 2014 年 4 月 24 日，用于模型验证的时间周期为 2014 年 5 月 21 日至 2014 年 6 月 10 日，分布海域均为库克群岛附近海域。

2.1.2 渔具与渔法

深圳市联成远洋渔业有限公司 2014 年度所用的漂流延绳钓渔具结构为：浮子直径为 360 mm，浮子绳长 22 m；干线直径为 4.0 mm；支线第一段为硬质聚丙烯，直径 3.5 mm，长 1 m 左右，第二段为 180# 单丝，直径为 1.8 mm，长 20 m；第一段与第二段用 H 型转环连接；钓钩采用圆型钓钩（14/0），支线总长 21 m。

调查期间，一般情况下，5∶30～9∶30 为投绳时间，持续时间约为 4 h；15∶30～次日 3∶00 为起绳时间，持续时间约为 11.5 h；船长根据探捕调查站点位置决定投绳的位置，但实际的投绳位置会有一定的偏移。船速一般为 8.0~9.0 节，出绳速度一般为 5.5 m/s，两浮子间的钓钩数固定为 28 枚，两钓钩间的时间间隔约为 6 s。每天投放钓钩总数为 3 800~4 400 枚。

2.2 数据处理方法

2.2.1 实测 CPUE

渔获数据均来自深圳市联成远洋渔业有限公司船位监控系统的实时数据。以经纬度格网 0.2°×0.2°为空间统计单元，以天为单位对其作业位置的经纬度信息、渔获尾数和投放钓钩的数量进行统计，并计算有渔获分布的每个格网的 CPUE（单位：尾/千钩）。由于不考虑船长寻找渔场能力差异和海洋环境的局部差异，认定此时格网中的 CPUE 为表征渔场长鳍金枪鱼资源密度的指标。

由于渔获统计数据和海洋环境数据空间分辨率不一致，需经过数据匹配，将渔获数据采样至 0.2°×0.2°的经纬度格网中，然后统计出当天在某一确定的空间范围中的渔获尾数，同时通过渔船航向、航行时间和航速计算出渔船的投绳轨迹，推算出渔船经过的总格网数，从而得出每个空间格网的钓钩数，最后得出该格网中长鳍金枪鱼的 CPUE。即根据同一天同一格网内渔获尾数及钓钩数量计算出该格网长鳍金枪鱼的实测 CPUE。实测 CPUE 计算公式为

$$CPUE_{ij} = \frac{N_{Fij}}{N_{Eij}} \times 1\,000 \qquad (5-2-1)$$

式中，$CPUE_{ij}$ 为经度 i、纬度 j 处的单位捕获努力量渔获量；N_{Fij} 为该经、纬度分别向上、下、左、右扩展 0.1°，即以该点为中心的 0.2°×0.2°的空间格网内的渔获尾数；N_{Eij} 为该空间格网内投放的平均钓钩数，计算公式如下：

$$N_{Eij} = \frac{N_E}{n} \qquad (5-2-2)$$

式中，n 为渔船的投绳轨迹经过的格网数，N_E 为该渔船当天投放的钓钩数量。因此，式 5－2－1可改写为

$$CPUE_{ij} = \frac{n \times N_{Fij}}{N_E} \times 1\,000 \qquad (5-2-3)$$

2.2.2 海洋环境因子的计算

空间分析的理论基础是地理实体的空间自相关性，即距离越近的地理实体相似度越高，距离越远的地理实体差异性越大，空间自相关性被称为“地理学第一定律”（Tobler’s First Law of Geography）。以下海洋环境数据来自日本国际气象海洋株式会社。本章以 0.2°×0.2°为空间统计单元，并且认定相邻的统计单元间的变化不会出现间断性的跳跃，是连续变化的，有渐变的特征。以 2014 年 2 月 23 日海表水温为例，进行空间插值计算得出，结果如图 5－2－2 所示。同样的计算方法可应用于其他海洋环境因子的插值计算。

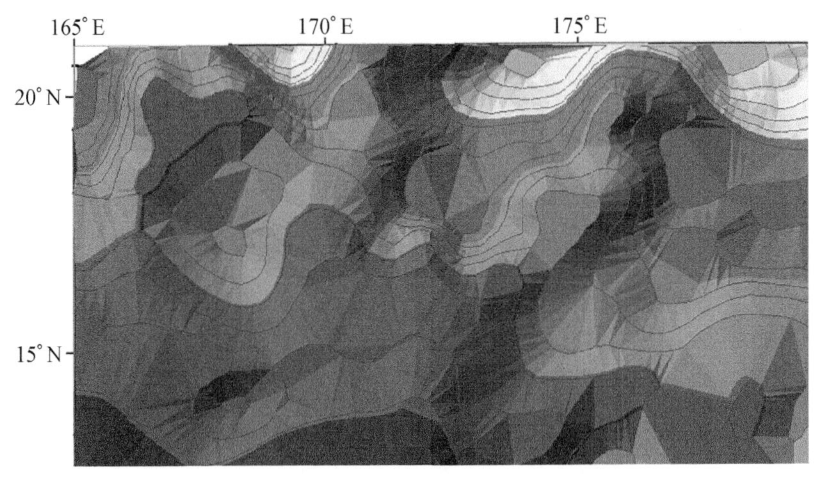

图 5-2-2 2014 年 2 月 23 日海表水温空间插值图

插值的结果导入地理信息空间数据库中，以经纬度中心点为索引进行存储。每一条索引数据包括该点的经纬度信息、海表水温（*SST*）、海面高度距平均值（*SSH*）、初级生产力（*PLA*）、150 m 水深水温（*T*150）、作业日期。在数据库中，经纬度信息（Lon_{ij}、Lat_{ij}）、海表水温（$T0_{ij}$）、海面高度距平均值（H_{ij}）、150 m 水深水温（$T150_{ij}$）均为 double 型，初级生产力（P_{ij}）为 int 型，作业日期为 text 型。

2.2.3 基于广义相加模型的长鳍金枪鱼 CPUE 预测模型

广义相加模型是在线性回归模型的基础上进行拓展，使得每个环境因子均能响应长鳍金枪鱼的渔场分布，因此较适合描述 CPUE 和环境因子间的关系，并且能筛选出影响渔获率的关键环境因子。同时，由于广义相加模型使用了 *S* 函数替代了线性回归模型中各自变量前的参数，所以广义相加模型更加偏向于研究独立于参数的数据之间关系，其因变量和各自变量的关系式如下：

$$G(Y \mid X_1, X_2, \cdots, X_n) = s_0 + s_1(X_1) + s_2(X_2) + \cdots + s_n(X_n) \qquad (5-2-4)$$

式中，*s* 函数在其函数图像上呈现为连续无间断点的曲线，且外函数 *G* 须满足 $Gs_n(X_n)=0$，表现为一个随机变量和自变量之间的关系函数式。其中随机变量需满足指数分布条件：

$$f_Y(y, \theta, \phi) = \exp\left\{\frac{y\theta - b(\theta)}{a(\phi)} + c(y, \phi)\right\} \qquad (5-2-5)$$

式中，θ 是自然参数，ϕ 是尺度参数。通过该指数分布可将广义相加模型中各可加的自变量描述为

$$\eta = s_0 + \sum_{n-1}^{p} s_n(X_n) \qquad (5-2-6)$$

式中，随机变量与自变量之间的连接函数 $G(Y) = \eta$。

建模工具采用了 R Project 2.15.3 统计软件，通过调用广义相加模型统计包拟合基于广

义相加模型的长鳍金枪鱼 CPUE 预测模型。将经纬度为 Lon_{ij}、Lat_{ij}的空间格网内长鳍金枪鱼的 $CPUE_{GAMij}$和该分区内的环境因子值海表水温($T0_{ij}$)、海面高度距平均值(H_{ij})、初级生产力(P_{ij})、150 m 水深水温($T150_{ij}$)之间的关系假设为

$$\ln(CPUE_{GAMij} + \text{constant}_{GAMij}) = \text{intercept}_{ij} + S(T0_{ij}) + S(H_{ij}) + S(P_{ij}) + S(T150_{ij}) \quad (5-2-7)$$

式中,ln 代表自然对数;constant_{GAMij}为各建模格网内长鳍金枪鱼渔获率的总平均数的 10%;intercept_{ij}为截距。模型中默认采用高斯分布。

将四类环境因子逐步输入广义相加模型中,按照先保留 P 值小于 0.05 的环境因子,再逐步加入其他环境因子,并以 P 值的大小为依据对环境因子进行筛选,以此建立基于广义相加模型的长鳍金枪鱼 CPUE 预测模型,用于拟合不同分区及整个水体长鳍金枪鱼的预测 CPUE。

2.2.4 基于分位数回归模型的长鳍金枪鱼 CPUE 预测模型

分位数回归模型在统计回归方面与最小二乘法不同的是,分位数回归模型的统计理论的建立是基于最小绝对偏差,分位数 θ 的定义如下式:

$$\min\left[\sum_{(y_i \geqslant x_i')} \theta \mid y_i - x_i'\beta \mid + \sum_{(y_i \leqslant x_i')} (1-\theta) \mid y_i - x_i'\beta \mid\right] \quad (5-2-8)$$

为方便表达,式 5-2-8 一般改写为以下公式:

$$\min_{\beta \in Rk} \sum_i \rho\theta(y_i - x_i'\beta) \quad (5-2-9)$$

式中,$\rho\theta(\varepsilon)$为概率分布密度函数,又被称为“检验函数”。其概率密度表达式如下:

$$\rho\theta = \begin{cases} \theta\varepsilon & \varepsilon \geqslant 0 \\ (\theta - 1)\varepsilon & \varepsilon \leqslant 0 \end{cases} \quad (5-2-10)$$

根据式 5-2-10,当自变量在给定某个分位数的情况下,其分位数回归模型如下:

$$Qy(\theta/x) = x'\beta \quad \theta \in (0, 1) \quad (5-2-11)$$

式中,随着分位数 θ 在 0~1 范围内取值,y 随 x 变化的所有轨迹均可以计算出,换言之,在不同分位数条件下的所有回归模型均可以得到。

为与前文使用广义相加模型建立的长鳍金枪鱼 $CPUE_{GAMij}$预测模型进行比较,模型中仍然包含海表水温($T0_{ij}$)、海面高度距平均值(H_{ij})、初级生产力(P_{ij})、150 m 水深水温($T150_{ij}$)这 4 个环境因子,但将这些变量之间的相互关系进行回归,即将这些环境因子的交互项也加入假设中。分位数回归模型通过对各分区范围内的这些自变量来对其相应的 CPUE 进行更正,得到基于分位数回归模型的长鳍金枪鱼在各区域的预测 $CPUE_{QRMij}$。

建模工具采用了 Blossom 分位数回归统计软件,通过该软件拟合基于分位数回归模型的长鳍金枪鱼 CPUE 预测模型。将经纬度为 Lon_{ij}、Lat_{ij}的空间格网内长鳍金枪鱼的 $CPUE_{QRMij}$和该分区内的环境因子值海表水温($T0_{ij}$)、海面高度距平均值(H_{ij})、初级生产力(P_{ij})、150 m

水深水温（$T150_{ij}$）之间的关系假设为

$$
\begin{aligned}
CPUE_{QRMij} = {} & \text{constant}_{ij} + a'_{ij}T0_{ij} + b'_{ij}H_{ij} + c'_{ij}P_{ij} + d'_{ij}T150_{ij} \\
& + e'_{ij}T0H_{ij} + f'_{ij}T0P_{ij} + g'_{ij}T0T150_{ij} \\
& + h'_{ij}HP_{ij} + i'_{ij}HT150_{ij} + j'_{ij}PT150_{ij} + \varepsilon_{ij}
\end{aligned}
\quad (5-2-12)
$$

式中，constant_{ij}为常数项，其值由分位数回归模型的结果来确定；$T0H$ 为海表水温和海面高度距平均值的交互项，其他交互项以此类推；a'_i，b'_i，c'_i，…，j'_i 是各个环境因子的相关参数；ε'_i 为误差。

分位数的取值区间为(0,1)，当分位数接近于这个范围的极值时，所得的分位数回归模型拟合效果相对较差，原因是建模的过程会受到极端值的干扰。因此，在使用分位数进行模型回归时，本章选取分位数的取值区间为(0.6,0.9)，且将取值间隔设定为 0.05，共计使用 7 个分位数用于建立模型。在模型建立过程中，先将所有环境变量和交互项分别输入分位数回归模型中，应用 Wilcoxon 符号秩检验计算各个变量的 P 值，将 P 值小于 0.05 的变量筛选出来用于下一步的循环回归，直到变量 P 的值均小于或等于 0.05 时结束回归，同时得到基于分位数回归模型长鳍金枪鱼 CPUE 的最佳预测模型。

2.2.5 基于支持向量机的长鳍金枪鱼 CPUE 预测模型

支持向量机不同于以上两种模型，它采用的是二分法的思想，即所有的向量被划分为两类。由于库克群岛海域长鳍金枪鱼渔场为显著动态变化，而动态变化相关经验知识的不确定因素较多，所以本章采取了这种仅需要调整阈值的分类方法。它最显著的优点为在长鳍金枪鱼渔场先验知识不足的情况下，通过格网内环境因子与对应实测 CPUE 数据的导入，并在可控范围内选取足够训练样本后，可以智能选取与训练样本类似的其他数据向量。本章以经纬度（Lon_{ij}、Lat_{ij}）和对应的长鳍金枪鱼的实测 $CPUE_{SVMij}$、海表水温（$T0_{ij}$）、海面高度距平均值（H_{ij}）、初级生产力（P_{ij}）、150 m 水深水温（$T150_{ij}$）为一个 7 维向量，按作业天为单位导入 MATLAB 中，得到与训练样本相似度较高的向量，然后用选出的高相似度向量在 SPSS 中拟合出预测 CPUE 与海洋环境因子的曲线。拟合出的各因子之间的关系假设为

$$
CPUE_{SVMij} = \text{constant}_{ij} + a'_{ij}T0_{ij} + b'_{ij}H_{ij} + c'_{ij}P_{ij} + d'_{ij}T150_{ij} \quad (5-2-13)
$$

式中，constant_{ij}为常数项，其大小由支持向量机阈值决定。

将四类环境因子以作业天数为组导入 MATLAB 中并加载 libsvm 模块，选出所有符合训练样本要求的向量，拟合出预测 CPUE 曲线，通过谱系聚类分析（hierarchical cluster analysis，HCA）法，计算得出 CPUE 与每一个环境因子的相关系数，选出相关性最高的环境因子。用同样的方法将任意两类环境因子作为一个聚类导入，选出相关性较高的聚类环境因子。同样的方法对将任意三类环境因子处理，同样选出相关性较高的聚类环境因子。在最终的模型中选取 HCA 中绝对值大于 0.5 的两类环境因子，以此建立基于支持向量机的长鳍金枪鱼 CPUE 预测模型，用于拟合不同分区及整个海域长鳍金枪鱼的预测 CPUE。

谱系聚类分析法的表达式表示如下：

$$C_{ij} = \frac{\sum_{k=1}^{n} (x_{ki} - \overline{x_i})(x_{kj} - \overline{x_j})}{\sqrt{\sum_{k=1}^{n} (x_{ki} - \overline{x_i})^2 \sum_{k=1}^{n} (x_{kj} - \overline{x_j})^2}} \qquad (5-2-14)$$

式中 x_{ki}、x_{kj} 分别是聚类因子拟合出的预测 CPUE 值和该聚类因子的值，$\overline{x_i}$、$\overline{x_j}$ 为对应的预测 CPUE 值和该聚类因子的均值，n 为分区格网的个数。计算得出 CPUE 与其他几个指标间的相关系数。相关系数越接近 1 或-1 的，两个指标就越相似，关系就越密切。

本章所采用的支持向量机工具包 libsvm 源于台湾大学林智仁基于 MATLAB 的研究成果，版本为 V3.2.0[44]。

2.2.6 长鲳金枪鱼栖息地综合指数计算

根据上述基于广义相加模型、分位数回归模型及支持向量机建立的长鲳金枪鱼在各个分区和整个海域的 CPUE 预测模型，将海洋环境因子分别输入对应的 CPUE 预测模型中，得到长鲳金枪鱼基于三种模型的预测渔获率即 $CPUE_{GAMij}$、$CPUE_{QRMij}$、$CPUE_{SVMij}$，然后根据栖息地综合指数计算公式分别计算 IHI_{GAMij}、IHI_{QRMij}、IHI_{SVMij}。本章设定最大的 $CPUE_{\max}$ 为长鲳金枪鱼资源量最大的格网中的 CPUE，其栖息地综合指数设为 1；产量为 0 时，则设定为无长鲳金枪鱼资源分布的格网，其栖息地综合指数设为 0，则长鲳金枪鱼不同海域的栖息地综合指数 IHI_{ij} 计算公式如下：

$$IHI_{GAMij} = \frac{CPUE_{GAMij}}{CPUE_{GAM\max}} \qquad (5-2-15)$$

$$IHI_{QRMij} = \frac{CPUE_{QRMij}}{CPUE_{QRM\max}} \qquad (5-2-16)$$

$$IHI_{SVMij} = \frac{CPUE_{SVMij}}{CPUE_{SVM\max}} \qquad (5-2-17)$$

式 5－2－15～式 5－2－17 中，$CPUE_{GAM\max}$ 是 $CPUE_{GAMij}$ 中的最大值；$CPUE_{QRM\max}$ 是 $CPUE_{GAMij}$ 中的最大值；$CPUE_{SVM\max}$ 是 $CPUE_{SVMij}$ 中的最大值。

基于三种数值统计模型得到的长鲳金枪鱼在各分区及整个海域的栖息地综合指数：IHI_{GAMij}、IHI_{QRMij}、IHI_{SVMij}，使用 Marine Explorer 4.0 软件绘制长鲳金枪鱼栖息地综合指数分布图，并在图上叠加各海域相应的长鲳金枪鱼实测 CPUE 以作比较。

2.2.7 预测模型的评价及验证

本章通过经纬度中心点匹配，使用各分区及整个海域的栖息地综合指数（IHI）及与其相对应的实测 CPUE 间的 Pearson 相关系数来评价模型的预测能力，进而确定影响库克群岛海域长鲳金枪鱼渔场分布的关键海洋环境因子。

在模型验证的过程中，本章使用构建预测 CPUE 模型的下一个自然月（2014 年 5 月）20 个验证站点的海洋环境数据，导入预测模型中，计算出该 20 个验证站点的预测 CPUE，与实际的

CPUE进行比对，分别检验三种模型所得的预测CPUE与对应的实测CPUE之间的关系，作Wilcoxon符号秩检验来判定两者是否存在显著相关性。同时，使用适应度函数$F(a)$来检测预报模型的误差，规定$F(a)$值越小则对应的预报模型越佳，具体计算公式如下[34,45~46]：

$$F(a)_{GAM}=\frac{\sqrt{\sum_{i=1}^{n}(CPUE_{GAMij}-CPUE_{ij})^2}}{n} \quad (5-2-18)$$

$$F(a)_{QRM}=\frac{\sqrt{\sum_{i=1}^{n}(CPUE_{QRMij}-CPUE_{ij})^2}}{n} \quad (5-2-19)$$

$$F(a)_{SVM}=\frac{\sqrt{\sum_{i=1}^{n}(CPUE_{SVMij}-CPUE_{ij})^2}}{n} \quad (5-2-20)$$

式5-2-18~式5-2-20中，$CPUE_{ij}$是与不同模型预测CPUE对应的实测CPUE，n为验证数据数量。

最后，分别计算出基于三种模型的长鳍金枪鱼验证站点各分区的栖息地综合指数，并对对应范围内的实测CPUE进行比对，使用Marine Explorer 4.0软件绘制其分布图。该20个验证站点的分布见图5-2-1。

3　结　　果

3.1　各分区长鳍金枪鱼实测CPUE及对应的海洋环境因子

3.1.1　实测CPUE计算结果

由于实测渔获与对应作业天的海洋环境因子部分不匹配，本章选取了2014年4月份11艘作业渔船23天的数据作为建模数据。建模所用到的长鳍金枪鱼渔获总计3 449尾，钓钩数量为20.9万枚，投影到0.2°×0.2°经纬度格网总计204个。各分区渔获尾数、总钓钩数和CPUE平均值见表5-3-1。

表5-3-1　2014年4月各分区及整个海域内长鳍金枪鱼渔获尾数、总钓钩数和CPUE平均值

分　区	范　围	渔获尾数/尾	总钓钩数/（千枚）	CPUE平均值/（尾/千钩）
分区1	10°S~16°S、170°W~163.5°W	93	8.7	10.7
分区2	10°S~16°S、163.5°W~159.5°W	1 095	74.5	14.7
分区3	10°S~16°S、159.5°W~155°W	2 261	126.3	17.9
整个海域	10°S~16°S、155°W~170°W	3 449	209.4	16.5

3.1.2 海洋环境因子计算结果

以 2014 年 2 月 23 日海表水温为例进行空间插值计算得出结果如图 5 - 3 - 1。同样的计算方法可应用于海面高度距平均值、150 m 水深水温的插值计算。

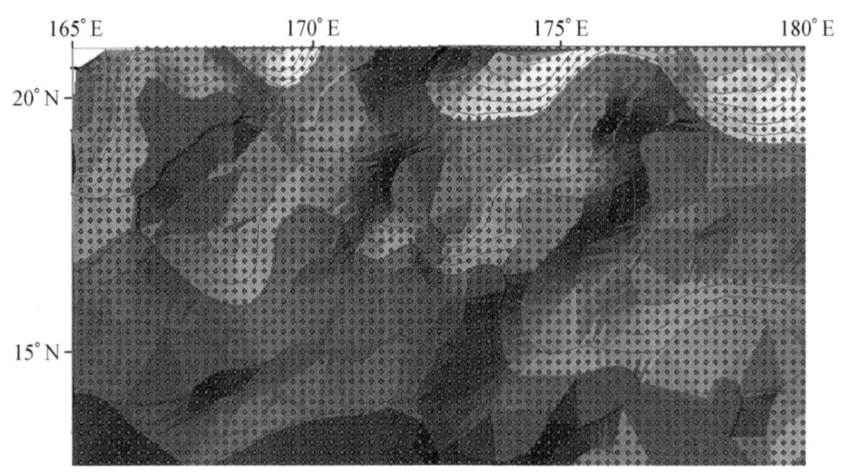

图 5 - 3 - 1 2014 年 2 月 23 日海表水温的插值结果

（图中圆点为 0.2°×0.2°的空间格网的中心点）

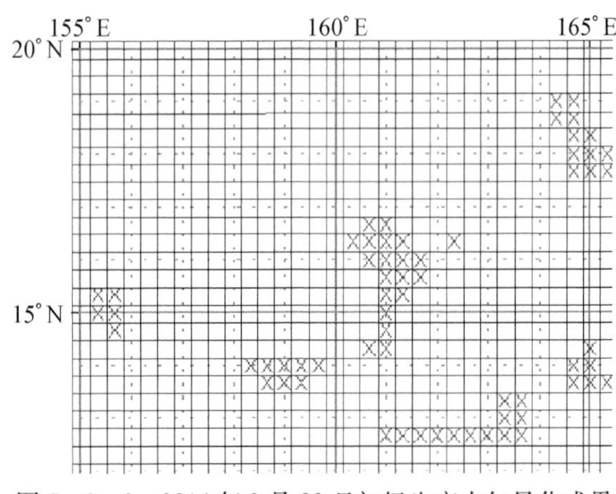

图 5 - 3 - 2 2014 年 2 月 23 日初级生产力矢量化成果

初级生产力数据的处理方法是将原图采样至 0.2°×0.2°的空间格网中，结果如图 5 - 3 - 2，其中空白区域代表初级生产力率较低，该格网初级生产力值记为 1 $mgC/m^2/d$（每天每平方米海表固碳量为 1 mg），格网内有“×”标记的为初级生产力率水平一般，记为 1.5，格网内有“○”标记的为初级生产力率较高，记为 2。

将结果导入数据库中，数据库中包括中心点的经纬度信息、海表水温（*SST*）、海面高度距平均值（*SSH*）、初级生产力（*PLA*）、150 m 水深水温（*T*150）。

3.2 基于广义相加模型的 CPUE 预测模型及栖息地综合指数

3.2.1 渔获率 $CPUE_{GAMij}$

通过广义相加模型对各个分区格网内长鳍金枪鱼的渔获率与相关环境因子值进行回归，得出不同分区长鳍金枪鱼 CPUE 预测模型，各分区模型的具体表达式如下：

$$\widehat{CPUE_{1GAMij}} = \exp[-0.393 + S(H_{ij})] - 15.37(R^2 = 0.51) \quad (5-3-1)$$

式中为分区 1 长鳍金枪鱼 CPUE 预测模型，广义交叉核实分数(GCV score)为 1.85；H 的 P 值为 0.026；intercept 的值为 0.34，其 P 值为 0.02。

$$\widehat{CPUE_{2GAMij}} = \exp[-1.465 + S(H_{ij}) + S(T150_{ij})] - 16.22 (R^2 = 0.46) \quad (5-3-2)$$

式中为分区 2 长鳍金枪鱼 CPUE 预测模型，广义交叉核实分数(GCV score)为 62.19；H 的 P 值为 0.035；$T150$ 的 P 值为 0.031，intercept 的值为 1.26，其 P 值为 0.014。

$$\widehat{CPUE_{3GAMij}} = \exp[-0.405 + S(H_{ij}) + S(T0_{ij})] - 15.31, (R^2 = 0.68) \quad (5-3-3)$$

式中为分区 3 长鳍金枪鱼 CPUE 预测模型，广义交叉核实分数(GCV score)为 33.51；H 的 P 值为 0.029；$T0$ 的 P 值为 0.030；intercept 的值为 1.58，其 P 值为 0.009。

$$\widehat{CPUE_{TGAMij}} = \exp[-0.492 + S(H_{ij}) + S(T150_{ij}) + S(T0_{ij})] - 11.49 (R^2 = 0.62) \quad (5-3-4)$$

式中为整个海域长鳍金枪鱼 CPUE 预测模型，广义交叉核实分数(GCV score)为 21.45；H 的 P 值为 0.026；$T150$ 的 P 值为 0.013；$T0$ 的 P 值为 0.028；intercept 的值为 1. 05，其 P 值为 0.007。

由式 5－3－1～式 5－3－4 可知，在分区 1 海域范围内，由海面高度距平均值单因子构成的 CPUE 预测模型是描述该分区长鳍金枪鱼 CPUE 和相关环境因子间关系的最佳模型，即分区 1 预测 CPUE 可表述为以海面高度距平均值为主自变量的非线性拟合函数；在分区 2 海域范围内，由海面高度距平均值和 150 m 水深水温组成的 CPUE 预测模型是描述该分区长鳍金枪鱼 CPUE 和相关环境因子间关系的最佳模型，即分区 2 预测 CPUE 可表述为以海面高度距平均值和 150 m 水深水温为主自变量的非线性拟合函数；在分区 3 海域范围内，由海面高度距平均值和海表水温组成的 CPUE 预测模型是描述该分区长鳍金枪鱼 CPUE 和相关环境因子间关系的最佳模型，即分区 3 预测 CPUE 可表述为以海面高度距平均值和海表水温为主自变量的非线性拟合函数；在整个海域内，由海面高度距平均值、150 m 水深水温和海表水温组成的 CPUE 预测模型是描述长鳍金枪鱼 CPUE 和相关环境因子间关系的最佳模型，即整个海域内的预测 CPUE 可表述为以海面高度距平均值、150 m 水深水温和海表水温为主自变量的非线性拟合函数。

3.2.2 栖息地综合指数 IHI_{GAMij}

基于广义相加模型的长鳍金枪鱼 CPUE 模型构建完成，将所得的预测 CPUE 用于计算各分区的长鳍金枪鱼栖息地综合指数，绘制栖息地综合指数分布与实测 CPUE 叠加图，见图 5－3－3。

根据图 5－3－3，在分区 1 海域范围内，长鳍金枪鱼栖息地综合指数较高的海域主要分布在 10°00′S～11°00′S、164°00′W～165°00′W；在分区 2 海域范围内，长鳍金枪鱼栖息地综合指数较高的海域主要分布在 10°00′S～11°00′S、159°30′W～163°30′W 和 12°00′S～13°00′S、160°45′W～161°30′W；在分区 3 海域范围内，长鳍金枪鱼栖息地综合指数较高的海域主要分布在 10°00′S～11°00′S、157°30′W～158°30′W 和 11°00′S～12°30′S、158°00′W～159°00′W；在

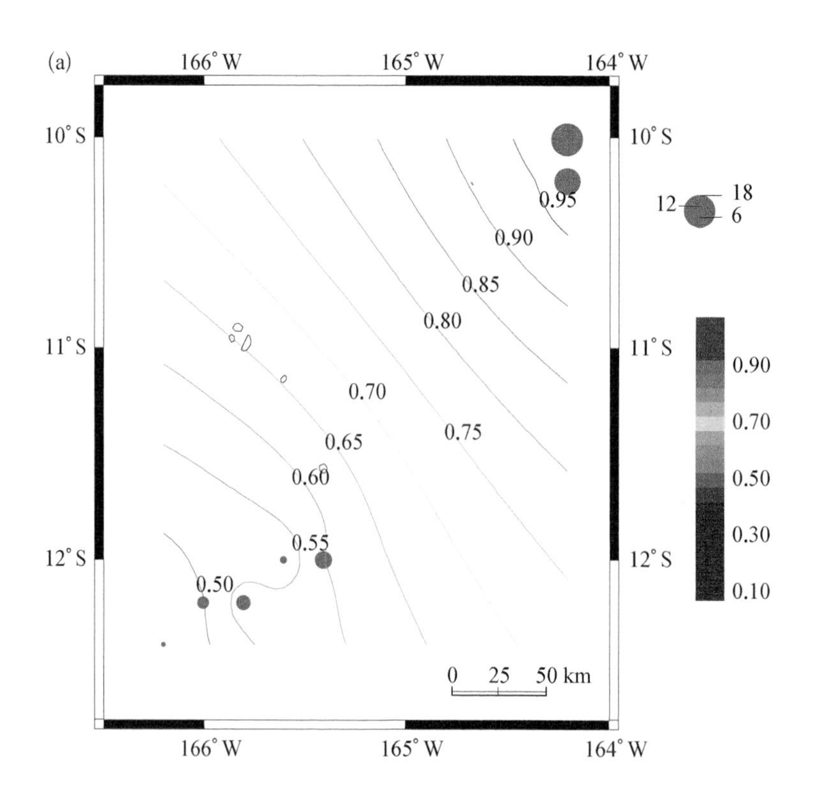
(a)
166° W
165° W
164° W
10° S
11° S
12° S
0.95
0.90
0.85
0.80
0.75
0.70
0.65
0.60
0.55
0.50
12
18
6
0.90
0.70
0.50
0.30
0.10
0 25 50 km

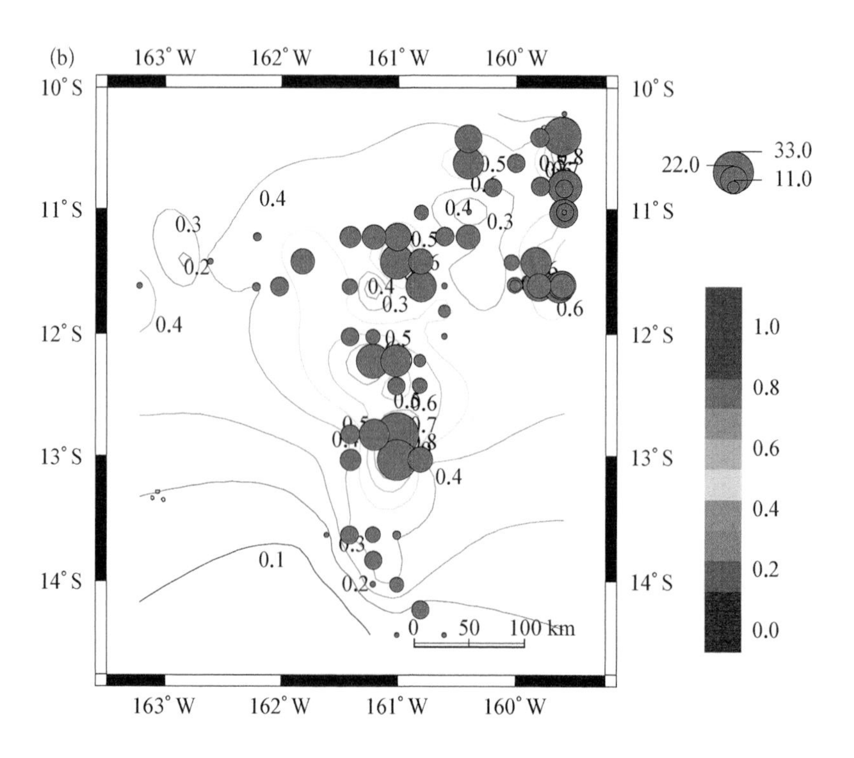
(b)
163° W
162° W
161° W
160° W
10° S
11° S
12° S
13° S
14° S
22.0
33.0
11.0
1.0
0.8
0.6
0.4
0.2
0.0
0 50 100 km

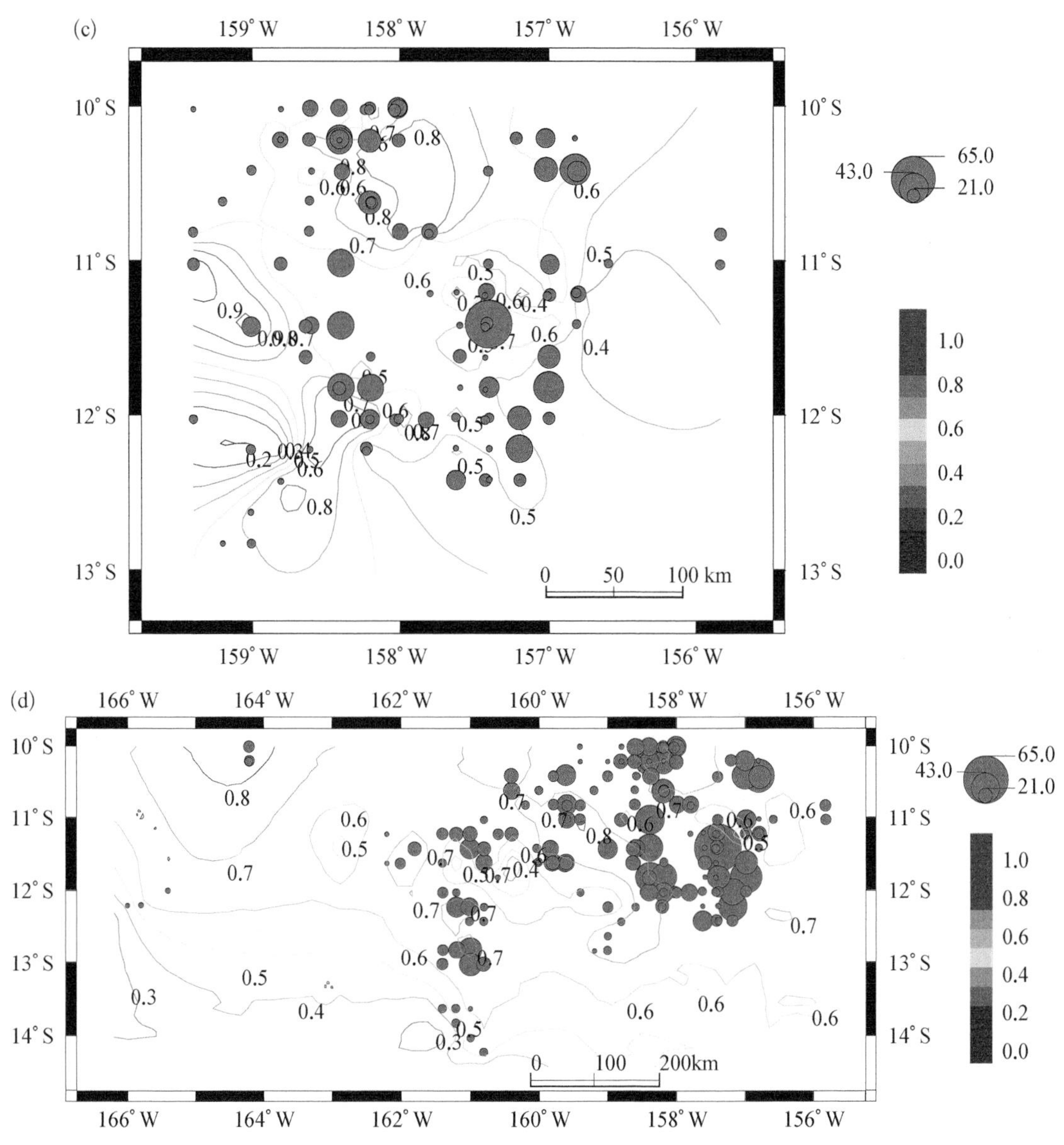

图 5－3－3　基于广义相加模型的各分区长鳍金枪鱼 IHI_{GAMij} 分布与实测 CPUE 叠加图

a：分区 1；b：分区 2；c：分区 3；d：整个海域

整个海域范围内，长鳍金枪鱼栖息地综合指数较高的海域主要分布在 10°00′S～12°30′S、157°00′W～159°30′W。同时，基于广义相加模型建立的长鳍金枪鱼栖息地综合指数模型在分区 1 和分区 2 与实测 CPUE 重合度较高。

3.3　基于分位数回归模型的 CPUE 预测模型及栖息地综合指数

3.3.1　渔获率 $CPUE_{QRMij}$

通过分位数回归模型对各个分区站点内长鳍金枪鱼的渔获率与相关环境因子值及其交

互项进行回归,得出不同分区长鳍金枪鱼 CPUE 预测模型,各分区模型的具体表达式如下:

$$\widehat{CPUE_{1QRMij}} = -0.363 + 0.178T0_{ij} + 0.216P_{ij} - 0.004H_{ij} + 0.004T150_{ij} + 0.004T0_{ij}H_{ij} + 0.013T0_{ij}T150_{ij} + 0.005H_{ij}T150_{ij} \quad (5-3-5)$$

式中为 $\theta=0.85$ 时分区 1 长鳍金枪鱼 CPUE 预测模型,其中 $T0$ 的 P 值为 0.034;P 的 P 值为 0.042;H 的 P 值为 0.026;$T150$ 的 P 值为 0.036;$T0H$ 的 P 值为 0.014;$T0T150$ 的 P 值为 0.036;$HT150$ 的 P 值为0.017。

$$\widehat{CPUE_{2QRMij}} = 0.675 + 0.042T0_{ij} + 0.009P_{ij} - 0.13H_{ij} - 0.03T150_{ij} + 0.052P_{ij}T150_{ij} + 0.004H_{ij}T150_{ij} \quad (5-3-6)$$

式中为 $\theta=0.70$ 时分区 2 长鳍金枪鱼 CPUE 预测模型,其中 $T0$ 的 P 值为 0.021;P 的 P 值为 0.042;H 的 P 值为 0.002;$T150$ 的 P 值为 0.033;$PT150$ 的 P 值为 0.031;$HT150$ 的 P 值为 0.009。

$$\widehat{CPUE_{3QRMij}} = -0.633 + 0.02T0_{ij} + 0.109H_{ij} + 0.021P_{ij} + 0.027T150_{ij} - 0.001P_{ij}H_{ij} - 0.007T0_{ij}T150_{ij} \quad (5-3-7)$$

式中为 $\theta=0.65$ 时分区 3 长鳍金枪鱼 CPUE 预测模型,其中 $T0$ 的 P 值为 0.029;H 的 P 值为 0.010;P 的 P 值为 0.046;$T150$ 的 P 值为 0.033;PH 的 P 值为 0.029;$HT150$ 的 P 值为 0.004。

$$\widehat{CPUE_{TQRMij}} = -0.572 - 0.233T0_{ij} + 0.287H_{ij} + 0.259T150_{ij} - 0.104P_{ij} + 0.271\,7P_{ij}T150_{ij} + 0.011T0_{ij}T150_{ij} - 0.018H_{ij}T150_{ij} \quad (5-3-8)$$

式中为 $\theta=0.60$ 时整个海域长鳍金枪鱼 CPUE 预测模型,其中 $T0$ 的 P 值为 0.007;H 的 P 值为 0.011;$T150$ 的 P 值为 0.024;P 的 P 值为 0.027;$PT150$ 的 P 值为 0.039;$T0T150$ 的 P 值为 0.019;$HT150$ 的 P 值为 0.003。

由式 5-3-5~式 5-3-8 可知,在分区 1 海域范围内,由海表水温、初级生产力、海表水温海面高度距平均值交互项、海表水温 150 m 水深水温交互项、海面高度距平均值 150 m 水深水温交互项构成的 CPUE 预测模型是描述该分区长鳍金枪鱼 CPUE 和相关环境因子间关系的最佳模型;在分区 2 海域范围内,由海表水温、海面高度距平均值、150 m 水深水温、初级生产力 150 m 水深水温交互项、海面高度距平均值 150 m 水深水温交互项构成的 CPUE 预测模型是描述该分区长鳍金枪鱼 CPUE 和相关环境因子间关系的最佳模型;在分区 3 海域范围内,由海表水温、海面高度距平均值、150 m 水深水温、初级生产力海面高度距平均值交互项、海表水温 150 m 水深水温交互项构成的 CPUE 预测模型是描述该分区长鳍金枪鱼 CPUE 和相关环境因子间关系的最佳模型;在整个海域内,由海表水温、海面高度距平均值、150 m 水深水温、初级生产力 150 m 水深水温交互项、海表水温 150 m 水深水温交互项、海面高度距平均值 150 m 水深水温交互项构成的 CPUE 预测模型是描述该分区长鳍金枪鱼 CPUE 和相关环境因子间关系的最佳模型。

3.3.2　栖息地综合指数 IHI_{QRMij}

基于分位数回归模型的长鳍金枪鱼 CPUE 模型构建完成，将所得的预测 CPUE 用于计算各分区的长鳍金枪鱼栖息地综合指数，绘制栖息地综合指数分布与实测 CPUE 叠加图（图 5－3－4）。

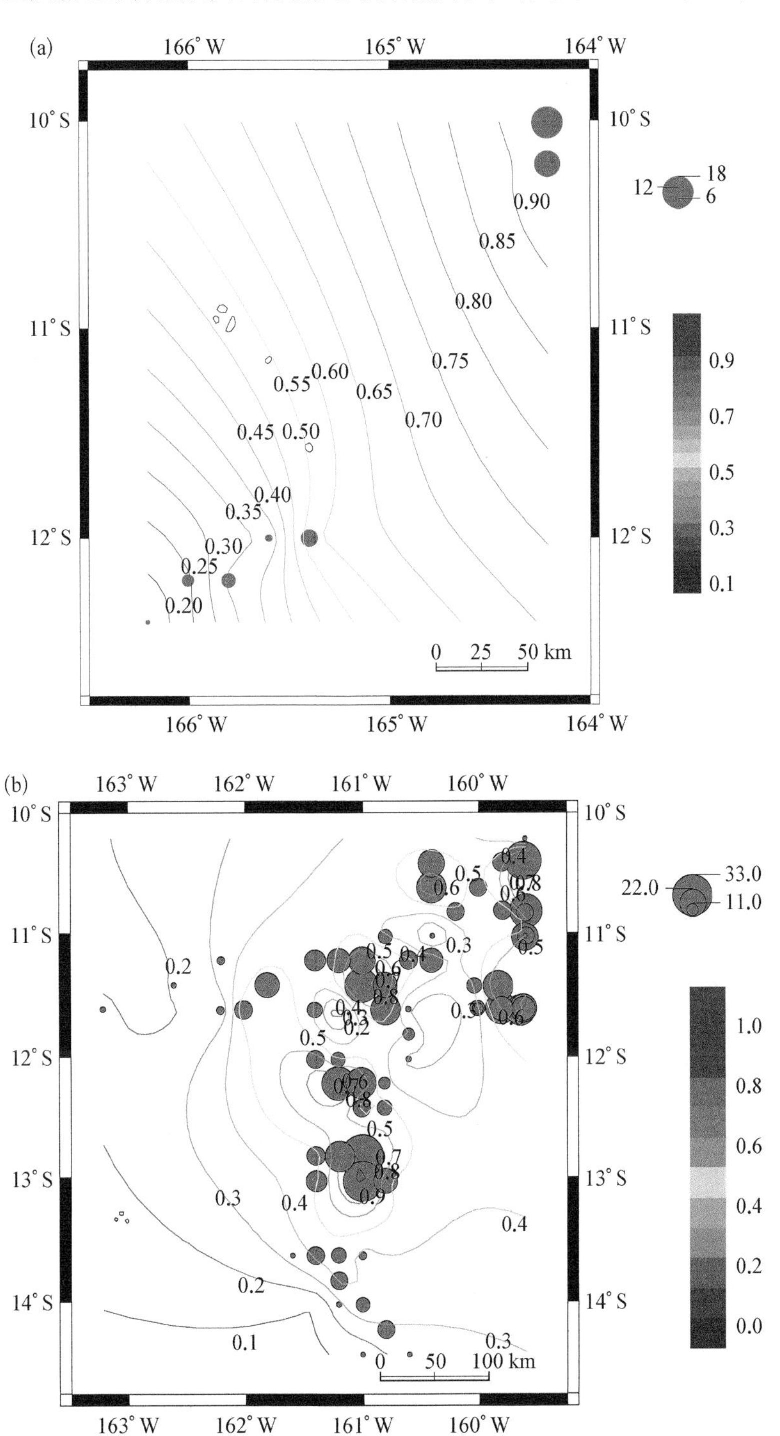

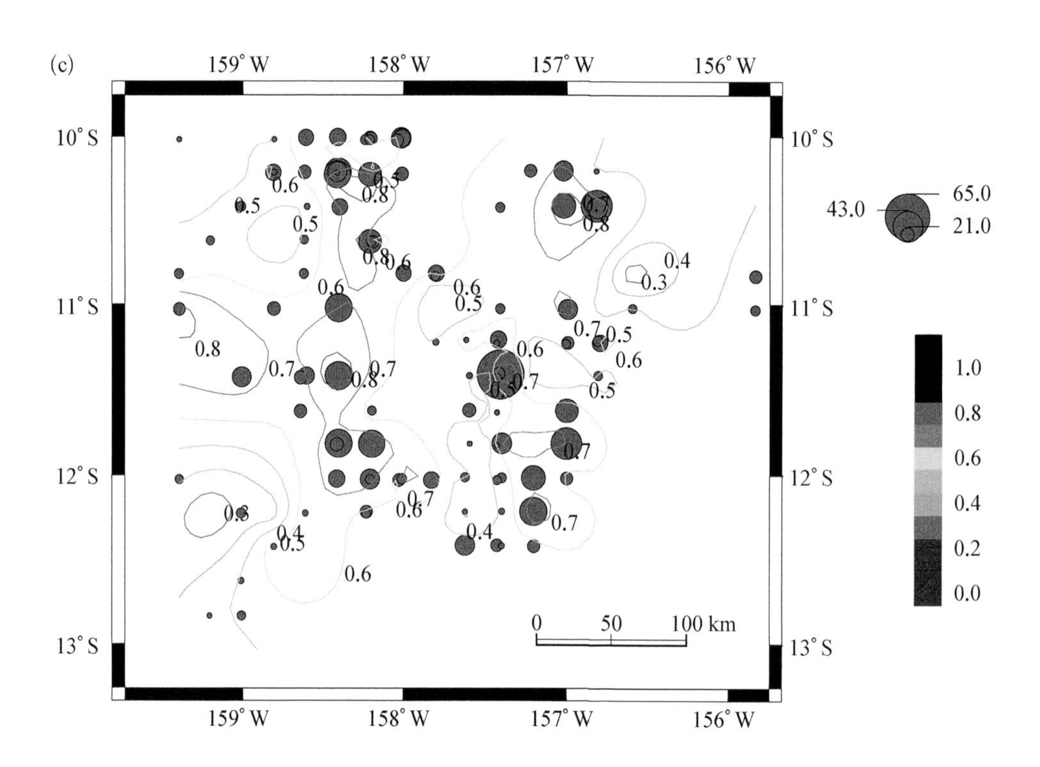

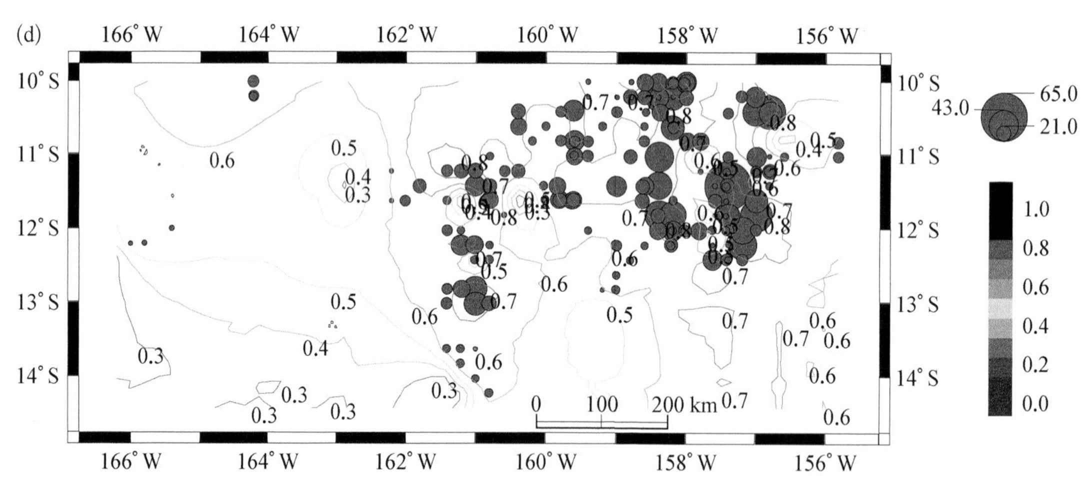

图 5－3－4　基于分位数回归模型的各分区长鲭金枪鱼 IHI_{QRMij}分布与实测 CPUE 叠加图

a：分区 1；b：分区 2；c：分区 3；d：整个海域

根据图 5－3－4，在分区 1 海域范围内，长鲭金枪鱼栖息地综合指数较高的海域主要分布在 10°00′S～11°30′S、164°00′W～165°00′W；在分区 2 海域范围内，长鲭金枪鱼栖息地综合指数较高的海域主要分布在 10°30′S～11°30′S、159°30′W～160°00′W 和 12°00′S～13°30′S、160°45′W～161°30′W；在分区 3 海域范围内，长鲭金枪鱼栖息地综合指数较高的海域主要分布在 10°00′S～11°00′S、157°00′W～158°30′W 和 11°00′S～12°00′S、158°00′W～159°30′W；在整个海域范围内，长鲭金枪鱼栖息地综合指数较高的海域主要分布在 10°00′S～12°30′S、

156°30′W~159°30′W。同时,基于分位数回归模型建立的长鳍金枪鱼栖息地综合指数模型在分区 2 和整个海域范围与实测 CPUE 重合度较高。

3.4 基于支持向量机的 CPUE 预测模型及栖息地综合指数

3.4.1 渔获率 $CPUE_{SVMij}$

通过支持向量机对各个分区站点内长鳍金枪鱼的渔获率与相关环境因子值选取(本章认为 C_{ij}绝对值大于 0.5 的环境因子相关性较高),得出不同分区长鳍金枪鱼 CPUE 预测模型,各分区模型的具体表达式如下:

$$\widehat{CPUE_{1SVMij}} = -0.91 + 0.093T0_{ij} - 0.022H_{ij} \quad (5-3-9)$$

式 5-3-9 为分区 1 长鳍金枪鱼 CPUE 预测模型,其中海面高度距平均值的 C_{ij}值为 0.89;海表水温的 C_{ij}值为 0.67。

$$\widehat{CPUE_{2SVMij}} = -1.196 - 0.032T0_{ij} + 0.065H_{ij} + 0.003T150_{ij} \quad (5-3-10)$$

式 5-3-10 为分区 2 长鳍金枪鱼 CPUE 预测模型,其中海面高度距平均值的 C_{ij}值为 0.79;海表水温的 C_{ij}值为 0.61;150 m 水深水温的 C_{ij}值为 0.55。

$$\widehat{CPUE_{3SVMij}} = -2.781 - 0.018T0_{ij} + 0.102H_{ij} \quad (5-3-11)$$

式 5-3-11 为分区 3 长鳍金枪鱼 CPUE 预测模型,其中海面高度距平均值的 C_{ij}值为 0.86;海表水温的 C_{ij}值为 0.73。

$$\widehat{CPUE_{TSVMij}} = -1.872 - 0.021T0_{ij} + 0.07H_{ij} \quad (5-3-12)$$

式 5-3-12 为整个海域长鳍金枪鱼 CPUE 预测模型,其中海面高度距平均值的 C_{ij}值为 0.89;海表水温的 C_{ij}值为 0.78。

由式 5-3-9~式 5-3-12 可知,在分区 1 海域范围内,由海面高度距平均值和海表水温组成的 CPUE 预测模型是描述该分区长鳍金枪鱼 CPUE 和相关环境因子间关系的最佳模型;在分区 2 海域范围内,由海面高度距平均值、海表水温和 150 m 水深水温组成的 CPUE 预测模型是描述该分区长鳍金枪鱼 CPUE 和相关环境因子间关系的最佳模型;在分区 3 海域范围内,由海面高度距平均值和海表水温组成的 CPUE 预测模型是描述该分区长鳍金枪鱼 CPUE 和相关环境因子间关系的最佳模型;在整个海域内,由海面高度距平均值和海表水温组成的 CPUE 预测模型是描述长鳍金枪鱼 CPUE 和相关环境因子间关系的最佳模型。

3.4.2 栖息地综合指数 IHI_{SVMij}

基于 SVM 回归模型的长鳍金枪鱼 CPUE 模型构建完成,将所得的预测 CPUE 用于计算各分区的长鳍金枪鱼栖息地综合指数,绘制栖息地综合指数分布与实测 CPUE 叠加图(图 5-3-5)。

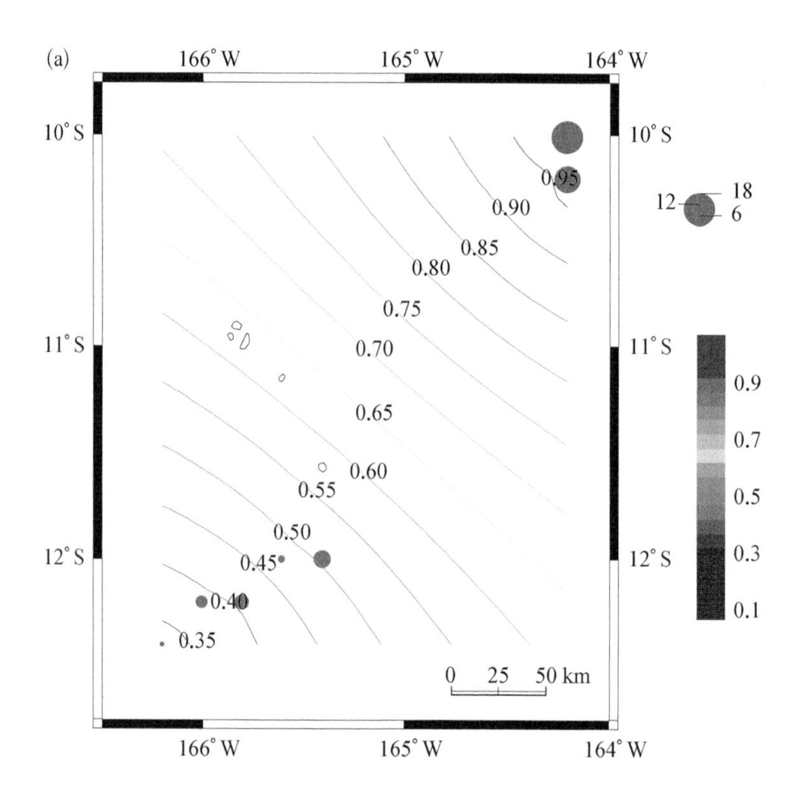
(a)
166° W
165° W
164° W
10° S
11° S
12° S
0.95
0.90
0.85
0.80
0.75
0.70
0.65
0.60
0.55
0.50
0.45
0.40
0.35
0 25 50 km
12
18
6
0.9
0.7
0.5
0.3
0.1

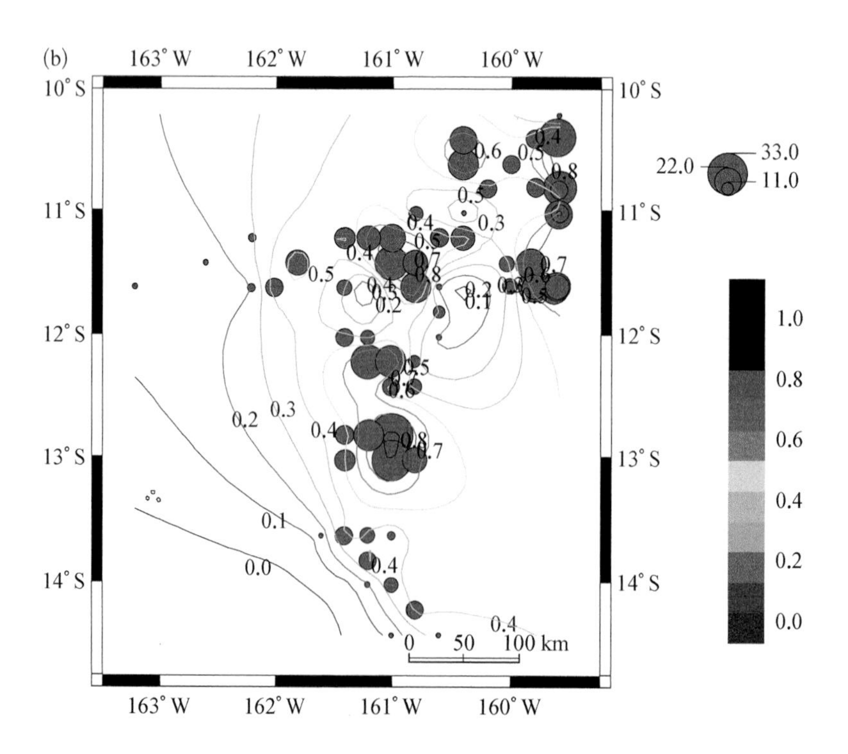
(b)
163° W
162° W
161° W
160° W
10° S
11° S
12° S
13° S
14° S
22.0
33.0
11.0
1.0
0.8
0.6
0.4
0.2
0.0
0 50 100 km

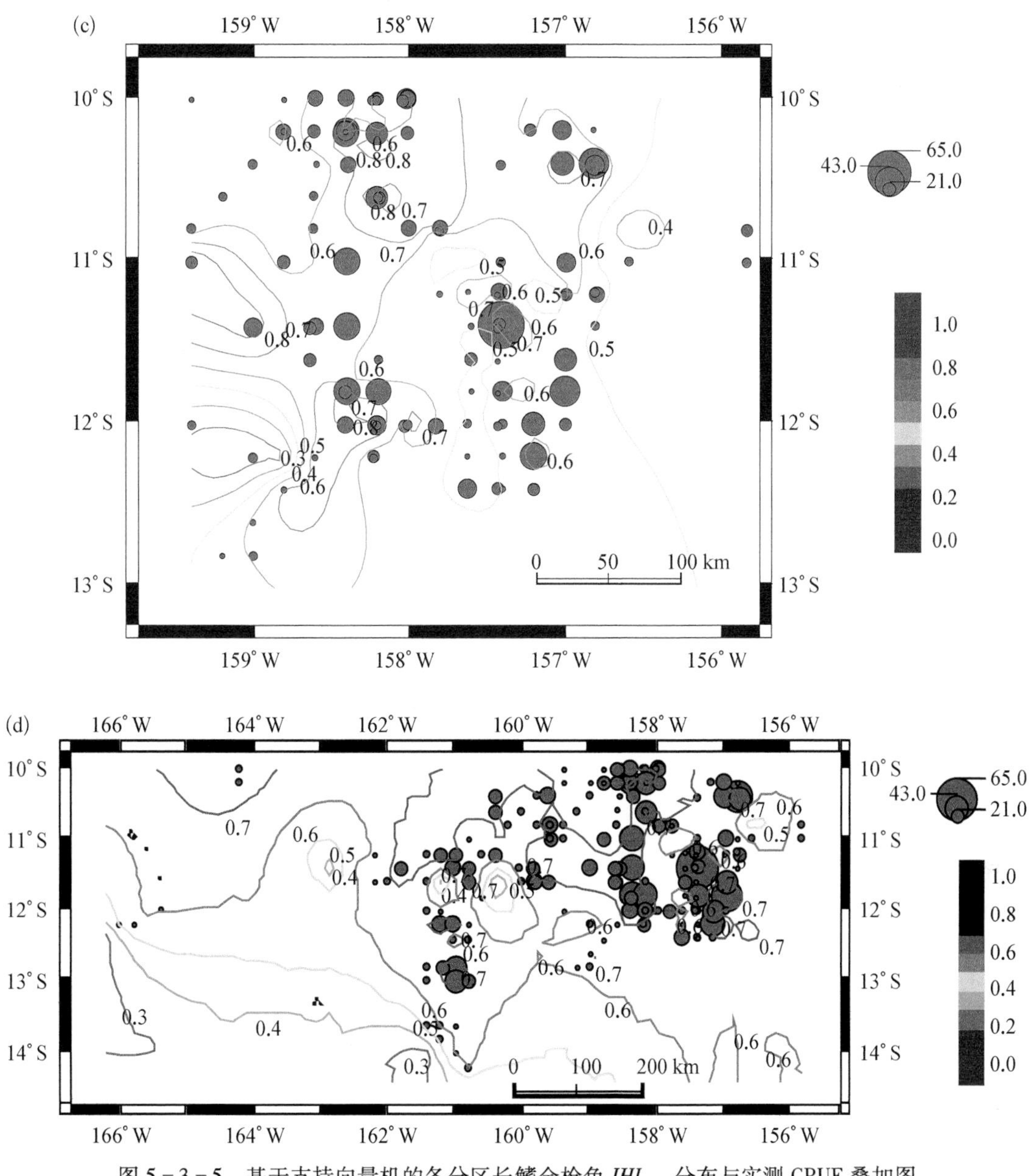

图 5-3-5 基于支持向量机的各分区长鳍金枪鱼 IHI_{SVMij}分布与实测 CPUE 叠加图

a: 分区 1;b: 分区 2;c: 分区 3;d: 整个海域

根据图 5-3-5,在分区 1 海域范围内,长鳍金枪鱼栖息地综合指数较高的海域主要分布在 10°00′S~11°00′S、164°00′W~165°00′W;在分区 2 海域范围内,长鳍金枪鱼栖息地综合指数较高的海域主要分布在 10°30′S~11°30′S、159°30′W~160°00′W 和 12°00′S~13°30′S、161°00′W~161°30′W;在分区 3 海域范围内,长鳍金枪鱼栖息地综合指数较高的海域主要分布在 10°00′S~11°00′S、157°00′W~159°00′W 和 11°00′S~12°00′S、158°00′W~159°30′W;在整个海域范围内,长鳍金枪鱼栖息地综合指数较高的海域主要分布在 10°30′S~12°30′S、157°00′W~159°00′W。同时,基于支持向量机建立的长鳍金枪鱼栖息地综合指数模型在分区 2、分区 3 和整个海域范围与实测 CPUE 重合度均较高。

3.5 三种预测模型预测能力的评价

本章研究采用 Pearson 系数准则依次分析各分区的栖息地综合指数与其对应的长鳍金枪鱼的实测 CPUE 之间的关系，检验标准设定为：小于 0.4 时为差；0.4~0.49 为中；0.5~0.69 为良；大于 0.7 为优。并基于这种标准评价三种数值模型预测长鳍金枪鱼 CPUE 分布的能力。

由表 5-3-2 可得出，广义相加模型所得长鳍金枪鱼栖息地综合指数与其对应实测 CPUE 之间的 Pearson 相关系数除了分区 1 较高，为 0.79，其他各分区，包括整个海域的 Pearson 相关系数均比较低，Pearson 相关系数均值为 0.41。分位数回归模型所得长鳍金枪鱼栖息地综合指数与对应实测 CPUE 之间的 Pearson 相关系数均较高，其中分区 2 的 Pearson 相关系数为三种模型中最高值 0.38，且 Pearson 相关系数均值也为最高值，为 0.45。而基于支持向量机所得模型在分区 3 的 Pearson 相关系数为 0.27，为三种模型中相对较高值。而对于整个海域，即在样本数量足够多的情况下，三种预测模型与长鳍金枪鱼栖息地综合指数 Pearson 相关系数差异不大，且基于分位数回归模型构建的预测模型与长鳍金枪鱼栖息地综合指数 Pearson 相关系数相对较高。

表 5-3-2 各分区预测的 IHI 与实测 CPUE 间的 Pearson 相关系数

水层/m	广义相加模型	分位数回归模型	支持向量机
分区 1	0.79	0.69	0.64
分区 2	0.3	0.38	0.32
分区 3	0.26	0.26	0.27
整个海域	0.28	0.31	0.29
Pearson 相关系数均值	0.41	0.45	0.40

本研究通过 Wilcoxon 符号秩检验方法检验三种模型所得预测 CPUE 与实测 CPUE 之间是否存在相关性。由表 5-3-3 中可看出，对于不同的分区，三种模型所得的预测 CPUE 与实测 CPUE 之间的相关性有所差别。其中广义相加模型所得的预测 $CPUE_{GAM}$与长鳍金枪鱼实测 CPUE 在各个分区及整个水域均存在相关性，但在分区 3 不为显著相关；而分位数回归模型所得的预测 $CPUE_{QRM}$则在各个分区及整个水域与长鳍金枪鱼的实测 CPUE 之间存在显著相关性；支持向量机所得预测模型 $CPUE_{SVM}$与长鳍金枪鱼的实测 CPUE 之间存在显著相关性，但相对于分位数回归要低。通过以上分析可看出，在预测整个海域长鳍金枪鱼 CPUE 的能力方面，分位数回归模型最为有效，支持向量机模型其次，广义相加模型的预测能力则较弱。

表 5-3-3 实测 CPUE 与各模型预测 CPUE 的 Wilcoxon 符号秩检验结果

比对内容	分区 1	分区 2	分区 3	整个水域
$CPUE_{GAM}$与实测 CPUE	0.037	0.046	0.052	0.049
$CPUE_{QRM}$与实测 CPUE	0.021	0.017	0.015	0.017
$CPUE_{SVM}$与实测 CPUE	0.001	0.045	0.039	0.041

通过图 5－3－6 可知,在各分区及整个海域范围内从栖息地综合指数平均值角度考虑,基于三种数值模型所得的各分区长鳍金枪鱼栖息地综合指数的算术平均值的趋势基本相同,整个海域范围取平均值后更加接近,即样本数量足够多时三种建模方法结果会更加接近。其中,在分区 1 海域范围内,基于广义相加模型所得预测结果与实测 CPUE 最为接近;在分区 2 海域范围内,基于分位数回归模型所得预测结果与实测 CPUE 最为接近;在分区 3 海域范围内,基于支持向量机所得预测结果与实测 CPUE 最为接近。另外,基于支持向量机所得预测结果的趋势与长鳍金枪鱼实测 CPUE 趋势最为接近,基于分位数回归模型所得预测结果在整个海域范围内与实测 CPUE 最为接近。

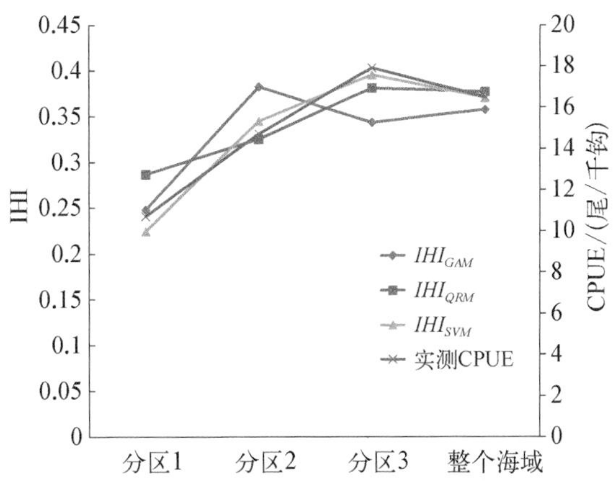

图 5－3－6 各分区及整个海域 IHI 算术平均值与实测 CPUE 平均值的比较

3.6 三种预测模型的验证

本章使用了 2014 年 4 月份 204 个建模格网数据,基于三种数值模型建立了长鳍金枪鱼 CPUE 预测模型,将未纳入建模的 2014 年 5 月 20 个格网数据用于三种模型的验证。其中,3 个格网位于分区 1 海域范围内,8 个格网位于分区 2 海域范围内,9 个格网位于分区 3 海域范围内。具体方法为,将这些 5 月份验证格网的海洋环境因子数据分别输入到对应的三种 CPUE 预测模型中,并得出这些格网的预测 CPUE,然后与这 20 个格网范围内对应的实测 CPUE 作 Wilcoxon 符号秩检验,检验两者是否存在显著性差异,结果如表 5－3－4。

表 5－3－4 实测 CPUE 与各模型预测 CPUE 的 Wilcoxon 符号秩检验结果

比 对 内 容	分区 1	分区 2	分区 3	整个水域
$CPUE_{GAM}$与实测 CPUE	0.032	0.057	0.039	0.043
$CPUE_{QRM}$与实测 CPUE	0.039	0.023	0.027	0.026
$CPUE_{SVM}$与实测 CPUE	0.67	0.020	0.027	0.028

从表 5－3－4 可得：在分区 1 海域范围内,通过支持向量机所得的预测 CPUE 与长鳍金枪鱼的实测 CPUE 之间无显著相关性($P=0.67$),通过广义相加模型和分位数回归模型得到的预测 CPUE 与相应的实测 CPUE 之间存在显著相关性($P<0.05$)。因此,可以判断在分区 1 海域范围内,由广义相加模型和分位数回归模型所得的长鳍金枪鱼栖息地综合指数具有统计学意义。在分区 2 海域范围内,通过广义相加模型所得的预测 CPUE 与长鳍金枪鱼的实测 CPUE 之间无显著相关性($P=0.057$),通过分位数回归模型和支持向量机得到的预测 CPUE 与相应的实测 CPUE 之间存在显著相关性($P<0.05$)。因此,可以判断在分区 2 海域范围内,由广义相加模型和分位数回归模型所得的长鳍金枪鱼栖息地综合指数具有统计学

意义。在分区3海域范围内,三种模型得到的预测CPUE与相应的实测CPUE之间存在显著相关性($P<0.05$)。因此,可以判断在分区3海域范围内,三种模型所得的长鳍金枪鱼栖息地综合指数均具有统计学意义。在整个海域范围内,三种模型得到的预测CPUE与相应的实测CPUE之间存在显著相关性($P<0.05$)。由于分位数回归模型的P值最小,因此,可以判断在整个海域范围内,三种模型所得的长鳍金枪鱼栖息地综合指数均具有统计学意义且分位数回归模型的预测能力最佳。

本章使用了2014年5月20个格网数据用于三种模型的验证,并使用适应度函数$F(a)$来检测预报模型的误差。具体方法为,将验证格网的三种预测CPUE与对应的实测CPUE作适应度函数检验,结果如表5-3-5。

表5-3-5 实测CPUE与各模型预测CPUE的适应度函数$F(a)$检验结果

比对内容	分区1	分区2	分区3	整个水域
$F(a)_{GAM}$	0.029	0.049	0.019	0.031
$F(a)_{QRM}$	0.033	0.017	0.015	0.019
$F(a)_{SVM}$	0.059	0.016	0.013	0.024

从表5-3-5可得:在分区1海域范围内,由广义相加模型和分位数回归模型所得的长鳍金枪鱼预测CPUE与实测CPUE较为接近。在分区2海域范围内,通过分位数回归模型和支持向量机得到的预测CPUE与实测CPUE较为接近。在分区3海域范围内,三种模型得到的预测CPUE与实测CPUE均较为接近。在整个海域范围内,通过分位数回归模型得到的预测CPUE与实测CPUE最为接近。因此,可以判断在整个海域范围内,分位数回归模型的预测能力最佳。

从以上结果可得出,适应度函数$F(a)$与Wilcoxon符号秩检验结果较为接近。对于广义相加模型,分区2可能存在失拟误差,其余分区存在的误差主要为随机误差;对于分位数回归模型,各分区与整个水域误差均较小,即存在的误差主要为随机误差;而基于支持向量机的模型在分区1可能存在失拟误差,而其余分区存在的误差主要为随机误差。即基于分位数回归的预测模型的预测CPUE与实测CPUE误差为三种模型中最小且以随机误差为主要误差。

图5-3-7是3个验证格网数据在分区1海域范围内基于通过三种数值模型所得的长鳍金枪鱼栖息地综合指数分布与实测CPUE叠加图。

从图5-3-7中可以得出通过分位数回归模型和支持向量机所得的长鳍金枪鱼栖息地综合指数值较低的海域相同,但三种模型栖息地综合指数值较高海域基本相同。三种模型中,基于广义相加模型和分位数回归模型所得的长鳍金枪鱼栖息地综合指数值与实测CPUE趋势相同,而基于支持向量机建立的长鳍金枪鱼栖息地综合指数模型在分区1海域范围与实测CPUE重合度较低。因此,可得出基于支持向量机的模型在样本数据较少的情况下效果较差;基于广义相加模型与分位数回归的模型由于为非线性拟合曲线,在样本数据足够少的情况下也能取得较好的预测效果。

图5-3-8是8个验证格网数据在分区2海域范围内基于通过三种数值模型所得的长鳍金枪鱼栖息地综合指数分布与实测CPUE叠加图。

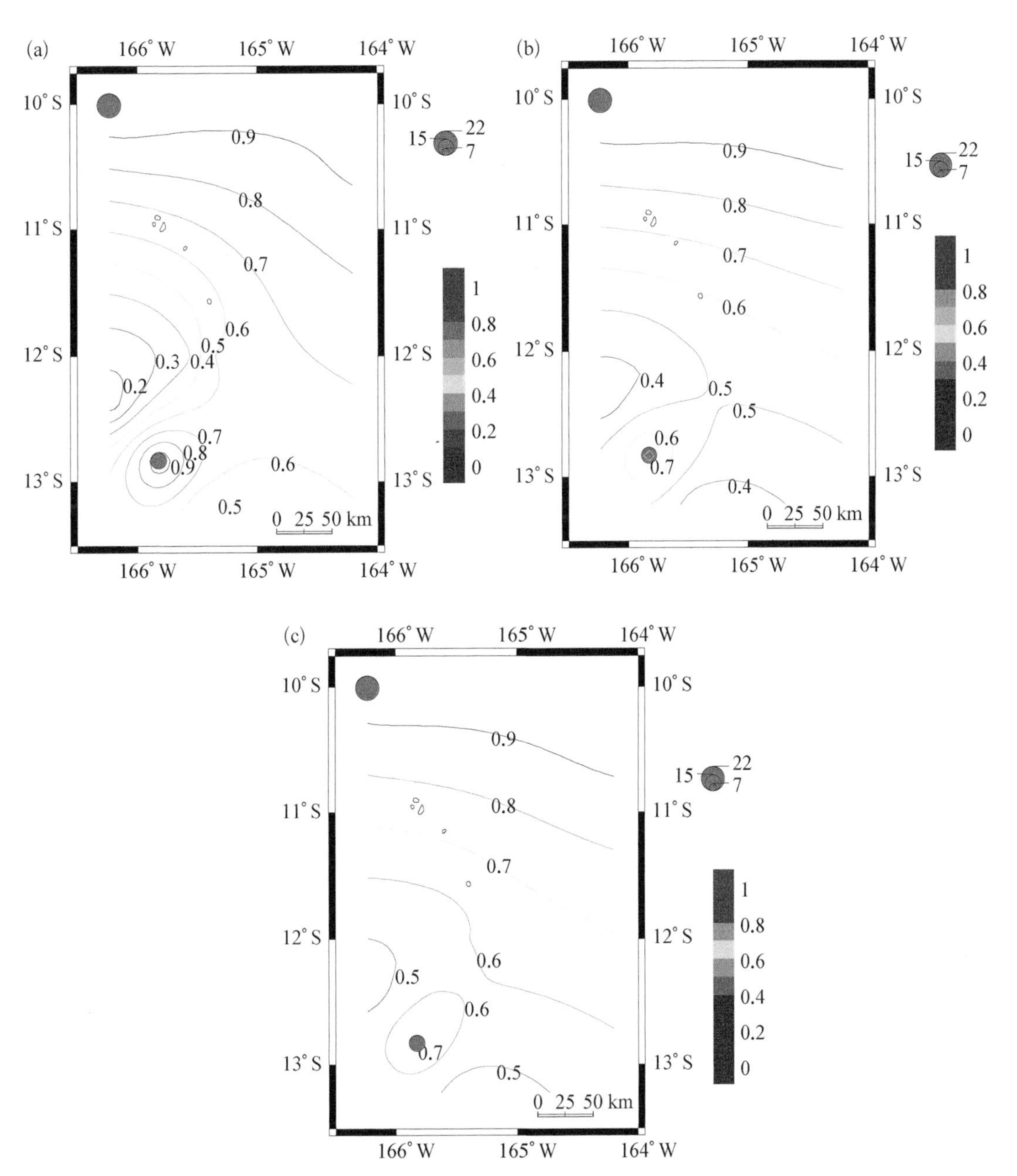

图 5-3-7　基于三种模型的验证格网内分区 1 的 IHI 分布与实测 CPUE 叠加图

a：广义相加模型；b：分位数回归模型；c：支持向量机

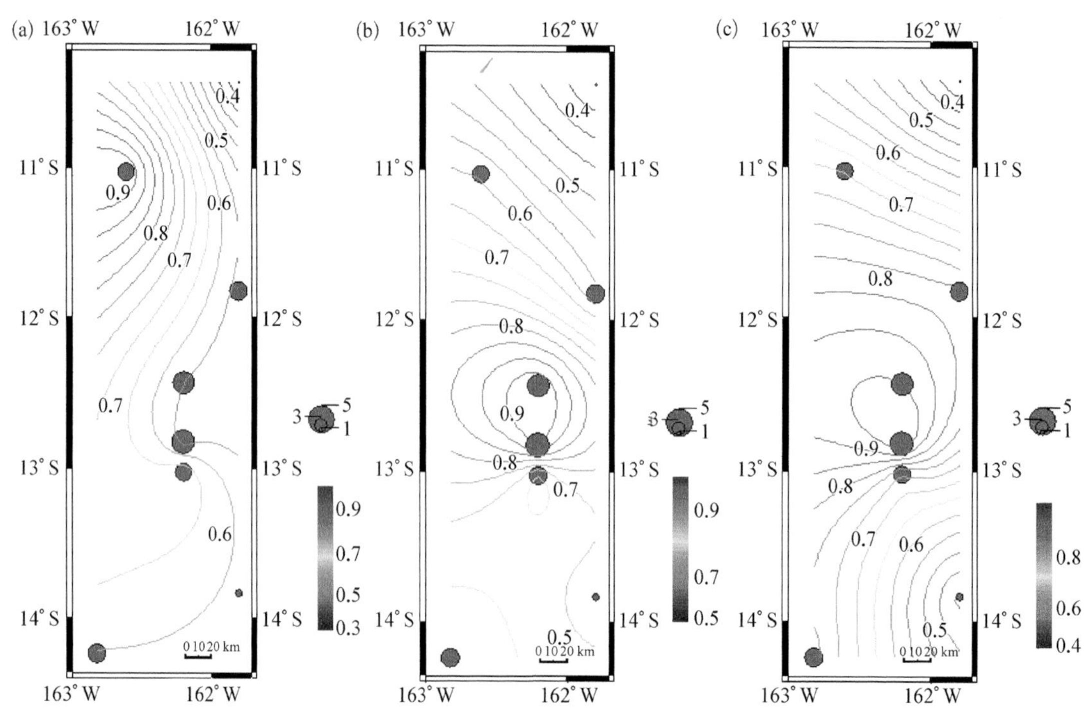

图 5-3-8　基于三种模型的验证格网内分区 2 的 IHI 分布与实测 CPUE 叠加图

a：广义相加模型；b：分位数回归模型；c：支持向量机

从图 5-3-8 中可得，通过分位数回归模型和支持向量机所得的长鳍金枪鱼栖息地综合指数值基本相同，而通过广义相加模型所得的长鳍金枪鱼栖息地综合指数值与前两者之间的差别则较为明显。因此，可得出广义相加模型在分区 2 的海域内与另两个模型结果差异较大。另外，基于分位数回归模型和支持向量机的预测模型均与实测 CPUE 结果符合度最高，可以认为在分区 2 海域范围内，基于分位数回归模型和支持向量机均取得了较好的预测效果。

图 5-3-9 是 9 个验证数据在分区 3 海域范围内基于通过三种数值模型所得的长鳍金枪鱼栖息地综合指数分布与实测 CPUE 叠加图。

从图 5-3-9 中可得，三种模型预测结果均能不同程度的反映实测 CPUE 趋势。其中，基于支持向量机所建模型与实测 CPUE 趋势表现为线性关系；而另外两种模型趋势基本相同，在经纬度 11°50′S、158°50′W 与实测 CPUE 差异较大（IHI 值约为 0.8），可能是由于非线性曲线拟合的差异造成的。因此，可以认为在分区 3 海域范围内，基于支持向量机的预测效果较好。

图 5-3-10 是 20 个模型验证站点在整个海域范围内基于通过三种数值模型所得的长鳍金枪鱼栖息地综合指数分布与实测 CPUE 叠加图。

从图 5-3-10 中可得，三种模型预测结果在库克海域东北部比较接近，并且基于广义相加模型和分位数回归模型在库克海域东部预测 CPUE 相对中部海域的要大，与实测 CPUE 趋势一致。而对于样本数较少的西部海域，分位数回归模型的预测结果与实测

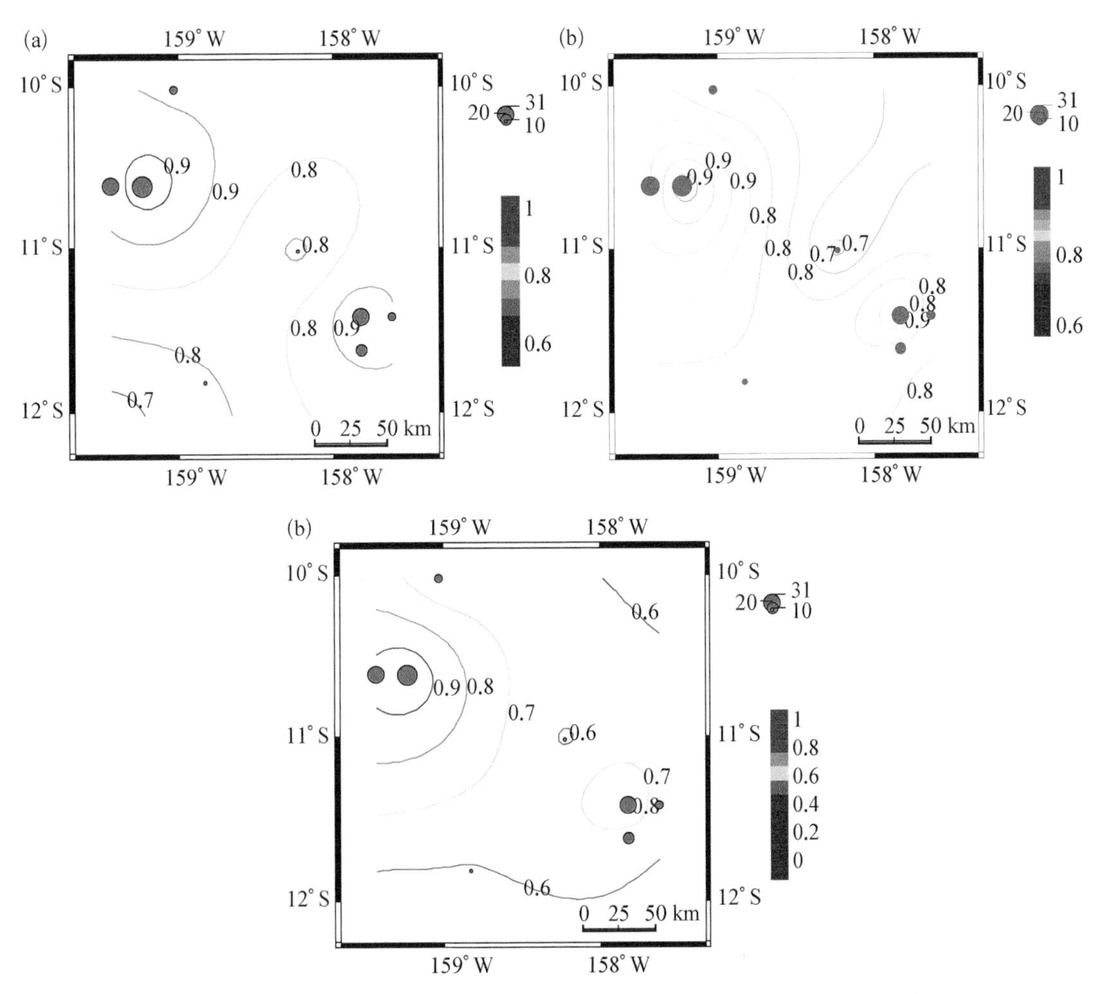

图 5-3-9 基于三种模型的验证格网内分区 3 的 IHI 分布与实测 CPUE 叠加图

a：广义相加模型；b：分位数回归模型；c：支持向量机

CPUE 趋势较为接近。因此，可以认为在整个海域范围内，基于分位数回归模型的预测效果较好。另外，基于支持向量机所构建的模型栖息地综合指数较高（IHI 值大于 0.6）的海域比较集中，仅位于库克群岛东北部经纬度范围为 10°00′S～11°30′S、157°30′W～159°30′W的海域。

4 讨 论

4.1 影响长鳍金枪鱼分布的关键环境因子

本研究采用了分海域、分类别比较的研究方法，结合深圳市联成远洋渔业有限公司延绳钓渔船的作业海域，由于分区 1 有渔船作业，覆盖范围较大，但渔获较少，为确认该海域渔场与海洋环境因子的关系，仍将该海域纳入模型的拟合过程中。

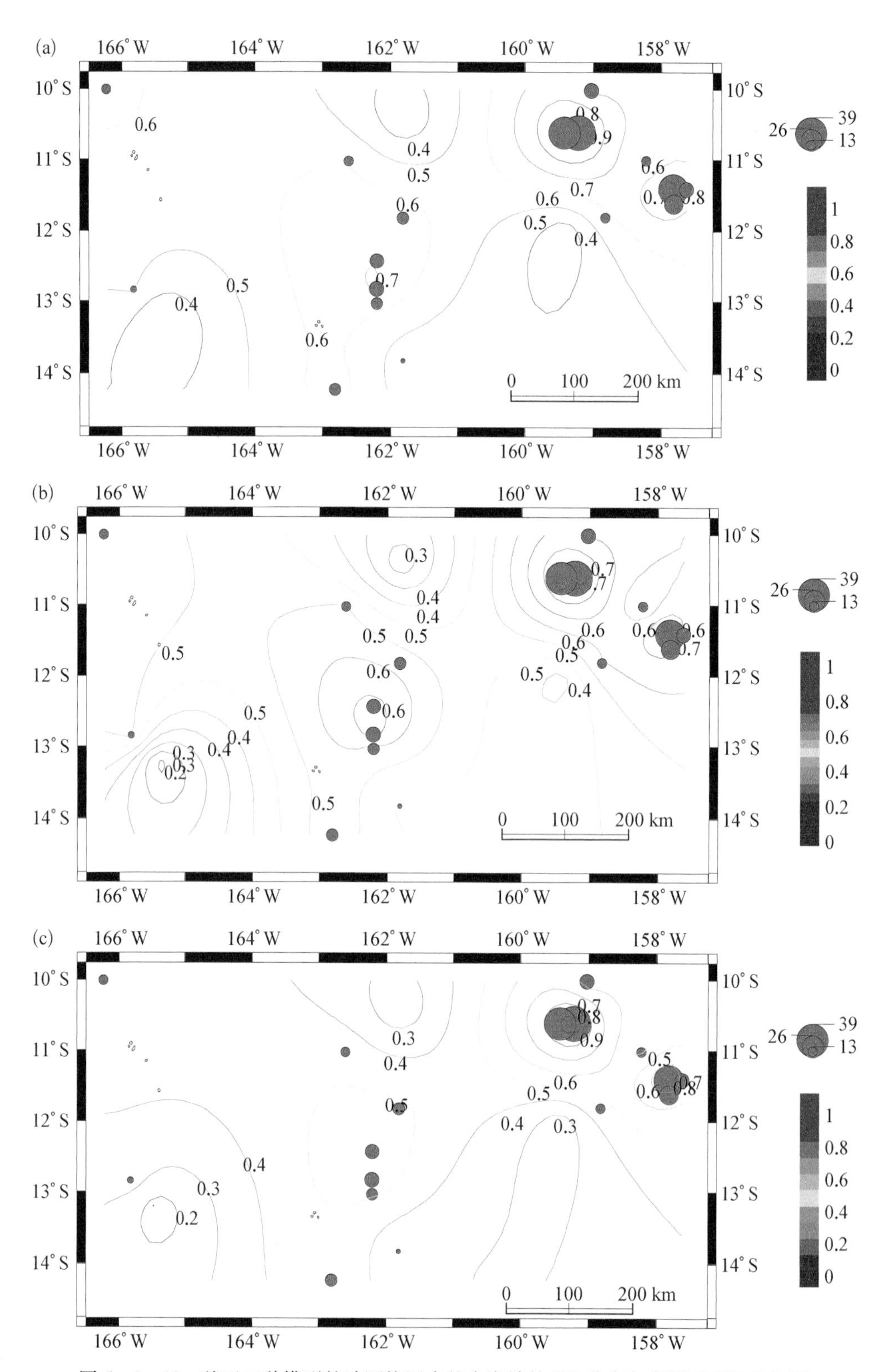

图 5-3-10 基于三种模型的验证格网内整个海域的 IHI 分布与实测 CPUE 叠加图

a：广义相加模型；b：分位数回归模型；c：支持向量机

由于栖息环境对长鳍金枪鱼渔场的分布有着重要影响,因此,假设长鳍金枪鱼的分布与海表水温、海面高度距平均值、初级生产力、150 m 水深水温及这些因子的交互项有关。但根据本研究基于三种数值模型所得出的结果,由式 5－3－1～式 5－3－12 可知,不同海域影响长鳍金枪鱼分布的环境因子稍有差异,而同一海域基于不同模型得出的影响因子也不尽相同。

在分区 1 海域范围内,基于广义相加模型和支持向量机的预测模型得出长鳍金枪鱼在该海域内的主要影响因子均包含海面高度距平均值。不同的是,基于支持向量机的预测模型得出长鳍金枪鱼在该海域内的影响因子还包含海表水温,但海表水温与预测 CPUE 的相关性小于海面高度距平均值（$CH_{ij}=0.89$, $CT0_{ij}=0.67$）。而基于分位数回归模型得出的长鳍金枪鱼在该海域内的影响因子较多,如海表水温、初级生产力、海面高度距平均值、150 m 水深水温、海表水温海面高度距平均值交互项、海表水温 150 m 水深水温、海面高度距平均值 150 m 水深水温交互项。其中三种模型均包含了海面高度距平均值,即在分区 1 范围内,长鳍金枪鱼渔场分布的关键环境因子为海面高度距平均值。

在分区 2 海域范围内,基于三种建模方式的预测模型得出长鳍金枪鱼在该海域内的主要影响因子均包含海面高度距平均值和 150 m 水深水温。不同的是,基于支持向量机的预测模型在该海域内的影响因子还包括海表水温,但海表水温与预测 CPUE 的相关性小于海面高度距平均值（$CH_{ij}=0.79$, $CT0_{ij}=0.61$, $CT150=0.55$）。而基于分位数回归模型得出的长鳍金枪鱼在该海域内的影响因子包含 5 项,还包括海表水温、初级生产力、海面高度距平均值 150 m 水深水温交互项、初级生产力 150 m 水深水温交互项。其中三种模型均包含了海面高度距平均值和 150 m 水深水温,即在分区 2 海域范围内,长鳍金枪鱼渔场分布的关键环境因子为海面高度距平均值和 150 m 水深水温。

在分区 3 海域范围内,基于三种建模方式的预测模型得出长鳍金枪鱼在该海域内的主要影响因子均包含海面高度距平均值和海表水温。不同的是,基于分位数回归模型得出的长鳍金枪鱼在该海域内的影响因子中交互项较多。由于三种模型均包含了海面高度距平均值和海表水温,即在分区 3 海域范围内,长鳍金枪鱼渔场分布的关键环境因子为海面高度距平均值和海表水温。本章结果与 Hosoda 等通过微波遥感数据进行研究所得的结论基本一致[47],说明海表水温及海面高度距平均值等海洋表层遥感数据与长鳍金枪鱼的分布相关度较高。

由三种模型对长鳍金枪鱼不同分区及整个海域的 CPUE 预测结果可看出,三种模型均涉及的环境因子主要为海面高度距平均值,可以认为海面高度距平均值为影响长鳍金枪鱼渔场分布的关键环境因子[48]。另外,广义相加模型和支持向量机所得出的 CPUE 预测模型形式较为简单,渔场分布只与少数环境因子相关,因而实用性较强[16,48]。而分位数回归模型所得的长鳍金枪鱼 CPUE 预测模型中,渔获率几乎与所有环境因素相关,实用性相对较差。

另外,本章得出长鳍金枪鱼 CPUE 与初级生产力相关性不高。初级生产力数据是浮游生物、叶绿素 *a* 浓度等重要的海洋环境因子的指标,其他学者研究得出其与长鳍金枪鱼分布有较大的相关性[48~50],研究结果不同的原因可能是本章使用的初级生产力数据仅包含三类数据级别(含量较低的海域标记为 1.0 $mgC/m^2/d$、含量居中的海域标记为 1.5 $mgC/m^2/d$、含量较高的海域标记为 2.0 $mgC/m^2/d$),对模型构建有较大影响,建议今后的栖息地关键环境因子研究中使用较高分辨率的叶绿素 a 浓度和浮游生物浓度数据作为研究对象，或者与其紧密相关的溶解氧含量数据[51]。

4.2 基于三种数值模型的栖息地综合指数

由图 5-3-3、图 5-3-4、图 5-3-5、图 5-3-6 得出，长鳍金枪鱼基于不同 CPUE 预测模型所得出的各水层的栖息地综合指数均不相同。其中通过广义相加模型和分位数回归模型所得出的栖息地综合指数高值海域的范围均比支持向量机的范围要广，且广义相加模型所得出的栖息地综合指数高值海域范围和分位数回归模型栖息地综合指数高值海域范围相近。主要原因是这两种模型均为非线性拟合，其中，分位数回归模型的结果是基于高分位数的条件得出的，而广义相加模型采用光滑函数取代参数，也较好地反映了长鳍金枪鱼渔获率与相关环境因子之间的非线性关系，因此，两种预测模型的结果与实测 CPUE 间的相关性均较高。杨嘉梁等[52]通过对库克群岛海域的长鳍金枪鱼应用分位数回归模型，得出建模站点和验证站点内的预测 CPUE 与名义 CPUE 间均无显著性差异，与本章结果一致。但对于基于支持向量机构建的模型，在模型回归过程中已经舍弃了部分与训练样本不符合的格网数据，即支持向量机栖息地综合指数建模所用数据少于其他两种模型，故其栖息地综合指数高值海域范围小于另外两种模型。

此外，基于不同模型得出的长鳍金枪鱼栖息地综合指数较高范围基本一致，均包含 10°30′S～12°30′S、157°00′W～159°00′W 海域。这表明三种模型对于长鳍金枪鱼栖息地综合指数拟合程度较好。广义相加模型和分位数回归模型通过非线性拟合曲线能很好地表征栖息地综合指数较高区域，基于这两种数值模型完备的统计理论，两者均能反映各分区内长鳍金枪鱼预测 CPUE 与相关环境因子之间的关系。但对于渔获较低区域，三种模型差异较大，可能是由于广义相加模型用到的环境因子较少，而分位数回归模型基本上是全部环境因子参与运算，而支持向量机由于其二分法的特性而舍弃了部分格网数据。

4.3 三种数值模型的有效性探讨

基于上述讨论，本章认为基于三种数值模型的长鳍金枪鱼预测 CPUE 与长鳍金枪鱼实测 CPUE 之间均存在一定程度的关联度，可以为库克群岛海域长鳍金枪鱼延绳钓渔业渔情预报服务。同时，本章建议使用海面高度距平均值作为关键环境因子参与长鳍金枪鱼延绳钓渔业渔情预报。对于三种预测模型，本章认为，广义相加模型和分位数回归模型较为适合分析因变量和自变量间的呈非正态分布关系的渔业数据；分位数回归模型涉及较多环境因子，分位数回归模型其预测趋势与实测 CPUE 最为接近（表 5-3-2、表 5-3-3、表 5-3-5 和图 5-3-6）；而基于支持向量机相对于其他两种模型来说，涉及的海洋环境因子较少，计算相对简单，且由图 5-3-6 可知其预测趋势与实测 CPUE 较为接近。因此，本章认为广义相加模型和支持向量机能够描述关键环境因子对长鳍金枪鱼渔场分布的影响；支持向量机对中心渔场的预报有一定的优势；分位数回归模型最适用于用来预测长鳍金枪鱼 CPUE 与海洋环境因子的关系。

4.4　不足与展望

第一，由于本章使用的海洋环境数据采样精度为0.2°×0.2°，但实际情况是遥感得出的海表水温、150 m水深水温与初级生产力数据在这种分辨率下差异很小，相邻的数据几乎相等，因此，导致长鳍金枪鱼的栖息地综合指数与这三项数据关联度不大，可能与预计情况不符[53~56]，建议今后相关研究要慎重采用这样的采样分辨率。

第二，本章得出较好的建模方法为分位数回归模型，但其缺点是包括的环境因子太多，不太实用，今后要利用大量的数据进一步分析研究，从而简化模型。

第三，本章所用计算实测CPUE数据的渔船监控系统数据显示渔获过于集中，可能原因是深圳市联成远洋渔业有限公司作业渔船扎堆于某一特定海域进行捕捞，导致部分CPUE异常，对拟合结果产生较大的影响。

第四，由于本章使用的海洋环境数据和渔获数据虽然在月份上保持了连续性，但毕竟周期较短，可能会影响模型的精度，所以在今后的研究中，建议使用长时间序列的连续数据，以验证本章长鳍金枪鱼栖息地综合指数研究的结论。

第五，本章选出每种模型对应的关键环境因子，但未对该因子作量化分析，建议今后利用多种数据挖掘方法相结合的方式对多种影响因子进行定量分析，从而提高渔情预报的可靠性[57]。

5　小　　结

5.1　创新点

1）本章使用了空间分辨率为0.2°×0.2°经纬度格网数据，以中心点匹配方式对每个格网单元数据进行处理，保证较高分辨率的同时确保数据的对应性，并建立数据库，为以后的研究提供数据基础。

2）本章用到的海洋环境数据均来自日本国际气象海洋株式会社，该数据分辨率较高，且较新；渔获数据均来自深圳市联成远洋渔业有限公司船位监控系统的实时数据，可靠性较高。

3）本研究同时使用了广义相加模型、分位数回归模型及支持向量机对长鳍金枪鱼的CPUE进行了预测，并将预测结果用于栖息地综合指数的研究；同时，比较了三种数据预处理方法的差异并提出建议。

5.2　结论

基于三类数值模型所得的长鳍金枪鱼在各分区的栖息地综合指数各不相同，其中广义相加模型在建模数据种类较少的情况下仍有较优表现，而基于分位数回归模型得出的预测模型在多环境因子情况下的模型预测能力较好，为三种模型中的最佳模型，而基于支持向量机的预测模型在以寻找中心渔场为目标的渔情预报中有较好表现。另外,本研究认为基于海洋表面的海洋环境数据可信性较高,对模型构建与模型验证有较大优势。

参 考 文 献

[1] 戴小杰,许柳雄.世界金枪鱼渔业渔获物物种原色图鉴[M].北京:海洋出版社,2007:207~208.

[2] Wang CH, Wang SB. Assessment of South Pacific albacore stock (*Thunnus alalunga*) by improved Schaefer model[J]. Journal of Ocean University of China, 2006, 5(2): 106~114.

[3] Langley A, Hampton J. Stock assessment of albacore tuna in the South Pacific Ocean[J]. WCPFC - SCl SA WP - 3 Western and Central Pacific Fisheries Commission, 2005.

[4] 陈锦淘,戴小杰,谷兵.中国南太平洋长鳍金枪鱼业发展对策的分析[J].中国渔业经济,2005,23(2):49~50.

[5] 陈新军.渔业资源与渔场学[M].北京:海洋出版社,2004:169~174.

[6] Andrade HA, Garcia CAE. Skipjack tuna fishery in relation to sea surface temperature off the southern Brazilian coast[J]. Fisheries Oceanography, 1999, 8(4): 245~254.

[7] Chen I, Lee P, Zeng W. Distribution of albacore (*Thunnus alalunga*) in the Indian Ocean and its relation to environmental factors[J]. Fisheries Oceanography, 2005, 14(1): 71~80.

[8] Consoli P, Romeo T, Battaglia P, et al. Feeding habits of the albacore tuna *Thunnus alalunga* (Perciformes, Scombridae) from central Mediterranean Sea[J]. Marine Biology, 2008, 155(1): 113~120.

[9] Laurs RM, Lynn RJ. Seasonal migration of North Pacific albacore, *Thunnus alalunga*, into North American coastal waters: distribution, relative abundance, and association with Transition Zone waters[J]. Fishery Bulletin, 1977, 75(4): 795~822.

[10] Laurs RM, Fiedler PC, Montgomery DR. Albacore tuna catch distribution relative to environmental features observed from satellites[J]. Deep-sea research Part A Oceanographic research papers, 1984, 31(9): 1085~1099.

[11] Roberts P E. Surface distribution of albacore tuna, *Thunnus alalunga* Bonnaterre, in relation to the Subtropical Convergence Zone east of New Zealand[J]. New Zealand journal of marine and freshwater research, 1980, 14(4): 373~380.

[12] Murray T. A review of the biology and fisheries for albacore, *Thunnus alalunga*, in the South Pacific Ocean[R]. FAO Fisheries Technical Paper, 1994, 2(2): 188~206.

[13] 周甦芳,樊伟.太平洋延绳钓长鳍金枪鱼及渔场水温分析[J].海洋湖沼通报,2006,27(2):38~43.

[14] 陈雪冬,崔雪森.卫星遥感在中东太平洋大眼金枪鱼渔场与环境关系的应用研究[J].遥感信息,2006,(1):25~28.

[15] Zainuddin M, Kiyofuji H, Saitoh K, et al. Using multi-sensor satellite remote sensing and catch data to detect ocean hot spots for albacore (*Thunnus alalunga*) in the northwestern North Pacific[J]. Deep Sea Research Part II, 2006, 53(3-4): 419~431.

[16] Zainuddin M, Saitoh K, Saitoh SI. Albacore (*Thunnus alalunga*) fishing ground in relation to oceanographic conditions in the western North Pacific Ocean using remotely sensed satellite data[J]. Fisheries Oceanography, 2008, 17(2): 61~73.

[17] 樊伟,张晶,周为峰.南太平洋长鳍金枪鱼延绳钓渔场与海水表层温度的关系分析[J].大连水产学院学报,2007,22(5):366~371.

[18] 王家樵.印度洋大眼金枪鱼栖息地指数模型研究[D].上海:上海水产大学,2006:1~40.

[19] 宋利明,高攀峰,周应祺,等.基于分位数回归的大西洋中部公海大眼金枪鱼栖息环境综合指数[J].水产学报,2007,31(6):798~804.

[20] 冯波.陈新军.许柳雄.多变量分位数回归构建印度洋大眼金枪鱼栖息地指数[J].广东海洋大学学报,2009,29(3):48~52.

[21] 范江涛,陈新军,钱卫国,等.南太平洋长鳍金枪鱼渔场预报模型研究[J].广东海洋大学学报,2011,31(6):61~67.

[22] 周彬彬.应用自由度调整复相关系数方法进行渔期预报的研究[J].海洋学报,1987,9(6):774~779.

[23] Harrell FE, Lee KL, Mark DB. Multivariable prognostic models: Issues in developing models, evaluating assumptions and adequacy, and measuring and reducing errors[J]. Statistics in Medicine, 1996, 15: 361~387.

[24] Nelder JA, Wedderburn RWM. Generalized linear models[J]. Journal of the Royal Statistical Society, Series A, 1972, 135: 370~384.
[25] 崔雪森,陈雪冬,樊伟.金枪鱼渔场分析预报模型及系统的开发[J].高技术通讯,2007,17(1): 100~103.
[26] 曹晓怡,周为峰,樊伟,等.印度洋大眼金枪鱼、黄鳍金枪鱼延绳钓渔场重心变化分析[J].上海海洋大学学报,2009,18(4): 466~471.
[27] 袁红春,汤鸿益,陈新军.一种获取渔场知识的数据挖掘模型及知识表示方法研究[J].计算机应用研究,2010,27(12): 4443~4446.
[28] Glaser SM, Ye H, Maunder M, et al. Detecting and forecasting complex nonlinear dynamics in spatially structured catch-per-unit effort time series for North Pacific albacore (*Thunnus alalunga*)[J]. Canadian Journal of Fisheries and Aquatic Sciences, 2011, 68(3): 400~412.
[29] 叶泰豪,冯波,颜云榕,等.中西太平洋鲣渔场与温盐垂直结构关系的研究[J].海洋湖沼通报,2012,33(1): 49~55.
[30] 陈雪忠,樊伟,崔雪森,等.基于随机森林的印度洋长鳍金枪鱼渔场预报[J].海洋学报,2013,35(1): 158~164.
[31] 许建平,刘增宏,孙朝辉,等.全球 ARGO 实时海洋观测网全面建成[J].海洋技术,2008,27(1): 68~70.
[32] 杨胜龙,马军杰,吴晓芬,等.热带大西洋黄鳍金枪鱼垂直分布空间分析[J].生态学报,2014,35(15): 1~12.
[33] Glaser SM, Ye H, Sugihara G. A nonlinear, low data requirement model for producing spatially explicit fishery forecasts[J]. Fisheries Oceanography, 2014, 23(1): 45~53.
[34] 冯永玖,陈新军,杨晓明,等.基于遗传算法的渔情预报 HSI 建模与智能优化[J].生态学报,2014,34(15): 4333~4346.
[35] Hampton J, Bigelow KA, Labelle M. Effect of longline fishing depth, water temperature and dissolved oxygen on bigeye tuna abundance indices[R]. SCTB 13, Working Paper 17, US, 1998: 1~18.
[36] Maunder MN, Sibert JR, Fonteneau A, et al. Integrating catch per unit effort data to assess the status of individual stock and communities[J]. Marine Sciences, 2006, 63: 1373~1385.
[37] Maunder MN, Punt AE. Standardizing catch and effort data: a review of recent approaches[J]. Fisheries Research, 2004, 70: 141~159.
[38] Koenker R. Quartile Regression[M]. NewYork: Cambridge University Press, 2005: 349.
[39] Eastwood PD, Meaden GJ. Introducing greater ecological realism to fish habitat models[R]// Nishida T, Kailola PJ, Hollingworth CE . Analysis in Fishery and Aquatic Sciences, Saitama, 2004, 2: 181~198.
[40] 吴建南,马伟.分位数回归与显著加权分析技术的比较研究[J].统计与决策,2006,7: 4~7.
[41] Cortes C, Vapnik V. Support vector networks[J]. Machine Learning, 1995, 20(3): 273~295.
[42] 张浩然,韩正之,李昌刚.支持向量机[J].计算机科学,2002,29(12): 135~137.
[43] Santos. Fisheries oceanography using satellite and airborne remote sensing methods: a review[J]. Fisheries Research, 2000, 49: 1~20.
[44] http: //www.csie.ntu.edu.tw/~cjlin/libsvm/.
[45] 田思泉,陈新军.不同名义 cpue 计算法对 cpue 标准化的影响[J].上海海洋大学学报,2010,19(2): 240~245.
[46] Keating KA, Cherry S. Use and interpretation of logistic regression in habitat-selection studies[J]. Journal of Wildlife Management, 2004, 68(4): 774~789.
[47] Hosoda K, Kawamura H, Lan KW, et al. Temporal scale of sea surface temperature fronts revealed by microwave observation[J]. IEEE Geoscience and Remote Sensing Letters, 2011, 9(1): 1~5.
[48] Lezama-Ochoa A, Boyra G, Goñi N, et al. Investigating relationships between albacore tuna (*Thunnus alalunga*) CPUE and prey distribution in the Bay of Biscay[J]. Progress in Oceanography, 2010, 86: 105~114.
[49] Goñi N, Logan J, Arrizabalaga H, et al. Variability of albacore (*Thunnus alalunga*) diet in the North-East Atlantic and Mediterranean Sea[J]. Marine Biology, 2011, 158 (5): 1057~1073.
[50] 李灵智,王磊,刘健,等.大西洋金枪鱼延绳钓渔场的地统计分析[J].中国水产科学,2013,20(1): 198~204.
[51] Arrizabalaga H, Dufour F, Kell L, et al. Global habitat preferences of commercially valuable tuna[J]. Deep Sea Research Part II: Topical Studies in Oceanography, 2015, 113: 102~112.

[52] 杨嘉樑,黄洪亮,宋利明,等.基于分位数回归的库克群岛海域长鳍金枪鱼栖息环境综合指数[J].中国水产科学,2014,21(4):832~851.

[53] Sagarminaga Y, Arrizabalaga H. Spatio-temporal distribution of albacore (*Thunnus alalunga*) catches in the northeastern Atlantic: relationship with the thermal environment[J]. Fisheries Oceanography, 2010, 19(2): 121~134.

[54] Domokos R. Environmental effects on forage and longline fishery performance for albacore (*Thunnus alalunga*) in the American Samoa Exclusive Economic Zone[J]. Fisheries Oceanography, 2009, 18(6): 419~438.

[55] Domokos R, Seki MP, Polovina JJ, et al. Oceanographic investigation of the American Samoa albacore (*Thunnus alalunga*) habitat and longline fishing grounds[J]. Fisheries Oceanography, 2007, 16(6): 555~572.

[56] Polovina JJ, Howell E, Kobayashi DR, et al. The transition zone chlorophyll front, a dynamic global feature defining migration and forage habitat for marine Resources[J]. Progress in Oceanography, 2001, 49 (1): 469~483.

[57] 徐立萍,门雅彬.基于数据挖掘方法的 WCPO 金枪鱼围网渔情预报研究[J].海洋技术,2012,1(1): 103~106.

第六章

基于海上调查数据的库克群岛海域长鳍金枪鱼栖息地综合指数模型的比较

1 引　言

长鳍金枪鱼(*Thunnus alalunga*)为南太平洋延绳钓渔业重要渔获种类之一[1~3]。自2001年我国远洋渔船进入南太平洋海域捕捞金枪鱼以来,库克群岛海域已成为我国捕捞长鳍金枪鱼的重要海域之一,且年产量逐年增长[4]。为了达到可持续捕捞长鳍金枪鱼的目的,对长鳍金枪鱼栖息环境的研究变得更加重要。

1.1 国内外研究现状

一些学者使用遥感数据对长鳍金枪鱼渔场分布与海洋环境的关系进行分析[5~7],发现影响长鳍金枪鱼渔获率的环境因子很多,涉及水温、盐度、叶绿素 *a* 浓度和溶解氧含量等[8]。很多学者通过海上实测数据和卫星遥感数据建立了金枪鱼类栖息地模型。在以往的研究中,普遍采用的是线性模型[9, 10],但是随着渔业研究的不断深入,传统的线性模型已很难满足当今渔业研究对精度的要求。很多学者通过广义相加模型[11~13]、随机森林等统计模型对鱼群分布进行预测。

Harrell 等[12]的研究表明,自变量太多的情况下不适合分析高位数据,想要增强模型的准确度,采用少量自变量效果更好。

宋利明等[14]利用2009年10~12月在吉尔伯特群岛海域的实测海洋环境因子等数据,应用广义相加模型进行建模,通过预测渔获率估算黄鳍金枪鱼栖息地综合指数(IHI),得出可以通过广义相加模型建立IHI指数模型来预测黄鳍金枪鱼渔场。

杨嘉樑等[15]利用分位数回归的统计方法,根据海上实测获得的渔场环境、作业、渔获等参数,分析不同水层中长鳍金枪鱼CPUE与各环境因子的关系,并利用其相互作用关系建立了栖息地综合指数模型。

陈新军[16]等利用温度、盐度、溶解氧含量、温跃层深度这四个因子,运用四种关联建模方法分别计算印度洋大眼金枪鱼栖息地综合指数,并用AIC值检验不同建模方法的拟合度,通过对HSI几种指示值的大小分析得到发展实时的栖息地动态预测模型可帮助渔场的探索。

Agenbag[17]等通过调查后使用简单的二元相关方法分析变量之间的协方差与其他环境

变量，采用了 GAM 多变量模型方法，识别捕获率和每个环境变量之间的关系，并利用 GLM 进行线性分析。

Glaser 等[18]使用空间分辨率为 1°×1°的统计单元计算 CPUE 时间序列，利用非线性时间序列分析了北太平洋长鳍金枪鱼的分布，其研究结果具有显著相关性，检验结果为 $P<0.000\ 01$。

冯波等[19]利用分位数回归法对不同水层的氧差、加权平均温度和水层温差 3 个环境因子与其交互变量建立大眼金枪鱼栖息地指数模型，该方法是依据各环境变量及其两两之间的交互作用项与 CPUE 建立最佳上界 QR 方程。

Zainuddin[5]使用遥感数据与卫星图像得到 1998～2003 年海面水温（*SST*）、叶绿素 *a* 浓度、光合有效辐射（photosynthetically available radiation, PAR）和渔业捕捞数据，生成基于生物物理环境变量（*SST* 和叶绿素 *a* 浓度）与渔获数据的概率图，并对不同年份不同月份的 CPUE 数据进行比较，得出 1998 年 11 月份的渔获产量明显要比 2002、2003 年 11 月份的高。

Roberts 等[20]通过研究长鳍金枪鱼资源分布与海表水温的关系，指出海表水温为 18.5～21.3℃的海域适合长鳍金枪鱼幼体生活，对长鳍金枪鱼渔获量有较大影响的环境因子还有温跃层深度。

闫敏等[21]利用卫星遥感获得的海表水温、海表高度及叶绿素 *a* 浓度，采用数据统计方法及地理信息软件 ArcGIS 分析南太平洋长鳍金枪鱼 CPUE 的时空分布与各环境因子之间的关系，并通过广义相加模型研究其对长鳍金枪鱼的影响，得出在不同的季节，长鳍金枪鱼最适的 SST 也不相同，而夏季的渔获量要高于冬季的渔获量。

朱国平等[22]根据 2009 年在印度洋中南海域实测延绳钓数据对长鳍金枪鱼繁殖栖息的适应性做了相关研究，根据不同水层温度建立分位数回归方程，为研究印度洋长鳍金枪鱼繁殖空间分布提供一种新的思路。

Murray 等[11]研究发现，南太平洋海域长鳍金枪鱼集中分布在 200～300 m 的水层，该水层为盐度与温度强弱交汇处，温度为 9～20℃。

范永超等[23]基于 2006～2010 年南太平洋所测得的叶绿素 *a* 浓度、海表水温、海洋表面盐度以及长鳍金枪鱼的生产数据，通过平均法建立南太平洋长鳍金枪鱼栖息地适应性指数（HSI）模型，此模型得出中心渔场的 HSI 值大于 0.6。

冯永玖[24]等提出了遗传算法的 HSI 建模与智能优化，此算法能很好地利用多变量建立模型，并且比传统 HSI 模型要简单，通过遗传算法的方法智能优化了模型建立的框架与思路。

范江涛等[25]利用渔场与环境数据的空间分布及因子适宜曲线通过数据统计方法建立 HSI 模型，得出渔情预报软件。并且得到南太平洋长鳍金枪鱼与 *SST* 及深层水温密切相关，当渔场 *SST* 为 27～30℃时，此作业渔场区域渔获总量占总渔获的 95%以上。

Nishida 等[26]研究了各种海洋要素对鱼类分布的综合影响，并提出了基于印度洋海域栖息地的综合海洋生态模型。

Lee 等[27]利用 GIS 方法对大眼金枪鱼进行研究，分析了印度洋的表层温度与时空分布的关系，但未具体建立温度因子与大眼金枪鱼栖息地指数的模型。

任中华等[28]通过获取卫星遥感数据采用算术平均值的方法获得 *SST* 及 *SSH* 等环境因

子的数据,建立栖息地预测模型,考虑了不同权重对中心渔场形成的影响程度,其预报的精度达到78%。

樊伟等[29]利用贝叶斯分析对金枪鱼渔场进行了预报,通过 *SST* 等环境因子对各种情况下的渔场条件进行分析比较。

王家樵等[30]根据日本商业性金枪鱼生产数据,应用分为数回归的方法对渔获率与各环境因子之间的关系进行分析,并且利用 GIS 技术,展示了印度洋大眼金枪鱼的栖息地指数空间分布。

曹晓怡等[31]对大眼金枪鱼栖息环境、渔场变动、资源丰度等几个方面进行了分析,建立 GLM 模型,分析渔获量与各环境因子的关系。

宋利明等[32]研究延绳钓钓具对捕捞努力量及捕捞效率的影响,利用 2009 年 10~12 月在吉尔伯特群岛海域调查的大眼金枪鱼数据,使用实验渔具及传统渔具进行比较,结果表明实验渔具的捕捞效率优于传统渔具的捕捞效率,并得出大眼金枪鱼在不同水层的分布可以估算其偏好的环境。

陈雪忠等[33]提出随机森林预报模型,利用决策树的方法得出不同环境因子对模型的影响权重,并提出去除较弱的环境因子来优化模型使得模型的准确性提高。

周为峰等[34]利用贝叶斯概率模型框架对印度洋金枪鱼延绳钓渔场的模型参数进行估算并构建预报模型,得出印度洋金枪鱼渔场预报的准确率高达 65.96%。

通过以上分析,可以得出长鳍金枪鱼资源的分布与各环境因子之间有着紧密的关系,目前已对长鳍金枪鱼等金枪鱼类的分布与海洋环境之间的关系、渔情预报技术进行了大量的研究,但对于使用何种方法更能精确地预测长鳍金枪鱼的空间分布还有待进一步研究确定。因此,对于使用分位数回归与支持向量机方法来研究长鳍金枪鱼各水层的分布与海洋环境之间的关系并比较得出哪种方法更适用于研究长鳍金枪鱼的空间分布显得尤为迫切。

1.2　主要研究内容

1) 根据海上实测数据(渔获量、温度、叶绿素 a 浓度、水平海流、垂直海流等因子)进行分层处理,主要分 40~79.9 m、80~119.9 m、120~159.9 m、160~199.9 m、200~240 m 这五个水层。

2) 利用分位数回归模型(QRM)分析环境因子与长鳍金枪鱼 CPUE 的关系并得出二者之间的关系模型;将此模型预测的 CPUE 值用于计算长鳍金枪鱼在各水层的栖息地综合指数。

3) 利用支持向量机方法(SVM)分析环境因子与长鳍金枪鱼 CPUE 的关系并得出二者之间的关系模型;将此模型预测的 CPUE 值用于计算长鳍金枪鱼在各水层的栖息地综合指数。

4) 通过使用 Wilcoxon 符号秩检验的方法检验 14 个验证站点各个水层及整个水体的实测渔获率与对应两种模型所计算出的预测渔获率之间是否存在显著性差异,确定模型的可靠性;再通过计算两种模型 42 个建模站点各水层实测 CPUE 值与 IHI 值的 Spearman 相关系数,通过优、良、中、差的形式定性判断模型在各水层的预测能力。

5）比较两种模型的计算结果,得出最佳模型。

1.3 研究的目的及意义

对长鳍金枪鱼栖息地综合指数进行研究,并建立有效的栖息地综合指数模型,更加准确地预报出长鳍金枪鱼的空间分布,有助于渔业管理者、渔业生产者对长鳍金枪鱼资源进行有效管理和可持续利用。

研究的意义具体如下:

1）确定关键环境因子对长鳍金枪鱼栖息地综合指数的影响。

2）确定库克群岛海域长鳍金枪鱼分布密度较高的水层。

3）利用两种方法建模,比较确定预测能力较好的模型,提高预测的精度。

4）指导渔民更高效地生产作业,增加目标鱼种的产量,减少非目标鱼种的兼捕,保持生态系统的稳定。

5）为库克群岛渔业管理者有效管理长鳍金枪鱼渔业资源、达到可持续利用提供参考。

1.4 技术路线

本章技术流程见图 6－1－1。

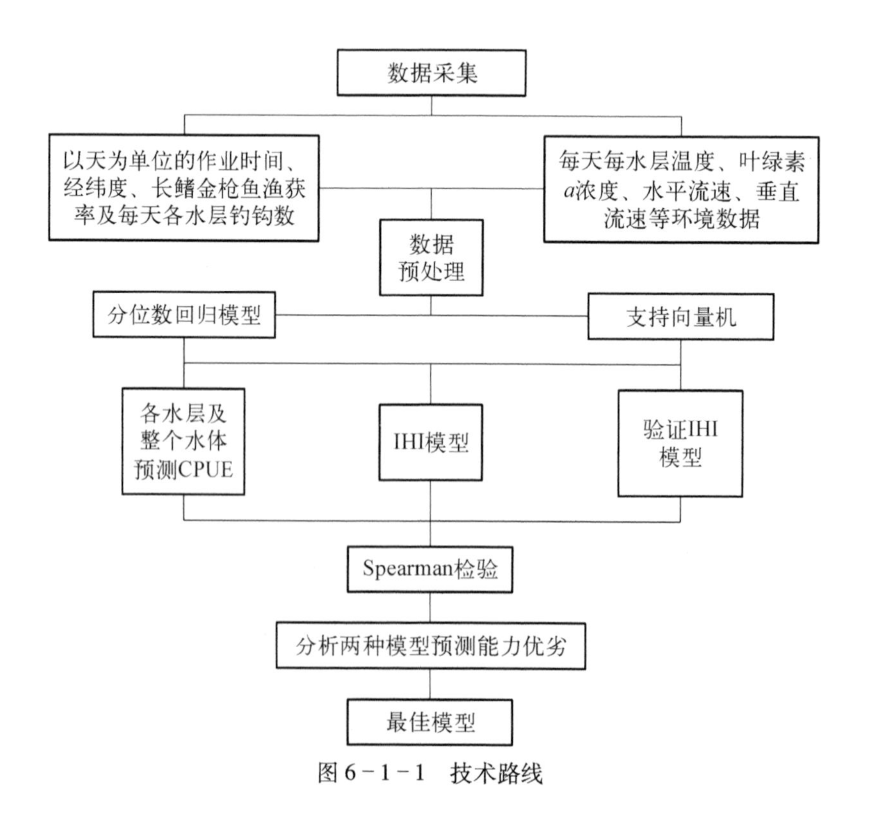

图 6－1－1　技术路线

对渔获产量及各环境因子数据进行预处理，分别计算出各水层的长鳍金枪鱼 CPUE、温度、叶绿素 a 浓度、水平海流、垂直海流，通过分位数回归及支持向量机的方法对实测 CPUE 与环境数据建立模型，并得出两种方法影响长鳍金枪鱼在各水层中分布的主要环境因子。最后将用于验证站点的环境因子数据分别导入分位数回归及支持向量机模型，并分析预测能力优劣，通过对各水层模型进行分析比较，确定建立各水层及整个水体长鳍金枪鱼栖息地综合指数的最佳模型。

2 材料与方法

2.1 材料

2.1.1 调查时间及调查海域

本次利用低温金枪鱼延绳钓船进行调查，船号为“华南渔 716”，船舶主要的参数如下：总长 36.60 m；型宽 6.60 m；型深 3.30 m；总吨 196 t；净吨 89 t；主机功率 440.00 kW。

本次调查时间跨度为 2013 年 9 月 8 日～2013 年 12 月 18 日。调查范围为 9°06′S～18°04′S、15 704′SW～167°46′W，共 56 个站点，随机选定其中的 42 个站点的数据用于建立预测模型，14 个站点的数据用于模型的验证(图 6－2－1)。

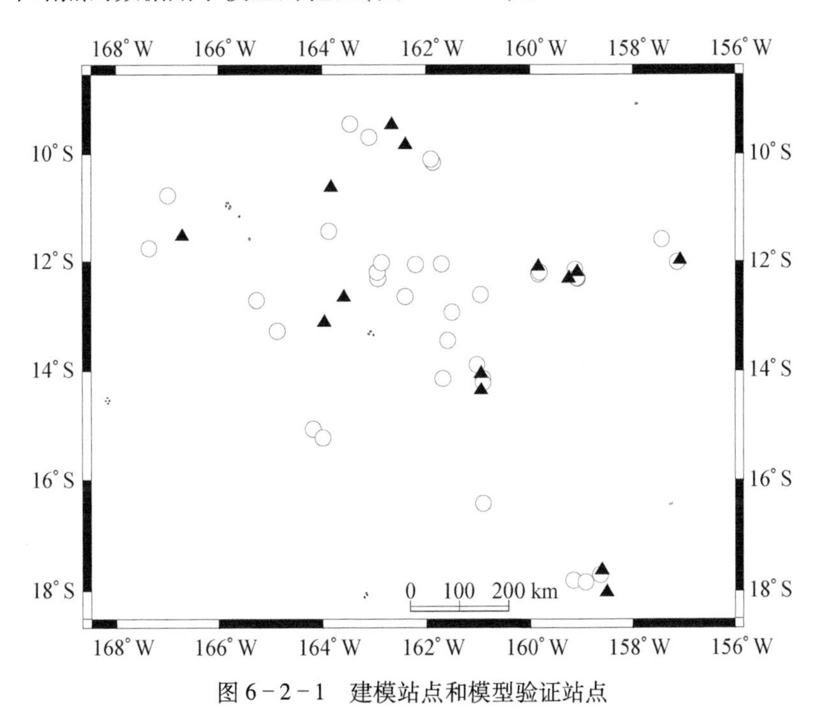

图 6－2－1 建模站点和模型验证站点

○：建模站点；▲：模型验证站点

2.1.2 调查的渔具和渔法

“华南渔 716”渔船调查期间使用漂流延绳钓渔具，其参数具体如下：浮子直径 360 mm，浮子绳长 22 m；干线直径 4.0 mm；支线总长为 18.5 m，第一段材料是硬质聚丙烯，直径 3.5 mm、长 1.5 m，第二段材料是尼龙单丝，直径为 1.8 mm，长 17 m，它们之间利用 H 型转环连接，并采用圆型钓钩(16/0)。

海上实测期间，无特殊情况下，5 : 30~9 : 30am 投绳，投绳时间大约为 4 h； 15 : 30~次日 3 : 30 起绳，起绳时间大约 12 h。渔船投绳时的航速为 8.0~9.0 节，出绳速度在 9.8 节左右，相邻浮子间有 28 枚钓钩，两钓钩之间投放的时间间隔为 6 s。每天投放钓钩数目为 1 900~3 500 枚。

2.1.3 调查仪器及调查内容

调查仪器为多功能水质仪 XR－620(测定 0~280 m 深度范围内的温度、叶绿素 a 浓度的垂直变化数据)、微型温度深度计 TDR－2050(测定部分钓钩的实际深度)；2 000 m 深度量程的 Aquadopp 型三维海流计(测定 0~280 m 深度范围内的水平海流和垂直海流)。本次海上调查还记录了每天的投绳及起绳的时间、投绳开始位置、航向及航速等作业数据；除此以外还记录了钓钩投放数量、长鳍金枪鱼的渔获尾数和钓获钩号。

本次调查测得不同纬度具有代表性的相应站点的温度(T)、叶绿素 a 浓度(F)、垂直海流(V)以及水平海流(S)随水深的变化，见图 6－2－2。

2.2 数据处理方法

2.2.1 钓钩深度的计算方法

渔具的理论深度按照吉原有吉的钓钩理论深度计算公式[35]计算得出，具体计算公式如下：

$$D_x = h_a + h_b + l\left[\sqrt{1 + \cot^2 \varphi_0} - \sqrt{\left(1 - \frac{2x}{n}\right)^2 + \cot^2 \varphi_0}\right] \quad (6-2-1)$$

$$l = \frac{V_1 \times n \times t}{2} \quad (6-2-2)$$

$$L = V_2 \times n \times t \quad (6-2-3)$$

$$k = \frac{L}{2l} = \frac{V_2}{V_1} = \cot \varphi_0 sh^{-1}(\mathrm{tg}\, \varphi_0) \quad (6-2-4)$$

式 6－2－1~式 6－2－4 中，D_x 为第 x 号钓钩的理论深度(m)；h_a 为支线长(m)；h_b 为浮子绳长(m)；l 为干线弧长的一半(m)；φ_0 是干线与浮子绳连接点的切线与海平面的夹角(°)；k 是短缩率；x 为两浮子间钓钩的编号；n 为两浮子间干线的分段数；L 为两浮子间在海面上的水平距离(m)；t 为投绳时前后两钓钩之间相隔的时间间隔；V_1 为投绳机出绳速度(m/s)；V_2 为航速(m/s)。φ_0 与式 6－2－4 中的短缩率 k 有关，现实中该角度测量难度较大，所以本研究利用短缩率 k 来推算出 φ_0。

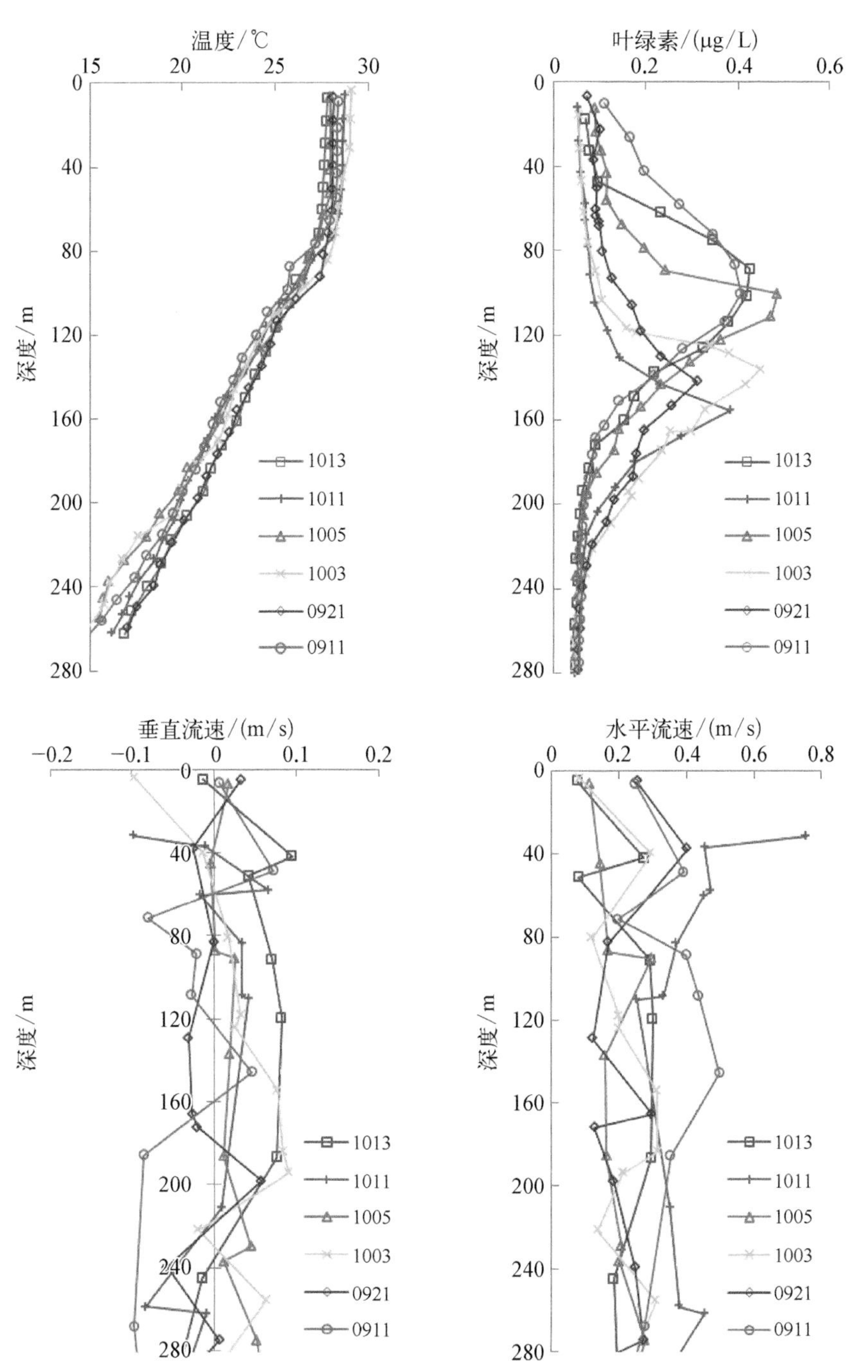

图 6-2-2　调查期间典型的温度、叶绿素 *a* 浓度、垂直流速和水平流速垂直剖面图

1013：10 月 13 日(14°04′4S、161°36′6W)；1011：10 月 11 日(13°55′S、161°44′W)；1005：10 月 05 日(12°21′1S、162°02′2W)；1003：10 月 3 日(11°01′S、158°33′W)；0921：9 月 21 日(10°18′8S、167°21′1W)；0911：9 月 11 日(9°29′9S、162°04′4W)

利用 SPSS 软件，采用多元线性逐步回归的方法建立钓钩的实际平均深度（$\bar{D}$）与理论深度（D_x）的关系模型。认为钓钩所能达到的实际平均深度等于钓钩理论深度与拟合沉降率的乘积，而拟合沉降率则受到钓具漂移速度（V_g）、风速（V_w）、风流合压角（γ）、风舷角（Q_w）和钩号（x）的影响，将以上参数取对数值作为自变量，以实际钓钩深度（TDR 所测深度）与理论钓钩深度比值的对数值作为因变量导入 SPSS 软件中进行回归，得出关于沉降率的拟合公式，进而计算得到拟合钓钩深度。其中，钓具在风、流的合力作用下的速度为钓具漂移速度，是钓具在海中相对海底漂移的速度，单位为（m/s）；风速是指风速仪测得的速度，单位为（m/s）；钓具在海中的漂移方向与投绳航向之间的夹角称为风流合压角，单位为（°）；风向与投绳航向之间的夹角称为风舷角，单位为（°）[36]。

设

$$\lg(Y_1/Y_2) = b_0 + b_1X_1 + b_2X_2 + b_3X_3 + b_4X_4 + b_5X_5 \qquad (6-2-5)$$

式中，Y_1 为实测钩深；Y_2 为理论钩深；X_1 为 $\lg(j)$；X_2 为 $\lg(V_g)$；X_3 为 $\lg(V_w)$；X_4 为 $\lg(\sin r)$；X_5 为 $\lg(\sin Q_w)$，回归结果见表 6－2－1 和 6－2－2，取模型 3 为适用模型。

表 6－2－1　渔具部分回归结果概要

模　型	R	R^2	调整 R^2	估计的标准误差
1	0.443[a]	0.196	0.175	0.118 34
2	0.543[b]	0.295	0.262	0.116 17
3	0.586[c]	0.343	0.306	0.114 93

a. 预测变量：（常量），X_2；
b. 预测变量：（常量），X_2，X_3；
c. 预测变量：（常量），X_2，X_3，X_5。

表 6－2－2　钓具部分回归参数

模　型	参　数	非标准化系数		t	Sig.
		样本回归系数	标准误差		
1	（常量）	-0.017	0.012	-1.466	0.044
	X_2	-0.100	0.039	-2.562	0.011
2	（常量）	0.073	0.028	2.625	0.009
	X_2	0.105	0.038	2.734	0.007
	X_3	-0.119	0.033	-3.581	0.000
3	（常量）	0.066	0.027	2.411	0.016
	X_2	0.116	0.038	3.041	0.003
	X_3	-0.098	0.034	-2.893	0.004
	X_5	0.005	0.002	2.784	0.006

回归模型为

$$\lg(Y_1/Y_2) = 0.066 + 0.116X_2 - 0.098X_3 + 0.005X_5(n = 316,\ R = 0.586) \tag{6-2-6}$$

拟合钓钩深度的最终计算公式为

$$\overline{D} = D_x \cdot 10^{(0.066+0.116\lg(V_g)-0.098\lg(V_w)+0.005\lg(\sin Q_w))} \tag{6-2-7}$$

2.2.2 长鳍金枪鱼渔获率的计算方法

在0~240 m的水深范围内，将整个水体分成6个水层，每一水层均为40 m。分别计算出海上实测的各站点、各水层的钓钩数量、长鳍金枪鱼的钓获尾数。最终计算出各站点、各水层长鳍金枪鱼的渔获率，计算公式如下[32,35,37]：

$$CPUE_{ij} = \frac{N_{ij}}{H_{ij}} \times 1\,000 \tag{6-2-8}$$

式中，H_{ij}为第i站点、第j水层内的钓钩数量，其中i的取值范围为1,2,3,…,55,56;j的取值范围为1,2,…,5,6。56个站点钓获的长鳍金枪鱼共计2 880尾。

N_{ij}为第i站点、第j水层钓获的长鳍金枪鱼的尾数，其计算公式具体如下：

$$N_{ij} = \frac{N_j}{N} \times N_i \tag{6-2-9}$$

式中，N_j为整个调查期间第j水层所钓获的长鳍金枪鱼总尾数；N为调查期间长鳍金枪鱼总钓获尾数；N_i为第i站点钓获的长鳍金枪鱼尾数。

长鳍金枪鱼在第i站点的渔获率$CPUE_i$的计算方法如下：

$$CPUE_i = \frac{N_i}{H_i} \times 1\,000 \tag{6-2-10}$$

式中，H_i为第i站点投放的钓钩数量。

长鳍金枪鱼在整个调查期间第j水层的渔获率$CPUE_j$的计算方法如下：

$$CPUE_j = \frac{N_j}{H_j} \times 1\,000 \tag{6-2-11}$$

式中，H_j为整个调查期间第j水层内投放的钓钩数量。

2.2.3 环境因子平均值的计算方法

各站点在每个水层的环境因子值E_{ij}是通过计算每个水层内仪器所采集的环境数据的算术平均值而得。该站点整个水体的环境因子值E_i通过该站点各水层内环境因子的加权平均值计算而得，加权系数则为整个调查期间长鳍金枪鱼在各个水层的渔获率$CPUE_j$[36]，具体计算公式如下：

$$E_i = \sum(CPUE_j E_{ij}) / \sum CPUE_j \qquad (6-2-12)$$

海上实测过程中,0~40 m 水层内长鳍金枪鱼渔获几乎为零,所以这一水层的长鳍金枪鱼的 CPUE 为零,本研究仅建立了 40.0~79.9 m($j=1$)、80.0~119.9 m($j=2$)、120.0~159.9 m($j=3$)、160.0~199.9 m($j=4$)和 200.0~239.9 m($j=5$)这 5 个水层范围所对应的渔获率预测模型,并获得栖息地综合指数模型。

2.3 基于分位数回归栖息地综合指数(IHI)模型的建立

本章采用分位数回归模型(QRM)及支持向量机(SVM)的方法研究每个水层及整个水体的长鳍金枪鱼 CPUE 与海洋环境因子的关系,建立长鳍金枪鱼 CPUE 预测模型。

分位数回归模型有三种算法[38]:单纯性法、内点法、预处理后内点法,这三种算法都可以在统计软件 SAS、R 或 Splus 上实现[39~41]。单纯性法适合样本数量及变量数量不多的情况;内点法在样本量大的情况下效率很高;预处理后内点法适合样本量大于 10 的情况[42,43]。分位数回归对随机误差项的分布没有特别的规定,使得模型很稳定;对模型中异常点表现出耐抗性以及得到的参数表现出渐进优良性[44]。这使得分位数回归模型可以非常稳定地处理数据中出现的异常值[45],使得数据在总体上不会发生太大变化。

分位数回归模型采用的是最小绝对偏差法,分位数回归的方法也是一种非线性方法,相对更加符合库克群岛海域金枪鱼渔场的动态分布,它显著的优点是不仅能将不同环境因子代入模型并且能将各环境因子之间交互项也代入模型中,这样可以对模型的准确度有一定的提高。本章对选定的 42 个站点的数据用于建立预测模型,本模型以长鳍金枪鱼的实测 CPUE($CPUE_i$, $CPUE_{ij}$)、温度(T_i, T_{ij})、叶绿素 a 浓度(F_i, F_{ij})、水平海流(S_i, S_{ij})、垂直海流(V_i, V_{ij})和它们之间的交互作用项按作业天为单位,利用 Blossom 分位数回归统计软件[39],通过该软件拟合出 QRM 长鳍金枪鱼 CPUE 预测模型。整个水体及各水层的长鳍金枪鱼预测 CPUE 与各海洋环境因子之间的关系分别假设为

$$\begin{aligned} CPUE_i = {} & \text{constant}_i + a_i T_i + b_i FIC_i + c_i S_i + d_i V_i + e_i TFIC_i + f_i TS_i \\ & + g_i TV_i + h_i FICS_i + k_i FICV_i + m_i SV_i + \varepsilon_i \end{aligned} \qquad (6-2-13)$$

式中,$CPUE_i$ 为站点 i 的长鳍金枪鱼预测 CPUE,constant_i 为常数项,$TFIC_i$、TS_i、TV_i、$FICS_i$、$FICV_i$、SV_i 分别是站点 i 的各环境因子平均值之间的两两交互作用项,ε_i 是误差值。

$$\begin{aligned} CPUE_{ij} = {} & \text{constant}_{ij} + a_{ij} T_{ij} + b_{ij} FIC_{ij} + c_{ij} S_{ij} + d_{ij} V_{ij} + e_{ij} TFIC_{ij} \\ & + f_{ij} TS_{ij} + g_{ij} TV_{ij} + h_{ij} FICS_{ij} + k_{ij} FICV_{ij} + m_{ij} SV_{ij} + \varepsilon_{ij} \end{aligned} \qquad (6-2-14)$$

式中,$CPUE_{ij}$ 为站点 i 水层 j 的长鳍金枪鱼预测 CPUE,constant_{ij} 为常数项,$TFIC_{ij}$、TS_{ij}、TV_{ij}、$FICS_{ij}$、$FICV_{ij}$、SV_{ij} 分别是各环境因子的两两交互作用项,ε_{ij} 是误差值。

根据上述建立的长鳍金枪鱼在各水层和整个水体的渔获率预测模型,将各环境因子分别代入本章建立的 CPUE 预测模型中,得到长鳍金枪鱼预测渔获率,即 $CPUE_i$ 和 $CPUE_{ij}$,然后计算栖息地综合指数 IHI_i 和 IHI_{ij}[14],具体计算公式如下:

$$IHI_{QRMi} = \frac{CPUE_{QRMi}}{CPUE_{QRMmax}} \qquad (6-2-15)$$

$$IHI_{QRMij} = \frac{CPUE_{QRMij}}{CPUE_{QRMmax}} \qquad (6-2-16)$$

式 6－2－15 和式 6－2－16 中，$CPUE_{QRMmax}$是 $CPUE_{QRMi}$和 $CPUE_{QRMij}$中的最大值。

2.4　基于支持向量机栖息地综合指数(IHI)模型的建立

Cortes 等[46]提出了支持向量机，通过对线性不可分空间进行分割，从而产生一个最优非线性决策边界。在统计学习理论研究中，支持向量机回归使结构风险最小化[47, 48]，而且利用支持向量机在小样本处理和预测上的优势，避免了从归纳到演绎这一传统过程，做到了从训练样本到预测样本传导推理的高效性[49～51]。本章的模型训练样本数据较少，通过支持向量机的方法可以减少模型的误差。

由于库克群岛海域长鳍金枪鱼渔场是动态变化的，而影响这种渔场动态变化的环境因素不确定性太高，所以本章采用支持向量机二分法的思想[46, 52, 53]，其最显著的优点为在长鳍金枪鱼渔场先验知识不足的情况下，通过各水层环境因子与对应实测 CPUE 数据的导入，并在可控范围内选取足够训练样本后，可以智能选取与训练样本类似的其他数据向量。本章对选定的 42 个站点(与分位数回归所用站点一致)的数据用于建立预测模型，以长鳍金枪鱼的实测 CPUE($CPUE_i$，$CPUE_{ij}$)、温度(T_i，T_{ij})、叶绿素 a 浓度(F_i，F_{ij})、水平海流(S_i，S_{ij})和垂直海流(V_i，V_{ij})按作业天为单位导入 MATLAB 中，基于 C 语言得到与训练样本相似度较高的向量，然后用选出的高相似度向量($P \geqslant 0.05$)在 SPSS 中拟合出预测 CPUE 与所有实测环境因子的关系模型。预测 CPUE 与拟合出的各海洋环境因子之间的关系假设为

$$\widehat{CPUE}_i = \mathrm{constant}_i + a_i T_i + b_i F_i + c_i S_i + d_i V_i \qquad (6-2-17)$$

式中，$\mathrm{constant}_i$ 为常数项，其大小由支持向量机阈值决定；a_i，b_i，c_i 和 d_i 分别为相应的系数。

$$\widehat{CPUE}_{ij} = \mathrm{constant}_{ij} + a_{ij} T_{ij} + b_{ij} F_{ij} + c_{ij} S_{ij} + d_{ij} V_{ij} \qquad (6-2-18)$$

式中，$\mathrm{constant}_{ij}$为常数项，其大小由支持向量机阈值决定；a_{ij}，b_{ij}，c_{ij} 和 d_{ij} 分别为相应的系数。

根据上述建立的长鳍金枪鱼在各水层和整个水体的 CPUE 预测模型，将温度等环境因子分别输入相应的 CPUE 预测模型中，得到长鳍金枪鱼预测渔获率，即 $CPUE_i$ 和 $CPUE_{ij}$，然后计算栖息地综合指数 IHI_i 和 IHI_{ij}[14]，具体计算公式如下：

$$IHI_{SVMi} = \frac{CPUE_{SVMi}}{CPUE_{SVMmax}} \qquad (6-2-19)$$

$$IHI_{SVMij} = \frac{CPUE_{SVMij}}{CPUE_{SVM\max}} \quad (6-2-20)$$

式 6－2－19 和式 6－2－20 中，$CPUE_{SVM\max}$是 $CPUE_{SVMi}$和 $CPUE_{SVMij}$中的最大值。

2.5 IHI 模型的验证

将 14 个验证站点对应的海洋环境数据导入预测模型中，并将得出的预测 CPUE，与其对应的实测的名义 CPUE 进行比对，并对它们做 Wilcoxon 符号秩检验，确定两者是否存在显著性差异[46,52~54]。最后，分别计算出基于分位数回归及支持向量机预测模型验证站点的整个水体和各水层的栖息地综合指数，使用 Marine Explorer 4.0 软件绘制其分布图，并与实测 CPUE 进行比对。

本章还通过对 14 个验证站点整个水体的栖息地综合指数（IHI）及与其相对应的名义 CPUE 间的 Spearman 系数来验证模型的预测能力[45]。

2.6 分位数回归及支持向量机 IHI 模型的预测能力

将 42 个模型建立站点的海洋环境因子分别输入到两种方法得出的 IHI 预测模型中，分别得出各水层及整个水体的 IHI 预测值，并与长鳍金枪鱼名义 CPUE 叠图，定性评价模型的预测能力。采用 Spearman 相关系数分析各水层的 IHI 与其对应的长鳍金枪鱼实测 CPUE 之间的关系，检验标准设定为：相关系数<0.4 时为差；0.4~0.49 之间为中；0.5~0.69 之间为良；>0.7 为优[15]。并采用这一标准来衡量模型预测能力的好坏。比较分位数回归及支持向量机这两种方法对 40~79.9 m、80~119.9 m、120~15.9 m、160~199.9 m、200~240 m 及整个水体的栖息地综合指数与其对应的长鳍金枪鱼实测 CPUE 之间的 Spearman 相关系数，确定各水层及整个水体的最佳预测模型。

3 结　　果

3.1 基于分位数回归的 IHI_{QRM}预测模型及检验

3.1.1 不同水层和整个水体中长鳍金枪鱼的预测 $CPUE_{QRM}$

通过分位数回归对各站点各水层内长鳍金枪鱼的渔获率与相关环境因子值（为各站点各水层的平均温度、叶绿素 a 浓度、水平流速和垂直流速及其两两交互作用项）的选取，得出各水层长鳍金枪鱼分位数回归渔获率预测模型，具体参数如表 6－3－1。不同水层影响长鳍金枪鱼分布的主要因素不同，在 40.0~79.9 m、80.0~119.9 m、120.0~159.9 m、160.0~199.9 m 和 200.0~239.9 m 水层其分布分别主要受温度、叶绿素 a 浓度、叶绿素 a 浓度和温度及温度和水平流速的交互作用影响。整个水体影响长鳍金枪鱼分布的主要因素为叶绿素 a 浓度、温度。

表 6-3-1　各水层最佳 QRM 渔获率预测模型参数

水　层	40.0~79.9 m		80.0~119.9 m		120.0~159.9 m	
	估计值	P	估计值	P	估计值	P
$constant_{ij}$	-150.17	/	-456.35	/	151.38	/
$a_{ij}(T_{ij})$	5.44	0.000	17.49	0.000	-7.64	0.000
$b_{ij}(F_{ij})$	0	/	-41.13	0.000	202.12	0.000
$c_{ij}(S_{ij})$	0	/	0	/	-9.63	0.002
$d_{ij}(V_{ij})$	0	/	0	/	0	/
$e_{ij}(TF_{ij})$	2.14	0.003	0	/	0	/
$f_{ij}(TS_{ij})$	0	/	0	/	0	/
$g_{ij}(TV_{ij})$	0	/	0	/	0	/
$h_{ij}(FS_{ij})$	0	/	0	/	0	/
$k_{ij}(FV_{ij})$	0	/	0	/	0	/
$m_{ij}(SV_{ij})$	0	/	0	/	0	/
水　层	160.0~199.9 m		200.0~239.9 m		整个水体	
	估计值	P	估计值	P	估计值	P
$constant_{ij}$	-220.79	/	-25.10	/	1.24	/
$a_{ij}(T_{ij})$	11.49	0.000	0	/	-0.57	0.013
$b_{ij}(F_{ij})$	-2.13	0.000	583.68	0.29	124.24	0.000
$c_{ij}(S_{ij})$	0	/	0	/	0	/
$d_{ij}(V_{ij})$	0	/	0	/	0	/
$e_{ij}(TF_{ij})$	0	/	0	/	0	/
$f_{ij}(TS_{ij})$	-1.15	0.005	0.12	0.002	0	/
$g_{ij}(TV_{ij})$	0	/	0	/	0	/
$h_{ij}(FS_{ij})$	0	/	0	/	0	/
$k_{ij}(FV_{ij})$	0	/	0	/	0	/
$m_{ij}(SV_{ij})$	0	/	0	/	0	/

3.1.2　长鳍金枪鱼栖息地综合指数(IHI_{QRM})

将所得的分位数回归预测 $CPUE_{QRMij}$用于计算各水层的长鳍金枪鱼栖息地综合指数,并且绘制栖息地综合指数分布与名义 CPUE 叠加图,见图 6-3-1。从图 6-3-1 中得出 IHI 指数较高的海域见表 6-3-2。从表 6-3-2 可知,不同水层的 IHI_{ij}指数存在较大的差异,其中 120.0~159.9 m 和 160.0~199.9 m 水层长鳍金枪鱼的 IHI_{QRMij}较高(0.60~0.92),而其在 40.0~79.9 m 水层较低(0.12~0.16)。库克群岛海域整个水体中长鳍金枪鱼 IHI_{QRMi} 和名义 CPUE 空间分布如图 6-3-2。其 IHI_i 指数范围见表 6-3-2,为 0.30~0.47。

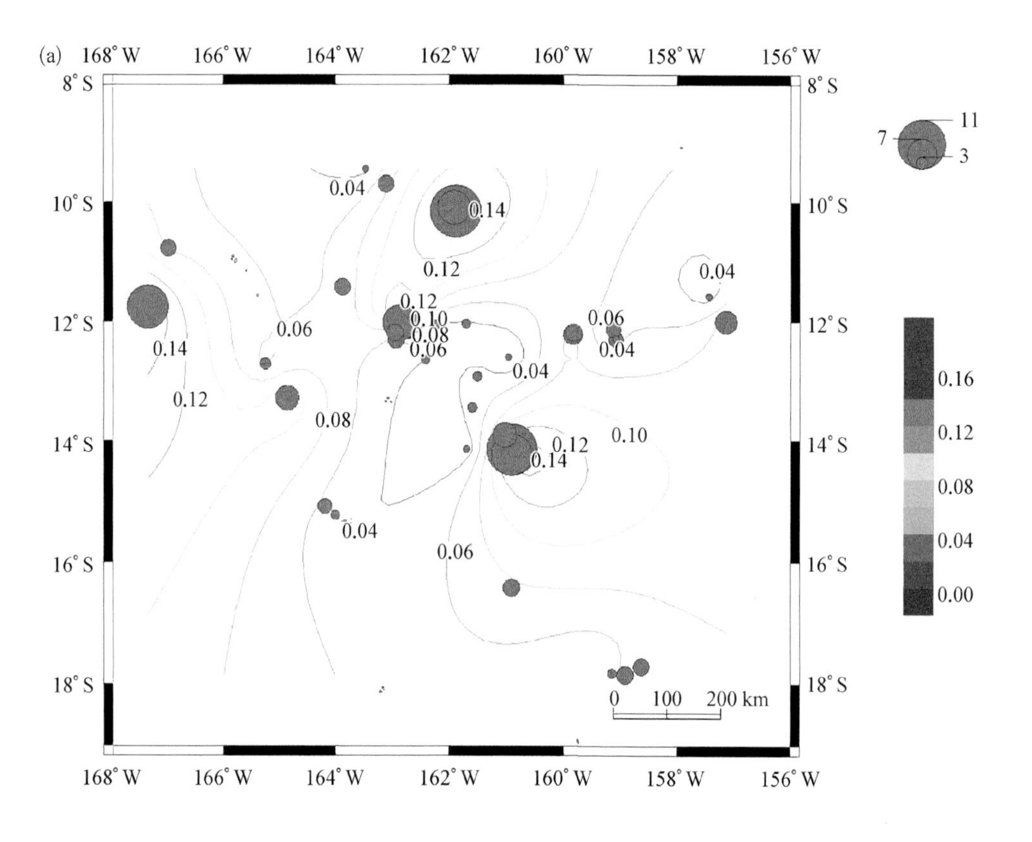
(a)
168° W
166° W
164° W
162° W
160° W
158° W
156° W
8° S
10° S
12° S
14° S
16° S
18° S
0.04
0.14
0.12
0.12
0.10
0.08
0.06
0.06
0.14
0.12
0.08
0.04
0.06
0.04
0.04
0.12
0.14
0.10
0.04
0.06
0
100
200 km
11
7
3
0.16
0.12
0.08
0.04
0.00

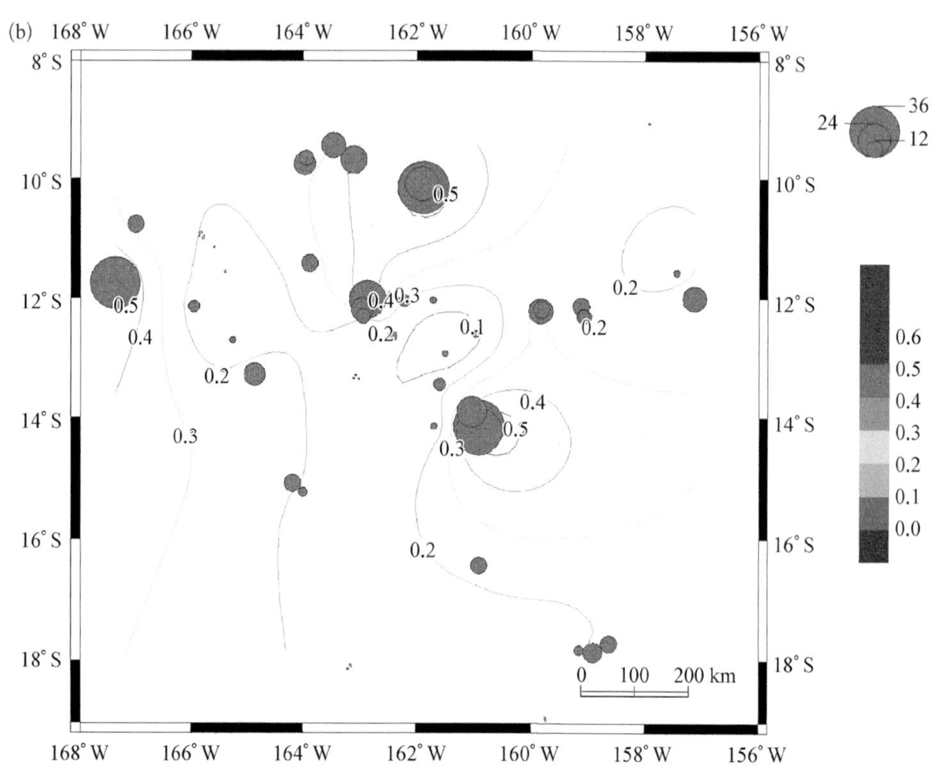
(b)
168° W
166° W
164° W
162° W
160° W
158° W
156° W
8° S
10° S
12° S
14° S
16° S
18° S
0.5
0.5
0.4
0.4
0.3
0.2
0.2
0.1
0.2
0.2
0.3
0.4
0.5
0.3
0.2
0
100
200 km
36
24
12
0.6
0.5
0.4
0.3
0.2
0.1
0.0

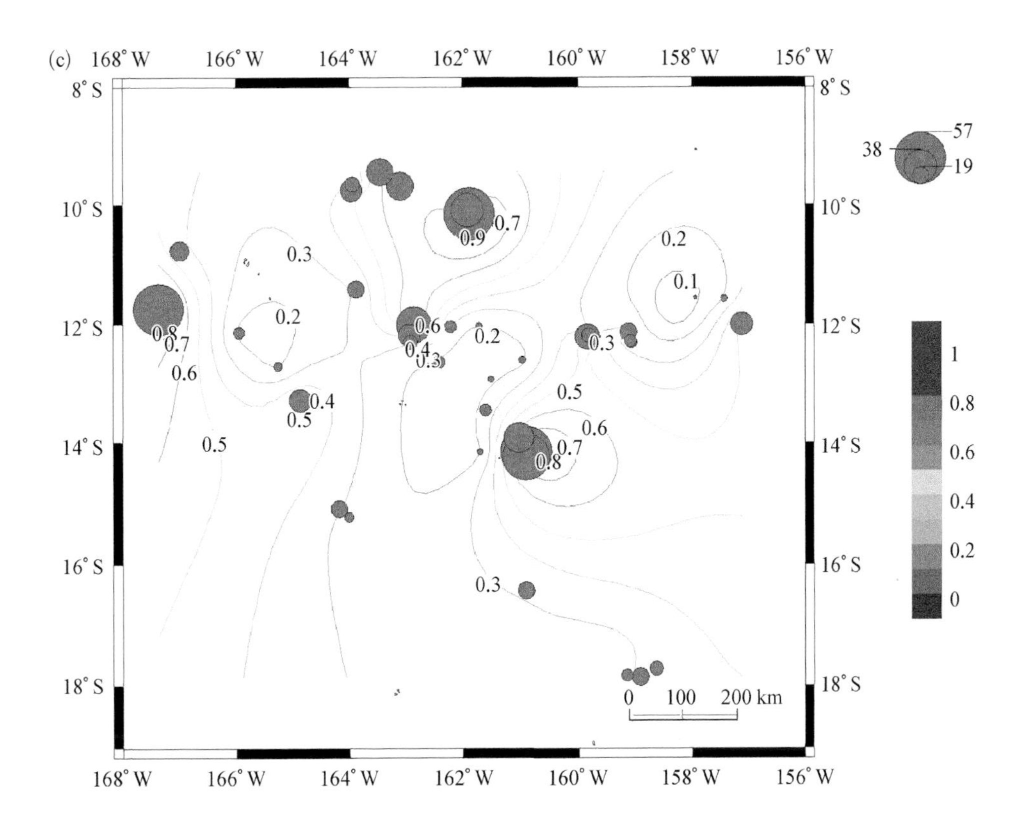
(c)
168° W
166° W
164° W
162° W
160° W
158° W
156° W
8° S
10° S
12° S
14° S
16° S
18° S
57
38
19
1
0.8
0.6
0.4
0.2
0
0.3
0.2
0.1
0.9
0.7
0.8
0.6
0.5
0.4
0 100 200 km

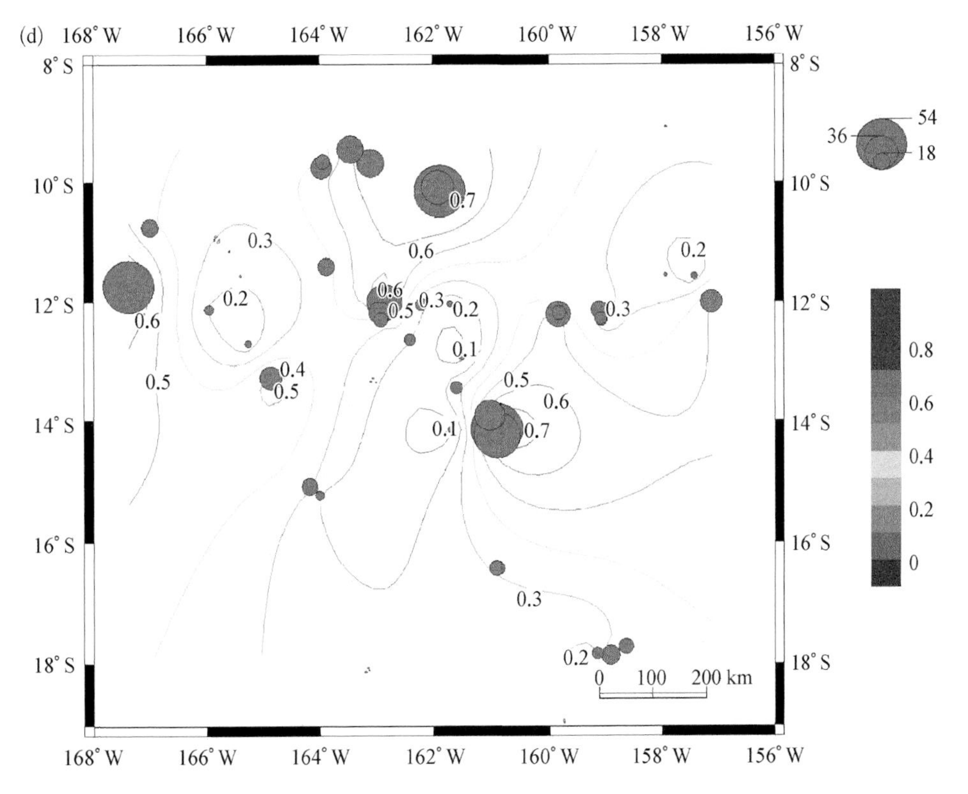
(d)
168° W
166° W
164° W
162° W
160° W
158° W
156° W
8° S
10° S
12° S
14° S
16° S
18° S
54
36
18
0.8
0.6
0.4
0.2
0
0.7
0.6
0.3
0.2
0.1
0.5
0.4
0 100 200 km

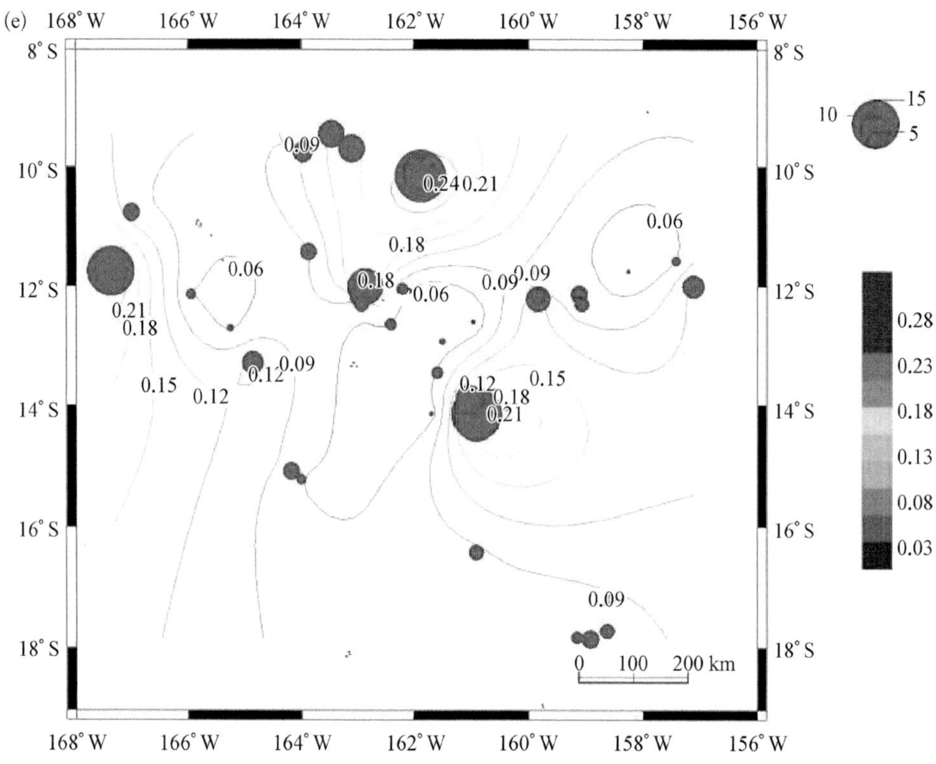

图 6-3-1 库克群岛海域不同水层长鳍金枪鱼 IHI_{QRMij} 与名义 CPUE 分布

a: 40.0~79.9 m;b: 80.0~119.9 m;c: 120.0~159.9 m;d: 160.0~199.9 m;e: 200.0~239.9 m

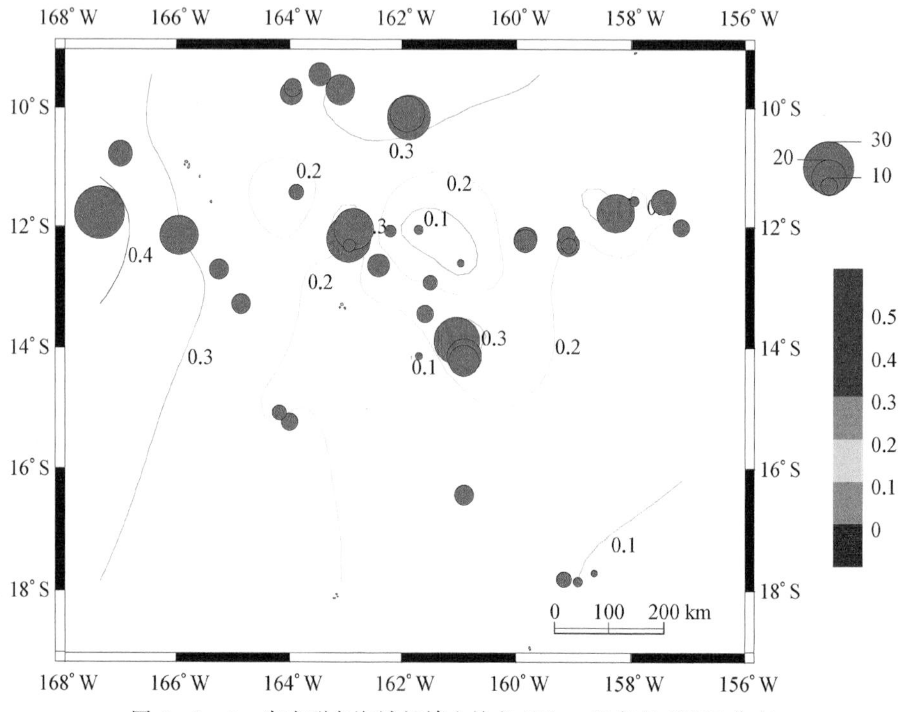

图 6-3-2 库克群岛海域长鳍金枪鱼 IHI_{QRMi} 和名义 CPUE 分布

表 6-3-2　相对较高的 IHI_{QRMij} 和 $\overline{IHI_{QRMi}}$ 的海区范围及其对应的 IHI_{QRM} 值

	水层/m	相对较高的 IHI 海区范围	IHI_{QRM}
IHI_{QRMij}	40.0~79.9	9°00′S~10°30′S、160°00′W~162°00′W 14°00′S~15°00′S、160°00′W~162°00′W 11°30′S~12°00′S、167°00′W~168°00′W	0.12~0.16
	80.0~119.9	10°00′S~12°30′S、159°00′W~164°00′W 11°30′S~12°00′S、167°00′W~168°00′W 13°30′S~14°30′S、159°00′W~161°30′W	0.40~0.64
	120.0~159.9	9°00′S~11°20′S、159°00′W~162°00′W 13°00′S~14°30′S、159°00′W~161°30′W 10°30′S~12°00′S、167°00′W~168°00′W	0.60~0.92
	160.0~199.9	09°30′S~12°20′S、160°00′W~163°00′W 13°30′S~14°30′S、159°00′W~161°00′W 10°30′S~13°00′S、167°00′W~168°00′W	0.60~0.82
	200.0~239.9	9°30′S~12°00′S、160°00′W~163°00′W 11°30′S~14°30′S、159°30′W~161°00′W 10°30′S~13°00′S、166°30′W~168°00′W	0.18~0.28
$\overline{IHI_{QRMi}}$	整个水体	9°30′S~13°30′S、159°30′W~163°30′W 13°30′S~14°30′S、160°30′W~161°30′W 9°30′S~18°00′S、165°30′W~168°00′W	0.30~0.47

3.1.3　IHI 模型的验证

利用长鳍金枪鱼 CPUE 预测模型把各水层与整个水体内 14 个站点的环境数据代入模型，获得长鳍金枪鱼各验证站点各个水层及整个水体的预测 $CPUE_{QRM}$ 如图 6-3-3 所示。再通过 Wilcoxon 符号秩检验方法对验证站点名义 CPUE 与预测 $CPUE_{QRM}$ 进行检验，如表

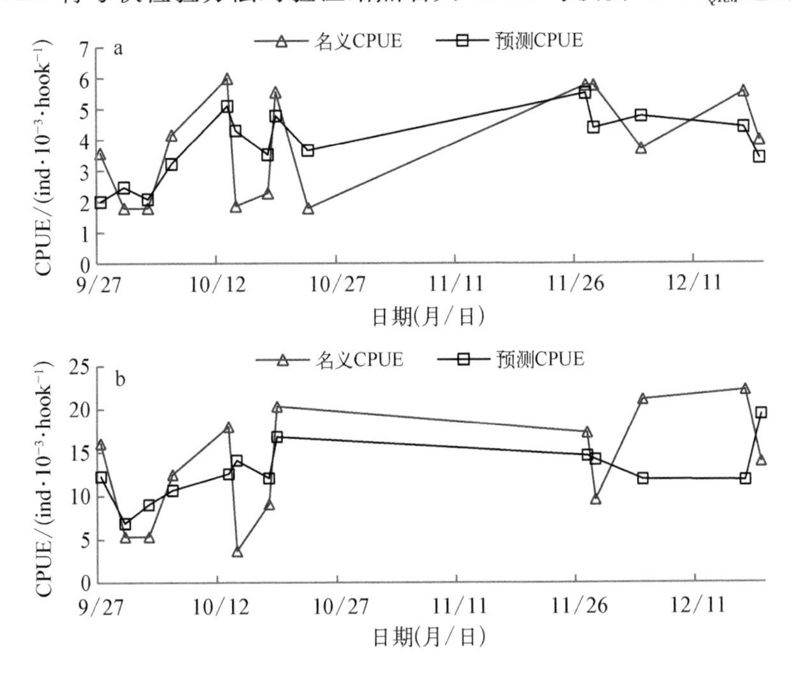

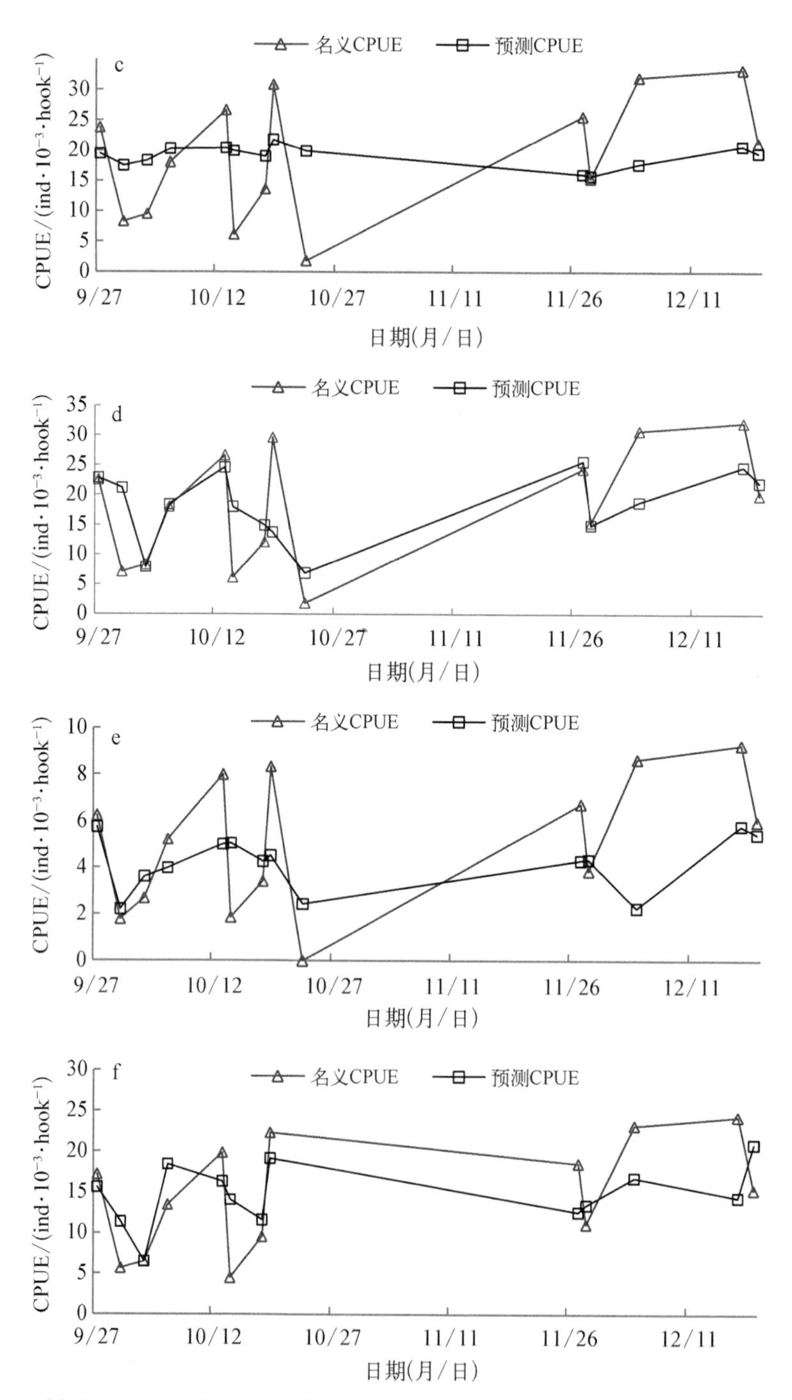

图 6-3-3 验证站点长鳍金枪鱼名义 CPUE 与预测 $CPUE_{QRM}$ 的比较

a：40.0~79.9 m；b：80.0~119.9 m；c：120.0~159.9 m；d：160.0~199.9 m；e：200.0~239.9 m；f：整个水体

6-3-3所示，结果表明两者之间均无显著性差异($P>0.05$)。通过对长鳍金枪鱼验证站点内不同水层 IHI_{QRMj} 预测值的算术平均值 IHI_{QRMj} 与各水层名义 CPUE 的算术平均值 $CPUE_j$ 进行验证，结果显示两者间的 Spearman 相关系数为 0.98，如图 6-3-4 所示。

表 6-3-3 名义 CPUE 与分位数回归模型预测 $CPUE_{QRM}$ 的 Wilcoxon 符号秩检验结果

水层/m	40.0~79.9	80.0~119.9	120.0~159.9	160.0~199.9	200.0~239.9	整个水体
P	0.650	0.165	0.826	0.438	0.289	0.794

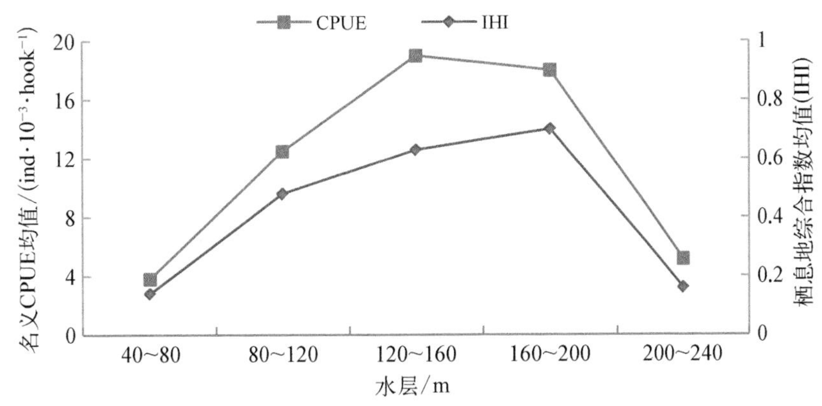

图 6-3-4 验证站点内各水层预测的 IHI_{QRM} 均值与对应各水层长鳍金枪鱼名义 CPUE 均值

3.2 基于支持向量机的 IHI_{SVM} 预测模型及检验

3.2.1 不同水层和整个水体中长鳍金枪鱼的预测 $CPUE_{SVM}$

根据选取的各调查站点的不同水层长鳍金枪鱼的渔获率与相关环境因子值(温度、叶绿素 a 浓度、水平流速、垂直流速),并利用支持向量机的方法得出不同水层长鳍金枪鱼 $CPUE_{SVM}$ 预测模型,结果如表 6-3-4 所示。由表中数据可得,不同水层影响长鳍金枪鱼分布的主要因素不同,在 40.0~79.9 m、80.0~119.9 m、120.0~159.9 m、160.0~199.9 m 和 200.0~239.9 m 水层其分布分别主要受叶绿素 a 浓度、水温、垂直流速、叶绿素 a 浓度和温度的影响。整个水体影响长鳍金枪鱼分布的主要因素为温度。

表 6-3-4 各水层最佳 $CPUE_{SVM}$ 预测模型的参数

水 层	40.0~79.9 m		80.0~119.9 m		120.0~159.9 m	
	估计值	R	估计值	R	估计值	R
$constant_{ij}$	-17 534	/	-55.088	/	-104.65	/
$a_{ij}(T_{ij})$	0.735	0.54	2.782	0.64	5.56	0.23
$b_{ij}(F_{ij})$	-1.819	0.79	-2.76	0.34	0	/
$c_{ij}(S_{ij})$	0	/	0	/	-3.15	0.86
$d_{ij}(V_{ij})$	1.77	0.45	-0.17	0.27	0.01	0.99

（续表）

水 层	160.0~199.9 m		200.0~239.9 m		整个水体	
	估计值	R	估计值	R	估计值	R
$constant_{ij}$	-26.052	/	10.7	/	-7.49	/
$a_{ij}(T_{ij})$	2.25	0.63	0.2	0.55	0.173	0.85
$b_{ij}(F_{ij})$	-0.56	0.92	88.2	0.29	52.26	0.41
$c_{ij}(S_{ij})$	-1.44	0.26	0	/	-6.71	0.18
$d_{ij}(V_{ij})$	-2.71	0.46	0	/	-3.06	0.11

3.2.2 长鳍金枪鱼栖息地综合指数(IHI)

将所得的预测 $CPUE_{SVMij}$用于计算各水层的长鳍金枪鱼栖息地综合指数，绘制栖息地综合指数分布与名义 CPUE 叠加图，见图 6-3-5。从图 6-3-5 中得出 IHI_{SVM}指数较高的海域见表 6-3-5。从表 6-3-5 可知，不同水层的 IHI_{SVMij}指数存在较大的差异，其中 120.0~159.9 m 和 160.0~199.9 m 水层长鳍金枪鱼的 IHI_{SVMij}较高(0.40~0.80)，而 40.0~79.9 m 水层长鳍金枪鱼的 IHI_{SVMij}较低(0.08~0.16)。库克群岛海域整个水体中长鳍金枪鱼 IHI_{SVMi} 和名义 CPUE 空间分布如图 6-3-6，其 IHI_i 指数范围见表 6-3-5，为 0.32-0.58。

表 6-3-5 库克群岛海域相对较高的 IHI_{SVMij}和 IHI_{SVMi}的海区范围及其对应的 IHI_{SVM}值

	水层/m	相对较高的 IHI 海区范围	IHI_{SVM}
IHI_{SVMij}	40.0~79.9	9°00′S~12°20′S、159°00′W~163°00′W 13°30′S~15°30′S、158°00′W~161°00′W 10°30′S~13°30′S、166°00′W~168°00′W	0.08~0.16
	80.0~119.9	9°00′S~12°20′S、160°00′W~164°00′W 13°30′S~15°30′S、157°00′W~161°00′W 10°30′S~13°30′S、166°00′W~168°00′W	0.32~0.50
	120.0~159.9	9°00′S~12°20′S、159°00′W~164°00′W 13°30′S~16°00′S、157°00′W~160°30′W 10°30′S~13°30′S、166°00′W~168°00′W	0.40~0.80
	160.0~199.9	9°00′S~12°20′S、159°00′W~164°00′W 13°30′S~16°00′S、157°00′W~161°00′W 10°30′S~13°30′S、166°00′W~168°00′W	0.40~0.70
	200.0~239.9	9°00′S~12°20′S、159°00′W~164°00′W 13°30′S~16°00′S、157°00′W~161°00′W 10°30′S~13°30′S、166°00′W~168°00′W	0.10~0.25
$\overline{IHI_{SVMi}}$	整个水体	9°00′S~12°20′S、159°00′W~164°00′W 13°30′S~14°30′S、159°00′W~161°00′W 10°30′S~12°30′S、167°00′W~168°00′W	0.32~0.58

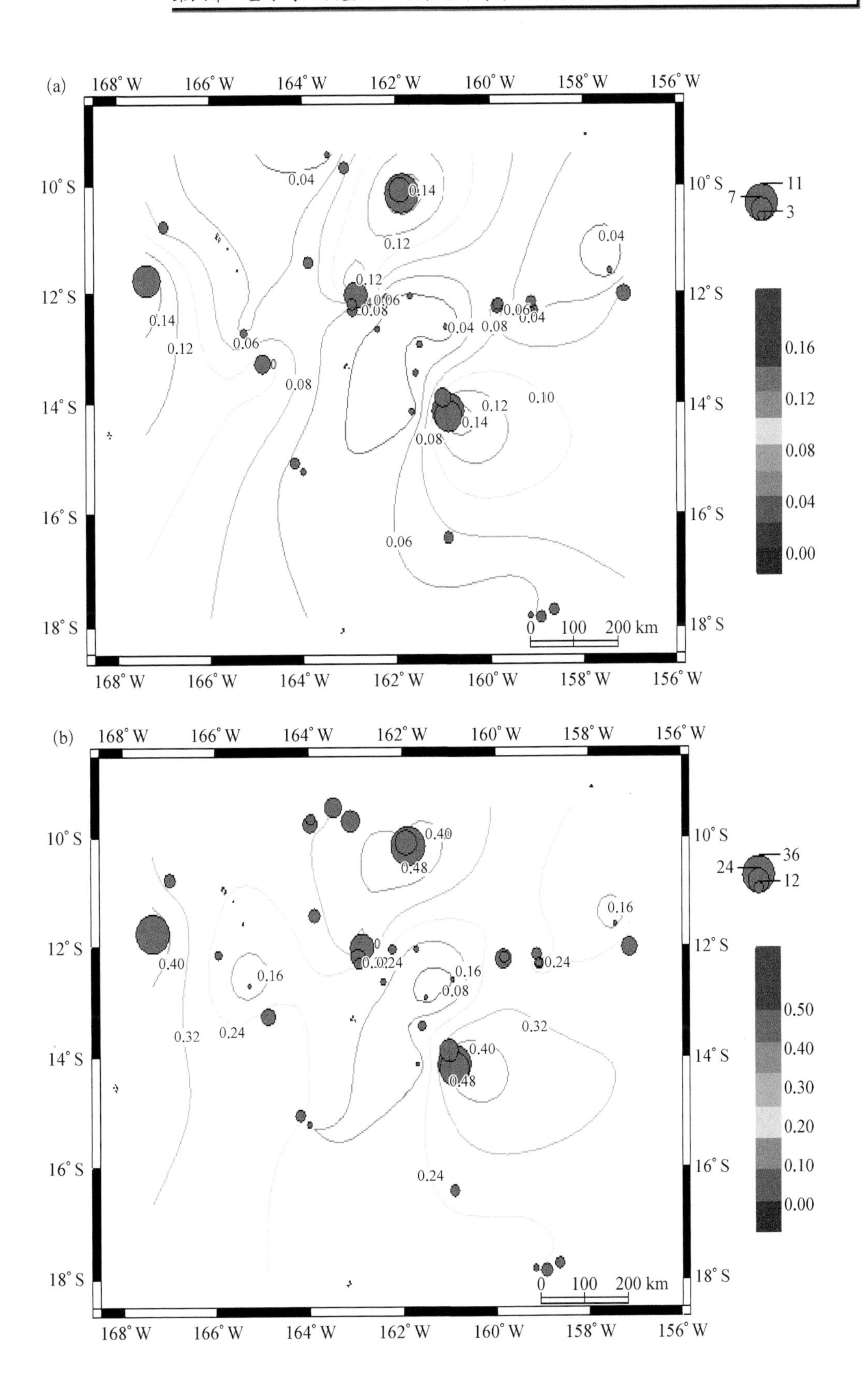
(a)
168° W
166° W
164° W
162° W
160° W
158° W
156° W
10° S
12° S
14° S
16° S
18° S
0.04
0.14
0.12
0.12
0.06
0.08
0.14
0.12
0.06
0.08
0.04
0.08
0.06
0.04
0.04
0.10
0.12
0.14
0.08
0.06
0 100 200 km
11
7
3
0.16
0.12
0.08
0.04
0.00
(b)
0.40
0.48
0.16
0.40
0.16
0.24
0.24
0.16
0.08
0.32
0.24
0.32
0.40
0.48
0.24
36
24
12
0.50
0.40
0.30
0.20
0.10
0.00

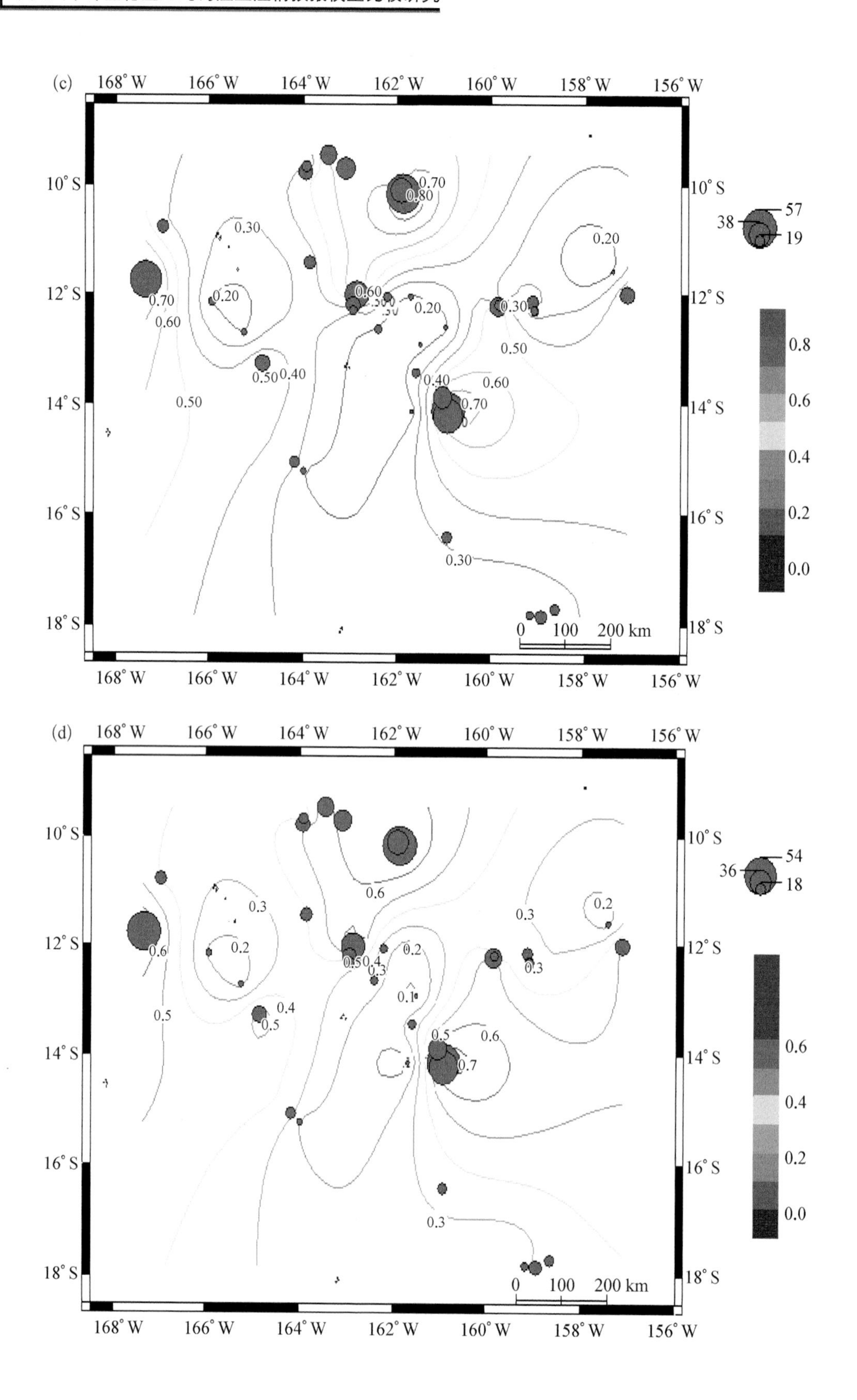
(c)
168° W
166° W
164° W
162° W
160° W
158° W
156° W
10° S
12° S
14° S
16° S
18° S
0.70
0.80
0.30
0.20
0.70
0.60
0.20
0.60
0.20
0.30
0.50
0.50
0.40
0.40
0.60
0.70
0.50
0.30
0 100 200 km
57
38
19
0.8
0.6
0.4
0.2
0.0
(d)
0.6
0.3
0.2
0.6
0.2
0.2
0.3
0.3
0.5
0.4
0.5
0.4
0.3
0.1
0.5
0.6
0.7
0.3
54
36
18
0.6
0.4
0.2
0.0

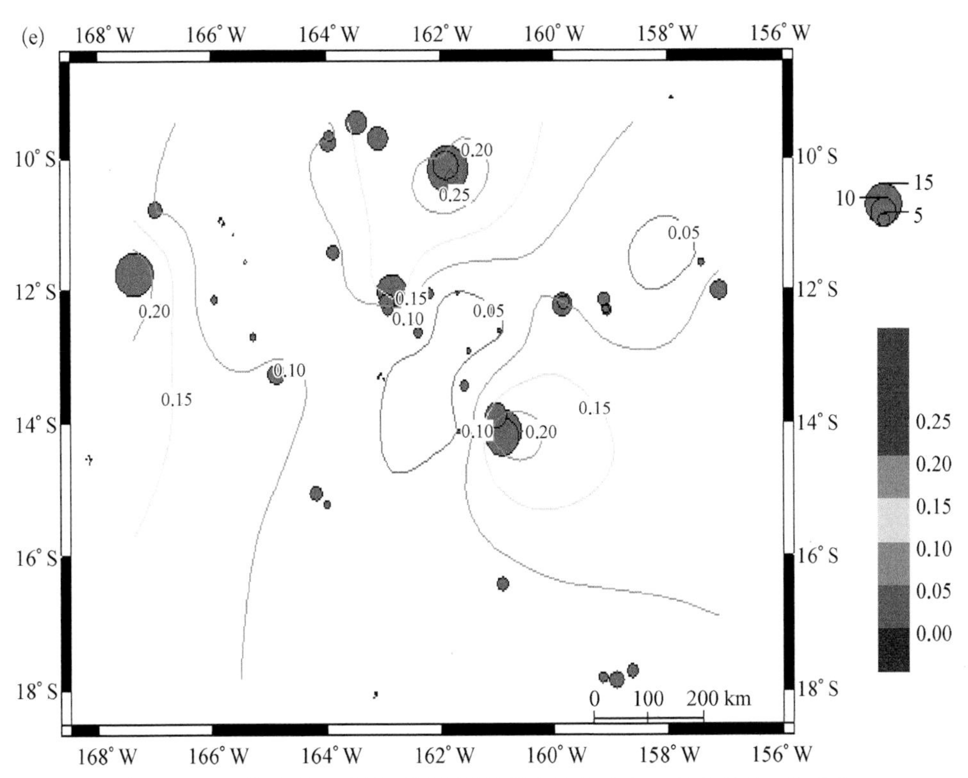

图 6-3-5　库克群岛海域不同水层长鳍金枪鱼 IHI_{SVMij} 与名义 CPUE 分布

a：40.0～79.9 m；b：80.0～119.9 m；c：120.0～159.9 m；d：160.0～199.9 m；e：200.0～239.9 m

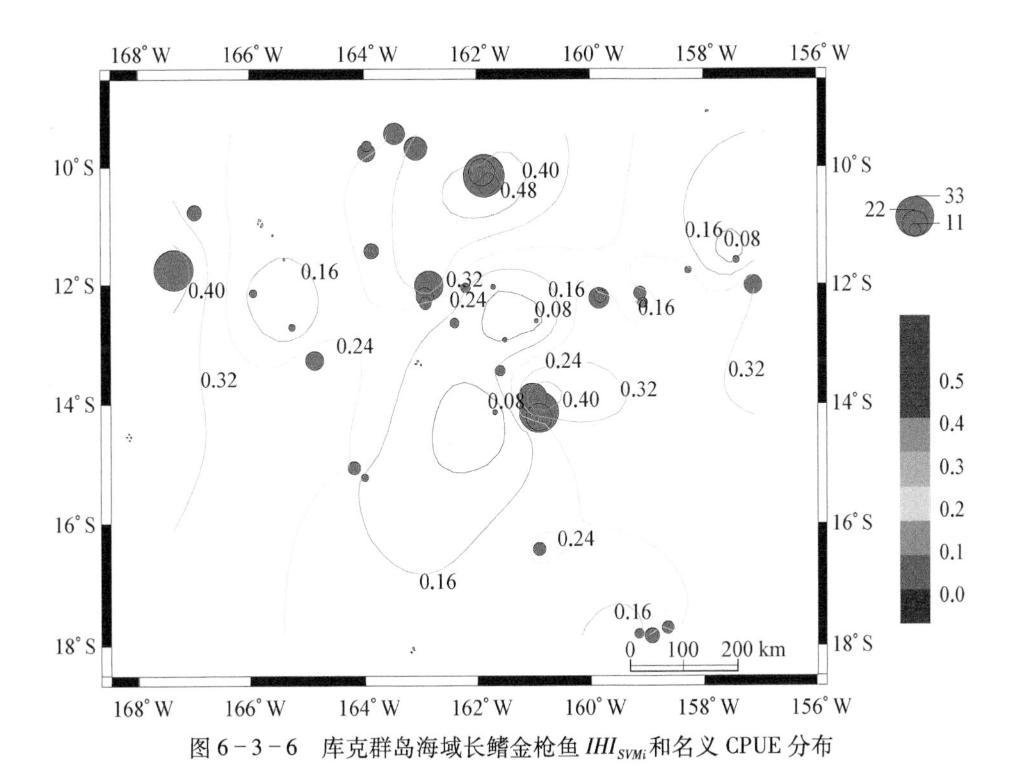

图 6-3-6　库克群岛海域长鳍金枪鱼 IHI_{SVMi} 和名义 CPUE 分布

3.2.3 IHI_{SVM}模型的验证

利用长鳍金枪鱼 CPUE 预测模型把各水层与整个水体内 14 个站点的环境数据代入模型，获得长鳍金枪鱼各验证站点各水层及整个水体的预测 $CPUE_{SVM}$如图 6-3-7 所示。再通过 Wilcoxon 符号秩检验方法对验证站点名义 CPUE 与预测 $CPUE_{SVM}$进行检验，如表 6-3-6 所

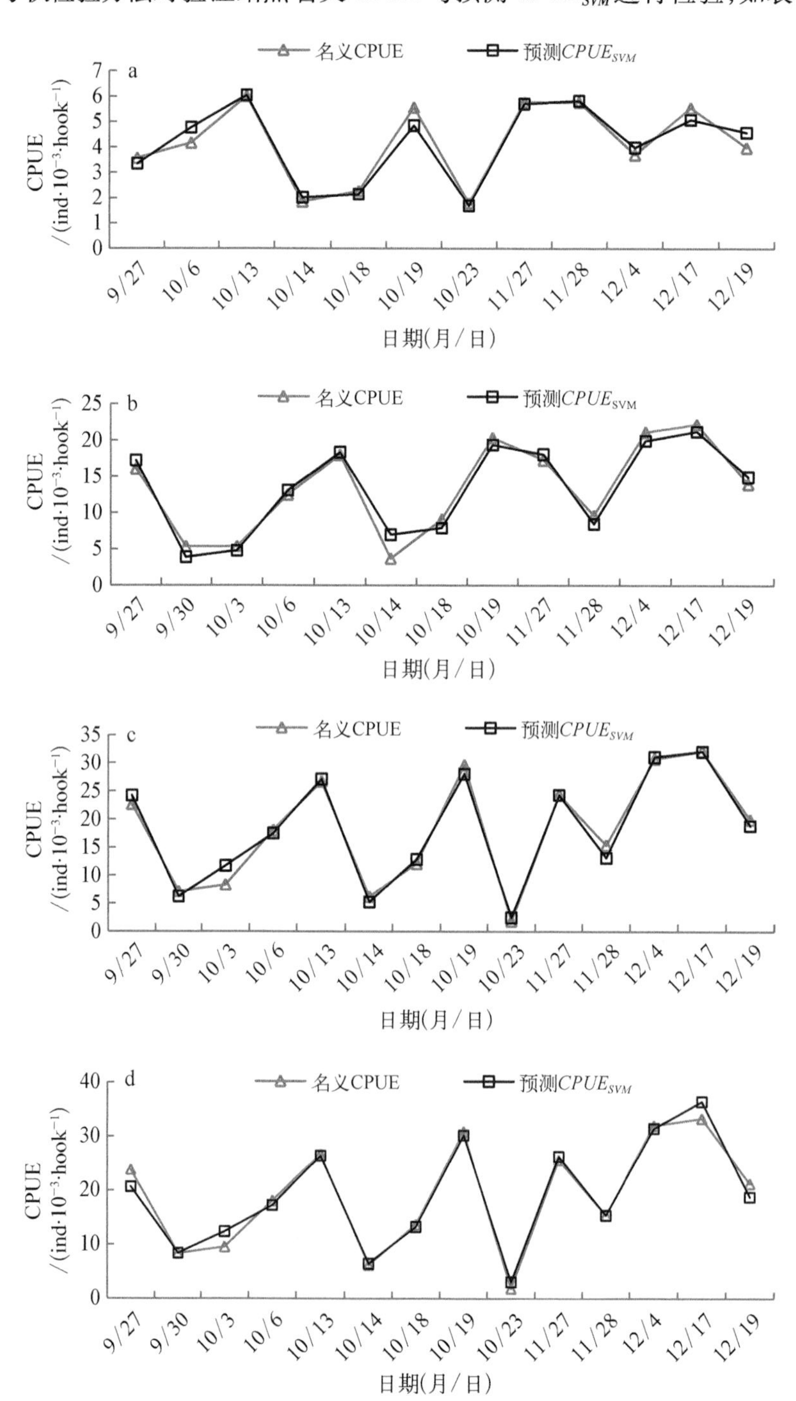

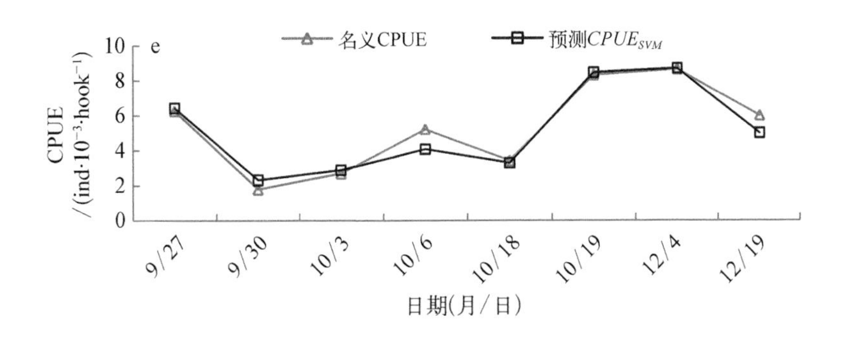

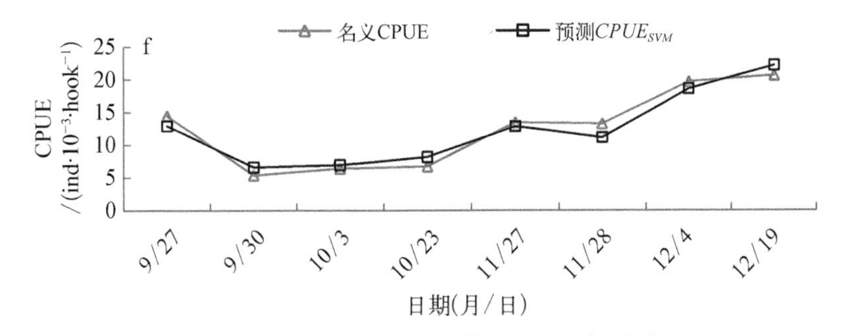

图 6-3-7　验证站点长鳍金枪鱼名义 CPUE 与预测 $CPUE_{SVM}$

a：40.0~79.9 m；b：80.0~119.9 m；c：120.0~159.9 m；d：160.0~199.9 m；e：200.0~239.9 m；f：整个水体

示，结果表明两者之间均无显著性差异（$P>0.05$）。通过对长鳍金枪鱼站点内不同水层 IHI_{SVMij} 预测值的算术平均值 IHI_{SVMj} 与各水层名义 CPUE 的算术平均值 $CPUE_j$ 进行验证，结果显示两者间的 Spearman 相关系数为 0.99，如图 6-3-8 所示。

表 6-3-6　名义 CPUE 与预测模型预测 $CPUE_{SVM}$ 的 Wilcoxon 符号秩检验结果

水层/m	40.0~79.9	80.0~119.9	120.0~159.9	160.0~199.9	200.0~239.9	整个水体
P	0.120	0.600	0.925	0.683	0.650	0.925

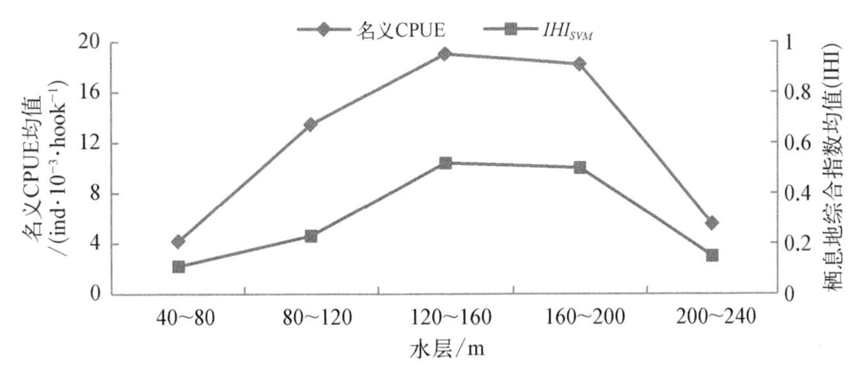

图 6-3-8　验证站点内各水层预测的 IHI_{SVM} 均值与对应各水层长鳍金枪鱼名义 CPUE 均值

3.3 分位数回归及支持向量机 IHI 模型的预测能力比较

3.3.1 基于分位数回归 IHI_{QRM} 模型的预测能力

将 42 个模型建立站点的海洋环境因子输入到长鳍金枪鱼 IHI 模型中，得出各水层及整个水体的 IHI 预测值并与长鳍金枪鱼 CPUE 叠图（图 6－3－9）。Spearman 相关系数、各水层预测能力的结果如表 6－3－7 所示，其中 40.0～79.9 m 和 160.0～199.9 m 这两个水层预测能力为优，最佳。不同水层 IHI_{QRMij} 预测值的算术平均值 IHI_{QRMj} 与各水层长鳍金枪鱼名义 CPUE 的算术平均值 $CPUE_j$ 的比较如图 6－3－10 所示，两者间的 Spearman 相关系数达到 0.98。

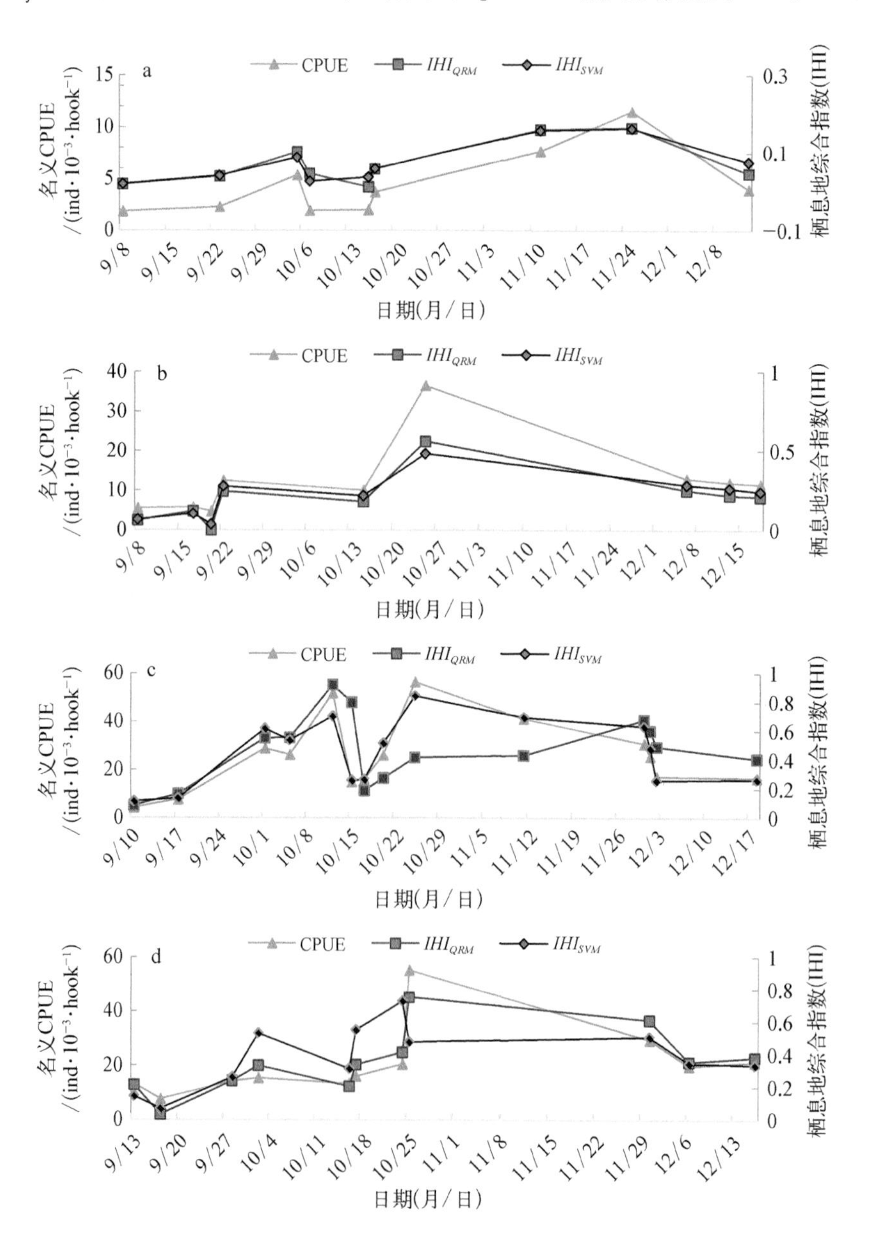

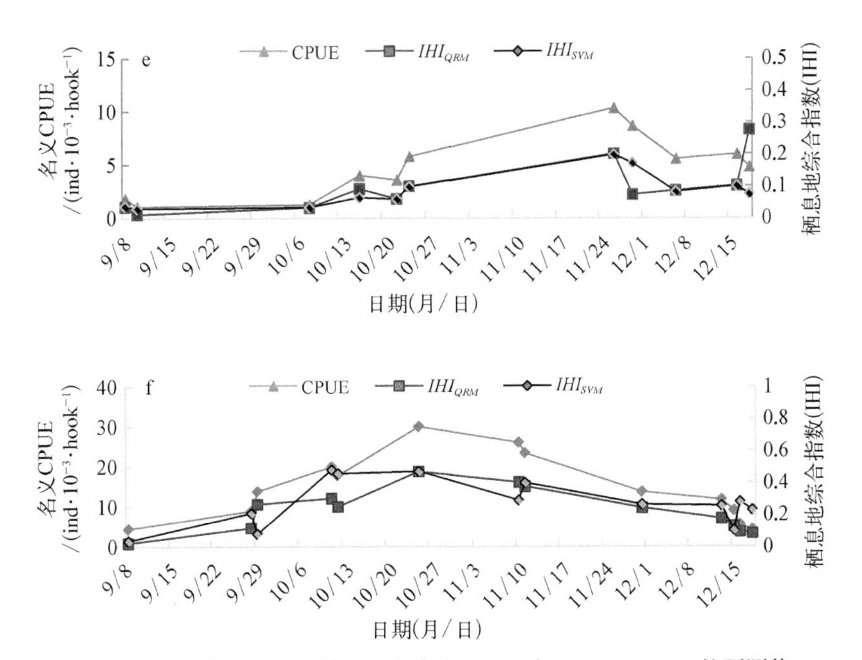

图 6-3-9　建模站点长鳍金枪鱼名义 CPUE 与 IHI_{QRM}、IHI_{SVM} 的预测值

a：40.0~79.9 m；b：80.0~119.9 m；c：120.0~159.9 m；d：160.0~199.9 m；e：200.0~239.9 m；f：整个水体

表 6-3-7　建模站点内各水层 QRM 或 SVM 预测的 IHI 指数与名义 CPUE 间的 Spearman 相关系数及预测能力

模　型	水层/m	40.0~79.9	80.0~119.9	120.0~159.9	160.0~199.9	200.0~239.9	整个水体
QRM	Spearman 相关系数	0.73	0.25	0.55	0.83	0.62	0.54
	预测能力	优	差	良	优	良	良
SVM	Spearman 相关系数	0.81	0.34	0.65	0.45	0.82	0.62
	预测能力	优	差	良	良	优	良

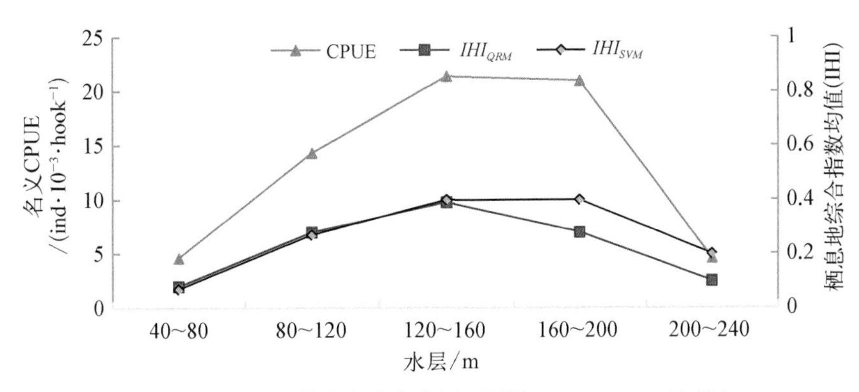

图 6-3-10　建模站点内各水层预测的 IHI_{QRM}、IHI_{SVM} 均值与对应各水层长鳍金枪鱼名义 CPUE 均值

3.3.2 基于支持向量机 IHI 模型的预测能力

将 42 个模型建立站点的海洋环境因子输入到长鳍金枪鱼 IHI 模型中,得出各个水层及整个水体的 IHI 预测值并与长鳍金枪鱼 CPUE 叠图(图 6－3－9)。Spearman 相关系数、各水层预测能力见表 6－3－7,其中 40.0～79.9 m 和 200.0～239.9 m 这两个水层为预测能力最佳的水层,预测能力为优。不同水层 IHI_{ij} 预测值的算术平均值 IHI_j 与各水层长鳍金枪鱼名义 CPUE 的算术平均值 $CPUE_j$ 的比较如图 6－3－10 所示,两者间的 Spearman 相关系数达到 0.99。

3.3.3 两种方法预测能力对比

本章通过分位数回归及支持向量机这两种方法对 40.0～79.9 m、80.0～119.9 m、120.0～159.9 m、160.0～199.9 m、200.0～240 m 及整个水体进行 IHI 建模,分别得出不同水层的预测能力,因为模型本身或其他环境因素导致两种方法都不能较好地预测所有水层。根据图 6－3－9 和图 6－3－10 可以看出基于支持向量机方法的 IHI 值更符合实测 CPUE 的变化趋势,根据表 6－3－7 可以看出,基于分位数回归模型建立的 IHI_{QRM} 模型对 40.0～79.9 m、160.0～199.9 m 这两个水层的预测能力都为优,Spearman 相关系数分别达到 0.73、0.83;而基于支持向量机建立的 IHI_{SVM} 对 40.0～79.9 m、200.0～239.9 m 两个水层的预测能力为优,Spearman 相关系数分别达到 0.81、0.82。而在对整个水层预测能力上支持向量机模型(0.62)明显要高于分位数回归模型(0.54)。除 160.0～199.9 m 水层外,支持向量机建立的预测模型得出的 IHI_{SVM} 与长鳍金枪鱼名义 CPUE 的 Spearman 相关系数均高于分位数回归模型。

4 讨　论

4.1 选择分位数回归及支持向量机方法用于本研究的依据

线性分位数回归的系数可以看成条件期望函数的概括性统计量[39],分位数回归在反映了位置的同时,还反映了分布状况,这很好地补充了最小二乘法经典线性回归。经过三十多年的发展,分位数回归方法在处理统计模型问题上已经非常成熟[41]。基于本章的数据量较少,小数量数据一般很难成正态分布,所以很难用其他传统方法进行建模[55],所以利用分位数回归的方法对本章数据进行建模要优于其他传统建模方法,从结果也可看出,分位数回归方法的确能建立预测模型,预测能力大多能达到优良。

本研究总样本数较少,传统的线性模型对输入数据存在一定的限制,支持向量机方法是专门针对小样本学习问题提出的,而且采用二次规划寻优[56],因此可以得到全局最优化,传统线性模型数据需满足正态分布,但是从图 6－4－1 可以看出各水层样本数据并不满足正态分布,而支持向量机采用核函数使得算法的复杂度与样本维数无关,处理非线性问题的效果很好,另外支持向量机应用结构风险最小化原则,因而支持向量机具有特别好的推理能力,这就使得选用站点数据的准确度很高,更利于模型的预测[57]。

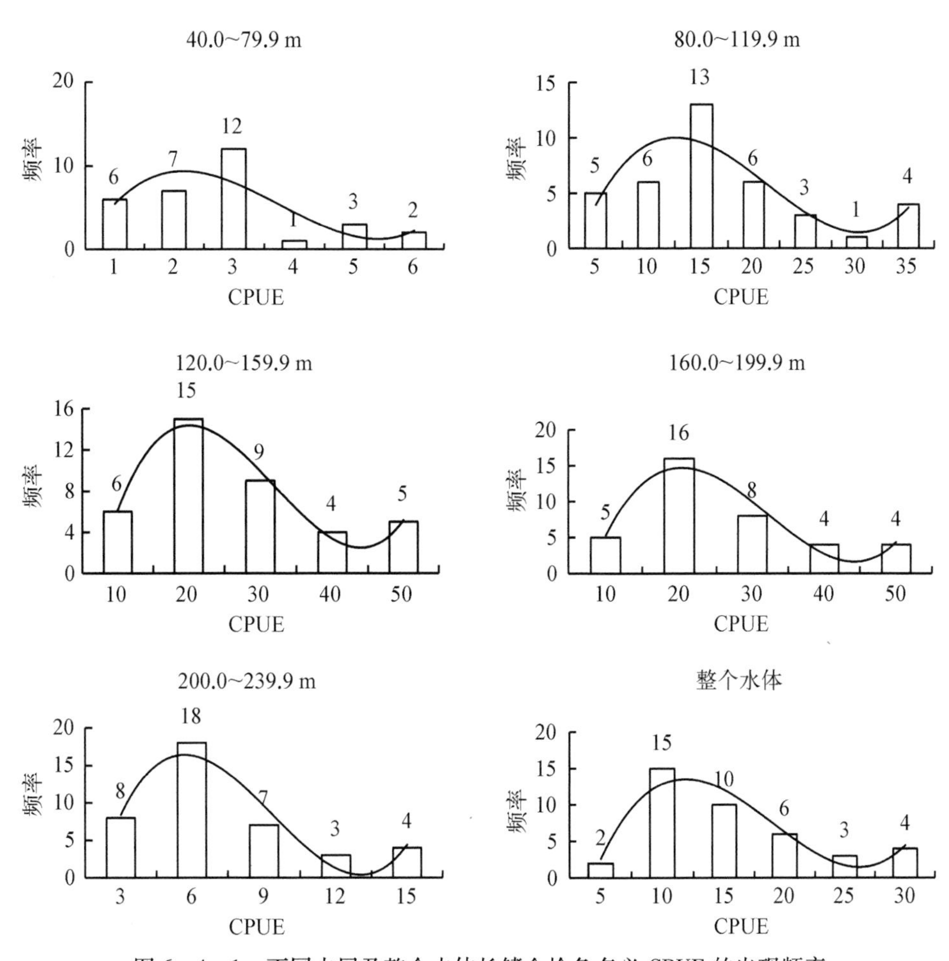

图 6-4-1　不同水层及整个水体长鳍金枪鱼名义 CPUE 的出现频率

4.2　影响 IHI 模型的关键环境因子分析

本研究通过比较两种模型预测能力最优的三个水层，其中分位数回归方法 40.0~79.9 m、160.0~199.9 m 和支持向量机 40.0~79.9 m、200.0~239.9 m。两种方法建立的模型对 40.0~79.9 m 水层的预测能力都较高，同时在这两个模型中，温度因子与模型相关系数都是最高的，而不同的是分位数回归方法对 160.0~199.9 m 水层的模型预测能力达到优，支持向量机方法对 200.0~239.9 m 水层的模型预测能力达到优。而这两个模型相对应的环境因子对模型的影响系数最高的都是温度，在 160.0~199.9 m 水层，基于分位数回归方法的 IHI_{QRM} 模型中，温度为主要环境因子，差异系数值为 0.000，而基于支持向量机的 IHI_{SVM} 模型中温度为次要因子，显著性相关系数为 0.63，远小于叶绿素 *a* 浓度的 0.92；在 200.0~239.9 m 水层，基于分位数回归方法的 IHI_{QRM} 模型中，温度为不相关环境因子，而基于支持向量机的 IHI_{SVM} 模型中温度为主要因子，显著性相关系数为 0.55，远大于叶绿素 *a* 浓度的 0.29，所以在本次模型建立中,对模型影响最大的因子是温度,并且两种方法对整个水层的预测模型中,温度都是最主要的影响因子。

基于支持向量机方法的模型中不同水层影响长鳍金枪鱼分布的主要因素不同,在40.0~79.9 m、80.0~119.9 m、120.0~159.9 m、160.0~199.9 m 和 200.0~239.9 m 水层其分布分别主要受叶绿素 *a* 浓度、水温、垂直流速、叶绿素 *a* 浓度和温度的影响。整个水体影响长鳍金枪鱼分布的主要因素为温度。这与杨嘉樑等[15]得出的各水层影响长鳍金枪鱼分布的主要环境因子一致。库克群岛海域长鳍金枪鱼在较浅水域的分布模式主要受水色及温度的影响,受海流的影响较大的水层为 120.0~159.9 m 水层,而在较深的水层其分布则主要受饵料分布及温度的限制。由于长鳍金枪鱼对温度变化较为敏感,最终得出,影响长鳍金枪鱼在整个水体中分布的主要因素是温度。

4.3 部分水层模型预测能力较差的原因

基于分位数回归方法的 IHI_{QRM} 模型在 80.0~119.9 m 水层的预测 $CPUE_{QRM}$ 与名义 CPUE 间的 Spearman 相关系数值很低(表 6-3-7),仅为 0.25;同样基于支持向量机方法的 IHI_{SVM} 模型虽然各个水层及整个水体内预测 $CPUE_{SVM}$ 与名义 CPUE 间的 P 值均大于 0.05(表 6-3-6),但部分水层,如在 80.0~119.9 m 水层内,预测 $CPUE_{SVM}$ 与名义 CPUE 间的 Spearman 相关系数值较低(表 6-3-7),仅为 0.34,主要原因是由于本研究各水层的环境数据采用了计算各相应水层环境数据的算术平均值而得出。80.0~119.9 m 水层处在混合层的下部与温跃层上界所在的水层(图 6-3-2),所以温度变化幅度较大,而且 80.0~119.9 m 水层预测模型中温度的系数最大(0.64,见表 6-3-4)所以模型结果会受到影响。

在 160.0~199.9 m 水层内,预测 $CPUE_{SVM}$ 与名义 CPUE 间的 Spearman 相关系数值仅为 0.45(表 6-3-7)。该水层的 $CPUE_{SVM}$ 预测模型的自变量为温度、叶绿素 *a* 浓度、垂直流速及水平流速,其中,叶绿素 *a* 浓度的系数高达 0.92,温度的系数值为 0.63,远高于垂直流速及水平流速的系数(见表 6-3-4);由图 6-3-5 可知 160.0~199.9 m 水层叶绿素 *a* 浓度处于由大变小的跃层,而且不同的站点变化的幅度较大,由于本研究选取的各水层的环境因子值是采用了各水层环境数据的算术平均值,因此,导致该水层 $CPUE_{SVM}$ 模型的预测效果受到影响。

4.4 两种 IHI 模型的有效性及预测能力的评价

通过将长鳍金枪鱼验证站点的各水层及整个水体的环境因子及两两交互作用项数据输入对应水层的分位数回归 $CPUE_{QRM}$ 预测模型所得结果与名义 CPUE 比较,如表 6-3-3、图 6-3-3所示:所有水层长鳍金枪鱼的预测 $CPUE_{QRM}$ 与名义 CPUE 之间都没有显著性差异($P>0.05$)。由图 6-3-4 可知,验证站点各水层长鳍金枪鱼名义 CPUE 的算术平均值与其对应 IHI_{QRM} 预测指数的算术平均值的变化趋势总体相同。综上所述,基于分位数回归的 IHI 模型可以用于预测库克群岛海域各水层及整个水体的渔获率和 IHI 指数。

通过将验证站点的各水层及整个水体的环境数据输入对应水层的长鳍金枪鱼 $CPUE_{SVM}$

预测模型所得结果与名义 CPUE 比较,如表 6－3－6、图 6－3－7 所示: 所有水层长鳍金枪鱼的预测 $CPUE_{SVM}$与名义 CPUE 之间均无显著性差异($P>0.05$)。由图 6－3－8 可知,验证站点各水层长鳍金枪鱼名义 CPUE 的算术平均值与其对应 IHI_{SVM}预测指数的算术平均值的变化趋势总体相同。综上所述,IHI_{SVM}模型可以用于预测库克群岛海域各水层及整个水体的渔获率和 IHI 指数。

通过表 6－3－7 可得,两种模型在 80.0～119.9 m 水层的预测能力都为差,但 IHI_{QRM}、IHI_{SVM}模型预测长鳍金枪鱼渔获率的能力总体属于优良。由图 6－3－9 可知,各水层长鳍金枪鱼名义 CPUE 的算术平均值与其对应 IHI 预测指数的算术平均值的变化趋势总体相同,IHI_{QRM}、IHI_{SVM}两者间的 Spearman 相关系数也分别达 0.98、0.99。其中,120.0～159.9 m、160.0～199.9 m 水层长鳍金枪鱼名义 CPUE 算术平均值、IHI_{QRM}指数、IHI_{SVM}预测指数的算术平均值均为最高,分别为 23 尾/1 000 钩、0.39 和 0.4 左右,因此可以判断在库克群岛北部海域,长鳍金枪鱼主要栖息的水层为 120.0～199.9 m。该水层对应的温度范围为 19.6～25.2℃(图 6－2－2),处在戴芳群等[58]研究认为中东太平洋长鳍金枪鱼栖息水温为 13.5～25.2℃的范围内,与杨嘉樑等[15]得出的长鳍金枪鱼较为适宜的栖息水温为 20.0～25.0℃基本一致。本研究得出的长鳍金枪鱼的主要分布水层比所罗门群岛海域的水层(130～160 m)略深[59]。此外,120.0～159.9 m 水层叶绿素 *a* 浓度为 0.07～0.49 μg/L,与 Lezama-Ochoa 等[8]认为长鳍金枪鱼栖息适宜叶绿素 *a* 浓度为 0.4～0.8 μg/L 差异较大。这可能是由于调查海域的不同造成的。建议在上述海域作业时,应尽可能使钓具沉降到 120.0～199.9 m 水层,以减少其他物种的兼捕并提高长鳍金枪鱼的渔获率。

除 160.0～199.9 m 水层外,支持向量机建立的预测模型得出的 IHI_{SVM}与长鳍金枪鱼名义 CPUE 的 Spearman 相关系数均高于分位数回归模型。长鳍金枪鱼主要栖息的水层为 120.0～199.9 m。因此,可用支持向量机模型来预测长鳍金枪鱼渔获率。支持向量机模型的预测能力要高于分位数回归模型的预测能力。这与陈浩[4]等探究得出的分位数回归模型最适用于预测长鳍金枪鱼 CPUE 与海洋环境因子的关系不同,可能是因为本研究数据来源于海上实测的垂直水层各环境因子,与陈浩[4]的影响模型的环境因子来源的不同而导致最适模型的不同。

4.5　不足及展望

1) 本章只将温度、叶绿素 *a* 浓度、水平流速和垂直流速数据用于长鳍金枪鱼栖息地综合指数的研究,为了进一步判断盐度、溶解氧含量等其他因子是否影响长鳍金枪鱼的分布,今后应将盐度、溶解氧含量纳入相关研究中。

2) 本次调查期间,由于部分站点钓钩并没有覆盖每个水层,从而导致部分站点的有效数据过少,可能导致一定的误差。因此在今后的研究中尽量增加每个站点各水层的钓钩数,同时增加站点数量,以便提高库克群岛海域长鳍金枪鱼分布模型的预测精度。

3) 本章数据大多采用算术平均值,这可能会导致数据在一定程度上的失真,建议今后的研究中在数据处理上可以有更加细致的计算方法,做到更好的保留原始数据的特点。

5 小　结

5.1 创新点

1）本章利用分位数回归和支持向量机的方法对库克群岛海域各水层长鳍金枪鱼栖息地综合指数进行建模。

2）通过比较两种模型的结果，分析得出支持向量机模型的预测能力较好。

5.2 结论

这两种模型所得到的长鳍金枪鱼在各水层的栖息地综合指数各不相同，在对各水层的预测能力上也有差异，分位数回归模型对 160.0～199.9 m 水层的预测能力高于支持向量机，但是总体而言支持向量机模型的预测精度要高于分位数回归模型。建议今后利用支持向量机来预测库克群岛海域长鳍金枪鱼的空间分布。

参 考 文 献

[1] 陈锦淘，戴小杰，谷兵.中国南太平洋长鳍金枪鱼业发展对策的分析[J].中国渔业经济，2005(2)：49～50.

[2] 吕泽华，戴小杰.南太长鳍金枪鱼渔业发展和管理趋势分析[C].2014 年中国水产学会学术年会，长沙，2014.

[3] 陈锦淘，戴小杰，谷兵.南太平洋长鳍金枪鱼渔业发展潜力的探讨[C].中国水产学会第五届青年学术年会，上海，2004.

[4] 陈浩.库克群岛海域长鳍金枪鱼栖息地综合指数模型的比较研究[D].上海：上海海洋大学，2015.

[5] Zainuddin M, Kiyofuji H, Saitoh K, et al. Using multi-sensor satellite remote sensing and catch data to detect ocean hot spots for albacore (*Thunnus alalunga*) in the northwestern North Pacific[J]. Deep Sea Research Part II: Topical Studies in Oceanography, 2006, 53(3): 419～431.

[6] Zainuddin M, Saitoh K, Saitoh SI. Albacore (*Thunnus alalunga*) fishing ground in relation to oceanographic conditions in the western North Pacific Ocean using remotely sensed satellite data[J]. Fisheries Oceanography, 2008, 17(2): 61～73.

[7] Zainuddin M, Saitoh SI, Saitoh K. Detection of potential fishing ground for albacore tuna using synoptic measurements of ocean color and thermal remote sensing in the northwestern North Pacific[J]. Geophysical Research Letters, 2004, 31(20).

[8] Laurs RM, Fiedler PC, Montgomery DR. Albacore tuna catch distributions relative to environmental features observed from satellites[J]. Deep Sea Research Part A. Oceanographic Research Papers, 1984, 31(9): 1085～1099.

[9] Hinton MG, Maunder MN. Methods for standardizing CPUE and how to select among them[J]. Collect. Vol. Sci. Pap. ICCAT, 2004, 56(1): 169～177.

[10] Okamoto H. Japanese longline CPUE for bigeye tuna standardized for two area definitions in the Atlantic Ocean from 1961 up to 2005[J]. Collect. Vol. Sci. Pap. ICCAT, 2008, 62(2): 419～439.

[11] Maunder MN, Punt AE. Standardizing catch and effort data: a review of recent approaches[J]. Fisheries Research, 2004, 70(2): 141～159.

[12] Howell EA, Hawn DR, Polovina JJ. Spatiotemporal variability in bigeye tuna (*Thunnus obesus*) dive behavior in the central North Pacific Ocean[J]. Progress in Oceanography, 2010, 86(1): 81～93.

[13] Su N, Yeh S, Sun C, et al. Standardizing catch and effort data of the Taiwanese distant-water longline fishery in the western and central Pacific Ocean for bigeye tuna, *Thunnus obesus*[J]. Fisheries Research, 2008, 90(1): 235～246.

[14] 宋利明,杨嘉樑,武亚苹,等.吉尔伯特群岛海域大眼金枪鱼(*Thunnus obesus*)栖息环境综合指数[J].海洋与湖沼,2012(5):954~962.

[15] 杨嘉樑,黄洪亮,宋利明,等.基于分位数回归的库克群岛海域长鳍金枪鱼栖息环境综合指数[J].中国水产科学,2014(4):832~851.

[16] 陈新军,冯波,许柳雄.印度洋大眼金枪鱼栖息地指数研究及其比较[J].中国水产科学,2008(2):269~278.

[17] Agenbag JJ, Richardson AJ, Demarcq H, et al. Estimating environmental preferences of South African pelagic fish species using catch size-and remote sensing data[J]. Progress in Oceanography, 2003,59(2):275~300.

[18] Glaser SM, Ye H, Sugihara G. A nonlinear, low data requirement model for producing spatially explicit fishery forecasts [J]. Fisheries Oceanography, 2014,23(1):45~53.

[19] 冯波,陈新军,许柳雄.多变量分位数回归构建印度洋大眼金枪鱼栖息地指数[J].广东海洋大学学报,2009(3):48~52.

[20] Roberts PE. Surface distribution of albacore tuna, *Thunnus alalunga* Bonnaterre, in relation to the Subtropical Convergence Zone east of New Zealand[J]. New Zealand journal of marine and freshwater research, 1980,14(4):373~380.

[21] 闫敏.南太平洋长鳍金枪鱼 CPUE 时空分布及其与关键海洋环境因子关系[D].上海:上海海洋大学,2015.

[22] 朱国平,李凤莹,陈锦淘,等.印度洋中南部长鳍金枪鱼繁殖栖息的适应性[J].海洋环境科学,2012(5):697~700.

[23] 范永超,陈新军,汪金涛.基于多因子栖息地指数模型的南太平洋长鳍金枪鱼渔场预报[J].海洋湖沼通报,2015(2):36~44.

[24] 冯永玖,陈新军,杨晓明,等.基于遗传算法的渔情预报 HSI 建模与智能优化[J].生态学报,2014(15):4333~4346.

[25] 范江涛,陈新军,钱卫国,等.南太平洋长鳍金枪鱼渔场预报模型研究[J].广东海洋大学学报,2011(6):61~67.

[26] Nishida T, Bigelow K, Mohri M, et al. Comparative study on Japanese tuna longline CPUE standardization of yellowfin tuna (*Thunnus albacares*) in the Indian Ocean based on two methods: general linear model (GLM) and habitat-based model (HBM)/GLM combined[C], 2003.

[27] Lee P, Chen I, Tzeng W. Spatial and temporal distribution patterns of bigeye tuna (*Thunnus obesus*) in the Indian Ocean [J]. Zoological Studies, 2005,44(2):260.

[28] 任中华,陈新军,方学燕.基于栖息地指数的东太平洋长鳍金枪鱼渔场分析[J].海洋渔业,2014(5):385~395.

[29] 樊伟,张晶,周为峰.南太平洋长鳍金枪鱼延绳钓渔场与海水表层温度的关系分析[J].大连水产学院学报,2007(5):366~371.

[30] 王家樵,朱国平,许柳雄.基于 HSI 模型的印度洋大眼金枪鱼栖息地研究[J].海洋环境科学,2009(6):739~742.

[31] 曹晓怡,周为峰,樊伟,等.大眼金枪鱼渔场与环境关系的研究进展[J].海洋渔业,2008(2):176~182.

[32] 宋利明,杨嘉樑,武亚苹,等.吉尔伯特群岛海域大眼金枪鱼(*Thunnus obesus*)栖息环境综合指数[J].海洋与湖沼,2012(5):954~962.

[33] 陈雪忠,樊伟,崔雪森,等.基于随机森林的印度洋长鳍金枪鱼渔场预报[J].海洋学报(中文版),2013(1):158~164.

[34] 周为峰,樊伟,崔雪森,等.基于贝叶斯概率的印度洋大眼金枪鱼渔场预报[J].渔业信息与战略,2012(3):214~218.

[35] 斋藤昭二.マグロの游泳层と延绳渔法[M].东京:成山堂书屋,1992:19~63.

[36] 宋利明,杨嘉樑,胡振新,等.两种延绳钓钓具大眼金枪鱼捕捞效率的比较[J].上海海洋大学学报,2011(3):424~430.

[37] Wu GC, Chiang H, Chen K, et al. Population structure of albacore (*Thunnus alalunga*) in the Northwestern Pacific Ocean inferred from mitochondrial DNA[J]. Fisheries Research, 2009,95(1):125~131.

[38] 关静.分位数回归理论及其应用[D].天津:天津大学,2009.

[39] 李育安.分位数回归及应用简介[J].统计与信息论坛,2006(3):35~38.

[40] 王秀文.分位数回归模型的若干应用[D].温州:温州大学,2012.

[41] 吕萍.分位数回归模型在小域估计中的应用[J].统计教育,2009(1):56~59.

[42] 樊亚莉.分位数回归模型中的两步变量选择(英文)[J].上海师范大学学报(自然科学版),2015(3):270~283.

[43] 张利.线性分位数回归模型及其应用[D].天津：天津大学,2009.

[44] 张五六.基于分位数回归模型的我国“费雪效应”检验[J].统计教育,2009(12)：7~11.

[45] 张利田,卜庆杰,杨桂华,等.环境科学领域学术论文中常用数理统计方法的正确使用问题[J].环境科学学报,2007(1)：171~173.

[46] Cortes C, Vapnik V. Support-vector networks[J]. Machine learning, 1995,20(3)：273~297.

[47] 孙德山.支持向量机分类与回归方法研究[D].长沙：中南大学,2004.

[48] 王定成,方廷健,唐毅,等.支持向量机回归理论与控制的综述[J].模式识别与人工智能,2003(2)：192~197.

[49] 安金龙.支持向量机若干问题的研究[D].天津：天津大学,2004.

[50] 范昕炜.支持向量机算法的研究及其应用[D].杭州：浙江大学,2003.

[51] 常甜甜.支持向量机学习算法若干问题的研究[D].西安：西安电子科技大学,2010.

[52] 袁红春,汤鸿益,陈新军.一种获取渔场知识的数据挖掘模型及知识表示方法研究[J].计算机应用研究,2010(12)：4443~4446.

[53] 张浩然,韩正之,李昌刚.支持向量机[J].计算机科学,2002(12)：135~137.

[54] Wilcoxon F. Individual comparisons by ranking methods[J]. Biometrics bulletin, 1945,1(6)：80~83.

[55] 吴建南,马伟.分位数回归与显著加权分析技术的比较研究[J].统计与决策,2006(7)：4~7.

[56] Bottou L, Giles C L. Nonconvex online support vector machines[J]. Pattern Analysis and Machine Intelligence, IEEE Transactions on, 2011,33(2)：368~381.

[57] Hsieh T W, Taur J, Tao C, et al. A kernel-based core growing clustering method[J]. International Journal of Intelligent Systems, 2009,24(4)：441~458.

[58] 戴芳群,李显森,王凤臣,等.中东太平洋长鳍金枪鱼延绳钓作业分析[J].海洋水产研究,2006(6)：37~42.

[59] 林显鹏,郭爱,张洪亮,等.所罗门群岛海域长鳍金枪鱼的垂直分布与环境因子的关系[J].浙江海洋学院学报(自然科学版),2011(4)：303~306.